# 网络安全与管理

（第3版）

石磊 赵慧然 肖建良 ◎ 编著

清華大學出版社
北京

## 内 容 简 介

本书针对培养应用技术型人才的需求，系统地讲解了网络安全的基础理论、安全技术、网络安全等级保护 2.0 标准及其相关应用。全书共分为 12 章，对网络安全基本理论和技术进行详细讲解，主要包括网络安全概述、网络监控原理、操作系统安全、密码技术、病毒技术、防火墙技术、无线网络安全、VPN 技术、电子商务安全、漏洞扫描技术、入侵检测与防御、网络安全等级保护 2.0 标准等。各章末配有多种类型的习题，便于教学和测试。全部教学内容配有详细教学 PPT 和视频讲解。本书内容丰富全面、安排合理、通俗易懂、实用性强、便于学习。

本书可作为应用型高校计算机类、网络安全类、电子信息类、信息管理类专业的教科书，也可供从事网络管理人员、网络工程技术人员、信息安全管理人员和电子信息技术人员参考。



**图书在版编目(CIP)数据**

网络安全与管理/石磊，赵慧然，肖建良编著. —3 版. —北京：清华大学出版社，2021.8(2024.7重印)
(清华科技大讲堂丛书)
ISBN 978-7-302-58839-9

Ⅰ. ①网… Ⅱ. ①石… ②赵… ③肖… Ⅲ. ①计算机网络－网络安全 Ⅳ. ①TP393.08

中国版本图书馆 CIP 数据核字(2021)第 158156 号

**策划编辑**：魏江江
**责任编辑**：王冰飞　吴彤云
**封面设计**：刘　键
**责任校对**：李建庄
**责任印制**：杨　艳

**出版发行**：清华大学出版社
　　**网　　址**：https://www.tup.com.cn，https://www.wqxuetang.com
　　**地　　址**：北京清华大学学研大厦 A 座　　**邮　　编**：100084
　　**社 总 机**：010-83470000　　**邮　　购**：010-62786544
　　**投稿与读者服务**：010-62776969，c-service@tup.tsinghua.edu.cn
　　**质量反馈**：010-62772015，zhiliang@tup.tsinghua.edu.cn
　　**课件下载**：https://www.tup.com.cn，010-83470236
**印 装 者**：北京嘉实印刷有限公司
**经　　销**：全国新华书店
**开　　本**：185mm×260mm　　**印　张**：23　　**字　　数**：563 千字
**版　　次**：2009 年 9 月第 1 版　2021 年 8 月第 3 版　　**印　　次**：2024 年 7 月第 6 次印刷
**印　　数**：31001～33000
**定　　价**：59.80 元

---

产品编号：091057-01

# 前 言

党的二十大报告指出：教育、科技、人才是全面建设社会主义现代化国家的基础性、战略性支撑。必须坚持科技是第一生产力、人才是第一资源、创新是第一动力，深入实施科教兴国战略、人才强国战略、创新驱动发展战略，开辟发展新领域新赛道，不断塑造发展新动能新优势。高等教育与经济社会发展紧密相连，对促进就业创业、助力经济社会发展、增进人民福祉具有重要意义。

21世纪是互联网时代，网络安全的内涵发生了根本性的变化。网络安全在信息领域中从一般性的防卫手段，变成了非常重要的安全防御措施；网络安全技术从之前只有少部分人研究的专门领域变成了生活中无处不在的应用。当人类步入21世纪这一信息社会的时候，网络安全问题成为互联网的焦点，我们每个人都时刻关注着与自身密不可分的网络系统的安全，从应用和管理的角度建立起一套完整的网络安全体系，无论对于单位还是个人，网络安全都显得尤为重要。提高网络安全意识，掌握网络安全管理工具的使用逐步提到日程上来。

“网络安全与管理”是计算机、网络、软件、信息管理等专业的主要专业课，学生应从以下4方面掌握网络安全的基本概念、应用技术、管理工具的使用以及等级保护2.0标准的解读。

**1. 网络安全的基本概念**

网络安全是指网络系统的硬件、软件及其系统中的数据受到保护，不因偶然的或恶意的原因而遭受到破坏、更改、泄露，系统连续、可靠、正常地运行，网络服务不中断。网络安全从其本质上来讲就是网络上的信息安全。从广义来说，凡是涉及网络上信息的保密性、完整性、可用性、真实性和可控性的相关技术和理论都是网络安全的研究领域。本书从网络安全的各个方面进行了基本的介绍，这些介绍主要包括各种技术的概念、分类、原理、特点等知识，对于复杂而枯燥的算法和理论研究没有详细介绍，通过对这些知识的学习，理解网络安全体系中各部分之间的联系。

**2. 网络安全应用技术**

网络安全应用技术是指致力于解决诸如如何有效进行访问控制，以及如何保证数据传输的安全性的技术手段，主要包括网络监控技术、密码技术、病毒防御技术、防火墙技术、入侵检测与防御技术、VPN技术、无线网络安全技术、电子商务安全技术、漏洞扫描技术，以及其他的安全服务和安全机制策略。单一的网络安全技术和网络安全产品无法解决网络安全的全部问题，应根据应用需求和安全策略，综合运用各种网络安全技术以达到全面保护网络的要求。本书对于这些技术分章节进行了详细介绍。

**3. 网络安全管理工具**

如果想对网络安全进行综合处理,就要使用多种网络安全管理工具。将管理工具和系统工具配合使用,才会起到事半功倍的作用。在本书配套的实验书中对常用的网络安全管理工具进行了相应的练习,通过学习使用这些常用的工具,理解网络安全方案的具体解决方法。

**4. 网络安全等级保护2.0标准**

所谓信息安全等级保护,是指有关部门对我国各个领域非涉密信息系统按照其重要性程度进行分级保护的制度,具体包括定级、备案、建设整改、等级测评、信息安全检查5个环节。信息安全等级保护要求不同安全等级的信息系统应具有不同的安全保护能力。了解网络安全等级保护的详细内容。对今后我们的学习和工作都会有非常大的帮助。

本书是一本以了解网络安全知识为目的,以网络安全工具使用为重点,以理论讲述为基础的系统性、应用性较强的网络安全教材;摒弃了传统网络安全教材中理论过多、过难、实用性不强、理论和实践不配套、管理工具不通用等问题,旨在培养学生掌握基本网络安全理论知识,与网络安全管理相结合。本书从应用的角度,系统讲述了网络安全所涉及的理论和技术。以网络安全管理工具的使用能力为培养目的,通过实验演练,使学生能够综合运用书中所讲授的技术进行网络信息安全方面的实践。

本书分为12章,对网络安全基本理论和技术进行详细讲解,通过本书使学生在理论上有一个清楚的认识。实验部分配有相关的配套教材《网络安全与管理实验与实训》,选择了目前常用的几种网络安全工具,通过对工具的使用与操作,把理论和实践联系起来,达到理解运用的目的。

在书中各章末配有多种类型的习题,便于教师教学和测试,也可以作为学生的自测题目。

本课程至少需要56学时进行学习,其中理论授课32学时,实验24学时。

本书第1章、第2章、第5~9章由石磊编写;第3章、第4章、第12章由赵慧然编写;第10章、第11章由肖建良编写;由石磊担任主编,统稿定稿。由于编者水平有限,书中如有疏漏之处,敬请读者提出宝贵意见。

本书在编写过程中,计算机工程学院李彤院长和张坤副院长、网络工程系主任肖建良给予编者深切的关怀与鼓励,对本书的编写提供了帮助与指导;本书得到了清华大学出版社的大力支持,在此表示衷心的感谢。

编　者

# 目　录

随书资源

# 第1章 网络安全概述

## 1.1 互联网介绍

互联网(Internet,又称为网际网,或音译为因特网、英特网)是网络与网络之间串联成的庞大网络,这些网络以一组通用的协议相连,形成逻辑上的单一巨大国际网络。这种将计算机网络互相连接在一起的方法可称作"网络互联",在此基础上发展出覆盖全世界的全球性互联网络称为互联网,即互相连接在一起的网络结构。互联网并不等同于万维网(World Wide Web,WWW),万维网只是一个基于超文本相互连接而成的全球性系统,只是互联网所能提供的多种服务之一。

### 1.1.1 互联网的影响

互联网是全球性的。这就意味着我们目前使用的这个网络,不管是谁发明了它,都是属于全人类的。这种"全球性"并不是一个空洞的政治口号,而是有其技术保证的。互联网的结构是按照"包交换"的方式连接的分布式网络。因此,在技术的层面上,互联网绝对不存在中央控制的问题。也就是说,不可能存在某个国家或某个利益集团通过某种技术手段控制互联网的问题。反过来,也无法把互联网封闭在一个国家之内(除非建立的不是互联网)。

然而,这样一个全球性的网络,必须要有某种方式确定连入其中的每台主机在互联网上绝对不能出现类似两个人同名的现象。这样,就要有一个固定的机构为每台主机确定名字,由此确定这台主机在互联网上的"地址"。但这仅仅是"命名权",这种确定地址的权力并不意味着控制的权力。负责命名的机构除了命名之外,并不能做更多的事情。

同样,这个全球性的网络也需要有一个机构制定所有主机都必须遵守的交往规则(协议),否则就不可能建立起全球所有不同的计算机、不同的操作系统都能够通用的互联网。下一代传输控制协议/网际协议(Transmission Control Protocol/Internet Protocol,TCP/IP)将对网络上的信息等级进行分类,以加快传输速度(如优先传送浏览信息,而不是电子邮件信息),就是这种机构提供的服务的例证。同样,这种制定共同遵守的"协议"的权力也不意味着控制的权力。

毫无疑问,互联网的所有这些技术特征都说明对于互联网的管理完全与"服务"有关,而与"控制"无关。

事实上,目前的互联网还远不是我们经常说的"信息高速公路"。这不仅因为目前互联网的传输速度不够,更重要的是互联网还没有定型,还在一直发展、变化。因此,任何对互联网的技术定义也只能是当下的、现时的。

与此同时,在越来越多的人加入互联网、越来越多地使用互联网的过程中,也会不断地从社会、文化的角度对互联网的意义、价值和本质提出新的理解。

### 1.1.2 互联网的意义

互联网也是一个面向公众的社会性组织。世界各地数以万计的人们可以利用互联网进行信息交流和资源共享。而又有成千上万的人自愿地花费自己的时间和精力,蚂蚁般辛勤工作,构造出全人类所共同拥有的互联网,并允许他人共享自己的劳动果实,使人们学会如何更好地和平共处。

互联网是人类社会有史以来第1个世界性的图书馆和第1个全球性论坛。任何人,无论来自世界的任何地方,在任何时候,他(她)都可以参加,互联网永远不会关闭。而且,无论你是谁,你永远是受欢迎的。你不会由于不同的肤色、不同的穿戴、不同的宗教信仰而被排挤在外。在当今的世界里,没有国界、没有歧视、没有政治的生活圈只有互联网。通过网络信息的传播,全世界任何人不分国籍、种族、性别、年龄、贫富,互相传送经验与知识,发表意见和见解。

互联网受欢迎的根本原因在于(使用)成本低,但使用的(信息)价值超高。互联网的优点有以下几方面。

(1) 互联网能够不受空间限制进行信息交换。

(2) 信息交换具有时域性(更新速度快)。

(3) 交换信息具有互动性(人与人、人与信息之间可以互动交流)。

(4) 信息交换的使用成本低(通过信息交换代替实物交换)。

(5) 信息交换趋向于个性化发展(容易满足每个人的个性化需求)。

(6) 使用者众多。

(7) 有价值的信息被资源整合,信息储存量大、高效、快捷。

(8) 信息交换能以多种形式存在(视频、图片、文章等)。

互联网是人类历史发展中的一个伟大的里程碑,它正在对人类社会的文明悄悄地起着越来越大的作用。也许会像瓦特发明的蒸汽机导致了一场工业革命一样,互联网将极大地促进人类社会的进步和发展。

### 1.1.3 我国互联网规模与使用情况

**1. 基础数据**

截至2020年6月,我国网民规模达9.40亿,较2020年3月增长3625万,互联网普及率达67.0%,较2020年3月提升2.5百分点;手机网民规模达9.32亿,较2020年3月增长3546万,网民使用手机上网的比例达99.2%,较2020年3月基本持平。IPv4地址数量为38 907万个,IPv6地址数量为50 903块/32。国家和地区顶级域名(county code Top-Level Domains,ccTLD)cn数量为2304万个,较2019年年底增长2.8%。网络购物用户规模达7.49亿,较2020年3月增长3912万,约占网民整体的79.7%;手机网络购物用户规模达7.47亿,较2020年3月增长3947万,约占手机网民的80.2%。网络支付用户规模达8.05亿,较2020年3月增长3702万,约占网民整体的85.6%;手机网络支付用户规模达8.02亿,较2020年3月增长3664万,约占手机网民的86.1%。截至2020年6月,网络视频(含短视频)用户规模达8.88亿,较2020年3月增长377万,约占网民整体的94.5%。其中短视频用户规模为8.18亿,较2020年3月增长4461万,约占网民整体的87.0%。网络直播用户规模达5.62亿,较2020年3月增长248万,约占网民整体的59.8%。其中,电商直播用户规模为3.09亿,较2020年3月增长4430万,约占网民整体的32.9%。

2020年上半年,移动互联网接入流量消费达745亿GB,同比增长34.5%。增长情况如图1.1所示。

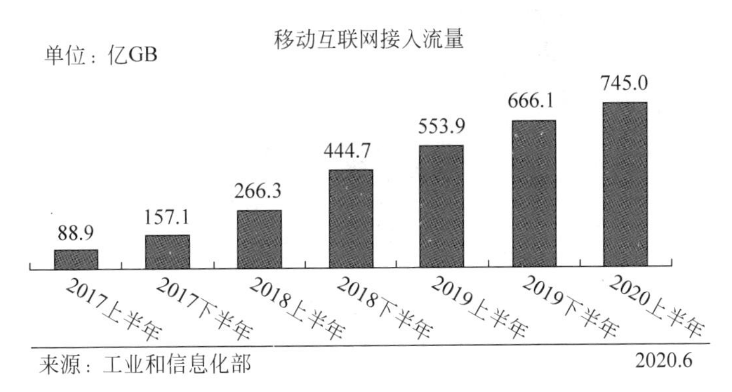


图1.1 移动互联网接入流量增长情况

**2. 互联网接入环境**

1) 上网设备

截至2020年6月,我国网民使用手机上网的比例达99.2%,与2020年3月基本持平;使用台式计算机、笔记本电脑、电视和平板电脑上网的比例分别为37.3%、31.8%、28.6%和27.5%,如图1.2所示。

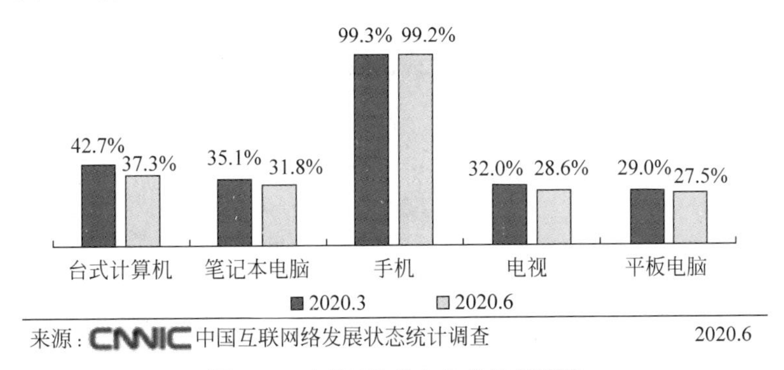


图1.2 互联网络接入设备使用情况

2) 各类应用使用时长占比

2020年6月,手机网民经常使用的各类App中,即时通信App的使用时间最长,占比为13.7%;网络视频、网络音频、短视频、网络音乐和网络直播应用的使用时长占比分列第2至第6位,依次为12.8%、10.9%、8.8%、8.1%和7.3%,如图1.3所示。

3) 各类应用使用时段分布

2020年6月,手机网民较常使用的6类App中,即时通信、网络购物和网络新闻应用的用户使用时段分布较为均匀,8点至21点使用时段占比合计均超过75%;外卖应用呈现明

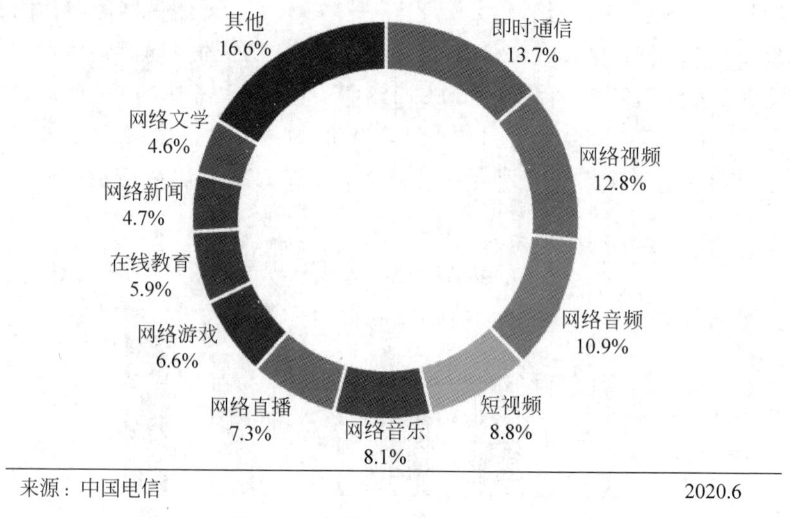


图 1.3　各类应用使用时长占比

显的时段特点，11 点至 12 点、17 点至 20 点出现使用高峰，合计时长占比达 53.8%；短视频应用在 11 点至 13 点、17 点至 22 点分别出现使用高峰，合计时长占比达 53.7%；网络直播应用使用时段的集中趋势更加明显，18 点至 23 点合计使用时长占比超过 40%，如图 1.4 所示。

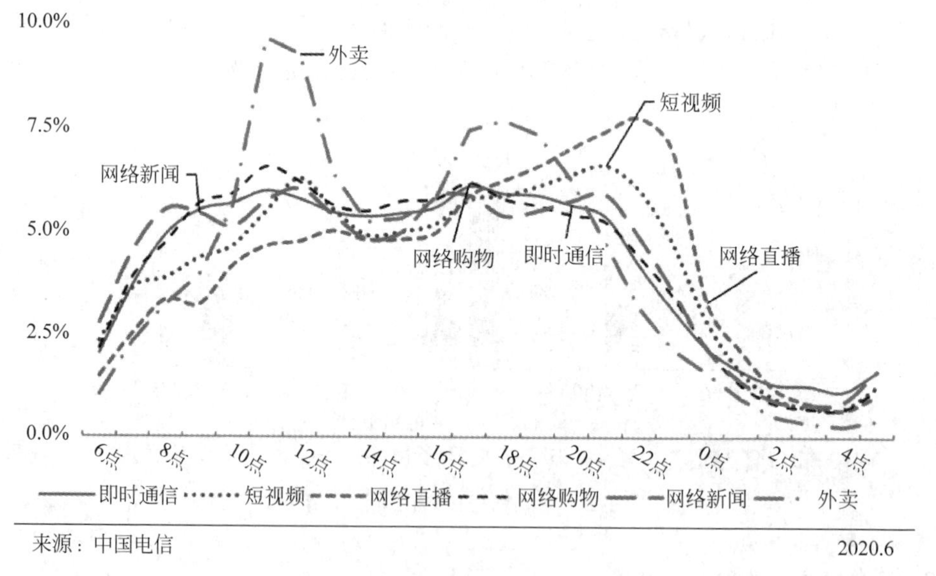


图 1.4　6 类应用使用时段分布

4) 100Mbit/s 及以上宽带用户占比

截至 2020 年 6 月，100Mbit/s 及以上接入速率的固定互联网宽带接入用户数占固定宽带用户总数的 86.8%，如图 1.5 所示。

5) 蜂窝物联网终端用户数

截至 2020 年 6 月，3 家基础电信企业发展蜂窝物联网终端用户 11.06 亿户，较 2019 年

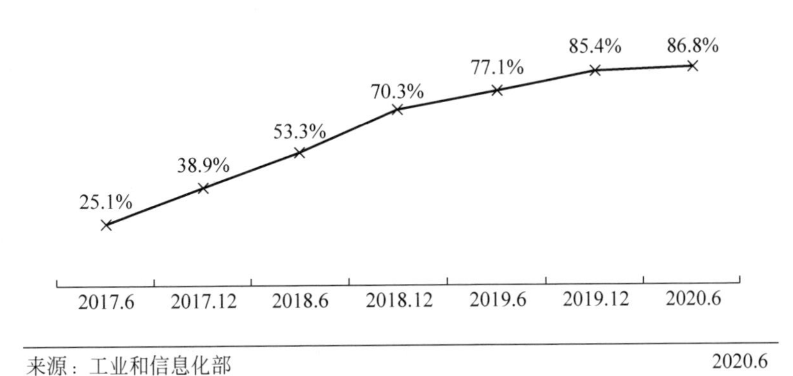

图 1.5　100Mbit/s 及以上固定互联网宽带接入用户占比

年底净增 7812 万户，其中应用于智能制造、智慧交通、智慧公共事业的终端用户占比分别达 21.1%、18.2%、21.4%，如图 1.6 所示。

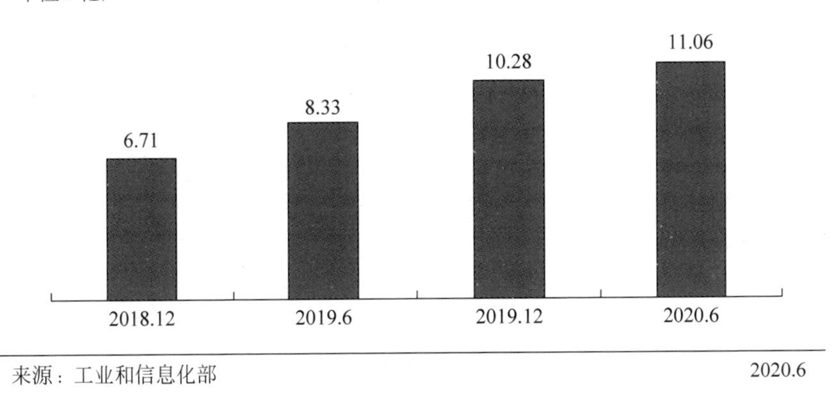

图 1.6　蜂窝物联网终端用户数

**3. 互联网应用发展状况**

2020 年上半年，我国个人互联网应用呈现平稳增长态势。其中，电商直播、短视频和网络购物等应用的用户规模增长最为显著，增长率分别为 16.7%、5.8%和 5.5%。基础类应用(如即时通信、搜索引擎)、网络娱乐类应用(如网络游戏、网络视频、网络文学等)均保持稳健增长，增长率维持在 1%～5%。在手机互联网应用发展方面，手机网络购物用户规模增长率超过 5%。

1）网络新闻

2020 年上半年，面对突如其来的新冠肺炎疫情，网络新闻行业深入开展疫情相关报道，通过多种形式助力抗疫。与此同时，网络新闻媒体通过对各类平台的深度应用，不断扩大资讯触达范围，提升新闻传播效果，通过多种形式助力抗疫。一是丰富呈现形式，坚定抗疫信心。网络新闻媒体深入湖北武汉抗疫一线，通过拍摄视频网络日志(vlog)、制作抗疫海报和宣传片等方式让全国人民了解抗疫一线真实情况，坚定战胜新冠肺炎疫情的信心和决心。二是积极对外宣传我国抗疫成就。2020 年 4 月，新华社在海外发布名为《病毒往事》(*Once Upon A Virus*)的视频，一经发布即受到各方广泛关注，获得超过百万次观看和数万次点赞转发。在新冠肺炎疫情期间,中国国际电视台播出《武汉24小时》系列纪录片,截至2020年5月,视频触达量超过1400万,观看量超过600万。网络新闻媒体对外积极发声,收获了世界各国对我国抗疫工作的理解和支持。

2)社交应用

截至2020年6月,微信朋友圈使用率为85.0%,与2020年3月基本持平;QQ空间、微博使用率分别为41.6%、40.4%,较2020年3月分别下降6百分点、2.1百分点,如图1.7所示。

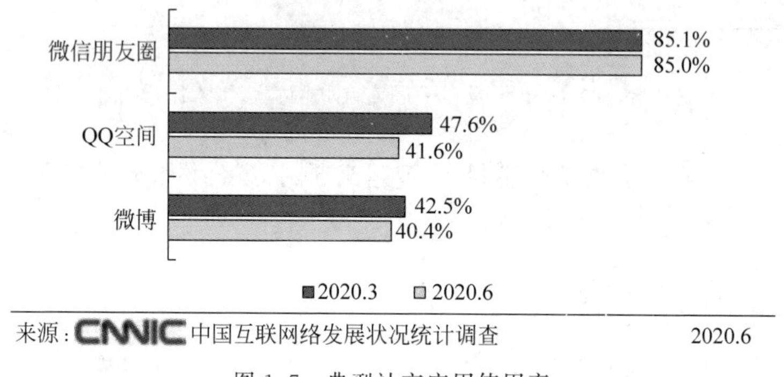


图1.7 典型社交应用使用率

微信朋友圈、微博等主流社交平台长期占据大部分流量,并通过不断丰富短视频、电商、本地生活等服务,构建完善的流量闭环和服务生态。面临市场空间有限的问题,部分社交应用将挖掘小众群体的独特需求作为创新的立足点。为满足"Z世代"的个性化需求,部分社交应用企业针对细分领域的社交产品不断推陈出新,探索新技术、用户代际新变化带来的机会,努力寻求创新突破。2019年超过50款社交产品陆续发布,2020年上半年又有一批新细分社交应用上线,如阿里巴巴推出"Real如我"社交产品。

在新冠肺炎疫情期间,社交平台在国内外信息传播方面发挥了重要作用。一是通过国内社交平台,我国网民及时了解国外新冠肺炎疫情发展形势。多个国家和地区的海外博主将当地的疫情发展情况以图文、视频的形式分享到微博上,成为国人了解海外疫情发展的重要窗口。截至2020年3月,海外微博用户累计上传192万条疫情相关视频,覆盖五大洲、36个国家,播放量超过758亿次。二是通过海外社交平台,我国网民、企业积极展示中国形象。反映我国抗疫工作的视频、新闻等在国外社交媒体广泛传播,为海外网民了解我国抗击疫情的真实情况提供有益帮助。我国网民自制短片《武汉莫慌,我们等你》被翻译成10国语言版本,在海外社交平台进行传播,分享中国经验,讲述中国故事;我国出海企业在Facebook、Twitter等社交平台上宣传抗疫援助,提升中国品牌影响力。

3)远程办公

截至2020年6月,我国远程办公用户规模达1.99亿,约占网民整体的21.2%。受新冠肺炎疫情影响,远程办公成为持续做好疫情防控、维持社会经济正常运转的重要互联网应用。远程办公通过重塑原有工作方式,将企业线下与线上业务有机融合,在疫情结束后也有望成为常态化办公模式,是推动企业数字化转型的重要手段。远程办公用户需求集中爆发,市场规模增长迅猛。一是在用户规模方面,在新冠肺炎疫情期间,远程办公得到企业和个人用户的广泛使用，尤其是在复工期间，使用人次、时长均出现井喷式增长。数据显示，仅2020年2月4日，天翼云会议新增用户6万名、会议时长9万小时；2020年6月至7月，远程会议日均使用时长达110分钟，用户使用日趋常态化。二是在市场规模方面，2020年春节期间，我国有超过1800万家企业采用了线上远程办公模式，全年智能移动办公市场规模预计将达到375亿元，增长率为30.2%。

4）网络购物

截至2020年6月，我国网络购物用户规模达7.49亿，较2020年3月增长3912万，约占网民整体的79.7%，如图1.8所示；手机网络购物用户规模达7.47亿，较2020年3月增长3947万，约占手机网民的80.2%。

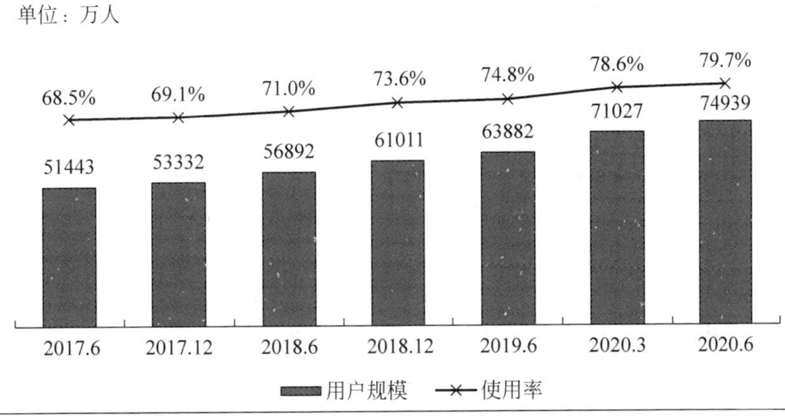


图1.8　2017.6—2020.6网络购物用户规模及使用率

从2013年起，我国已连续7年成为全球最大的网络零售市场。面对新冠肺炎疫情的严峻挑战，网络零售市场的支撑能力进一步显现。2020年上半年网上零售额达51 501亿元，同比增长7.3%，其中实物商品网上零售额43 481亿元，同比增长14.3%，高于社会消费品零售总额同比增速25.7百分点，占社会消费品零售总额比重已达到25.2%。网络零售通过以消费扩内需、以创新促发展、以赋能保市场等方式为打通经济内循环提供了重要支撑。

2020年上半年疫情暴发助推了"宅经济"发展，商品消费向线上转移明显。主要电商平台启动紧急响应，充分发挥自身供应链优势，通过海外直采、协调国内品牌商家等方式保障生活必需品供给。另外，有力促进疫情后的消费回暖。电子商务平台与地方政府联合发放各种形式的电子消费券，通过补贴用户激活线上线下消费；商务部等部门组织电商平台开展线上"双品网购节"，带动同期全国网络零售额超过4300亿元；在"618"电商年中大型促销中，天猫和京东交易额分别达到6982亿元和2692亿元，展现了内需引擎的力量和经济转型的动能，有力促进消费释放，增强了经济韧性。

5）外卖

截至2020年6月，我国网上外卖用户规模达4.09亿，较2020年3月增长1124万，约占网民整体的43.5%；手机网上外卖用户规模达4.07亿，较2020年3月增长1067万，约占手机网民的43.7%。

6）网络支付

截至2020年6月，我国网络支付用户规模达8.05亿，较2020年3月增长3702万，约占网民整体的85.7%；手机网络支付用户规模达8.02亿，较2020年3月增长3664万，约占手机网民的86.0%。

2020年上半年，我国移动支付交易规模全球领先，网络支付模式多元发展，支付业务合规化进程加速，整个行业运行态势持续向我国移动支付应用场景持续拓展，交易规模连续3年居全球首位。移动支付应用场景不断丰富，支付机构通过线上线下一体化支付、全国性福利补贴、商户在线培训指南等手段助力“小店经济”蓬勃发展。同时，支付机构利用大数据、人工智能等新技术，推动“信用县域”和“县域普惠金融”建设，拓展更多的“＋支付”应用场景。移动支付交易规模持续扩大，新冠肺炎疫情期间，线下商户加速向线上转化，移动支付工具发挥惠民信息载体、电子钱包、信用媒介、收银记账等作用，促进移动支付普及。2020年上半年，我国移动支付金额达196.98万亿元，同比增长18.61%，稳居全球第一。

网络支付多元化彰显支付市场的韧性和潜力。一是我国网络支付向农村及中老年群体渗透。网络支付方式多元化、支付口令智能化、应用体验便捷化，助力网络支付鸿沟逐渐缩小，呈现普及化发展态势，从而有助于提升支付市场的抗风险能力。二是聚合支付助力支付产业链互联互通。作为商家、消费者、多家支付机构的连接载体，聚合支付不仅提供了便捷化的收银方式，还提供了精准营销、数字化运营、低门槛贷款等增值服务。在支付产业链互联互通的基础上，促进线下商户的数字化转型，以及“下沉市场”普惠金融的发展。

7）网络视频

截至2020年6月，我国网络视频(含短视频)用户规模达8.88亿，较2020年3月增长377万，约占网民整体的94.5%。其中短视频用户规模为8.18亿，较2020年3月增长4461万，约占网民整体的87.0%。网民的娱乐需求持续向线上转移，推动网络视频使用率、用户规模进一步增长。优质内容依然是网络视频平台的核心竞争力，以优质内容为基础的付费模式逐渐获得用户认可。短视频行业与新闻、电商、旅游等产业的融合不断深入，传播场景不断扩展。短视频平台也持续发挥自身优势，助力乡村经济发展。

8）网络直播

截至2020年6月，我国网络直播用户规模达5.62亿，较2020年3月增长248万，约占网民整体的59.8%。其中，电商直播用户规模为3.09亿，较2020年3月增长4430万，约占网民整体的32.9%；游戏直播用户规模为2.69亿，较2020年3月增长923万，约占网民整体的28.6%；真人秀直播用户规模为1.86亿，较2020年3月减少2115万，约占网民整体的19.8%；演唱会直播用户规模为1.21亿，较2020年3月减少2947万，约占网民整体的12.8%；体育直播用户规模为193亿，较2020年3月减少1927万，约占网民整体的20.6%。

9）在线教育

截至2020年6月，我国在线教育用户规模达3.81亿，较2020年3月减少4236万，约占网民整体的40.5%；手机在线教育用户规模达3.77亿，较2020年3月减少4355万，约占手机网民的40.4%。2020年第2季度，随着疫情防控进入常态化阶段，大中小学逐步有序开学复课，在线教育用户规模有所回落，如图1.9所示。

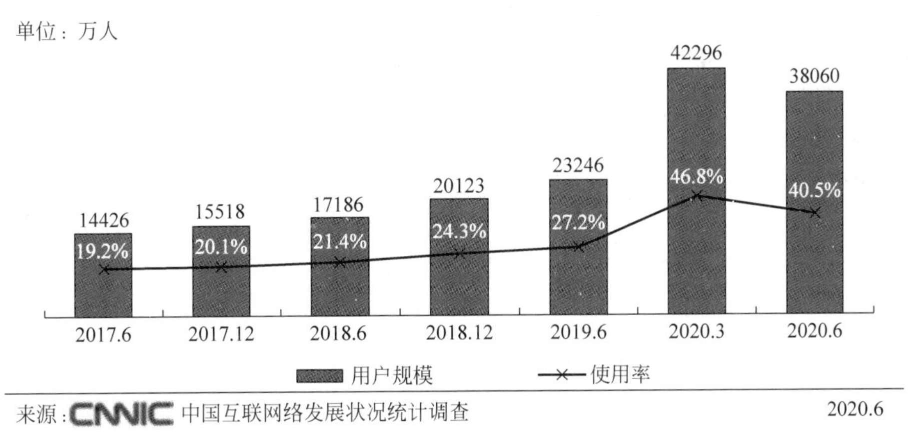


图 1.9 2017.6—2020.6 在线教育用户规模及使用率

# 1.2 网络安全介绍

## 1.2.1 网络安全的概念

网络安全是指网络系统的硬件、软件及其系统中的数据受到保护，不因偶然的或恶意的原因而遭受到破坏、更改、泄露，系统连续可靠正常地运行，网络服务不中断。网络安全包含网络设备安全、网络信息安全、网络软件安全。从广义来说，凡是涉及网络上信息的保密性、完整性、可用性、真实性和可控性的相关技术和理论都是网络安全的研究领域。网络安全是一门涉及计算机科学、网络技术、通信技术、密码技术、信息安全技术、应用数学、数论、信息论等多种学科的综合性学科。

## 1.2.2 网络安全的重要性

随着近年来网络技术的迅速发展，信息安全问题受到广泛重视。互联网技术的产生和发展历程，以及当今世界网络控制权的格局，造成了世界各国网络权力的不平衡，而网络权力的大小一定意义上又决定了各国在数字空间的地位，从而催生了各国对网络安全的焦虑。与此同时，网络作为一种载体，网络技术作为一种重要的手段，也对国家安全的其他方面产生重大影响，如恐怖分子利用网络制造网络恐怖主义、敌对双方利用网络摧毁对方信息系统设施等。

信息技术和网络空间的迅速发展，已悄然改变了现代国防安全的概念。在网络化时代，互联网给国家安全带来了新的威胁。网络化是将一个社会中的各个阶层和成员，包括个人、集体和机构，以及其他社会成员组织起来的主要形式。网络化赋予社会各个阶层新的能力。随着网络化的发展，接入这个网络的社会成员将越来越多，甚至涵盖每个个人、集体和单位，网络因而成为整个社会的神经系统。围绕着网络将各种重要的机构和业务活动组织起来已经成为信息时代的一个历史性的趋势，网络构成了人类社会的一种全新的社会形态。网络的不断发展不仅持续地改变着生产和服务的过程和结果，也随时改变着权利的运行，扩大文化的内涵，成为非传统安全领域中最突出、最核心的问题，在近 10 年间迅速上升为国家安全战略的新重心和国家安全研究领域的新课题。

经济上,经济活动向网络空间迁移,不仅改变了社会经济系统的运行方式,极大地提高了社会经济系统运行的效率,而且改变了社会经济系统的结构;政治上,网络信息资源成为各国对他国施加政治影响的便捷手段,网络被用来冲击国家主权,网络主权的概念被提出,因此网络安全可直接作用于政治安全;文化上,互联网在加速多元文化的传播和相互交流的同时,信息优势国家压制信息弱势国家,对其文化准则、道德价值观念进行文化侵略、文化扩张,形成巨大的冲击影响;军事上,网络使战争手段更加先进,使平民有更多的机会影响战争,经由网络而凝聚和扩大的民意可以阻止也可以推进战争的进程,对国家安全形成新的威胁。

### 1.2.3 网络安全的种类

**1. 物理安全**

影响物理安全的因素包括:自然灾害(如雷电、地震、火灾等),物理损坏(如硬盘损坏、设备使用寿命到期等),设备故障(如停电、电磁干扰等),意外事故;电磁泄漏,信息泄露,干扰他人,受他人干扰,趁机而入(如进入安全进程后半途离开),痕迹泄露(如口令密钥等保管不善);操作失误(如删除文件、格式化硬盘、线路拆除等),意外疏漏,计算机系统机房环境的安全。

**2. 系统安全**

(1) 操作系统的安全控制:如用户开机输入的口令(某些计算机主板有“万能口令”),对文件的读写存取的控制(如UNIX系统的文件属性控制机制)。

(2) 网络接口模块的安全控制:在网络环境下对来自其他机器的网络通信进程进行安全控制,主要包括身份认证、客户权限设置与判别、审计日志等。

(3) 网络互联设备的安全控制:对整个子网内所有主机的传输信息和运行状态进行安全监测和控制,主要通过网管软件或路由器配置实现。

**3. 电子商务安全**

电子商务安全从整体上可分为两大部分:计算机网络安全和商务交易安全。

1) 计算机网络安全存在的主要问题

(1) 未进行操作系统相关安全配置。

不论采用什么操作系统,在默认安装的条件下都会存在一些安全问题,只有专门针对操作系统安全性进行严格的安全配置,才能达到一定安全程度。千万不要以为操作系统默认安装后,再配上很强的密码系统就算安全了。网络软件的漏洞和“后门”是进行网络攻击的首选目标。

(2) 未进行网页程序代码审计。

如果是通用的网页程序问题,防范起来还稍微容易一些,但是对于网站或软件供应商专门开发的一些网页程序,很多存在严重的网页程序问题,对于电子商务站点,会出现恶意攻击者冒用他人账号进行网上购物等严重后果。

(3) 拒绝服务攻击。

随着电子商务的兴起,对网站的实时性要求越来越高,拒绝服务(Denial of Service,DoS)攻击或分布式拒绝服务(Distributed Denial of Service,DDoS)攻击对网站的威胁越来越大。以网络瘫痪为目标的袭击效果比任何传统的恐怖主义和战争方式都更强烈,破坏性更大,造成危害的速度更快,范围也更广,而袭击者本身的风险却非常小,甚至可以在袭击开始前就已经消失得无影无踪，使对方没有实行报复打击的可能。

(4) 安全产品使用不当。

虽然不少网站采用了一些网络安全设备，但由于安全产品本身的问题或使用问题，这些产品并没有起到应有的作用。很多安全厂商的产品对配置人员的技术背景要求很高，超出对普通网管人员的技术要求，就算是厂家在最初给用户做了正确的安装、配置，一旦系统改动，需要改动相关安全产品的设置时，很容易产生许多安全问题。

(5) 缺少严格的网络安全管理制度。

网络安全最重要的还是要在思想上高度重视，网站或局域网内部的安全需要用完备的安全制度来保障。建立和实施严密的计算机网络安全制度和策略是真正实现网络安全的基础。

2) 计算机商务交易安全存在的主要问题

(1) 窃取信息。

由于未采用加密措施，数据信息在网络上以明文形式传送，入侵者在数据包经过的网关或路由器上可以截获传送的信息。通过多次窃取和分析，可以找到信息的规律和格式，进而得到传输信息的内容，造成网上传输信息泄密。

(2) 篡改信息。

当入侵者掌握了信息的格式和规律后，通过各种技术手段和方法将网络上传送的信息数据在中途修改，然后再发向目的地。这种方法并不新鲜，在路由器或网关上都可以做此类工作。

(3) 假冒。

由于掌握了数据的格式，并可以篡改通过的信息，攻击者可以冒充合法用户发送假冒的信息或主动获取信息，而远端用户通常很难分辨。

(4) 恶意破坏。

由于攻击者可以接入网络，可能对网络中的信息进行修改，掌握网上的重要信息，甚至可以潜入网络内部，其后果是非常严重的。

**4. 协议安全**

由于协议的开放性，TCP/IP 本身没有提供安全性的保证，导致存在许多协议上的漏洞和隐患。例如，TCP/IP 数据流采用明文传输，由此可能出现源地址欺骗或 IP 欺骗、源路由选择欺骗、路由选择信息协议攻击、鉴别攻击、TCP 序列号欺骗、TCP 序列号轰炸攻击等问题。

**5. 应用系统安全**

应用系统的安全与具体的应用有关，它的涉及面很广。应用系统的安全是动态的、不断变化的。应用的安全性也涉及信息的安全性，它包括很多方面。

应用的安全涉及方面很多，以 Internet 上应用最为广泛的 E-mail 系统为例，其解决方案有 SendMail、Netscape Messaging Server、Lotus Notes、Exchange Server、SUN CIMS 等几十种，其安全手段也涉及多种方式。应用系统是不断发展的且应用类型是不断增加的。在应用系统的安全性上，主要考虑尽可能建立安全的系统平台，而且通过专业的安全工具不断发现漏洞，修补漏洞，提高系统的安全性。

应用的安全性涉及信息、数据的安全性，信息的安全性涉及机密信息泄露、未经授权的访问、破坏信息完整性、假冒、破坏系统的可用性等。在某些网络系统中,涉及很多机密信息,如果一些重要信息遭到窃取或破坏,它对经济、社会和政治的影响将是很严重的。因此,用户使用计算机必须进行身份认证,对于重要信息的通信必须授权,传输必须加密。采用多层次的访问控制与权限控制手段,实现对数据的安全保护;采用加密技术,保证网上传输信息(包括管理员口令与账户、上传信息等)的机密性与完整性。

视频讲解

# 1.3 威胁网络安全的因素

## 1.3.1 黑客

谈到网络安全问题,就不能不谈黑客。黑客泛指擅长信息技术(Information Technology,IT)的人群、计算机科学家。黑客的定义是:“喜欢探索软件程序奥秘,并从中增长其个人才干的人。他们不像绝大多数计算机使用者,只规规矩矩地了解别人指定了解的范围狭小的部分知识。”

“黑客”是一个中文词语,源自英文 Hacker。实际上,黑客与英文原文 Hacker、Cracker等含义不能够达到完全对译,这是中英文语言词汇各自发展中形成的差异。Hacker 一词,最初曾指热心于计算机技术、水平高超的计算机专家,尤其是程序设计人员,逐渐区分为白帽、灰帽、黑帽等,其中黑帽(Black Hat)实际就是 Cracker。到了今天,缺乏常识的人们都认为“黑客”泛指那些专门利用计算机病毒搞破坏的家伙,但事实上黑客只是指在计算机方面有造诣的人。在媒体报道中,“黑客”一词常指那些软件黑客(Software Cracker),而与黑客相对的是红客。当然,也有正义的黑客。

“黑客”大都是程序员,他们对于操作系统和编程语言有着深刻的认识,乐于探索操作系统的奥秘且善于通过探索了解系统中的漏洞及其原因所在,他们恪守这样一条准则:Never damage any system(永不破坏任何系统)。他们近乎疯狂地钻研计算机系统知识并乐于与他人共享成果。他们一度是计算机发展史上的英雄,为推动计算机的发展起到了重要的作用。在网络刚兴起时,从事黑客活动就意味着对计算机的潜力进行人类智力上最大程度的发掘。国际上的著名黑客均强烈支持信息共享论,认为信息、技术和知识都应当被所有人共享,而不能为少数人所垄断。大多数黑客都具有反社会或反传统的色彩,另外一个特征是十分重视团队的合作精神。

显然,“黑客”一词原来并没有丝毫的贬义成分。直到后来,少数怀着不良的企图,利用非法手段获得的系统访问权去闯入远程计算机系统、破坏重要数据,或为了自己的私利而制造麻烦的具有恶意行为特征的人慢慢玷污了“黑客”的名声,“黑客”才逐渐演变成入侵者、破坏者的代名词。

目前,黑客已成为一个特殊的社会群体,欧美有不少完全合法的黑客组织,黑客们经常召开技术交流会。1997 年 11 月,在纽约就召开了第 1 次世界黑客大会,与会者达四五千人,堪称一次“黑客大阅兵”。黑客竞赛是大会最吸引人的主题,顶尖黑客会获得不菲的奖金。2006 年 4 月,韩国首尔举行的为期两天的“黑客竞技擂台”上,美军就有人在现场等着“挖人”。来自瑞典、西班牙、美国、意大利、韩国等国家的 36 名参赛者组成 8 个“顶级黑客”小组,各自展现高超的黑客技术。其中,只有那些被各国安全部门列入“重点监控对象”名单的世界顶级黑客才能跻身决赛选手之列。举办方负责人说:“举办这次大赛的目的是挖掘出之前未被发现的黑客,在确认其实力后,培养成专家。”2010年8月,美国一个名为“警戒”的网站人员在出席拉斯维加斯“世界黑客大会”时声称,他们作为民间组织,一直与政府有秘密合作,任务是“通过网络搜寻线索,以打击网络袭击、恐怖主义和贩毒集团”。“警戒”还宣称,他们在22个国家设有情报收集员,并准备扩招1750名“通过审查的志愿者”,“做政府不能做的事”。2011年,在世界黑客大会上,主办方首次开设了一个儿童班,计划招收8～16岁的孩子。其中大多数报名者都是黑客们自己的孩子或亲戚。2014年,黑客大会的一个重要议题是“怎样能破解一切”,从这些大会的内容上可以看出网络威胁越来越严峻。

另外,黑客组织在因特网上利用自己的网站介绍黑客攻击手段,免费提供各种黑客工具软件,出版网上黑客杂志。这使得普通人也能很容易下载并学会使用一些简单的黑客手段或工具对网络进行某种程度的攻击,进一步恶化了网络安全环境。

### 1.3.2 黑客会做什么

很多人曾经问:“黑客平时都做什么?是不是非常刺激?”也有人对黑客的理解是“天天做无聊且重复的事情”。实际上这些又是错误的认识,黑客平时需要用大量的时间学习,由于学习黑客技术完全出于个人爱好,因此没有所谓的“无聊”;重复是不可避免的,因为“熟能生巧”,只有经过不断的练习、实践,才可能自己体会出一些只可意会、不可言传的心得。

在学习之余,黑客应该将自己所掌握的知识应用到实际当中。无论是哪种黑客做出来的事情,根本目的无非是在实际中掌握自己所学习的内容。黑客的行为主要有以下几种。

**1. 学习技术**

互联网上的新技术一旦出现,黑客就必须立刻学习,并用最短的时间掌握这项技术,这里所说的掌握并不是一般的了解,而是阅读有关的“协议”,深入了解此技术的机理,否则一旦停止学习,那么依靠他以前掌握的内容维持他的“黑客身份”将超不过一年。

初级黑客要学习知识是比较困难的,因为他们没有基础,所以学习起来要接触非常多的基本内容。当今的互联网能够给使用者提供足够多的信息,初学者需要在其中进行筛选:太深的内容可能会给学习带来困难;太“花哨”的内容又对学习没有用处。所以初学者不能贪多,应该尽量寻找一本书或适合自己的完整教材,循序渐进地进行学习。

**2. 伪装自己**

黑客的一举一动都会被服务器记录下来,所以黑客必须伪装自己使对方无法辨别其真实身份,这需要有熟练的技巧,用来伪装自己的IP地址、使用跳板逃避跟踪、清理记录扰乱对方线索、巧妙躲开防火墙等。

伪装是需要非常过硬的基本功才能实现的,这对于初学者是很困难的,也就是说,初学者不可能用很短的时间学会伪装,所以不鼓励初学者利用自己所学习的知识对网络进行攻击,否则一旦自己的行迹败露,最终受害的是自己。

**3. 发现漏洞**

漏洞对黑客来说是最重要的信息,黑客要经常学习别人发现的漏洞,努力寻找未知的漏洞,并从海量的漏洞中寻找有价值的、可被利用的漏洞进行试验。当然,他们最终的目的是通过漏洞进行破坏,或者修补这个漏洞。

黑客对寻找漏洞的执着是常人难以想象的,他们的口号是“打破权威”。从一次又一次的实践中,黑客也用自己的实际行动向世人印证了这一点——世界上没有"不存在漏洞"的程序。在黑客眼中,所谓的"天衣无缝"不过是"没有找到"而已。

**4. 利用漏洞**

对于正派黑客,漏洞要被修补;对于邪派黑客,漏洞要用来搞破坏。而他们的基本前提是"利用漏洞",黑客利用漏洞可以做以下事情。

(1) 获得系统信息。有些漏洞可以泄露系统信息,暴露敏感资料,从而进一步入侵系统。

(2) 入侵系统。通过漏洞进入系统内部,取得服务器上的内部资料,或完全掌管服务器。

(3) 寻找下一个目标。一个胜利意味着下一个目标的出现,黑客应该充分利用自己已经掌管的服务器作为工具,寻找并入侵下一个系统。

(4) 做一些好事。正派黑客在完成上面的工作后,就会修复漏洞或通知系统管理员,做出一些维护网络安全的事情。

(5) 做一些坏事。邪派黑客在完成上面的工作后,会判断服务器是否还有利用价值。如果有利用价值,他们会在服务器上植入木马或后门,便于下一次来访;而对于没有利用价值的服务器他们绝不留情,系统崩溃会让他们有无限的快感。

### 1.3.3 黑客攻击

黑客常用的破解密码方法如下。

**1. 将屏幕记录下来**

为了防止按键记录工具,产生了使用鼠标和图片录入密码的方式,这时黑客可以通过木马程序将用户屏幕截取下来并记录鼠标点击的位置,通过记录鼠标位置对比截屏的图片,从而破解用户密码。

**2. 对键盘进行多种监控**

如果用户密码较为复杂,那么就难以使用暴力穷举的方式破解,这时黑客往往通过安装木马病毒,设计"按键记录"程序,记录和监听用户的按键操作,然后通过各种方式将记录下来的用户按键内容传送给黑客,这样,黑客通过分析用户按键信息即可破解出用户的密码。

**3. 钓鱼及伪造网站诈骗**

"网络钓鱼"攻击利用欺骗性的电子邮件和伪造的网站登录站点进行诈骗活动,受骗者往往会泄露自己的敏感信息(如用户名、口令、账号、个人识别码或信用卡详细信息),网络钓鱼主要通过发送电子邮件引诱用户登录假冒的网上银行、证券网站,骗取用户账号密码实施盗窃。

**4. 暴力破解**

密码破解技术中最基本的就是暴力破解,也叫作密码穷举。如果黑客事先知道了账号,如邮件账号、QQ号、网上银行账号等,而用户的密码又设置得十分简单,比如用简单的数字组合,黑客使用暴力破解工具很快就可以破解出密码。因此,用户要尽量将密码设置得复杂一些。

**5. 使用嗅探器进行获取**

在局域网上,黑客要想迅速获得大量的账号(包括用户名和密码),最有效的手段是使用

Sniffer 程序。Sniffer，中文译为嗅探器，是一种威胁性极大的被动攻击工具。使用这种工具，可以监视网络的状态、数据流动情况以及网络上传输的信息。当信息以明文的形式在网络上传输时，便可以使用网络监听的方式窃取网上传送的数据包。将网络接口设置在监听模式，便可以截获网上传输的源源不断的信息。任何直接通过超文本传输协议（Hypertext Transfer Protocol，HTTP）、文件传输协议（File Transfer Protocol，FTP）、邮局协议（Post Office Protocol，POP）、简单邮件传输协议（Simple Mail Transfer Protocol，SMTP）、Telnet 协议传输的数据包都会被 Sniffer 程序监听。

**6. 植入木马进行远程控制**

使用远程控制木马监视用户本地计算机的所有操作，用户的任何键盘和鼠标操作都会被黑客远程截取。

**7. 使用密码的不良习惯**

有一些公司的员工虽然设置了很长的密码，却将密码写在纸上，还有人使用自己的名字或生日作为密码，还有人使用常用的单词作为密码，这些不良的习惯将导致密码极易被破解。

**8. 通过社工手段分析推理**

如果用户使用了多个系统，黑客可以先破解较简单系统的用户密码，然后用已经破解的密码推算出其他系统的用户密码，如很多用户对于自己的所有系统都使用相同的密码。

**9. 使用工具破解**

对于本地一些以星号方式保存的密码，可以使用类似 Password Reminder 这样的工具破解，把 Password Reminder 中的放大镜拖到星号上，便可以破解这个密码了。

**10. 密码心理学**

很多著名的黑客破解密码并非用了什么尖端的技术，而只是用到了密码心理学，从用户的心理入手，从细微处分析用户的信息和心理，从而更快地破解出密码。其实，获得信息还有很多途径，密码心理学掌握得好，可以非常快速破解获得用户信息。

黑客攻击即黑客破坏和破解计算机程序、系统从而危及网络安全，是网络攻击中最常见的现象。其攻击手段可以分为破坏性攻击和非破坏性攻击两类。前者是以侵入他人计算机系统，盗窃系统的保护信息，破坏目标系统数据为目的；后者通常是为了扰乱系统的运行，并不是盗窃系统资料，攻击手段包括拒绝服务攻击和信息炸弹。

2011 年年初，美国南加州一家大型供水企业计划探测工业控制系统的漏洞，便雇用洛杉矶著名黑客马克·迈弗雷特进行测试。仅一天时间，迈弗雷特就控制了对饮用水进行化学处理的设备。他只需轻点几下鼠标，就能让数百万家庭的饮用水不能饮用。事实上，被迈弗雷特攻击劫持的工业控制系统还广泛应用在输油管道、化工厂、电力网络等基础设施上。一旦系统遭到攻击，街区可能爆炸，银行数据可能丢失，飞机导航可能失灵，甚至造成全国性的大面积停电事故，危害巨大。

黑客攻击经常是有组织的网络犯罪。互联网作为个人、政治和商业活动的平台，以及金融、知识产权交易的重要媒介，自然会被犯罪分子所利用。与传统的有组织犯罪不同，有组织的网络犯罪活动既包括借助互联网进行的传统犯罪活动，如网络赌博、网络洗钱、网络色情等；也包括互联网所独有的犯罪活动，如网络推手炒作、网络私服外挂诈骗、窃取重要网络信息、非法网络集资诈骗等。21 世纪的网络犯罪组织拥有高超的网络技术，甚至拥有完善的人事组织制度,注重组织内部的合作,在互联网上进行跨区域、跨国界的有组织犯罪。单靠某国的力量,对这类犯罪已无法彻底根除,必须形成一种国际联合,才能给其以有效打击。



### 1.3.4 史上最危险的计算机黑客

**1. 凯文·米特尼克(Kevin Mitnick)**

从某种意义上讲,凯文·米特尼克也许已经成为黑客的同义词。美国司法部曾经将米特尼克称为"美国历史上被通缉的头号计算机罪犯",他的所作所为已经被记录在两部好莱坞电影中,分别是 *Takedown* 和 *Freedom Downtime*。

米特尼克"事业"的起点是破解洛杉矶公交车打卡系统,他因此得以免费乘车。在此之后,他也同苹果联合创始人史蒂夫·沃兹尼亚克(Steve Wozniak)一样,试图盗打电话。米特尼克首次被宣判有罪是因为非法入侵 Digital Equipment 公司的计算机网络,并窃取软件。

之后的两年半时间里,米特尼克展开了疯狂的黑客行动。他开始入侵计算机,破坏电话网络,窃取公司商业秘密,并闯入了美国国防部预警系统。最终,他因为入侵计算机专家、黑客 Tsutomu Shimomura 的家用计算机而落网。在长达5年8个月的单独监禁之后,米特尼克现在的身份是一位计算机安全作家、顾问和演讲者。

**2. 阿德里安·拉莫(Adrian Lamo)**

拉莫专门找大公司或组织下手,如入侵微软公司和《纽约时报》的内部网络。他经常利用咖啡店、复印店或图书馆的网络从事黑客行为,因此他获得了一个"不回家的黑客"的绰号。拉莫经常能发现安全漏洞,并对其加以利用。通常情况下,他会通知企业有关漏洞的信息。

拉莫的受害者名单包括雅虎、花旗银行、美洲银行和 Cingular 等知名公司。白帽黑客这样做并不违法,因为他们受雇于公司。但是,拉莫却从事着非法行为。由于入侵《纽约时报》内部网络,拉莫成为顶尖数码罪犯之一。也正是因为这一罪行,他被处以6.5万美元罚款,以及6个月家庭禁闭和两年缓刑。拉莫现在是一位著名的公共发言人,同时还是一名获奖记者。

**3. 乔纳森·詹姆斯(Jonathan James)**

在詹姆斯16岁时,他成为第1名因为黑客行为而被送入监狱的未成年人。此后,他承认自己当初只是为了好玩和寻求挑战。

詹姆斯曾经入侵过很多著名组织的网络,包括美国国防部下设的国防威胁降低局。通过此次黑客行动,他可以捕获用户名和密码,并浏览高度机密的电子邮件。詹姆斯还曾入侵过美国宇航局的计算机,并窃走价值170万美元的软件。据美国司法部长称,他所窃取的软件主要用于维护国际空间站的物理环境,包括对湿度和温度的控制。

当詹姆斯的入侵行为被发现后,美国宇航局被迫关闭了整个计算机系统,并因此花费了纳税人的4.1万美元。目前,詹姆斯成立了一家计算机安全公司。

**4. 罗伯特·塔潘·莫里斯(Robert Tappan Morris)**

莫里斯的父亲是前美国国家安全局的一名科学家,他是莫里斯蠕虫的制造者,这是首个通过互联网传播的蠕虫。正因为如此,他成为了首位依据1986年《计算机欺诈和滥用法》被起诉的人。

莫里斯在康奈尔大学就读期间制作了蠕虫，当时的目的仅仅是探究互联网有多大。然而，莫里斯蠕虫以无法控制的方式自我复制，造成很多计算机死机。据专家称，约有6000台计算机遭到破坏。他最后被判处3年缓刑、400小时社区服务和1.05万美元罚款。

莫里斯目前是麻省理工大学计算机科学和人工智能实验室的终身教授，主攻方向是计算机网络架构。

**5. 凯文·普尔森(Kevin Poulsen)**

普尔森经常被称为“黑暗但丁”，他因非法入侵洛杉矶KIIS-FM电台电话线路而全美闻名，同时也因此获得了一辆保时捷汽车。就连美国联邦调查局(Federal Bureau of Investigation，FBI)也开始追查普尔森，因为他闯入了FBI数据库和联邦计算机，目的是获取敏感的窃听信息。

普尔森的专长是入侵电话线路，他经常占据一个基站的全部电话线路。普尔森还经常重新激活黄页上的电话号码，并提供给自己的伙伴用于出售。他最终在一家超市被捕，并被处以5年监禁。

在监狱服刑期间，普尔森担任了《连线》杂志的记者，并升任高级编辑。在他最著名的一篇文章中，主要讲述了他如何通过Myspace个人资料找到744名性犯罪者。

### 1.3.5 网络攻击分类

网络攻击的方法多种多样，它攻击的主要目标有网络信息的保密性、网络信息的完整性、网络服务的可用性、网络信息的非否认性及网络运营的可控性。网络攻击可分为两类：主动攻击和被动攻击。

(1) 主动攻击：包含攻击者访问他所需信息的故意行为。例如，远程登录到指定机器的25端口找出公司运行的邮件服务器的信息；伪造无效IP地址去连接服务器，使接收到错误IP地址的系统浪费时间去连接那个非法地址。攻击者是在主动地做一些不利于你或你的公司系统的事情。正因为如此，要找到他们是很容易的。主动攻击包括拒绝服务攻击、信息篡改、资源使用、欺骗等攻击方式。

(2) 被动攻击：主要是收集信息而不是进行访问，数据的合法用户对这种活动一点也不会觉察到。被动攻击包括嗅探、信息收集等攻击方法。

这样的分类方法并不能说明主动攻击不能收集信息或被动攻击不能被用来访问系统。多数情况下，这两种类型被联合用于入侵一个站点。但是，大多数被动攻击不一定包括可被跟踪的行为，因此更难被发现。实际上黑客实施一次入侵行为，为达到他的攻击目的会结合采用多种攻击手段，在不同的入侵阶段使用不同的方法。下面将对各种攻击形式分别介绍。

### 1.3.6 常见网络攻击形式

网络攻击中的牺牲者往往是一些中小型的局域网，因为它们的网络安全的防御和反击能力都相对较差，故而在各种“江湖纷争”中总是成为借刀杀人中的“人”或“刀”。这里简单地列出常见的网络攻击形式，如图1.10所示。

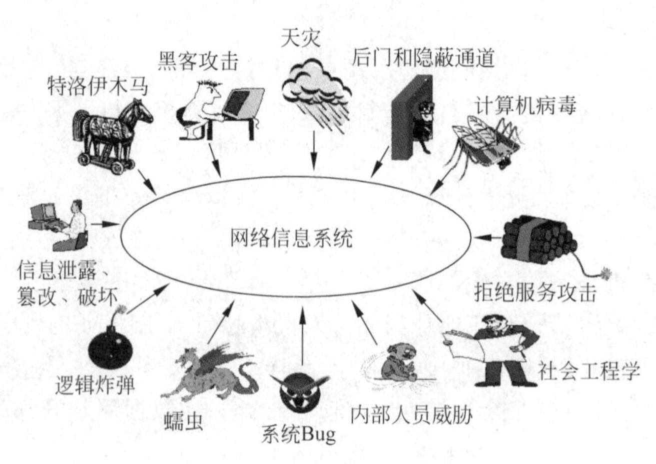


图 1.10　常见的网络攻击形式

**1. 逻辑炸弹**

所谓逻辑炸弹,是指在满足特定逻辑条件时,实施破坏的计算机程序。该程序触发后造成计算机数据丢失、计算机不能从硬盘或软盘引导,甚至会使整个系统瘫痪,并出现物理损坏的虚假现象。逻辑炸弹引发时的症状与某些病毒的作用结果相似,并会对社会引发连带性的灾难。与病毒相比,它强调破坏作用本身,而实施破坏的程序不具有传染性。这样的一个逻辑炸弹非常类似于真实世界中的地雷。使用逻辑炸弹的一个经典应用是要确保用户支付软件的使用费用。如果到某一特定日期仍然没有付款,逻辑炸弹就会激活,使软件自动删除其自身。一个更恶意的形式是逻辑炸弹会删除系统上的其他数据。

**2. 系统 Bug**

Bug 一词的原意是“臭虫”或“虫子”。但是现在,在计算机系统或程序中,如果隐藏着一些未被发现的缺陷或问题,人们也叫它 Bug。所谓 Bug,是指计算机系统的硬件、系统软件(如操作系统)或应用软件(如文字处理软件)出错。硬件的出错有两个原因:一是设计错误;二是硬件部件老化失效等。

现在的软件复杂程度早已超出了一般人能控制的范围,如 Windows 操作系统会不定期地公布其中的 Bug,这些 Bug 对网络安全也会造成重大影响,如何减少以至消灭程序中的 Bug 一直是程序员极为重视的课题。

**3. 社会工程学**

黑客将社会工程学定义为非计算机 Bug,通过利用受害者心理弱点、本能反应、好奇心、信任、贪婪等心理陷阱进行诸如欺骗、伤害等危害手段,并最终获得信息为最终目的学科,在计算机入侵中此词条被经常使用和广泛定义。

社会工程学是黑客米特尼克在《欺骗的艺术》中所提出,但其初始目的是让全球的网民能够懂得网络安全,提高警惕,防止没必要的个人损失。但在我国黑客集体中还有不断使用这种手段欺骗无知网民的违法行为,社会影响恶劣,一直受到公安机关的严厉打击。一切通过各种渠道散布、传播、教授黑客技术的行为都构成传授犯罪方法罪,如出版的《黑客社会工程学攻击》已被公安机关网安部门所关注,予以打击。一切使用黑客技术犯罪的行为都将受到法律严厉制裁,请读者慎用这把“双刃剑”。

所有社会工程学攻击都建立在使人决断产生认知偏差的基础上。有时这些偏差被称为

"人类硬件漏洞",足以产生众多攻击方式,举例如下。

(1) 假托。假托是一种制造虚假情形,以迫使受害人吐露平时不愿泄露的信息的手段。该方法通常包括对特殊情景专用术语的研究,以建立合情合理的假象。

(2) 等价交换。攻击者伪装成公司内部技术人员或问卷调查人员,要求对方给出密码等关键信息。在2003年信息安全调查中,90%的办公室人员答应给出自己的密码以换取调查人员声称提供的一支廉价钢笔。后续的一些调查中也发现用巧克力或其他一些小诱惑可以得到同样的结果(得到的密码有效性未检验)。攻击者也可能伪装成公司技术支持人员,"帮助"解决技术问题,悄悄植入恶意程序或盗取信息。

**4. 后门和隐蔽通道**

事实上没有完美无缺的代码,也许系统的某处正潜伏着重大的隐蔽通道或后门等待人们的发现,区别只是在于谁先发现它。只有本着怀疑一切的态度,从各个方面检查所输入信息的正确性,才能回避这些缺陷。例如,如果程序有固定尺寸的缓冲区,无论是什么类型,一定要保证它不溢出;如果使用动态内存分配,一定要为内存或文件系统的耗尽做好准备,并且牢记恢复策略可能也需要内存和磁盘空间。

**5. 拒绝服务攻击**

拒绝服务攻击即攻击者想办法让目标机器停止提供服务或资源访问,从而阻止正常用户的访问,是黑客常用的攻击手段之一。这些资源包括磁盘空间、内存、进程甚至网络带宽。其实对网络带宽进行的消耗性攻击只是拒绝服务攻击的一小部分,只要能够对目标造成麻烦,使某些服务被暂停甚至主机死机,都属于拒绝服务攻击。拒绝服务攻击问题也一直得不到有效的解决,究其原因,网络协议本身存在安全缺陷,因此拒绝服务攻击往往成为攻击者的终极手段。攻击者进行拒绝服务攻击,实际上让服务器实现两种效果:一是迫使服务器的缓冲区满,不接受新的请求;二是使用IP欺骗,迫使服务器把合法用户的连接复位,影响合法用户的连接。

**6. 病毒、蠕虫和特洛伊木马**

随着互联网的日益流行,各种病毒木马也猖獗起来,几乎每天都有新的病毒产生,大肆传播破坏,给广大互联网用户造成了极大的危害,几乎到了令人"谈毒色变"的地步。各种病毒、蠕虫、木马纷至沓来,令人防不胜防,苦恼无比。

病毒、蠕虫和特洛伊木马是可导致计算机系统和计算机上的信息损坏的恶意程序。它们可使网络和操作系统速度变慢,危害严重时甚至会完全破坏整个系统。受感染的计算机还能将它们传播给朋友、家人、同事及Web的其他地方,在更大范围内造成危害。这3种东西都是人为编制出的恶意代码,都会对用户造成危害,人们往往将它们统称为病毒。但其实这种称法并不准确,它们之间虽然有着共性,但也有着很大的差别。详细内容见第5章。

**7. 网络监听**

网络监听是一种监视网络状态、数据流和网络上传输信息的方法,可以将网络接口设置在监听模式,并且可以截获网上传输的信息。也就是说,当黑客登录网络主机并取得超级用户权限后,若要登录其他主机,使用网络监听可以有效地截获网上的数据,这是黑客使用最多的方法。但是,网络监听只能应用于物理上连接于同一网段的主机,通常被用于获取用户口令。

**8. SQL注入攻击**

SQL注入攻击一般是从正常的广域网端口进行访问的,表面上看与普通的Web页面访问类似,致使许多防火墙都没有发出警报。在访问数据库的时候,应用程序用输入的内容运行动态结构化查询语言(Structured Query Language,SQL)语句便会发生SQL注入攻击;还有当代码在存储过程中,只要这种存储过程传递了包含未筛选的用户输入的字符串也可能发生SQL注入攻击,但是黑客在连接数据库时的应用程序使用了权限过高的账户,就会将问题严重化。这就要求服务器管理员要经常查看互联网信息服务(Internet Information Service,IIS)日志,将这种破坏带来的损失降到最低。SQL注入首先要判断环境,寻找注入点,判断数据库类型,然后根据注入参数类型,最后构造SQL注入语句。

成功的SQL注入攻击可能带来以下严重后果。

(1) 系统管理员账户被篡改,数据库服务器遭遇攻击。

(2) 数据表中的资料被"盗取",如用户机密数据、密码和账户数据等。

(3) 黑客探知到数据结构,得以做进一步攻击。例如,为了获取数据库中所有Schema的具体内容,可以通过执行查询语句select * from sys.tables来实现。

(4) 系统的较高权限被获取后,恶意连接或跨站脚本攻击(Cross Site Scripting,XSS)可能加入网页。

(5) 操作系统是由数据库服务器提供支持的,可能被黑客修改或控制。

(6) 致使硬盘数据被破坏,从而造成整个系统的瘫痪。

**9. ARP欺骗**

ARP欺骗是黑客常用的攻击手段之一。ARP欺骗分为两种:一种是对路由器地址解析协议(Address Resolution Protocol,ARP)表的欺骗;另一种是对内网个人计算机(Personal Computer,PC)的网关欺骗。

第1种ARP欺骗的原理是截获网关数据。它通知路由器一系列错误的内网MAC(Media Access Control)地址,并按照一定的频率不断进行,使真实的地址信息无法通过更新保存在路由器中,结果路由器的所有数据只能发送给错误的MAC地址,造成正常PC无法收到信息。第2种ARP欺骗的原理是伪造网关。它的原理是建立假网关,让被它欺骗的PC向假网关发送数据,而不是通过正常的路由器途径上网。在PC看来,就是上不了网了,"网络掉线了"。

一般来说,ARP欺骗攻击的后果非常严重,大多数情况下会造成大面积掉线。除了掉线之外,进行ARP欺骗攻击时还会出现以下现象。

(1) 网上银行、游戏及QQ账号的频繁丢失。

一些人为了获取非法利益,利用ARP欺骗程序在网内进行非法活动,此类程序的主要目的在于破解账号登录时的加密解密算法,通过截取局域网中的数据包,然后以分析数据通信协议的方法截获用户的信息。运行这类木马病毒,就可以获得整个局域网中上网用户账号的详细信息并盗取。

(2) 网速时快时慢,极其不稳定,但单机进行光纤数据测试时一切正常。

当局域网内的某台计算机被ARP欺骗程序非法入侵后,它就会持续地向网内所有计算机及网络设备发送大量的非法ARP欺骗数据包,阻塞网络通道,造成网络设备的承载过重,导致网络的通信质量不稳定。

(3) 局域网内频繁性区域或整体掉线,重启计算机或网络设备后恢复正常。

当带有 ARP 欺骗程序的计算机在网内进行通信时就会导致频繁掉线,出现此类问题后重启计算机或禁用网卡会暂时解决问题,但掉线情况还会发生。

ARP 欺骗也有正当用途。其一是在一个需要登录的网络中,将未登录的计算机将其浏览网页强制转到登录页面,以便登录后才可使用网络。另外,有些备援机制的网络设备或服务器,也需要利用 ARP 欺骗以在设备出现故障时将信息导到备用的设备上。

也许用户还遇到过其他的攻击方式,在这里不能一一列举,总而言之一句话:网络之路,步步凶险。

## 1.4 我国互联网网络安全现状

视频讲解

为全面反映 2020 年上半年我国互联网在恶意程序传播、漏洞风险、DDoS 攻击、网站安全等方面的情况,国家互联网应急中心对 2020 年上半年监测数据进行了梳理,形成监测数据分析报告,简单介绍如下。

### 1.4.1 恶意程序

**1. 计算机恶意程序捕获情况**

2020 年上半年,捕获计算机恶意程序样本数量约 1815 万个,日均传播次数达 483 万余次,涉及计算机恶意程序家族约 1.1 万余个。按照传播来源统计,境外恶意程序主要来自美国、塞舌尔和加拿大等,具体分布如图 1.11 所示。

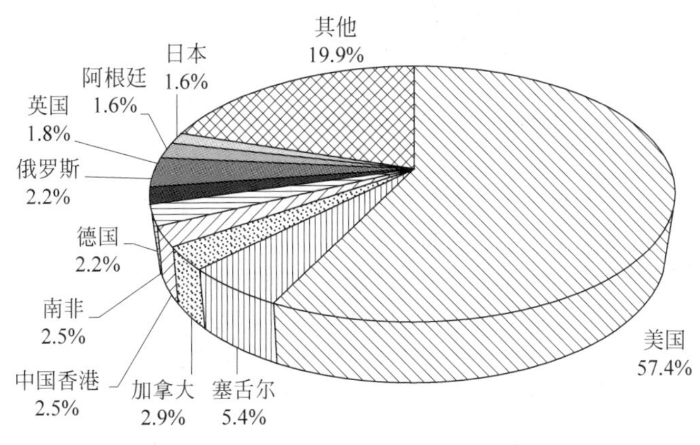


图 1.11 计算机恶意程序传播源境外分布情况

位于境内的恶意程序主要来自浙江省、广东省和北京市等。按照目标 IP 统计,我国境内受计算机恶意程序攻击的 IP 地址约为 4208 万个,约占我国 IP 总数的 12.4%,这些受攻击的 IP 地址主要集中在山东省、江苏省、广东省、浙江省等,我国受计算机恶意程序攻击的 IP 分布情况如图 1.12 所示。

**2. 计算机恶意程序用户感染情况**

我国境内感染计算机恶意程序的主机数量约为 304 万台,同比增长 25.7%。位于境外的约 2.5 万个计算机恶意程序控制服务器控制我国境内约 303 万台主机。就控制服务器所

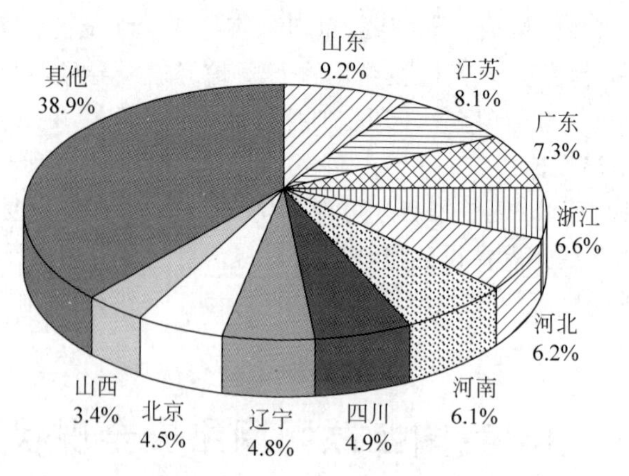


图 1.12　我国受计算机恶意程序攻击的 IP 分布情况

属国家或地区来看,位于美国、中国香港和荷兰的控制服务器数量分列前 3 位,分别是约 8216 个、1478 个和 1064 个,具体分布如图 1.13 所示。

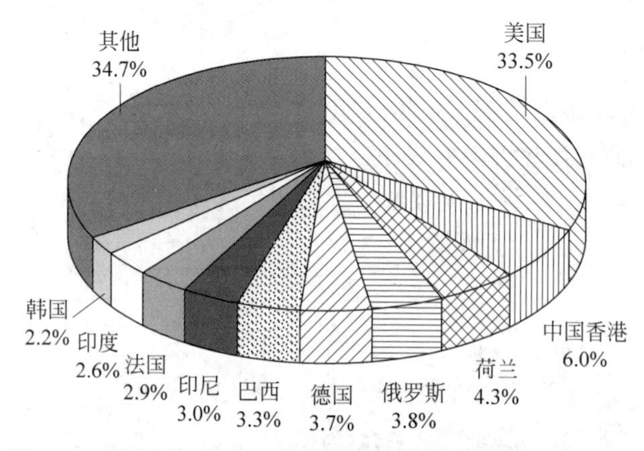


图 1.13　控制我国境内主机的境外恶意程序控制服务器分布

就所控制我国境内主机数量来看,位于美国、荷兰和德国的控制服务器控制规模分列前 3 位,分别控制我国境内约 252 万、127 万和 117 万台主机,如图 1.14 所示。

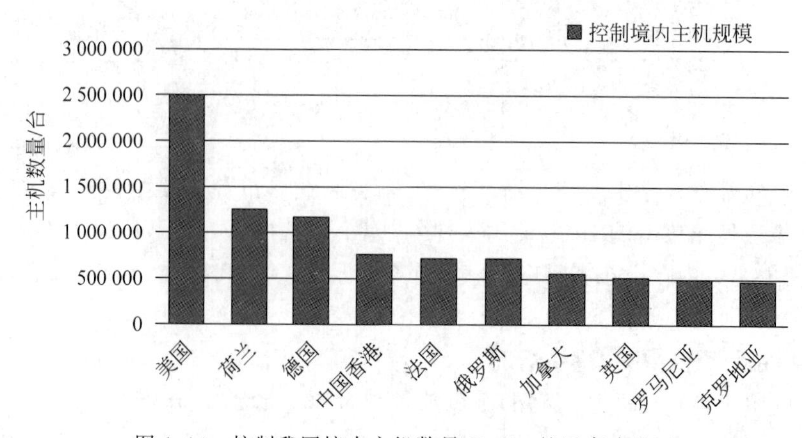


图 1.14　控制我国境内主机数量 Top10 的国家或地区

此外，根据抽样监测数据，针对IPv6网络的攻击情况也开始出现，境外累计约1200个IPv6地址的计算机恶意程序控制服务器控制了我国境内累计约1.5万台IPv6地址主机。从我国境内感染计算机恶意程序主机数量地区分布来看，主要分布在江苏省（占我国境内感染数量的15.3%）、浙江省（占11.9%）、广东省（占11.6%）等，在因感染计算机恶意程序而形成的僵尸网络中，规模在100台主机以上的僵尸网络有4696个，规模在10万台主机以上的僵尸网络有16个，相关机构处置了45个控制规模较大的僵尸网络，有效控制计算机恶意程序感染主机引发的危害。

**3. 移动互联网恶意程序**

2020年上半年，通过自主捕获和厂商交换发现新增移动互联网恶意程序163万余个，同比增长58.3%。通过对恶意程序的恶意行为统计发现，排名前3的仍然是流氓行为类、资费消耗类和信息窃取类，占比分别为36.5%、29.2%和15.1%。为有效防范移动互联网恶意程序的危害，严格控制移动互联网恶意程序传播途径，国内125家提供移动应用程序下载服务的平台下架了812个移动互联网恶意程序。

近年来，我国逐步加大对应用商店、应用程序的安全管理力度，要求应用商店对上架App的开发者进行实名审核，对App进行安全检测和内容版权审核等，使互联网黑产应用商店传播恶意App的难度明显增加。但同时，能够逃避监管并实现不良目的的“擦边球”式灰色应用却有所增长，如具有钓鱼目的、欺诈行为的仿冒App成为黑产的重要工具，持续对金融、交通、电信等重要行业的用户形成较大威胁。2020年上半年，通过自主监测和投诉举报方式发现新出现的仿冒App下载链接180个。这些仿冒App具有容易复制、版本更新频繁、蹭热点快速传播等特点，主要集中在仿冒公检法、银行、社交软件、支付软件、抢票软件等热门应用上，仿冒方式以仿冒名称、图标、页面等内容为主，具有很强的欺骗性。目前，由于开发者在应用商店申请App上架前，需要提交软件著作权等证明材料，仿冒App很难在应用商店上架，其流通渠道主要集中在网盘、云盘、广告平台等其他线上传播渠道。

**4. 联网智能设备恶意程序**

目前活跃在智能设备上的恶意程序家族超过15种，包括Mirai、Gafgyt、Dofloo、Tsunami、Hajime、MrBlack、Mozi、PinkPot等。这些恶意程序一般通过漏洞、暴力破解等途径入侵和控制智能设备。遭入侵控制后，联网智能设备存在用户信息和设备数据被窃、硬件设备遭控制和破坏、设备被用作跳板对内攻击内网其他主机或对外发动DDoS攻击等安全威胁和风险。

2020年上半年，发现智能设备恶意程序样本126万余个，其中大部分属于Mirai家族和Gafgyt家族，占比超过96.0%；发现服务端传播源IP地址5万余个，我国境内疑似受感染智能设备IP地址数量约为92万个，与2019上半年相比基本持平，主要位于浙江省、江苏省、安徽省、山东省、辽宁省等地。被控联网智能设备日均向1000余个目标发起DDoS攻击，与2019年上半年相比也基本持平。

### 1.4.2 安全漏洞

国家信息安全漏洞共享平台（China National Vulnerability Database，CNVD）收录通用型安全漏洞11 073个，同比大幅增长89.0%。其中，高危漏洞收录数量为4280个（占38.7%），同比大幅增长108.3%；0day漏洞收录数量为4582个（占41.4%），同比大幅增长80.7%。

安全漏洞主要涵盖的厂商或平台为谷歌(Google)、WordPress、甲骨文(Oracle)等。按影响对象分类统计,排名前3的是应用程序漏洞(占48.5%)、Web应用漏洞(占26.5%)、操作系统漏洞(占10.0%)。2020年上半年,CNVD处置涉及政府机构、重要信息系统等网络安全漏洞事件近1.5万起。

### 1.4.3 拒绝服务攻击

因攻击成本低、攻击效果明显等特点,DDoS攻击仍然是互联网用户面临的最常见、影响较大的网络安全威胁之一。抽样监测发现,我国每日峰值流量超过10Gbit/s的大流量DDoS攻击事件数量与2019年基本持平,约为220起。

**1. 攻击资源活跃情况**

经过持续监测分析与处置,可被利用的DDoS攻击资源稳定性降低,可利用活跃资源数量被控制在较低水平。2020年上半年,累计监测发现用于发起DDoS攻击的活跃C&C控制服务器2379台,其中位于境外的占比为95.5%,主要来自美国、荷兰、德国等;活跃的受控主机约为122万台,其中位于境内的占比为90.3%,主要来自江苏省、广东省、浙江省、山东省、安徽省等;反射攻击服务器约为801万台,其中位于境内的占比为67.4%,主要来自辽宁省、浙江省、广东省、吉林省、黑龙江省等。

**2. 境内大流量攻击情况**

在监测发现境内峰值流量超过10Gbit/s的大流量攻击事件中,主要攻击方式仍然是TCP SYN Flood、NTP Amplification、SSDP Amplification、DNS Amplification和UDP Flood,以上5种攻击占比达到82.9%。为躲避溯源,攻击者倾向于使用这些便于隐藏攻击源的攻击方式,并会根据攻击目标防护情况灵活组合攻击流量,混合型攻击方式占比为16.4%。此外,随着近年来"DDoS即服务"黑产模式猖獗,攻击者倾向于使用大流量攻击将攻击目标网络瞬间瘫痪,DDoS攻击时长小于半小时的攻击占比达81.5%,攻击目标主要位于浙江省、江苏省、福建省、山东省、广东省、北京市等,占比高达81.1%。

通过持续监测和跟踪DDoS攻击平台活跃情况发现,网页DDoS攻击平台以及利用Gafgyt、Mirai、Xor、BillGates、Mayday等僵尸网络家族发起攻击仍持续活跃,发起DDoS攻击事件较多。作为"DDoS即服务"黑产模式之一的网页DDoS攻击平台,因其直接面向用户提供服务,可由用户按需自主发起攻击,极大降低了发起DDoS攻击难度,导致DDoS攻击进一步泛滥。监测发现,由网页DDoS攻击平台发起的DDoS攻击事件数量最多,较2019年上半年增加32.2%。当前互联网上大量活跃的缺乏安全防护的物联网设备,为DDoS攻击平台猖獗发展提供了大量被控资源,导致DDoS攻击事件数量一直居高不下。Gafgyt和Mirai恶意程序新变种不断出现,使利用其形成的僵尸网络控制端和攻击事件数量维持在较高水平,而Xor恶意程序家族有明显特征显示其在对外提供"DDoS即服务"黑产业务,表现为以少量控制端维持较高攻击频度。

### 1.4.4 网站安全

**1. 网页仿冒**

监测发现针对我国境内网站仿冒页面约为1.9万个。CNCERT重点针对金融行业、电信行业网上营业厅等6226个仿冒页面进行处置,同比减少48.1%。在已协调处置的仿冒页面中，承载仿冒页面IP地址归属地居首位的仍然是中国香港，占比达74.0%。同时，进入2020年5月后，在针对我国境内网站的仿冒页面中，涉及"ETC在线认证"相关的网页仿冒数量呈井喷式增长，占比高达61.2%，此类钓鱼网站的主要承载IP地址仍然位于境外，仿冒形式主要包括"ETC信息认证""ETC在线办理认证""ETC在线认证中心"等不同页面主题，诈骗分子诱骗用户提交真实姓名、银行卡账号、身份证号、银行预留手机号、取款密码等个人隐私信息。

**2. 网站后门**

境内外约1.8万个IP地址对我国境内约3.59万个网站植入后门，我国境内被植入后门的网站数量较2019年上半年增长36.9%。其中，约有1.8万个境外IP地址(占全部IP地址总数的99.3%)对境内约3.57万个网站植入后门，位于美国的IP地址最多，占境外IP地址总数的19.0%，其次是位于菲律宾和中国香港的IP地址，如图1.15所示。

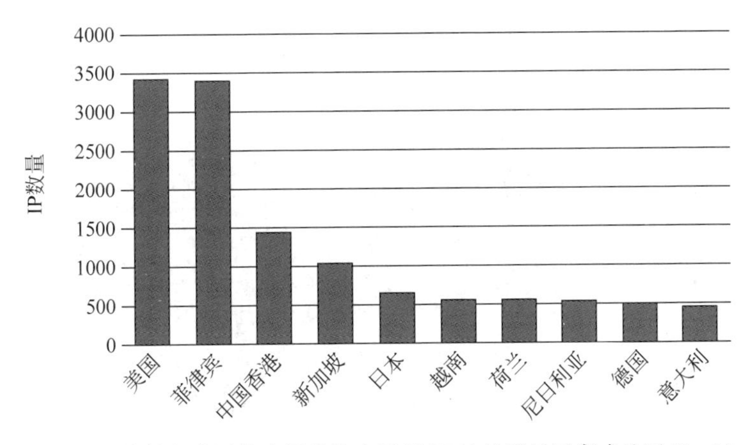


图1.15 境外向我国境内网站植入后门IP地址所属国家或地区Top10

从控制我国境内网站总数来看，位于菲律宾的IP地址控制我国境内网站数量最多，约为1.36万个，其次是位于中国香港地区和美国的IP地址，分别控制我国境内7300个和6020个网站。此外，随着我国IPv6规模部署工作加速推进，支持IPv6的网站范围不断扩大，攻击源、攻击目标为IPv6地址的网站后门事件592起，共涉及攻击源IPv6地址累计35个，被攻击IPv6地址解析网站域名累计72个。

**3. 网页篡改**

我国境内遭篡改的网站约有7.4万个，其中被篡改的政府网站有318个。从境内被篡改网页的顶级域名分布来看，占比分列前3位的仍然是".com"".net"".org"，分别占总数的74.1%、5.1%和1.7%。

### 1.4.5 云平台安全

我国云平台上网络安全威胁形势依然较为严峻。首先，发生在我国主流云平台上的各类网络安全事件数量占比仍然较高。其中，云平台上遭受DDoS攻击次数占境内目标被攻击次数的76.1%；被植入后门链接数量占境内全部被植入后门链接数量的90.3%；被篡改网页数量占境内被篡改网页数量的93.2%。其次，攻击者经常利用我国云平台发起网络攻击。其中，云平台作为控制端发起DDoS攻击次数占境内控制发起DDoS攻击次数的79.0%；

作为木马和僵尸网络恶意程序控制的被控端IP地址数量占境内全部被控端IP地址数量的96.3%;承载的恶意程序种类数量占境内互联网上承载的恶意程序种类数量的79.0%。

### 1.4.6 工业控制系统安全

**1. 工业控制系统互联网侧暴露情况**

监测发现暴露在互联网上的工业设备达4630台,涉及国内外35家厂商的可编程逻辑控制器、智能楼宇、数据采集等47种设备类型,具体类型分布如图1.16所示。其中存在高危漏洞隐患的设备占比约为41%。监测发现电力、石油天然气、城市轨道交通等重点行业暴露的联网监控管理系统480套,其中电力262套、石油天然气118套、城市轨道交通100套,涉及的类型包括政府监管平台、远程监控、资产管理、工程安全、数据检测系统、管网调度系统、办公自动化(Office Automation,OA)系统、云平台等,具体类型分布如图1.17所示。

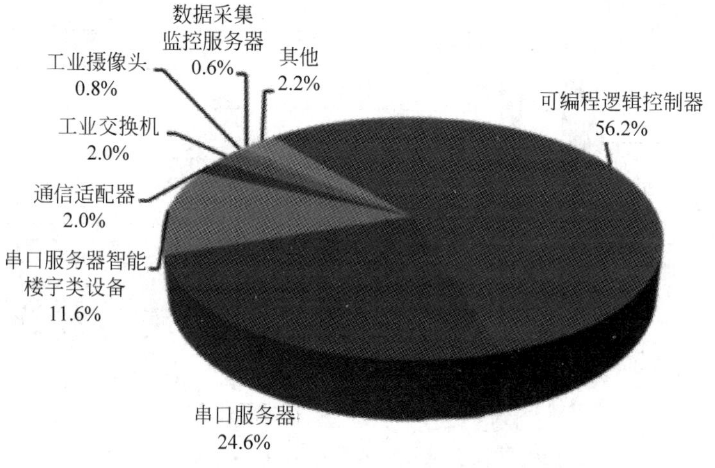


图1.16 监测发现的联网工业设备类型统计

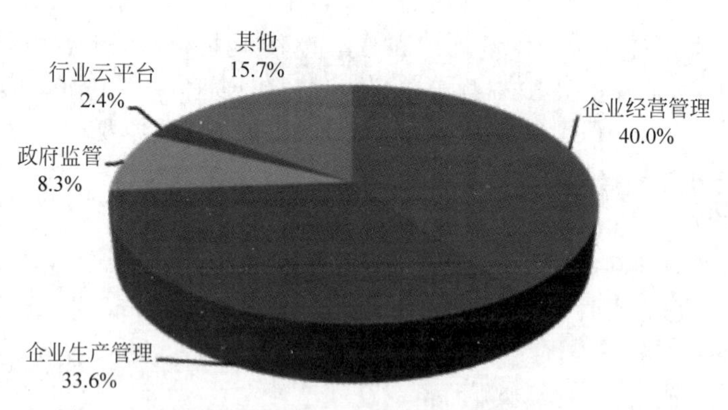


图1.17 监测发现的重点行业联网监控管理系统类型统计

其中存在信息泄露、跨站请求伪造、输入验证不当等高危漏洞隐患的系统占比约为11.1%。暴露在互联网的工业控制系统一旦被攻击,将严重威胁生产系统的安全。

**2. 工业控制系统互联网侧威胁监测情况**

境内工业控制系统的网络资产持续遭受来自境外的扫描嗅探日均超过2万次。经分析，嗅探行为源自美国、英国、德国等境外 90 个国家，目标涉及境内能源、制造、通信等重点行业的联网工业控制设备和系统。大量关键信息基础设施及其联网控制系统的网络资产信息被嗅探，给我国网络空间安全带来隐患。我国根云、航天云网、OneNET、COSMOPlat、奥普云、机智云等大型工业云平台持续遭受来自境外的网络攻击，平均 114 次/日，同比上升 27%，攻击类型分布如图 1.18 所示，涉及远程代码执行攻击、拒绝服务攻击、漏洞利用攻击等。工业云平台承载着大量接入设备、业务系统，以及企业、个人信息和重要数据，使其成为网络攻击的重点目标。

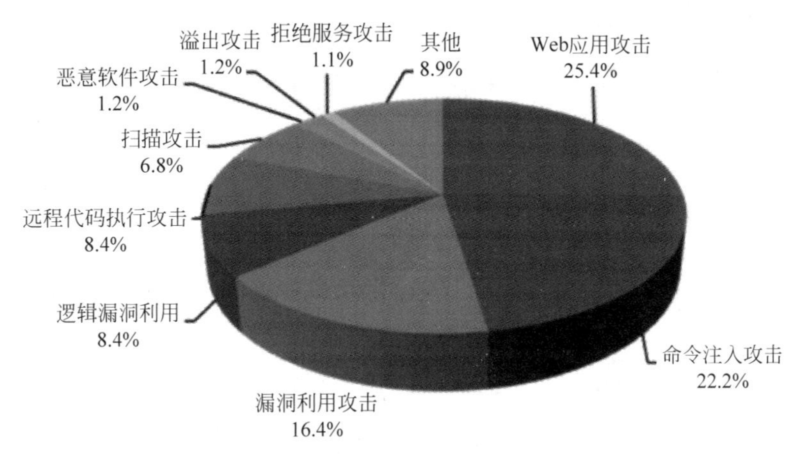


图 1.18　工业云平台攻击事件类型分布

### 3. 工业控制产品安全漏洞情况

CNVD、CVE、NVD 和 CNNVD 四大漏洞平台新增收录工业控制系统产品漏洞共计 323 个，其中高中危漏洞占比达 94.7%。如图 1.19 和图 1.20 所示，漏洞影响的产品广泛应用于制造业、能源、水务、信息技术、化工、交通运输、农业、商业设施、水利工程、政府机关等关键信息基础设施行业，漏洞涉及的产品供应商主要包括 ABB、万可、西门子、研华、施耐德、摩莎、三菱、海为、亚控、永宏等。

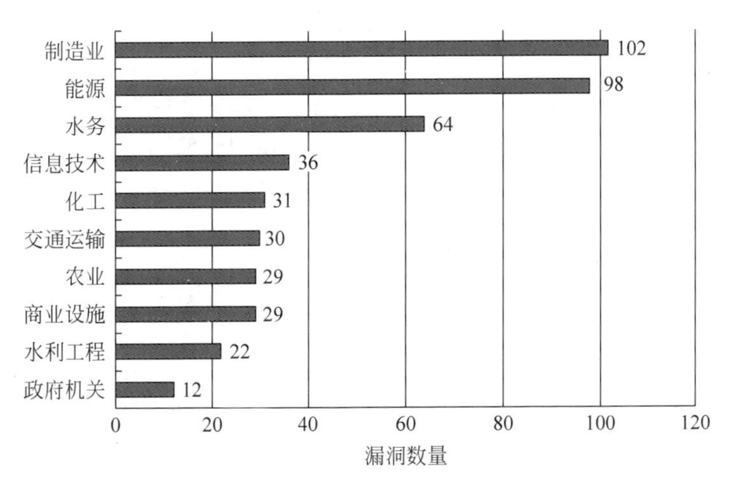


图 1.19　新增工业控制产品漏洞的行业分布 Top10

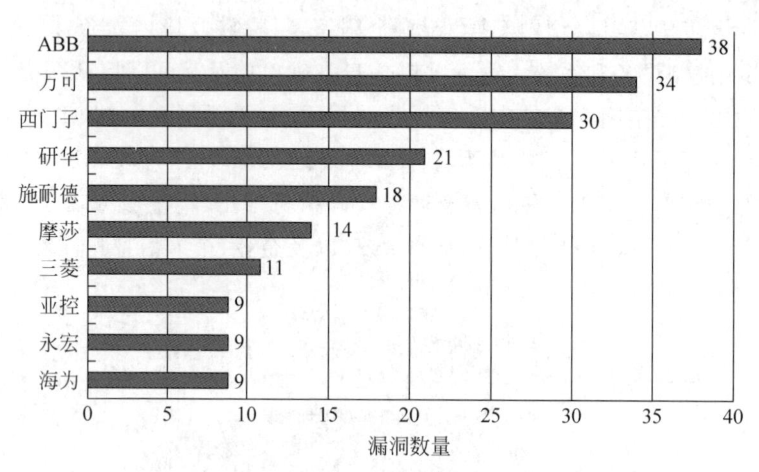


图1.20　新增工业控制产品漏洞的供应商分布Top10

# 1.5　个人数据信息面临的网络威胁

## 1.5.1　Cookie的使用

Cookie是网络服务商或网络托管商为了跟踪用户今后的访问而储存在用户计算机中的一小段信息。它被植入能在用户计算机和服务商之间不断来回传输的超文本标记语言(Hyper Text Markup Language,HTML)信息中。通过Cookie对用户信息的收集和传输,网站就能针对网络用户的喜好、习惯等向其提供量身定制的网页内容。例如,提供个性化的网络搜索引擎、储存用户在购物网站的消费清单等。而且在大多数情况下,用户很难察觉Cookie的存在以及是否遭到存取。只要用户访问了网页,网络服务商就会自动地接入相关的Cookie读取和储存数据。Cookie的运作包括两个步骤。首先,在没有得到用户同意和确认的情况下植入用户的计算机。例如,Google个性化的网络搜索引擎,当用户在网页上选择了自己感兴趣的类别后,网络服务商就会创建一个Cookie发送到用户计算机,它实质上是一连串含有用户喜好的跟踪字符。用户的网络浏览器在收到Cookie后就将它储存在一个名为"Cookie列表"的特定文件夹中。以上所有行为都是在没有任何批准和用户同意的情况下进行的。然后,再自动、秘密地将Cookie由用户计算机发往网络服务商。无论何时,一旦用户通过网络浏览器访问某一网页,浏览器未经用户批准,就将含有用户个人信息的Cookie发送至网络服务商。

目前,Cookie被广泛应用于以下几方面。

**1. 在线购物**

通过Cookie,购物网站能够记住用户所购买的东西。例如,某用户在购物网站上订购CD时突然掉线而不得不退出浏览,但是当他立即或更久以后重新登录,那些商品仍然在他的购物清单里。另外,网站根据Cookie反馈的信息判断用户的购物偏好,从而向其发送特定的商品信息。例如,在淘宝网购物时,当登录进入"我的淘宝"页面时,在左下角就会出现"猜你喜欢的宝贝"这一模块,其中展示的商品与用户最近浏览较多的商品类似。

**2. 提供个性化网页**

这是最受欢迎的一项服务。例如,某用户登录某门户网站,他可以通过对页面进行设置,只显示自己感兴趣的信息,这也同样适用于网络首页的设置。

**3. 简化在线登录**

用户初次访问某网页时,Cookie 在用户的计算机上创立一个文件并写入一段信息,以此识别用户。当用户下一次登录时,该网站就自动认证用户身份,而不需要再次输入用户名和密码。

**4. 网站追踪**

这是关于 Cookie 最有争议的一点。如果网站经营者想知道用户的兴趣爱好,通过 Cookie 的记录就能够了解到用户浏览了哪些网站、访问时间和停留时间等,很多人认为这是对个人隐私的侵犯。

不可否认,Cookie 的应用给人们的网络生活带来了极大方便,但一些商家也开始利用 Cookie 的特点大肆收集网络用户的个人信息。特别是随着大量的商务和社交活动通过互联网完成,网络上汇集的个人信息种类越来越多,敏感度也越来越高。Cookie 已经成为人们网络信息安全的一大威胁。

### 1.5.2 利用木马程序侵入计算机

木马程序,全称叫作特洛伊木马程序(Trojan Horse),这个名称来源于《荷马史诗》中希腊人巧施木马计攻克特洛伊城的故事。一个完整的木马程序一般由两部分组成:一部分是服务器程序;另一部分是控制器程序。一旦计算机被安装了服务器程序,则拥有控制器程序的人就将享有服务端的大部分操作权限,如给计算机增加口令,浏览、移动、复制、删除文件,修改注册表,更改计算机配置等。这时用户的任何操作都在攻击者的监控之下,用户计算机上的各种文件、程序和使用的账号、密码就无安全可言了。木马程序与病毒、蠕虫等其他恶意程序一样,会自动删除、修改文件,格式化硬盘等。但是木马程序还有其独一无二的窃取内容和远程控制功能,这也使它们成为最危险的恶意软件。由于木马可以记录和监视用户按键顺序,攻击者就能够轻松窃取用户的账号、密码,从而威胁个人医疗信息、银行账户的安全。例如,国家计算机病毒应急处理中心公布的名为 TrojSpy_Banker.YY 的恶意诱骗用户暴露个人银行账号和密码的网银木马,该木马会监视浏览器正在访问的网页,如果发现用户正在登录个人银行账户,就会弹出伪造的登录对话框,诱骗用户输入登录密码和支付密码,通过邮件将窃取的信息发送出去。2020 年,瑞星"云安全"系统共截获病毒样本总量 1.48 亿个,病毒感染次数 3.52 亿次,病毒总体数量比 2019 年同期增长 43.71%。报告期内,新增木马病毒 7728 万个,为第一大种类病毒,占病毒总体数量的 52%。而如果用户的计算机还带有麦克风或摄像头,木马程序则能自动启动这些设备,窃听谈话内容和捕获视频内容。

### 1.5.3 钓鱼网站

"钓鱼网站"是指不法分子利用各种手段,仿冒真实网站的统一资源定位器(Uniform Resource Locator,URL)地址及页面内容,或者利用真实网站服务器程序上的漏洞在站点的某些网页中插入危险的 HTML 代码,以此欺骗用户"自愿"提供银行或信用卡账号、密码等私人资料。在这种侵权方式中,不法分子不需要主动攻击,他只需要静静等候,一旦有人落入圈套,其填写的账号、密码等个人信息就成为不法分子的囊中之物。正所谓“姜太公钓鱼,愿者上钩”。

2021年年初,江民科技防钓鱼监测中心亿盾互联发布了《2020年反钓鱼网站分析报告》。分析报告显示,钓鱼网站的IP及域名注册商由境内向境外转移的趋势明显。钓鱼网站集中行业主要分布在银行、保险、证券、支付、政企,其中银行业的钓鱼网站发现超过80%。钓鱼网站IP地址主要分布在中国香港、中国境内、韩国、美国、加拿大。国内各省市钓鱼攻击服务密度排名依次为广东、北京、上海、四川、河北。网络钓鱼类型排在前3的则依次分为网站、公众号、App。钓鱼网站的顶级域名主要集中于.com、.cn、.org、.net和.xyz。

根据中国互联网络信息中心(China Internet Network Information Center,CNNIC)发布的第47次《中国互联网络发展状况统计报告》的统计,截至2020年12月,我国网络支付用户规模达8.54亿,较2020年3月增长8636万,占网民整体的86.4%。

### 1.5.4 监视网络通信记录

电子邮件和QQ、MSN、Skype等聊天软件是互联网上最常用的通信工具。它们快速、便捷的特点也使其在企业日常运作中得到广泛运用,成为企业提高快速反应力、扩大生产力、减少纸张使用等方面的得力助手。网络通信已成为企业员工日常办公不可缺少的交流工具。

一些企业为了防止员工在工作时间利用即时通信闲聊而怠工,以及出于防止职员泄露企业信息的目的,开始在工作场所安装“电子监控系统”检查职员的电子邮件内容和聊天记录。我们认为,企业的此种行为是否属于侵犯职员个人信息安全的行为,应根据职员在工作场所收发电子邮件和即时信息的情况而区别定性。第1种情况是职员通过公共网络中企业注册的电子邮件和即时通信账户发送信息,此时职员对通信内容没有隐私期待权,企业的监督是合理的。这是因为既然是以企业名义注册的邮箱和账户,那么就可推知其只能用于收发与工作内容有关的信息,企业对于这类信息当然享有知情权。第2种情形是职员通过自己在公共网络中注册的电子邮件和即时通信账户收发信息。这种情况下职员就享有对这部分信息的隐私权,企业应对其监视行为承担侵权责任。第3种情况是电子邮件和即时信息的收发是在企业内部网络中完成的,此时企业对该网络的监督是合理的。

### 1.5.5 手机厂商侵犯隐私

2011年,国外媒体称苹果iPhone和谷歌Android智能手机定期收集用户的地理位置信息,并回传给苹果和谷歌。这引发了人们对个人隐私问题的担忧。

隐私权是指公民“享有的私人生活安宁与私人信息依法受到保护,不被他人非法侵扰、知悉、搜集、利用和公开的一种人格权”。用通俗的话讲,隐私权就是保护个人不欲为外人所知的私人事务。这是一种范围非常广的概念,因而没有任何一部立法对隐私做出明确而又具体的定义,然而隐私已涵盖了个人及个人生活的几乎所有环节,成为现代社会保护个人利益最全面、最有力的“借口”和“手段”。

2014年7月,中央电视台《新闻直播间》曝光了苹果iPhone未经用户许可擅自采集个人隐私一事。央视调查揭秘指出,在苹果iOS 7.0版本中,用户只要在苹果手机上使用软件、连接 WiFi，用户使用软件的时间、地点等日常行迹信息就会被完全记录下来。面对质疑，苹果首次公开承认了收集用户信息的事实，这一行为引发了国内用户的普遍不满，也为消费者购机再次敲响了安全警钟。

央视对苹果安全门事件的调查显示，苹果公司在我国拥有数以亿计的 iPhone 用户，而大部分 iPhone 用户对其擅自采集个人信息一事并不知情。在北京、青岛、太原 3 个城市随机走访的 60 位苹果手机用户中，知道苹果收集个人隐私信息的用户占比不足 10%。大部分用户在了解这一事实后均表示十分惊讶，对此颇为不满。

iPhone 中的定位功能可以显示手机用户经常活动的地点、活动的时间、活动的频率。即使用户将定位功能关掉，后台系统还是能将手机软件使用时所在地点、时间等信息完整地记录下来。针对央视的曝光，苹果公司强调不会将手机用户的详细资料透露给任何第三方，但是并未对传送用户数据至数据库进行否认。但实际上出于国家安全的考虑，美国情报部门的特工可以轻易地调取相应数据进行分析。

不少用户表示，苹果公司的这一行为严重侵犯了个人隐私安全，且毫无正面作用，负面影响很大。多位业内专家认为，苹果公司的侵权行为无论是对个人安全还是国家信息安全都有着严重的威胁，这次事件从行业规范和法律角度都存在着严重的问题。已经有业内人士呼吁，由于苹果手机是硬件、软件和云服务等完全一体化的封闭系统，外部企业和安全厂商无法插手，应要求党政军及掌控关键基础设施的人员禁止使用苹果手机。另有律师建议，在苹果公司存在监控窃取用户秘密信息功能的情况下，相关部门应暂时叫停苹果手机在中国大陆的销售。

据报道，2010 年，苹果公司曾向美国国会解释手机定位功能，称用户数据只会被匿名储存，不会暴露用户身份。2011 年，美国国会能源与商业委员会向苹果公司发函，要求其解释追踪用户信息的详情。苹果公司表示，定位数据并非用户所在位置，而是一个关于用户所在地周围无线网络"热点"和手机信号塔位置的数据库。2013 年，美国一名法官审理了类似的侵权诉讼，原告被裁定在购买 iPhone 前没有阅读苹果的隐私条款。

2014 年 12 月，中国台湾通信传播委员会(National Communications Commission，NCC)宣布，发现包括苹果在内的 12 家世界主要手机厂商违反了个人信息保护法案，有收集、处理和使用个人信息的行为。NCC 相当于美国的联邦通信委员会(Federal Communications Commission，FCC)，该机构并没有公布侵犯隐私法的细节，不过表示与这些公司提供的云服务有关。NCC 在调查小米公司在没有授权的情况下收集和传输用户数据时发现了这几家公司的问题。

从移动互联网信息安全的理论上看，手机通信安全系统有 4 个层次。第 1 层是从空中通道加密保护；第 2 层是在软件系统上进行保护；第 3 层是在数据存储上加密保护；第 4 层是物理隔离保护。只有做到这 4 个层次的全方位保护，才可以说是一个完整的安全解决方案。在安全解决方案上，工信部出台了多条制度规定以保护消费者信息安全，国家信息安全协会也对个人信息安全保护大声呼吁。业内人士指出，在很长一段时间里，手机安全将成为用户在选择智能手机时考量的一个重要因素。

### 1.5.6 个人信息安全保护

由于云存储、大数据等新技术的快速发展，侵犯公民个人信息犯罪也进入高发时期，公民个人信息泄露已成为当前社会关注的焦点。根据 Risk Based Security 发布的数据泄露报告,与2018年同期相比,2019年上半年数据泄露事件发生的数量和泄露的数据量均增加了50%以上。在被泄露的41亿条数据中,有32亿条数据泄露归咎于泄露事件。不论企业还是个人,加强信息安全及数据泄露防护都不容小视。

我国《刑法》中规定"公民个人信息",是指以电子或者其他方式记录的能够单独或者与其他信息结合识别特定自然人身份或者反映特定自然人活动情况的各种信息,包括姓名、身份证件号码、通信通讯联系方式、住址、账号密码、财产状况、行踪轨迹等。一般来讲,个人信息安全是指公民身份、财产等个人信息的安全状况。从学科角度出发,个人信息安全属于信息安全领域范畴,信息安全包括商业企业机密安全、网站信息浏览安全、个人信息安全等内容。随着互联网技术的高速发展,个人信息存储载体呈现多样化,涉及领域日益广泛,个人信息概念必然发生演变。

**1. 个人信息的分类**

以敏感程度为标准,个人信息可分为隐私信息和琐细信息。隐私信息是敏感的,一旦被非法侵犯,就会给受害者带来极大的危害。琐细信息即为普通信息,个人信息具有价值被深度整合的特点,多个普通信息组合产生的影响也不容忽视。因此,虽为普通信息,但是如果被非法利用,同样会造成严重后果。

以可识别程度为标准,个人信息可分为直接信息和间接信息。直接信息仅凭单一信息即可确定个人身份,包括身份证号码、DNA、指纹、声纹等。间接信息必须通过结合其他信息综合确定个人身份,包括姓名、出生日期、家庭住址等。

以信息披露程度为标准,个人信息可分为公开信息和非公开信息。公开信息是指已被公开披露的信息,一般网民都具有访问权限,公开信息可以被访问但不能被非法商业化使用,否则将构成侵权。非公开信息是指未经公开披露的信息,未经信息主体同意或授权,同样不得私下公开未披露的个人信息。

**2. 个人防范意识缺失**

近几年,我国网络发展迅速,网民数量呈几何式暴涨,各类网站、软件、应用程序等都记录和储存着公民个人信息,包括姓名、电话、住址、身份证号码等隐私信息。由于公民个人信息法律保护意识淡薄,随意暴露自己个人信息很容易造成信息泄露,甚至有些部门、企业、组织内部出现"监守自盗"的现象。网民大量个人信息外泄,诈骗分子通过收集大量个人信息,利用技术手段,精心设计场景,通过分析个人心理变化,精准实施诈骗,造成个人财产损失,甚至危及个人生命,据不完全统计,2015年我国电信网络诈骗案件仅公安部立案数就多达59万余起,比2010年该类案件数量增长了6倍;2017年我国电信诈骗案件涉案价值达7000亿元,竟超过普通省份全年的国内生产总值(Gross Domestic Product,GDP);2018年电信诈骗案件数量增长37%,其危害程度难以想象。2018年至今,立案数每年以20%~30%的增速急剧增长,电信网络诈骗手段呈多样化、专业化,电信网络诈骗案件案发范围较广,但是从数据上分析,上当受骗的人员大部分为老年人、学生等防范意识较弱群体。由于该类群体接触网络知识较少,难以鉴别网络信息的真伪性,犯罪团伙的诈骗手段和诈骗方式不断翻新,诈骗手法专业性不断提高,普通群众应对此类诈骗犯罪显得势单力薄、防不胜防。尤其是学生,社会阅历不足,防范意识较差。所以应积极发动多部门联合宣传教育,既提高个人信息安全保护意识,又加强个人防骗意识。对个人信息安全的保护意识需要不断加强。例如,网络购物时不再暴露真实姓名,办理各种会员时不再填写身份信息,下载手机

App 时不再允许相应权限，等等。

**3. 个人信息安全保护的必要性**

习近平总书记提出："网络和信息安全牵涉到国家安全和社会稳定，是我们面临的新的综合性挑战。"大数据蕴藏着海量个人信息和国家信息，很多情况下综合分析个人信息会获取国家政府、政党的态度或政策，也就是常说的国家信息，如果小到个人的一举一动、一言一行，大到国家的政治倾向、政策动态暴露在其他国家视线下，必将对国家发展、国防安全和政治稳定构成重大威胁。"信息安全是国家安全的基石，与国家安全的各个领域相互交融。没有网络安全就没有国家安全，没有信息化就没有现代化"。所以说，从政治角度出发，个人信息安全是国家信息安全的重要组成部分。

随着互联网和大数据应用的爆发，各种高科技潜移默化地渗透到人们生活的各个方面，人们对信息化需求越来越高，信息对于整个社会的影响从微乎其微逐步发展到了无法估量的地步。一方面，个人信息的种类繁多，传播速度较快，监管难度较大，一旦被过度或非法利用，整个信息社会将产生连锁反应，造成混乱局面。另一方面，信息资源已成为国家竞争的巨大财富，信息社会的健康发展也深刻影响着社会乃至全球的稳定。

人类社会经历了农业时代、工业时代和信息化时代。"互联网＋"近几年已成为当今社会发展的代名词，互联网的发展是时代和社会发展的必然趋势，在全球经济发展中具有举足轻重的地位，社会的发展离不开互联网经济。大数据时代背景下，中国抓住机遇迎接挑战，互联网业已成为中国经济支柱产业，同时给中国经济快速发展提供足够马力，让中国经济站在"风口"。个人信息流通的主要方式是网络渠道，人们所熟知的微信、腾讯 QQ、支付宝等互联网应用几乎蕴藏每个公民的个人信息、隐私秘密，如果个人信息在互联网"数据海洋"中得不到有效保护，人们必然对互联网应用心存戒备甚至摒弃互联网载体，直接造成的结果将是互联网的没落、经济的倒退。

## 1.5.7 个人信息保护法

2020 年，《中华人民共和国个人信息保护法（草案）》经第十三届全国人大常委会第二十二次会议审议通过。我国个人信息保护法治方案最终浮出水面。

早在 2012 年，国家层面就认识到个人信息保护的重要性，全国人大常委会通过《关于加强网络信息保护的决定》，明确"国家保护能够识别公民个人身份和涉及公民个人隐私的电子信息"。这是首次从法律层面确认个人信息保护的要求，同时也确定"合法、正当、必要"的原则，并一直在后续立法中得到延续和确认。2013 年，工业和信息化部出台《电信和互联网用户个人信息保护管理规定》，全面规定信息收集和使用规范、安全保障措施、监督检查等内容，其中将"用户个人信息"界定为"电信业务经营者和互联网信息服务提供者在提供服务的过程中收集的用户姓名、出生日期、身份证件号码、住址、电话号码、账号和密码等能够单独或者与其他信息结合识别用户的信息以及用户使用服务的时间、地点等信息"。这一定义以"识别说"为基础，从立法层面具体形成"个人信息"定义的雏形。后续颁布的《中华人民共和国网络安全法》（以下简称《网络安全法》）对"个人信息"的界定也很大程度上认可了这种定义的方式。《关于加强网络信息保护的决定》和《电信和互联网用户个人信息保护管理规定》的出台，为第 1 阶段个人信息保护工作提供了有力的依据，推动我国个人信息保护工作启动并进入法治轨道。

2016年,全国人大常委会审议通过了《中华人民共和国网络安全法》。其中在"网络信息安全"和"网络运行安全"章节对个人信息保护问题作出比较全面的规定。《中华人民共和国网络安全法》一方面是我国首次以法律的形式规定了个人信息保护问题;另一方面,也根据技术、应用发展的新情况进行了回应,对"告知-同意"的规则进行了固化和具体阐释,明确了删除权、更正权等个人信息权益,也对跨境数据流动问题进行了规定。《中华人民共和国网络安全法》自2017年6月1日实施之后,为大量个人信息保护执法工作提供了法律依据,有效形成对个人信息保护违法行为的法律威慑。

2020年10月21日,《中华人民共和国个人信息保护法(草案)》(以下简称《草案》)正式发布,是我国首部个人信息保护专项立法。在顺应加强个人信息保护趋势的同时,在具体内容上体现了鲜明的特点,意图全面系统地建设具有中国特色的个人信息保护基本制度。

**1. 识别+关联:扩展的个人信息定义**

《草案》第4条将个人信息界定为"个人信息是以电子或者其他方式记录的与已识别或者可识别的自然人有关的各种信息,不包括匿名化处理后的信息"。这一定义在《网络安全法》和《民法典》以"识别"为核心界定个人信息的基础上,进一步加入了"关联"标准。

"识别"强调"从信息到人"。这里的"识别"并不要求可以确定某一个体的自然身份,而只要通过特定信息在特定群体中确定某一个体即可视为"识别"。例如,企业仅掌握设备识别号码,而不掌握手机号码、姓名、身份证号等实名信息,无法确定用户真实身份,但由于设备识别号码具有唯一性,可在用户群体中确定唯一个体,因此仍属于个人信息。

与已识别或可识别的自然人"有关"的各种信息,体现了新增的"关联"标准。关联强调"人到信息",即与已知特定个体有关的信息。例如,体现个人活动或爱好等的信息,这些信息可能不具有唯一性或识别性,但仍应视为个人信息。

在比较法视野中,欧盟《通用数据保护条例》(General Data Protection Regulation, GDPR)等域外立法多采纳"识别+关联"标准界定个人信息,我国《最高人民法院、最高人民检察院关于办理侵犯公民个人信息刑事案件适用法律若干问题的解释》《个人信息安全规范》等在实践中常用的操作性规范也多纳入"关联"标准。《草案》吸取了这些有益经验,将"关联"标准正式纳入法律层面,将有助于更为全面、充分地保护个人信息。

《草案》个人信息定义的另一亮点是将"匿名化"后的信息排除出个人信息的范畴。《草案》区分了"匿名化",指"个人信息经过处理无法识别特定自然人且不能复原的过程"和"去标识化""个人信息经过处理,使其在不借助额外信息的情况下无法识别特定自然人的过程"。前者通常是统计意义上的信息,已经丧失了个体"颗粒度";后者通常是对标识符进行删除和变换。然而,具体某项经处理的信息是否能够达到匿名化的程度,进而不再受到《草案》的保护,还是仅仅属于去标识化信息,仍应遵守《草案》的要求,结合相关国家标准在个案中进行判断。

**2. 域外效力:跨境场景下的长臂管辖**

此前,《网络安全法》等法律法规主要将适用范围限定在境内网络运营者。在实践中,许多境外运营者未在境内设立运营主体,但通过跨境服务直接收集中国境内自然人的个人信息,在此情况下是否仍需遵守中国个人信息保护相关法律法规常存在争议。

《草案》第3条弥补了上述缺陷,规定"以向境内自然人提供产品或者服务为目的,或者为分析、评估境内自然人的行为等发生在我国境外的处理我国境内自然人个人信息的活动,也适用本法”。该条规定与 GDPR 第 3 条第 2 款所规定的域外适用所确立的“指向(Targeting)”与“监控(Monitoring)”标准颇为类似。参考 GDPR 相关的解释及我国发布的《信息安全技术数据出境安全评估指南(征求意见稿)》,境外运营者若使用中文、以人民币作为结算货币、向中国境内配送物流、向中国境内用户开展定向营销或推广,或对中国境内自然人进行画像分析,均可能落入《草案》规定的适用范围。

《草案》第 52 条进一步规定了境外个人信息处理者应在境内设立专门机构或者指定代表,专门负责个人信息保护相关事务,并将有关机构的名称或者代表的姓名、联系方式等报送履行个人信息保护职责的部门。《草案》尚未明确机构或代表的具体要求或需要承担的法律责任。此外,《草案》还规定,境外组织、个人损害中国公民个人信息权益或中国国家安全的,国家网信部门可以将其列入限制或者禁止个人信息提供清单,予以公告,并采取限制或者禁止向其提供个人信息等措施。

**3. 个人信息处理者和受托方:委托处理关系下尚待明晰的边界**

与《民法典》相似,《草案》并未像欧盟 GDPR 一样区分个人信息控制者和处理者,而是统一使用“个人信息处理者”这一概念,将其界定为“自主决定处理目的、处理方式等个人信息处理事项的组织、个人”。

《草案》尽管不存在“控制者”与“处理者”的区分,但仍然对个人信息的“委托处理关系”做出了专门的规定,主要包括:委托方应当与受托方约定委托处理的目的、处理方式、个人信息的种类、保护措施以及双方的权利和义务等,并对受托方的个人信息处理活动进行监督;受托方应当按照约定处理个人信息,不得超出约定的处理目的、处理方式等处理个人信息,并应当在合同履行完毕或者委托关系解除后,将个人信息返还个人信息处理者或者予以删除;未经个人信息处理者同意,受托方不得转委托他人处理个人信息。

从表面上看,《草案》中“个人信息处理者”的定义与 GDPR 中“控制者”的概念较为接近,而“受托方”与 GDPR 中“处理者”类似,但能否将这两组概念等同仍存在疑问。例如,第 50 条的安全保证义务、第 55 条的个人信息泄露补救措施、第 60 条的约谈、第 65 条的损害赔偿责任等规定,如将适用范围单纯限制在决定“处理目的、处理方式”的个人信息处理者(类似于 GDPR 中的“控制者”),而不包含受托处理个人信息的“处理者”,可能会有保护不周之嫌。另外,在许多通常可以被理解为“委托处理”的关系中,受托一方在许多情况下也会对“处理目的、处理方式”具有较大的决定权,此时受托方应被视为共同处理者还是受托方可能仍需在个案中进行分析和判断。

**4. 个人信息处理法律基础:“同意”不再是唯一路径**

《网络安全法》将信息主体“同意”作为个人信息处理的唯一合法性基础。这一规定在当时的背景下无疑有助于彰显个人的主体地位,限制对个人信息的窃取、贩卖或隐秘收集等明显侵犯个人信息的行为。但是,随着国内个人信息保护实践的发展,无差别地要求企业获得用户同意已经难以满足日益复杂多样的个人信息处理场景,容易导致“同意”在实践中流于形式。《民法典》虽首次在立法层面规定了“同意的例外”,但范围仅包括处理已经公开的信息以及维护公共利益或自然人合法权益。《个人信息安全规范》等国家标准规定了更多的无须获得同意的例外情形,并通过区分基本业务功能与扩展业务功能提出了差异化的同意要求,对破解“强迫同意”“捆绑同意”提供了有益的指引。但由于标准的效力层级较低,无法突破上位法要求,因此企业在合规实践中面临着诸多不确定性。

为了解决上述现实问题,《草案》首次在信息主体同意之外增加了其他个人信息处理的合法基础,包括:为订立或者履行个人作为一方当事人的合同所必需;为履行法定职责或者法定义务所必需;为应对突发公共卫生事件,或者紧急情况下为保护自然人的生命健康和财产安全所必需;为公共利益实施新闻报道、舆论监督等行为在合理的范围内处理个人信息;以及法律、行政法规规定的其他情形等。

我们认为,《草案》规定的更加丰富的个人信息处理法律基础,能够为个人信息处理者提供更加多样的选择,有助于解决同意僵化、滥用及在特定场景下不具有可操作性等问题,使同意更加真实、有效和有针对性,提升信息主体对其个人信息的控制力。

**5. "告知-同意":基于场景的差异化要求和信息主体的选择权**

增加其他个人信息处理的法律基础并不意味着同意不再重要。相反,《草案》在汲取《App违法违规收集使用个人信息行为认定方法》《个人信息安全规范》等法规规范和监管实践经验的基础上,细化了"告知-同意"的要求,保障信息主体可以在充分知情的情况下对同意特定个人信息处理活动作出有效选择。《草案》在"告知-同意"方面的主要规定如下。

告知内容:主要包括个人信息处理者的身份和联系方式;个人信息的处理目的、处理方式,处理的个人信息种类、保存期限;个人行使本法规定权利的方式和程序等。

告知的例外:(1)法律、行政法规规定的保密情形,或者(2)紧急情况下为保护自然人的生命健康和财产安全无法及时向个人告知的情形,可以不向个人进行告知。但在后一种情况下应当在紧急情况消除后予以告知。

知情同意:处理个人信息应当在事先充分告知的前提下取得个人同意,如果法律、行政法规规定应当取得个人单独同意或者书面同意的,从其规定。

二次利用重新取得同意:处理目的、处理方式和处理的个人信息种类发生变更的,应当重新取得个人同意。

不得强制同意:不得以个人不同意处理其个人信息或者撤回其对个人信息处理的同意为由,拒绝提供产品或者服务。

撤回同意:基于个人同意而进行的个人信息处理活动,个人有权撤回同意。

合并分立:因合并、分立等原因需要转移个人信息的,需要向个人告知接收方的身份、联系方式。接收方变更原先的处理目的或处理方式,应当重新告知并获得用户同意。

向第三方提供:向第三方提供个人信息的,应当向个人告知第三方的身份、联系方式、处理目的、处理方式和个人信息的种类,并取得个人的单独同意。

处理已经公开的信息:应当符合个人信息被公开时的用途,超出与该用途相关的合理范围的,应当重新获得同意。在公开用途的判断上,个人信息处理者承担合理、谨慎的处理义务。

**6. 敏感个人信息处理:非必要不可为**

《草案》首次在法律层面提出了"个人敏感信息"的概念,即"一旦泄露或者非法使用,可能导致个人受到歧视或者人身、财产安全受到严重危害的个人信息,包括种族、民族、宗教信仰、个人生物特征、医疗健康、金融账户、个人行踪等信息"。《草案》设专节对敏感个人信息的处理活动提出了更高的保护要求:个人信息处理者处理敏感个人信息,应当具有特定的目的和充分的必要性;处理敏感个人信息,除一般告知事项外,还应当向个人告知处理敏感个人信息的特殊目的、必要性以及对个人的影响;基于个人同意处理敏感个人信息的,个人信息处理者应当取得个人的单独同意；法律、行政法规规定处理敏感个人信息应当取得相关行政许可或者作出更严格限制的，从其规定；个人信息处理者应当在处理敏感个人信息前进行风险评估，并对处理情况进行记录。

此外，针对公共场所图像这类可能涉及个人行踪、生物特征信息等个人敏感信息，且在实践中经常被滥用的信息，《草案》规定在公共场所安装图像采集、个人身份识别设备，应当为维护公共安全所必需，遵守国家有关规定，并设置显著的提示标识，收集的个人图像、个人身份特征信息只能用于维护公共安全的目的，不得公开或向他人提供收集的个人信息。

**7. 个人权利：知情和控制**

《草案》将信息主体权利单独成章，以彰显其重要性。《草案》规定：在个人信息处理活动中，个人享有知情权、决定权、限制权、拒绝权、查询权、复制权、更正权、删除权、解释权、自动化决策反对权。这部分的亮点主要包括：首次提出限制权和拒绝权，有权限制或拒绝他人对其个人信息进行处理，但法律、行政法规另有规定的除外；细化了删除权的适用条件，包括：

(1) 约定的保存期限已届满或者处理目的已实现；

(2) 个人信息处理者停止提供产品或者服务；

(3) 个人撤回同意；

(4) 个人信息处理者违反法律、行政法规或违反约定处理个人信息；

(5) 法律、行政法规规定的其他情形。但是，法律、行政法规规定的保存期限未届满，或者删除个人信息从技术上难以实现的，个人信息处理者应当停止处理个人信息。

《草案》首次提出了解释权，即个人有权要求个人信息处理者对其个人信息处理规则进行解释说明。针对实践中争议极大的个性化推荐、"大数据杀熟"等基于画像的商业营销，明确"自动化决策"是指利用个人信息对个人的行为习惯、兴趣爱好或者经济、健康、信用状况等，通过计算机程序自动分析、评估并进行决策的活动。《草案》对"自动化决策"活动作出了如下规定：利用个人信息进行自动化决策，应当保证决策的透明度和处理结果的公平合理；个人认为自动化决策对其权益造成重大影响的，有权要求个人信息处理者予以说明，并有权拒绝个人信息处理者仅通过自动化决策的方式作出决定；通过自动化决策方式进行商业营销、信息推送，应当同时提供不针对个人特征的选项。

当前实践中，大多数企业尚未建立完备的个人信息权利实现机制。因此，《草案》的相关规定如付诸实施，无疑将对企业个人信息保护提出巨大挑战。然而，《草案》对大多数个人信息权利的行使条件、时限、能否收费、实现方式等未作具体规定，仍有待监管机关在实践中通过解释和执法活动加以明确。

**8. 数据跨境合规：差异化考量下的多元路径**

《草案》中最受跨国企业关注的当属个人信息的跨境流动制度。对此，《草案》依据个人信息出境对国家安全可能带来的不同风险，作出了差异化的制度安排。

对于关键信息基础设施运营者，《草案》沿用了《网络安全法》的规定，要求关键信息基础设施运营者确需向境外提供个人信息的，应当通过国家网信部门组织的安全评估。

处理个人信息达到国家网信部门规定数量的个人信息处理者，与关键信息基础设施运营者等同处理，同样需要在个人信息出境前通过国家网信部门组织的安全评估。类似要求在此前公布的《个人信息和重要数据出境安全评估办法》等法规征求意见稿中即有体现，应该说并不意外。

其他一般情况下,个人信息处理者因业务等需要而向境外提供个人信息的,可以选择不同的出境机制,包括:

(1) 通过国家网信部门组织的安全评估;

(2) 经专业机构进行个人信息保护认证;

(3) 与境外接收方订立合同,约定双方的权利和义务,并监督其个人信息处理活动达到本法规定的个人信息保护标准;

(4) 法律、行政法规或国家网信部门规定的其他条件。

相比于《个人信息出境安全评估办法(征求意见稿)》等征求意见稿要求所有运营者事先向监管部门申请安全评估的要求,草案的规定提供了更为便利和多样的选择。

《草案》明确在"国际司法协助或行政执法协助"中需要向境外传输个人信息时,需要依法申请有关主管部门批准,对一些国家根据国内法强行调取域外数据作出了回应,彰显了捍卫国家主权的立场。

总体而言,对于一般的个人信息出境,相较于统一要求事先评估,《草案》提出的多元化个人信息出境机制与国际主流更为接轨,有助于在保护国家安全和个人信息安全的前提下,降低个人信息出境成本,推动数据有序流转与利用,预期将得到业界的肯定与欢迎。

**9. 公权力适用:规范和节制**

《草案》首次明确了国家机关处理个人信息的基本要求,设立专节对国家机关处理个人信息提出了以下要求。

(1) 职责必要性:国家机关为履行法定职责处理个人信息的,应当依照法律或者行政法规规定的权限、程序进行,不得超出履行法定职责所必需的范围和限度。

(2) 告知同意及其例外:原则上,国家机关处理个人信息也应当履行告知同意的法律要求;但法律、行政法规规定应当保密,或者告知、取得同意将妨碍国家机关履行法定职责的除外。

(3) 禁止公开或对外提供:除法律、行政法规另有规定或者取得个人同意外,国家机关不得公开或者向他人提供其处理的个人信息。

(4) 数据本地化:针对国家机关处理的个人信息,明确要求国家机关应当将相关个人信息存储在我国境内。确需向境外提供的,应当进行风险评估并可以要求有关部门提供支持与协助。

上述规定有助于遏制公权力机关过度收集、滥用个人信息的行为,规范国家机关处理公民个人信息的权限和程序,在当前许多公权力机构以防疫名义过度收集个人信息的背景下尤显重要。我们期待未来在更为具体的法律法规中,细化国家机关处理个人信息的具体规则,保障公民的合法权益。

**10. 处罚和救济:高额罚金和公益诉讼**

《草案》大幅度提高了对违法行为的处罚力度,规定企业违反本法规定处理个人信息,或者处理个人信息未按照规定采取必要的安全保护措施的,履行个人信息保护职责的部门可能责令企业改正违法行为,没收违法所得,给予警告。企业拒不改正的,可能被处以一百万元以下的罚款,情节严重的,还有可能面临五千万元以下或者上一年度营业额百分之五以下罚款,并可以责令暂停相关业务、停业整顿、通报有关主管部门吊销相关业务许可或者吊销营业执照。同时，直接负责的主管人员和其他直接责任人员也可能面临一万元以上一百万元以下的罚款。

此外，针对实践中个人在侵犯个人信息诉讼中获赔过低、缺乏诉讼动力的情况，《草案》规定个人信息处理者违反本法规定处理个人信息，侵害众多个人的权益的，人民检察院、履行个人信息保护职责的部门和国家网信部门确定的组织可以依法向人民法院提起诉讼。这一规定为检察机关、消费者权益保护组织等提起个人信息公益诉讼提供了明确的依据。

## 1.6　常用网络安全技术简介

视频讲解

网络安全技术是指致力于解决诸如如何有效进行介入控制，以及如何保证数据传输的安全性的技术手段，常用到的包括以下几方面的技术。

**1. 网络监控技术**

网络监控是针对局域网内的计算机进行监视和控制，针对内部计算机上的互联网活动（上网监控）和非上网相关的内部行为（内网监控）。网络监控产品主要分为监控软件和监控硬件两种。随着互联网的飞速发展，互联网的使用越来越普遍，局域网和互联网不仅成为企业内部的沟通桥梁，也是企业和外部进行各类业务往来的重要管道。

**2. 认证签名技术**

认证技术主要解决网络通信过程中通信双方的身份认可，数字签名作为身份认证技术中的一种具体技术，同时还可用于通信过程中不可抵赖要求的实现。

**3. 安全扫描技术**

网络安全技术中，另一类重要的技术是安全扫描技术。安全扫描技术与防火墙、安全监控系统互相配合能够提供很高安全性的网络。安全扫描工具通常分为基于服务器和基于网络的扫描器。

**4. 密码技术**

密码学是信息安全等相关议题（如认证、访问控制）的核心。密码学的首要目的是隐藏信息的涵义，并不是隐藏信息的存在。密码学也促进了计算机科学的发展，特别是计算机与网络安全所使用的技术，如访问控制与信息的机密性。密码学已被应用在日常生活中，包括自动柜员机的芯片卡、计算机使用者存取密码、电子商务等。

**5. 防病毒技术**

计算机病毒的预防技术就是通过一定的技术手段防止计算机病毒对系统的传染和破坏。实际上这是一种动态判定技术，即一种行为规则判定技术。也就是说，计算机病毒的预防是采用对病毒的规则进行分类处理，在程序运作中凡有类似的规则出现则认定是计算机病毒。具体来说，计算机病毒的预防是通过阻止计算机病毒进入系统内存或阻止计算机病毒对磁盘的操作，尤其是写操作。预防病毒技术包括磁盘引导区保护、加密可执行程序、读写控制技术、系统监控技术等。

**6. 防火墙技术**

网络防火墙是一种用来加强网络之间的访问控制，防止外部网络用户以非法手段通过外部网络进入内部网络，访问内部网络资源，保护内部网络操作环境的特殊网络互联设备。它对两个或多个网络之间传输的数据包（如链接方式）按照一定的安全策略实施检查，以决定网络之间的通信是否被允许,并监视网络运行状态。

防火墙产品主要有堡垒主机、包过滤路由器、应用层网关(代理服务器)及电路层网关、屏蔽主机防火墙、双宿主机等类型。

**7. VPN技术**

虚拟专用网络(Virtual Private Network,VPN)的功能是在公用网络上建立专用网络,进行加密通信,在企业网络中有着广泛的应用。VPN网关通过对数据包的加密和数据包目标地址的转换实现远程访问。VPN有多种分类方式,主要是按协议进行分类。VPN可通过服务器、硬件、软件等多种方式实现,具有成本低、易于使用等特点。

网络安全技术主要包括监控、扫描、检测、加密、认证、防攻击、防病毒、审计等几个方面,其中加密技术是核心技术,已经渗透到大部分安全产品之中,并正向芯片化方向发展。

视频讲解

## 1.7 常用网络密码安全保护技巧

当前,大部分用户密码被盗,多是因为缺乏网络安全保护意识及自我保护意识,以致被黑客盗取,引起经济损失。下面将讨论针对10类密码破解方法的对策,也举出10类密码安全和保护技巧,希望可以提高读者的网络安全意识。

**1. 使用复杂的密码**

密码穷举对于简单的长度较短的密码非常有效,但是如果网络用户把密码设得较长一些,而且没有明显的规律特征(如用一些特殊字符和数字、字母组合),那么穷举破解工具的破解过程就变得非常困难,破解者往往会对长时间的穷举失去耐性。通常认为,密码长度应该至少大于6位,最好大于8位,密码中最好包含字母、数字和符号,不要使用纯数字、常用英文单词的组合、自己的姓名、生日作密码。

**2. 使用软键盘**

应对击键记录,目前比较普遍的方法就是通过软键盘输入。软键盘也叫作虚拟键盘,用户在输入密码时,先打开软键盘,然后用鼠标选择相应的字母输入,这样就可以避免木马记录击键。另外,为了进一步保护密码,用户还可以打乱输入密码的顺序,这样就进一步增加了黑客破解密码的难度。

**3. 使用动态密码(一次性密码)**

动态密码(Dynamic Password)指用户的密码按照时间或使用次数不断动态变化,每个密码只使用一次。动态密码对于截屏破解非常有效,因为即使截屏破解了密码,也仅仅破解了一个密码,下一次登录不会再使用这个密码。不过鉴于成本问题,目前大多数动态密码卡都是刮纸片的那种原始的密码卡,而不是真正意义上的一次性动态密码,其安全性还是难以保证。真正的动态密码锁采用一种称为动态令牌的专用硬件,内置电源、密码生成芯片和显示屏。其中,数字键用于输入用户个人身份识别码(Personal Identification Number,PIN);显示屏用于显示一次性密码。每次输入正确的PIN,都可以得到一个当前可用的一次性动态密码。由于每次使用的密码必须由动态令牌产生,而用户每次使用的密码都不相同,因此黑客很难计算出下一次出现的动态密码。不过真正的动态密码卡成本为100~200元,较高的成本限制了其大规模的使用。

**4. 网络钓鱼的防范**

防范钓鱼网站，首先要提高警惕，不登录不熟悉的网站，不要打开陌生人的电子邮件，安装杀毒软件并及时升级病毒知识库和操作系统补丁；使用安全的邮件系统，发送重要邮件要加密，将钓鱼邮件归为垃圾邮件。IE7 和 FireFox 有网页防钓鱼的功能，访问钓鱼网站会有提示信息。

**5. 使用 SSL 防范网络嗅探**

传统的网络服务程序在本质上都是不安全的，因为它们在网络上用明文传送口令和数据，Sniffer(网络嗅探器)非常容易就可以截获这些口令和数据。对于 Sniffer，可以采用会话加密的方案，把所有传输的数据进行加密，这样 Sniffer 即使嗅探到了数据，这些加密的数据也是难以解密还原的。目前广泛应用的是 SSL(Secure Socket Layer)，可以方便、安全地实现加密数据包传输。当用户输入口令时应该使用支持 SSL 协议的方式进行登录，如超文本传输安全协议(Hypertext Transfer Protocol Secure, HTTPS)、安全文件传输协议(Secure File Transfer Protocol, SFTP)、安全外壳协议(Secure Shell, SSH)，而不是 HTTP、FTP、POP、SMTP、Telnet 等协议，以防止 Sniffer 的监听。SSL 的安全验证可以在不安全的网络中进行安全的通信。

**6. 尽量不要将密码保存在本地**

将密码保存在本地是一个不好的习惯，很多应用软件(如某些 FTP 等)保存的密码并没有设计得非常安全，如果本地没有一个很好的加密策略，那将为黑客破解密码大开方便之门。

**7. 使用 USB Key**

USB Key 是一种 USB 接口的硬件设备，它内置单片机或智能卡芯片，有一定的存储空间，可以存储用户的私钥和数字证书，利用 USB Key 内置的公钥算法实现对用户身份的认证。由于用户私钥保存在密码锁中，理论上使用任何方式都无法读取，因此保证了用户认证的安全性。

**8. 个人密码管理**

要保持严格的密码管理观念，定期更换密码，可每月或每季更换一次。永远不要将密码写在纸上，不要使用容易被别人猜到的密码。对一些比较难记的密码要进行存储并加密，加密后的文件即使被盗，或无意中在网络中散布，也不会导致重要信息泄露出去。

**9. 密码分级**

对于不同的网络系统使用不同的密码，对于重要的系统使用更为安全的密码。绝对不要所有系统使用同一个密码。对于那些偶尔登录的论坛，可以设置简单的密码；对于重要的信息、电子邮件、网上银行等，必须设置复杂的密码。永远也不要把论坛、电子邮箱和银行账户设置成同一个密码。

**10. 生物特征识别**

生物特征识别技术是指通过计算机，利用人体所固有的生理特征或行为特征进行个人身份鉴定。常用的生物特征包括指纹、掌纹、虹膜、声音、笔迹、脸像等。生物特征识别是一种简单可靠的生物密码技术，生物识别技术认定的是人本身，由于每个人的生物特征具有与其他人不同的唯一性，以及在一定时期内不变的稳定性，不易被伪造和假冒，因此可以最大限度地保证个人资料的安全。目前人体特征识别设备市场上占有率最高的是指纹机和手形机，这两种识别方式也是目前技术发展中最成熟的。

## 1.8 国家网络空间安全战略

视频讲解

信息技术广泛应用和网络空间兴起发展，极大促进了经济社会繁荣进步，同时也带来了新的安全风险和挑战。网络空间安全(以下称网络安全)事关人类共同利益，事关世界和平与发展，事关各国国家安全。维护我国网络安全是协调推进全面建成小康社会、全面深化改革、全面依法治国、全面从严治党战略布局的重要举措，是实现"两个一百年"奋斗目标、实现中华民族伟大复兴中国梦的重要保障。为贯彻落实习近平主席关于推进全球互联网治理体系变革的"四项原则"和构建网络空间命运共同体的"五点主张"，阐明中国关于网络空间发展和安全的重大立场，指导中国网络安全工作，维护国家在网络空间的主权、安全、发展利益，制定本战略。

### 1.8.1 机遇和挑战

**1. 重大机遇**

伴随信息革命的飞速发展，互联网、通信网、计算机系统、自动化控制系统、数字设备及其承载的应用、服务和数据等组成的网络空间，正在全面改变人们的生产生活方式，深刻影响人类社会历史发展进程。

信息传播的新渠道。网络技术的发展，突破了时空限制，拓展了传播范围，创新了传播手段，引发了传播格局的根本性变革。网络已成为人们获取信息、学习交流的新渠道，成为人类知识传播的新载体。

生产生活的新空间。当今世界，网络深度融入人们的学习、生活、工作等方方面面，网络教育、创业、医疗、购物、金融等日益普及，越来越多的人通过网络交流思想、成就事业、实现梦想。

经济发展的新引擎。互联网日益成为创新驱动发展的先导力量，信息技术在国民经济各行业广泛应用，推动传统产业改造升级，催生了新技术、新业态、新产业、新模式，促进了经济结构调整和经济发展方式转变，为经济社会发展注入了新的动力。

文化繁荣的新载体。网络促进了文化交流和知识普及，释放了文化发展活力，推动了文化创新创造，丰富了人们精神文化生活，已经成为传播文化的新途径、提供公共文化服务的新手段。网络文化已成为文化建设的重要组成部分。

社会治理的新平台。网络在推进国家治理体系和治理能力现代化方面的作用日益凸显，电子政务应用走向深入，政府信息公开共享，推动了政府决策科学化、民主化、法治化，畅通了公民参与社会治理的渠道，成为保障公民知情权、参与权、表达权、监督权的重要途径。

交流合作的新纽带。信息化与全球化交织发展，促进了信息、资金、技术、人才等要素的全球流动，增进了不同文明交流融合。网络让世界变成了地球村，国际社会越来越成为你中有我、我中有你的命运共同体。

国家主权的新疆域。网络空间已经成为与陆地、海洋、天空、太空同等重要的人类活动新领域，国家主权拓展延伸到网络空间，网络空间主权成为国家主权的重要组成部分。尊重网络空间主权，维护网络安全，谋求共治，实现共赢，正在成为国际社会共识。

**2. 严峻挑战**

网络安全形势日益严峻，国家政治、经济、文化、社会、国防安全及公民在网络空间的合法权益面临严峻风险与挑战。

网络渗透危害政治安全。政治稳定是国家发展、人民幸福的基本前提。利用网络干涉他国内政、攻击他国政治制度、煽动社会动乱、颠覆他国政权，以及大规模网络监控、网络窃密等活动严重危害国家政治安全和用户信息安全。

网络攻击威胁经济安全。网络和信息系统已经成为关键基础设施乃至整个经济社会的神经中枢，遭受攻击破坏、发生重大安全事件，将导致能源、交通、通信、金融等基础设施瘫痪，造成灾难性后果，严重危害国家经济安全和公共利益。

网络有害信息侵蚀文化安全。网络上各种思想文化相互激荡、交锋，优秀传统文化和主流价值观面临冲击。网络谣言、颓废文化和淫秽、暴力、迷信等违背社会主义核心价值观的有害信息侵蚀青少年身心健康，败坏社会风气，误导价值取向，危害文化安全。网上道德失范、诚信缺失现象频发，网络文明程度亟待提高。

网络恐怖和违法犯罪破坏社会安全。恐怖主义、分裂主义、极端主义等势力利用网络煽动、策划、组织和实施暴力恐怖活动，直接威胁人民生命财产安全、社会秩序。计算机病毒、木马等在网络空间传播蔓延，网络欺诈、黑客攻击、侵犯知识产权、滥用个人信息等不法行为大量存在，一些组织肆意窃取用户信息、交易数据、位置信息以及企业商业秘密，严重损害国家、企业和个人利益，影响社会和谐稳定。

网络空间的国际竞争方兴未艾。国际上争夺和控制网络空间战略资源、抢占规则制定权和战略制高点、谋求战略主动权的竞争日趋激烈。个别国家强化网络威慑战略，加剧网络空间军备竞赛，世界和平受到新的挑战。

网络空间机遇和挑战并存，机遇大于挑战。必须坚持积极利用、科学发展、依法管理、确保安全，坚决维护网络安全，最大限度利用网络空间发展潜力，更好地惠及中国人民，造福全人类，坚定维护世界和平。

### 1.8.2 网络空间安全的目标

以总体国家安全观为指导，贯彻落实创新、协调、绿色、开放、共享的发展理念，增强风险意识和危机意识，统筹国内国际两个大局，统筹发展安全两件大事，积极防御、有效应对，推进网络空间和平、安全、开放、合作、有序，维护国家主权、安全、发展利益，实现建设网络强国的战略目标。

和平：信息技术滥用得到有效遏制，网络空间军备竞赛等威胁国际和平的活动得到有效控制，网络空间冲突得到有效防范。

安全：网络安全风险得到有效控制，国家网络安全保障体系健全完善，核心技术装备安全可控，网络和信息系统运行稳定可靠。网络安全人才满足需求，全社会的网络安全意识、基本防护技能和利用网络的信心大幅提升。

开放：信息技术标准、政策和市场开放、透明，产品流通和信息传播更加顺畅，数字鸿沟日益弥合。不分大小、强弱、贫富，世界各国特别是发展中国家都能分享发展机遇、共享发展成果、公平参与网络空间治理。

合作：世界各国在技术交流、打击网络恐怖和网络犯罪等领域的合作更加密切，多边、民主、透明的国际互联网治理体系健全完善，以合作共赢为核心的网络空间命运共同体逐步形成。

有序：公众在网络空间的知情权、参与权、表达权、监督权等合法权益得到充分保障，网络空间个人隐私获得有效保护，人权受到充分尊重。网络空间的国内和国际法律体系、标准规范逐步建立，网络空间实现依法有效治理，网络环境诚信、文明、健康，信息自由流动与维护国家安全、公共利益实现有机统一。

### 1.8.3 网络空间安全的原则

一个安全稳定繁荣的网络空间,对各国乃至世界都具有重大意义。中国愿与各国一道,加强沟通、扩大共识、深化合作,积极推进全球互联网治理体系变革,共同维护网络空间和平安全。

**1. 尊重维护网络空间主权**

网络空间主权不容侵犯,尊重各国自主选择发展道路、网络管理模式、互联网公共政策和平等参与国际网络空间治理的权利。各国主权范围内的网络事务由各国人民自己做主,各国有权根据本国国情,借鉴国际经验,制定有关网络空间的法律法规,依法采取必要措施,管理本国信息系统及本国疆域上的网络活动;保护本国信息系统和信息资源免受侵入、干扰、攻击和破坏,保障公民在网络空间的合法权益;防范、阻止和惩治危害国家安全和利益的有害信息在本国网络传播,维护网络空间秩序。任何国家都不搞网络霸权、不搞双重标准,不利用网络干涉他国内政,不从事、纵容或支持危害他国国家安全的网络活动。

**2. 和平利用网络空间**

和平利用网络空间符合人类的共同利益。各国应遵守《联合国宪章》关于不得使用或威胁使用武力的原则,防止信息技术被用于与维护国际安全与稳定相悖的目的,共同抵制网络空间军备竞赛、防范网络空间冲突。坚持相互尊重、平等相待,求同存异、包容互信,尊重彼此在网络空间的安全利益和重大关切,推动构建和谐网络世界。反对以国家安全为借口,利用技术优势控制他国网络和信息系统、收集和窃取他国数据,更不能以牺牲别国安全谋求自身所谓绝对安全。

**3. 依法治理网络空间**

全面推进网络空间法治化,坚持依法治网、依法办网、依法上网,让互联网在法治轨道上健康运行。依法构建良好网络秩序,保护网络空间信息依法有序自由流动,保护个人隐私,保护知识产权。任何组织和个人在网络空间享有自由、行使权利的同时,须遵守法律,尊重他人权利,对自己在网络上的言行负责。

**4. 统筹网络安全与发展**

没有网络安全就没有国家安全,没有信息化就没有现代化。网络安全和信息化是一体之两翼、驱动之双轮。正确处理发展和安全的关系,坚持以安全保发展,以发展促安全。安全是发展的前提,任何以牺牲安全为代价的发展都难以持续。发展是安全的基础,不发展是最大的不安全。没有信息化发展,网络安全也没有保障,已有的安全甚至会丧失。

### 1.8.4 网络空间安全的战略任务

中国的网民数量和网络规模世界第一,维护好中国网络安全,不仅是自身需要,对于维护全球网络安全乃至世界和平都具有重大意义。中国致力于维护国家网络空间主权、安全、发展利益,推动互联网造福人类,推动网络空间和平利用和共同治理。

**1. 坚定捍卫网络空间主权**

根据宪法和法律法规管理我国主权范围内的网络活动,保护我国信息设施和信息资源安全,采取包括经济、行政、科技、法律、外交、军事等一切措施,坚定不移地维护我国网络空间主权。坚决反对通过网络颠覆我国国家政权、破坏我国国家主权的一切行为。

**2. 坚决维护国家安全**

防范、制止和依法惩治任何利用网络进行叛国、分裂国家、煽动叛乱、颠覆或煽动颠覆人民民主专政政权的行为；防范、制止和依法惩治利用网络进行窃取、泄露国家秘密等危害国家安全的行为；防范、制止和依法惩治境外势力利用网络进行渗透、破坏、颠覆、分裂活动。

**3. 保护关键信息基础设施**

国家关键信息基础设施是指关系国家安全、国计民生，一旦数据泄露、遭到破坏或丧失功能，可能严重危害国家安全、公共利益的信息设施，包括但不限于提供公共通信、广播电视传输等服务的基础信息网络，能源、金融、交通、教育、科研、水利、工业制造、医疗卫生、社会保障、公用事业等领域和国家机关的重要信息系统，重要互联网应用系统等。采取一切必要措施保护关键信息基础设施及其重要数据不受攻击破坏。坚持技术和管理并重、保护和震慑并举，着眼识别、防护、检测、预警、响应、处置等环节，建立实施关键信息基础设施保护制度，从管理、技术、人才、资金等方面加大投入，依法综合施策，切实加强关键信息基础设施安全防护。

关键信息基础设施保护是政府、企业和全社会的共同责任，主管、运营单位和组织要按照法律法规、制度标准的要求，采取必要措施保障关键信息基础设施安全，逐步实现先评估后使用。加强关键信息基础设施风险评估。加强党政机关以及重点领域网站的安全防护，基层党政机关网站要按集约化模式建设运行和管理。建立政府、行业与企业的网络安全信息有序共享机制，充分发挥企业在保护关键信息基础设施中的重要作用。

坚持对外开放，立足开放环境下维护网络安全。建立实施网络安全审查制度，加强供应链安全管理，对党政机关、重点行业采购使用的重要信息技术产品和服务开展安全审查，提高产品和服务的安全性和可控性，防止产品服务提供者和其他组织利用信息技术优势实施不正当竞争或损害用户利益。

**4. 加强网络文化建设**

加强网上思想文化阵地建设，大力培育和践行社会主义核心价值观，实施网络内容建设工程，发展积极向上的网络文化，传播正能量，凝聚强大精神力量，营造良好网络氛围。鼓励拓展新业务、创作新产品，打造体现时代精神的网络文化品牌，不断提高网络文化产业规模水平。实施中华优秀文化网上传播工程，积极推动优秀传统文化和当代文化精品的数字化、网络化制作和传播。发挥互联网传播平台优势，推动中外优秀文化交流互鉴，让各国人民了解中华优秀文化，让中国人民了解各国优秀文化，共同推动网络文化繁荣发展，丰富人们精神世界，促进人类文明进步。

加强网络伦理、网络文明建设，发挥道德教化引导作用，用人类文明优秀成果滋养网络空间、修复网络生态。建设文明诚信的网络环境，倡导文明办网、文明上网，形成安全、文明、有序的信息传播秩序。坚决阻断谣言、淫秽、暴力、迷信、邪教等违法有害信息在网络空间传播蔓延。提高青少年网络文明素养，加强对未成年人上网保护，通过政府、社会组织、社区、学校、家庭等方面的共同努力，为青少年健康成长创造良好的网络环境。

**5. 打击网络恐怖和违法犯罪**

加强网络反恐、反间谍、反窃密能力建设，严厉打击网络恐怖和网络间谍活动。

坚持综合治理、源头控制、依法防范，严厉打击网络诈骗、网络盗窃、贩枪贩毒、侵害公民个人信息、传播淫秽色情、黑客攻击、侵犯知识产权等违法犯罪行为。

**6. 完善网络治理体系**

坚持依法、公开、透明管网治网,切实做到有法可依、有法必依、执法必严、违法必究。健全网络安全法律法规体系,制定出台网络安全法、未成年人网络保护条例等法律法规,明确社会各方面的责任和义务,明确网络安全管理要求。加快对现行法律的修订和解释,使之适用于网络空间。完善网络安全相关制度,建立网络信任体系,提高网络安全管理的科学化规范化水平。

加快构建法律规范、行政监管、行业自律、技术保障、公众监督、社会教育相结合的网络治理体系,推进网络社会组织管理创新,健全基础管理、内容管理、行业管理以及网络违法犯罪防范和打击等工作联动机制。加强网络空间通信秘密、言论自由、商业秘密,以及名誉权、财产权等合法权益的保护。

鼓励社会组织等参与网络治理,发展网络公益事业,加强新型网络社会组织建设。鼓励网民举报网络违法行为和不良信息。

**7. 夯实网络安全基础**

坚持创新驱动发展,积极创造有利于技术创新的政策环境,统筹资源和力量,以企业为主体,产学研用相结合,协同攻关、以点带面、整体推进,尽快在核心技术上取得突破。重视软件安全,加快安全可信产品推广应用。发展网络基础设施,丰富网络空间信息内容。实施"互联网+"行动,大力发展网络经济。实施国家大数据战略,建立大数据安全管理制度,支持大数据、云计算等新一代信息技术创新和应用。优化市场环境,鼓励网络安全企业做大做强,为保障国家网络安全夯实产业基础。

建立完善国家网络安全技术支撑体系。加强网络安全基础理论和重大问题研究。加强网络安全标准化和认证认可工作,更多地利用标准规范网络空间行为。做好等级保护、风险评估、漏洞发现等基础性工作,完善网络安全监测预警和网络安全重大事件应急处置机制。

实施网络安全人才工程,加强网络安全学科专业建设,打造一流网络安全学院和创新园区,形成有利于人才培养和创新创业的生态环境。办好网络安全宣传周活动,大力开展全民网络安全宣传教育。推动网络安全教育进教材、进学校、进课堂,提高网络媒介素养,增强全社会网络安全意识和防护技能,提高广大网民对网络违法有害信息、网络欺诈等违法犯罪活动的辨识和抵御能力。

**8. 提升网络空间防护能力**

网络空间是国家主权的新疆域。建设与我国国际地位相称、与网络强国相适应的网络空间防护力量,大力发展网络安全防御手段,及时发现和抵御网络入侵,铸造维护国家网络安全的坚强后盾。

**9. 强化网络空间国际合作**

在相互尊重、相互信任的基础上,加强国际网络空间对话合作,推动互联网全球治理体系变革。深化同各国的双边、多边网络安全对话交流和信息沟通,有效管控分歧,积极参与全球和区域组织网络安全合作,推动互联网地址、根域名服务器等基础资源管理国际化。

支持联合国发挥主导作用,推动制定各方普遍接受的网络空间国际规则、网络空间国际反恐公约,健全打击网络犯罪司法协助机制,深化在政策法律、技术创新、标准规范、应急响应、关键信息基础设施保护等领域的国际合作。

加强对发展中国家和落后地区互联网技术普及和基础设施建设的支持援助,努力弥合数字鸿沟。推动"一带一路"建设,提高国际通信互联互通水平,畅通信息丝绸之路。搭建世界互联网大会等全球互联网共享共治平台，共同推动互联网健康发展。通过积极有效的国际合作，建立多边、民主、透明的国际互联网治理体系，共同构建和平、安全、开放、合作、有序的网络空间。

# 1.9 大数据技术下的网络安全

## 1.9.1 大数据技术的有关概念

现在的社会是一个高速发展的社会，科技发达，信息流通，人们之间的交流越来越密切，生活也越来越方便，大数据就是这个高科技时代的产物。

随着云时代的来临，大数据(Big Data)也吸引了越来越多的关注。大数据通常用来形容一个公司创造的大量非结构化和半结构化数据，这些数据在下载到关系型数据库用于分析时会花费过多时间和金钱。大数据分析常和云计算联系到一起，因为实时的大型数据集分析需要像 MapReduce 一样的框架来向数十、数百或甚至数千的计算机分配工作。

在现今的社会中，大数据的应用越来越彰显它的优势，它占领的领域也越来越大，电子商务、O2O(Online to Offline)、物流配送等，各种利用大数据进行发展的领域正在协助企业不断地发展新业务，创新运营模式。有了大数据这个概念，对于消费者行为的判断，产品销售量的预测，精确的营销范围以及存货的补给已经得到全面的改善与优化。

"大数据"在互联网行业指的是互联网公司在日常运营中生成、累积的用户网络行为数据。这些数据的规模是如此庞大，以至于不能用 GB 或 TB 来衡量。

在大数据时代中，传统获取数据信息的方法有所改变。过去，信息是通过有限的网络、无线网络或服务器收集的。而在大数据新时代，计算机可以使用无形的设备直接获取信息。因为计算机网络的种种特性，它在许多行业的生产和开发中被广泛使用。在应用过程中，计算机网络存在许多潜在的安全风险。近些年来，大数据计算机网络发生的安全问题越来越多，人们更应该重视网络信息问题的预防与保护。

## 1.9.2 大数据技术背景下的网络安全问题

**1. 黑客破坏攻击**

基于大数据技术的黑客攻击真实情况，其方式主要包括主动攻击与节点攻击两种。黑客的主动攻击行为比节点攻击目标更明显，是计算机用户个人信息被泄露的最常见情况。较为严重的黑客攻击通常会对计算机系统进行针对性的攻击，造成计算机系统的崩溃和瘫痪。当一个计算机系统遭受到黑客攻击时，整体的执行状态被破坏，从运行缓慢到系统瘫痪，这取决于黑客攻击的实际情况。节点攻击具有破坏性，因为它主要针对用户隐私，而不是主动攻击，因此它可能不会被检测到。

**2. 网络病毒泛滥**

随着网络的发展，网络病毒的产生贯穿于网络的开发和使用，不断影响网络安全的各个方面。这些病毒会在局域网和互联网上广泛传播，这意味着，如果一台计算机感染了病毒，网络中的其他部分也可能受到病毒的攻击。网络病毒会破坏计算机的正常运行，并破坏计算机的内部数据和信息。如果数据被严重破坏，还会导致计算机系统崩溃。网络病毒在人们的日常生活中是非常常见的，并可能直接影响整体网络系统和数据信息的安全性能以及网络终端。网络病毒是许多用户在网络的使用过程中无法预防的常见病毒形式。

**3. 系统漏洞频现**

计算机操作系统是终端用户最重要的软件系统。程序员最初开发设计计算机系统时,没有对系统漏洞形成高度的重视,为系统漏洞提供准确的检测方法,也没有对系统漏洞做好相应的安全保护。然而,黑客针对系统漏洞的攻击和渗透却从未停歇,当系统漏洞被发现时首先就会成为黑客的攻击目标,黑客会专门攻击系统安全防范最薄弱的部分,严重影响到计算机系统和数据库的信息安全。

**4. 信息访问权限混乱**

一般来说,主要是由系统管理员控制外来人员访问本区域的网络资源,在此情况下,通常只有被授予了访问权限才能访问此网站。然而,随着互联网技术的迅速发展,信息访问权限出现了混乱不堪的局面。各种信息铺天盖地,访问权限也随之出现了“大锅粥”现象,各种权限逐渐弱化,许多信息源没有了权限界定甚至出现混乱。大数据的泄露给一些别有用心的黑客提供了机会,也致使网络出现了一些不安全的因素。

**5. 数据信息泄露严重**

随着数据量的增大和数据的集中,对海量数据进行安全防护变得愈加困难。网络空间中信息的泄露风险来源涵盖范围非常广,数据的大量汇集和集中存储不可避免地增加了用户数据的泄露风险,在用户不知情的情况下,个人信息可能已经被泄露甚至被交易。这些数据不但是维护公共安全的重要保障,更是每个公民所持有的个人隐私,一旦遭到泄露,不仅社会公共安全受到影响,用户个人的正常生活也会被打乱。

**6. 智能终端危险化**

智能终端目前在全球占有很大的市场,可以预想具有良好的发展前景,走智能终端化的道路也是时代的要求。将大量的个人信息储存在移动终端中,便于个人携带,比如许多企业将大量的企业信息(包括员工信息)都存储在智能终端中,便于领导随时集中管理。然而,将大数据储存在智能终端中有很大的安全问题,因为智能终端很容易成为黑客攻击的重点目标。

视频讲解

## 1.10 我国网络安全产业介绍

### 1.10.1 全球网络安全产业规模

2019年,全球网络安全产业规模达到1244.01亿美元,2020年增长至1278.27亿美元。从增速上看,2019年全球网络安全产业增速为9.11%,达到自2014年以来最低值;受疫情影响,2020年增速远低于2019年12月的预测值,约为2.75%。

我国产业规模呈现持续高速增长态势,随着新一代信息技术的融合发展,如区块链应用等安全新技术产品、密码产品和设备等信息安全产品也纳入网络安全产业,同时将云服务企业、电信运营商、车联网企业等主体的网络安全业务也纳入网络安全产业。根据新的统计测算,2019年我国网络安全产业规模达到1563.59亿元,较2018年增长17.1%,2020年产业规模约为1702亿元,增速约为8.85%。2015—2020年我国网络安全产业规模增长情况如图1.21所示。

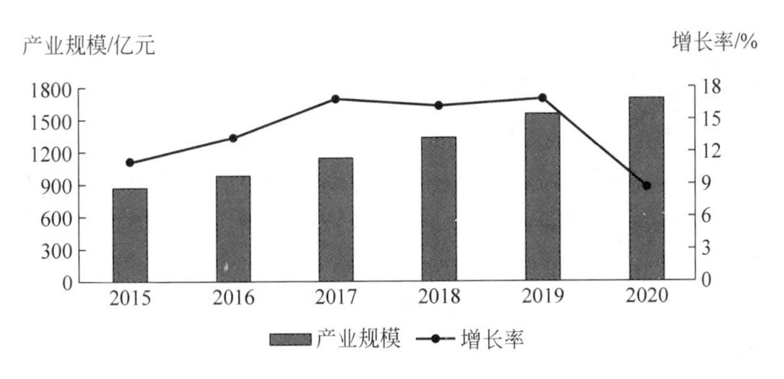


数据来源：中国信息通信研究院

图 1.21　2015—2020 年我国网络安全产业规模增长情况

### 1.10.2　我国网络安全产业进展

**1. 网络安全政策措施不断出台**

我国网络安全相关政策布局仍在不断提速，积极推动网络安全及相关政策出合，为促进产业发展提供了良好的政策保障。一是网络安全政策规范稳步推进是网络安全法律及配套政策密集落地，安全合规市场空间得到了拓展。2019 年 12 月，网络安全等级保护 2.0 相关国家标准正式实施，为网络安全等级保护制度的落地提供了标准支撑。2020 年 1 月，《中华人民共和国密码法》正式施行，为我国商用密码技术和产业的发展开放平台。二是网络法制建设继续稳步推进，持续拉动产业规模发展。《个人信息保护法》《数据安全法》的制定将推动我国个人信息和数据安全保护进入全新阶段。三是围绕网络安全产业发展，更多政策指引陆续出台落地。2019 年 9 月，工信部《关于促进网络安全产业发展的指导意见(征求意见稿)》开始征求意见，提出“到 2025 年，培育形成一批年营收超过 20 亿元的网络安全企业，形成若干具有国际竞争力的网络安全骨干企业，网络安全产业规模超过 2000 亿元”的发展目标。

**2. 新兴领域政策举措密集落地**

一是引导网络安全与新技术融合应用的发展方向。2020 年以来，工信部印发的《国家车联网产业标准体系建设指南(车辆智能管理)》《关于推动 5G 加快发展的通知》《关于推动工业互联网加快发展的通知》，以及国家标准化管理委员会等五部门联合发布的《国家新一代人工智能标准体系建设指南》等政策指引，聚焦新一代前瞻性技术创新，加快完善新兴技术的网络安全产品和服务支撑体系，为产业奠定长期发展的政策基础。二是结合新兴技术特征出台针对性安全政策。随着网络安全等级保护 2.0 制度将等级保护对象范围扩大到云计算、物联网、大数据等领域，新兴技术安全政策加速落地。2019 年 9 月，国家网信办等四部门联合发布的《云计算服务安全评估办法》正式施行，旨在降低党政机关、关键信息基础设施运营者采购使用云计算服务带来的网络安全风险。2019 年 12 月，工信部发布《工业互联网企业网络安全分类分级指南(试行)》(征求意见稿)，着力提升工业互联网安全保障能力和水平。

**3. 地方政府加速网络安全领域布局**

一是各省市相继公布 5G 安全发展推进政策。2019 年至今，已有近 30 个省市发布了 5G 产业推动计划，如 2019 年 8 月河北省出台《关于加快 5G 发展的意见》；2019 年 9 月，上海发布《上海 5G 产业发展和应用创新三年行动计划(2019—2021 年)》；2020 年 2 月，湖南省发布《加快第五代移动通信产业发展的若干政策》等，其中超 20 个省市明确指出，强化网络信息安全保障，推动 5G 与网络安全产业融合，对于推动 5G 安全的落地和推广具有重要作用。二是多地陆续出台网络安全产业促进政策。2019年下半年以来,多地积极推动网络安全相关产业促进政策出台,为产业发展指明重点及方向。2020年3月的《成都市加快网络信息安全产业高质量发展的若干政策(征求意见稿)》和2020年4月的《长沙市关于加快网络安全产业发展若干政策实施细则》从产业创新、应用示范、园区发展等方面落实整体部署和激励措施,大力促进地区网络安全产业高质量发展。

**4. 我国网络安全产业技术布局相对完整**

随着网络安全行业的迅猛发展,现有网络安全产品和服务基本从传统网络安全领域延伸到了云、大数据、物联网、工业控制、5G和移动互联网等不同的应用场景。基于安全产品和服务的应用场景、保护对象和安全能力,我国网络安全产品和服务已覆盖基础安全、基础技术、安全系统、安全服务等多个维度,网络安全产品体系日益完备产业活力日益增强。网络安全产品/服务图谱如图1.22所示。

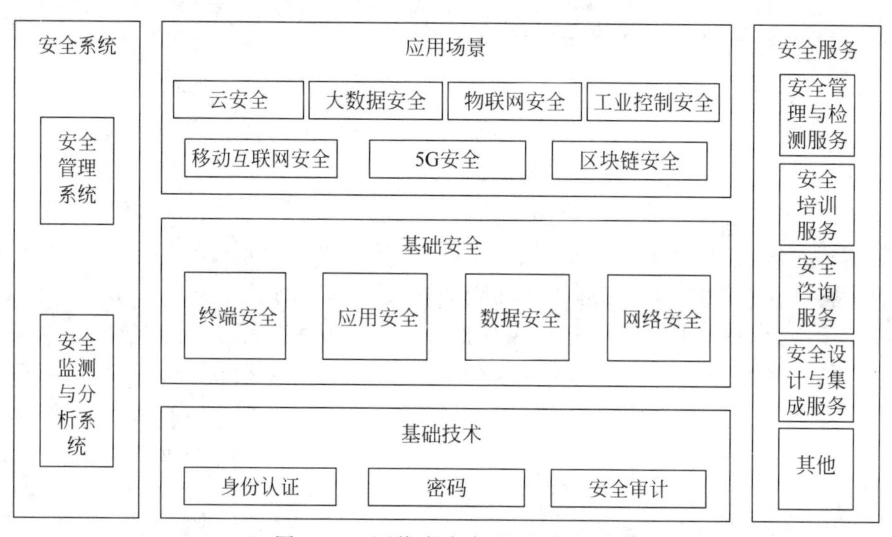


图1.22 网络安全产品/服务图谱

**5. 中国网络安全行业主要企业市场占有率**

在营收方面,2019年网络安全企业营收保持普涨态势,营收增速差距持续扩大,中国网络安全行业主要企业市场占有率如图1.23所示。

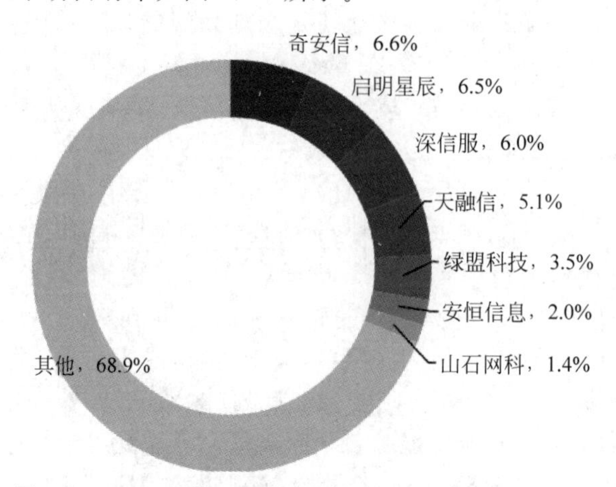


图1.23 2019年中国网络安全行业主要企业市场占有率

## 1.10.3 2020年中国网络安全竞争力50强

从2020年3月起，中国网络安全产业联盟(China Cybersecurity Industry Alliance，CCIA)向我国网络安全企业发起公开调研，最终收集到近200家网络安全企业提交的有效数据，基本覆盖了国内主要网络安全企业。“CCIA 50强”评价指标采用多维度综合评价法，坚持公平公正、客观中立，充分注重评价结果与市场的贴合度，对我国网络安全行业领军企业的发展状况进行了综合、严谨的研究。

“CCIA 50强”目的是为网络安全行业主管部门、投资机构、广大用户、企业及从业者提供具备领先竞争力的50家网络安全企业发展现状及产业格局的全局性概览，为相关政策制定、投资决策、项目采购、战略规划、了解行业与市场，提供具备较强参考价值的多维度信息。

“CCIA 50强”采用的研究方法从产业视角和商业视角出发，参考了波特五力模型和企业竞争力九力模型，结合我国网络安全产业的特点，形成了一套完整的研究分析框架。基于以上框架，在数据基础上对企业竞争力和资源力的各个维度进行了量化评估，计算得出50强的排名，具体如图1.24所示。

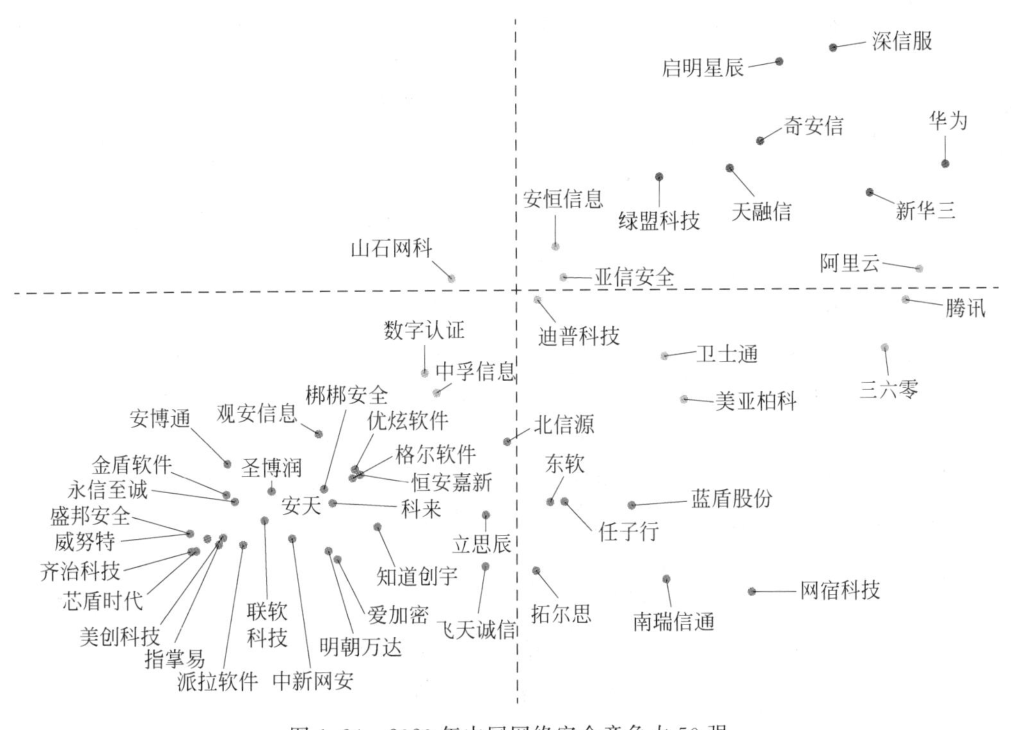


图1.24 2020年中国网络安全竞争力50强

## 1.10.4 我国网络安全产业前景展望

### 1. 核心技术突破驱动安全能力发展

为了在新基建建设过程中强化网络基础设施的安全保障，加强核心技术攻关，促进供应链安全发展，推动产业链上下游整合成为当前发展的主题，一方面，在我国对技术创新支持力度不断提升的大背景下，产业链各环节相关主体将持续加大在关键核心技术方面的研发投入,形成以企业为核心的产学研用创新主体并开展科研攻关,实现核心技术突破、产业能力提升、产业生态健康发展;另一方面,对安全防护而言,产业链条中任何环节的弱点和漏洞都可能成为防护的短板,为寻求安全能力的整体提升,安全厂商将与产业链的各环节进行深度融合,实现上中游的无缝衔接,从源头出发打造全链条的更具内生安全能力的安全生态。

**2. 产业合作发展成为趋势**

一方面,随着国家级产业园区建设的逐步提速,依托高校、企业、联盟等网络安全产业基础,北京、长沙、合肥等多个城市大力推进网络安全集聚发展,加强资源整合和政策引导,促进政策、技术、产业和人才等要素之间的良性互动,为产业合作构建良好生态体系;另一方面,打破不同网络安全企业主体间数据孤岛、增进手段联动的需求日益迫切,如借助网络安全威胁信息共享、集中处置等技术手段,进一步整合网络安全不同企业主体间的技术优势、资源优势,破解当前建设分散、投入重复、资源壁垒的问题。

**3. 线上培训开辟人才培养新路径**

新冠疫情发生以来,政府部门、高等院校、行业联盟、安全企业等为了解决我国网络安全人才数量和能力缺乏等问题,积极结合自身优势与资源,通过开展在线网络安全培训和竞赛、线上或线上与线下结合的网络安全会议等方式,探索人才培养与交流的新路径,助推了人才工作的数字化转型。人才培养"云"模式将为推动基础人才培养、促进高端人才交流、加速国际合作、引进海外人才等创造更加高效便利的途径。

**4. 新兴领域与重要行业政策将持续细化明确**

新基建与信息化建设的持续推进,在驱动经济和产业模式变革的同时,也将对网络安全保障提出更高要求,从而进一步推动相关支撑政策加快落地。一是新兴领域安全保障政策将逐步完善。随着网络安全建设与信息化建设逐渐同步,相配套的网络安全基础设施以及网络安全保障体系变得越发重要,为了保障5G、大数据、人工智能、工业互联网、物联网等领域的稳定发展,各领域网络安全保障相关政策标准将随着实践的推进进一步完善。二是重要行业的安全要求将向精细化方向发展。以数据安全为例,《中华人民共和国数据安全法(草案)》的出台将为数据安全管理等提供更多顶层设计,但是由于垂直行业数据采集和管理方式不尽相同,数据流量类型千差万别,数据安全保障需求各异,形成以行业为导向的数据安全管理规则将大势所趋。目前,金融、工业等重要行业已陆续出台数据管理指引,预计未来与行业相结合的安全政策将持续落地。

# 课后习题

**一、选择题**

1. 网络安全不包含(　　)。

A. 网络设备安全　　B. 网络信息安全

C. 网络协议安全　　D. 网络软件安全

2. 下列关于用户口令说法错误的是(　　)。

A. 口令不能设置为空

B. 口令长度越长,安全性越高

C. 复杂口令安全性足够高,不需要定期修改

D. 口令认证是最常见的认证机制

3. 在使用复杂度不高的口令时,容易产生弱口令的安全脆弱性,被攻击者利用,从而破解用户账户,下列选项中(　　)具有最高的口令复杂度。

A. morrison　　　　B. Wm. $ * F2m5@

C. 27776394　　　　D. wangjing1977

4. 网络信息未经授权不能进行改变的特性是(　　)。

A. 完整性　　B. 可用性　　C. 可靠性　　D. 保密性

5. 确保信息在存储、使用、传输过程中不会泄露给非授权的用户或实体的特性是(　　)。

A. 完整性　　B. 可用性　　C. 可靠性　　D. 保密性

6. 下列选项中(　　)不属于物理安全控制措施。

A. 门锁　　B. 警卫　　C. 口令　　D. 围墙

7. 统计数据表明,网络和信息系统最大的人为安全威胁来自(　　)。

A. 恶意竞争对手　　B. 内部人员

C. 互联网黑客　　D. 第三方人员

8. 在需要保护的信息资产中,(　　)是最重要的。

A. 环境　　B. 硬件　　C. 数据　　D. 软件

9. (　　)手段可以有效应对较大范围的安全事件的不良影响,保证关键服务和数据的可用性。

A. 定期备份　　B. 异地备份　　C. 人工备份　　D. 本地备份

10. 网页恶意代码通常利用(　　)实现植入并进行攻击。

A. 口令攻击　　B. U 盘工具

C. IE 浏览器的漏洞　　D. 拒绝服务攻击

11. 覆盖地理范围最大的网络是(　　)。

A. 广域网　　B. 城域网　　C. 无线网　　D. 国际互联网

12. 要安全浏览网页,不应该(　　)。

A. 定期清理浏览器缓存和上网历史记录

B. 禁止使用 ActiveX 控件和 Java 脚本

C. 定期清理浏览器 Cookie

D. 在他人计算机上使用“自动登录”和“记住密码”功能

13. 系统攻击不能实现(　　)。

A. 盗走硬盘　　B. 口令攻击

C. 进入他人计算机系统　　D. IP 欺骗

14. 网络安全最终是一个折中的方案,即安全强度和安全操作代价的折中,除了增加安全设施投资外,还应考虑(　　)。

A. 用户的方便性

B. 管理的复杂性

C. 对现有系统的影响及对不同平台的支持

D. 以上 3 项都是

15. 网络安全的基本属性是(　　)。

A. 机密性　　B. 可用性　　C. 完整性　　D. 以上3项都是

16. 从攻击方式区分攻击类型,可分为被动攻击和主动攻击。被动攻击难以(　　),然而(　　)这些攻击是可行的;主动攻击难以(　　),然而(　　)这些攻击是可行的。

A. 阻止,检测,阻止,检测　　B. 检测,阻止,检测,阻止

C. 检测,阻止,阻止,检测　　D. 以上3项都不是

17. 窃听是一种(　　)攻击,攻击者(　　)将自己的系统插入发送站和接收站之间。截获是一种(　　)攻击,攻击者(　　)将自己的系统插入发送站和接收站之间。

A. 被动,无须,主动,必须　　B. 主动,必须,被动,无须

C. 主动,无须,被动,必须　　D. 被动,必须,主动,无须

18. 拒绝服务攻击的后果是(　　)。

A. 信息不可用　　B. 应用程序不可用

C. 阻止通信　　D. 以上3项都是

19. 攻击者用传输数据冲击网络接口,使服务器过于繁忙以致不能应答请求的攻击方式是(　　)。

A. 拒绝服务攻击　　B. 地址欺骗攻击

C. 会话劫持　　D. 信号包探测程序攻击

20. 攻击者截获并记录了从A到B的数据,然后又从早些时候所截获的数据中提取出信息重新发往B,称为(　　)攻击。

A. 中间人　　B. 口令猜测器和字典

C. 强力　　D. 回放

21. 口令破解的最好方法是(　　)。

A. 暴力破解　　B. 组合破解　　C. 字典攻击　　D. 生日攻击

22. 可以被数据完整性机制防止的攻击方式是(　　)。

A. 假冒　　B. 抵赖　　C. 窃取　　D. 篡改

23. 网络安全的特征包含保密性、完整性、(　　)4方面。

A. 可用性和可靠性　　B. 可用性和合法性

C. 可用性和有效性　　D. 可用性和可控性

24. 如果认为自己已经落入网络钓鱼的圈套,则应采取的措施是(　　)。

A. 向电子邮件地址或网站被伪造的公司报告该情形

B. 更改账户的密码

C. 立即检查财务报表

D. 以上3项都是

25. 下列技术中不能防止网络钓鱼攻击的是(　　)。

A. 在主页的底部设有一个明显链接,以提醒用户注意有关电子邮件诈骗的问题

B. 利用数字证书(如USB Key)进行登录

C. 根据互联网内容分级联盟(ICRA)提供的内容分级标准对网站内容进行分级

D. 安装杀毒软件和防火墙,及时升级、打补丁,加强员工安全意识

26. 下列不会帮助减少收到的垃圾邮件数量的是(　　)。

A. 使用垃圾邮件筛选器帮助阻止垃圾邮件

B. 共享电子邮件地址或即时消息地址时应小心谨慎

C. 安装 VPN 系统

D. 收到垃圾邮件后向有关部门举报

**二、填空题**

1. ________是第一大上网终端设备。

2. 网络安全是指网络系统的硬件、软件及其系统中的数据受到________,不因偶然的或恶意的原因而遭受到破坏、________、________,系统连续可靠正常地运行,网络服务不中断。

3. 网络安全包含网络设备安全、________、________。

4. 网络互联设备的安全控制中对整个子网内的所有主机的传输信息和运行状态进行安全监测和控制,主要通过________或________实现。

5. 电子商务安全从整体上可分为________和________两大部分。

6. 非破坏性攻击通常是为了扰乱系统的运行,并不是盗窃系统资料,攻击手段包括________和________。

7. 黑客非法获取支付结算、证券交易、期货交易等网络金融服务的账号、口令、密码等信息 10 组以上,可处________年以下有期徒刑等刑罚;获取上述信息 50 组以上的,处 3 年以上________年以下有期徒刑。

8. 网络攻击可分为________和________两类。

**三、简答题**

1. 互联网的优点有哪些?

2. 网络安全涉及哪些学科?

3. 网络安全的重要性都体现在哪些方面?

4. 网络安全有哪些种类?

5. 电子商务安全中的计算机网络安全存在哪些主要问题内容?

6. 电子商务安全中的计算机商务交易安全存在哪些主要问题内容?

7. 黑客的行为主要有哪几种?

8. 网络的主动攻击包括哪些形式?

9. 常见网络攻击包括哪些形式?

10. 为什么说我国的网络安全现状极为脆弱?

11. Cookie 运用于哪几个方面?

12. 个人数据信息面临哪些网络威胁?

13. 常用网络安全技术有哪些?

14. 常用网络密码安全保护技巧有哪些?

15. 网络空间安全的目标有哪些?

16. 网络空间安全的战略任务有哪些?

17. 大数据技术背景下的网络安全问题有哪些?

# 第2章 网络监控原理

视频讲解

## 2.1 网络监控介绍

计算机网络的普及应用已渗透到社会各个层面,网络给各行各业带来便利的同时也带来了安全和管理问题。互联网是一把双刃剑,有了网络,企业员工在实现网络办公的同时,通过网络从事一些业务范围之外的活动,如在工作时间利用网络看新闻、玩游戏、干私活、聊天、泄露公司资料、炒股票、下载电影、在线听歌曲,甚至利用公司的网络为自己找工作等。这些网络活动,消耗了公司的资源,影响工作效率,泄露企业机密,甚至因此丢失了客户资源。利用局域网网络监控软件对非法网络行为实行监控,并结合企业的内部管理机制对企业信息进行管理,可以有效地预防和避免上述事件的发生,能够达到事半功倍的效果,这一方法已经为大家所认知。

### 2.1.1 为什么要进行网络监控

很多单位对网络及计算机设备的投入很大,却不对应用软件特别是安全软件进行投入,组建了性能出色的网络环境,购买了现代化的办公设备,这些高端设备却成了浪费公司人力和财力,甚至是纵容员工上班时间做工作之外的事情的"帮凶",不仅降低了工作效率,甚至会造成更大的损失。设置网络监控管理,防患于未然,尤为重要。

目前很多企业配备了专门的网络管理人员管理企业所构建的网站,虽然管好了设备,但设备所带来的方便却降低了企业员工的工作效率(都用网络做别的事情去了),加大了商业信息泄露的风险(因为缺乏管理,客户资料很可能被自己人传送给竞争对手,成为对方的资源)。因此,企业内部网络的管理,仅仅靠购买设备是不够的,仅仅建设网站也是不够的。只管理网络设备也是不够的,还需要对员工使用网络的内容进行监控,把使用网络的行为管理起来。尤其是外贸企业、技术研发类企业(如软件开发、机械工程)、政府机关、银行、医院、部队等关键任务机构,对员工的上网监督管理必不可少。

### 2.1.2 网络监控的主要目标

网络监控系统总体目标是能有效防止员工通过网络以各种方式泄密,防止并追查重要资料、机密文件的外泄渠道,实现对网络计算机及网络资源的统一管理和有效监控。监督、审查、限制、规范网络使用行为,未经授权不得以任何方式外发文件,不得在上班时间利用网络做不应该做的事(如聊天、游戏、外发资料、BT 恶性下载、买卖股票等),能够记录网络往来的内容(如外贸企业的订单过程、QQ/MSN 聊天记录内容和行为过程),对计算机的各种端口和设备实施全面管理和控制，对使用计算机、上网、收发邮件、网上聊天和计算机游戏进行严格管理，能够进行流量限制及网站访问统计，分析员工使用网络的情况等。

### 2.1.3 网络监控的分类

网络监控是针对局域网内的计算机进行监视和控制，针对内部的计算机在互联网上的活动(上网监控)以及非上网相关的内部行为与资产等过程管理(内网监控)。随着互联网的飞速发展，互联网的使用越来越普遍，网络和互联网不仅成为企业内部的沟通桥梁，也是企业和外部进行各类业务往来的重要管道。网络监控产品主要分为监控硬件与监控软件两种。

网络监控硬件其实是软硬件结合的产品，主要在主机或服务器上部署软件，在路由上部署硬件，无需再在其他被控计算机中安装部署。硬件的功能是固定的，它在功能的扩展方面有其自身的局限性，在新的需求不断增加时，就很可能要通过设备的更换才能满足企业持续管理的需求。硬件的购买成本都比软件高。有的监控硬件设备还要配套的周边硬件支持，需要加大硬件的前期投资预算。就资金这一点，软件的优势非常明显：一套软件，最多再加一张网卡、两条网线，就可以实现有效的网络监控管理了。维护方面，硬件无论是从前期产品的试用，还是后期产品的维护方面，都相对专业且维护成本较高。监控硬件设备一旦出现较大或无法确认的问题，维护人员无法自行维护，只能送往厂家维修或通知厂家人员上门维修，进一步增大了维护成本开销(不论是服务费用还是运输费用)，最重要的是耽误时间、影响了工作的进度。软件就不存在这个问题。它可以无条件前期试用，在购买后可以不断地升级，功能、稳定性都会越来越强大，越来越完善。而且目前大多数软件都有免费升级年限，即使超过免费升级年限，升级费用和硬件的维护费用比较起来也是很低的。技术难度方面，硬件需要专门的管理人员去维护，而软件的操作都是非常人性化的，不管是网络管理人员，还是公司高层管理人员，可以说只要能够使用计算机，就能够操作网络监控软件，软件上手更加容易，方便管理人员直接管理查看。综上所述，软件更加适合对网络监管有一般性需求的单位进行配置。下面重点介绍网络监控软件的内容。

网络监控软件按照运行原理可分为监听模式和网关模式两种。

**1. 监听模式**

通过抓取总线 MAC 层数据帧方式获得监听数据，并利用网络通信协议原理实现控制的方法。采用以下方法之一解决安装问题。

1) 通过共享式网络

共享式网络结构简单，主要的设计思想就是将网络中心设备设置成集线器(Hub)，这样形成的网络就成为共享式网络。其中，中心设备集线器工作模式是共享模式，并且是工作在开放式系统互联通信参考模型(Open System Interconnection Reference Model，OSI)的物理层面上。一旦网络设计成共享式网络，即局域网的交换中心设备是用 Hub 来实现的，就可以在该网络的任何一台计算机上安装相关的网络协议分析软件。在这种环境下，该分析软件能够捕获到整个网络中所有节点之间的通信数据包。这个模式是一个比较通用的方法，但由于 Hub 基本都是 10Mb/s 的，因此在网络性能上将受到很大限制，也意味着丢包的危险。Hub 不适合大型网络环境，有很大局限，目前已经基本被淘汰。共享式网络结构如图 2.1 所示。

2) 通过拥有镜像备份功能的交换式网络

交换式网络是指将网络的交换中心设备设置成交换机(Switch)，这样的网络就叫作交换式网络。在交换式网络中,中心设备即交换机是在OSI模型的链接数据层工作的,中心设备的各端口两两之间可以高效地分离冲突域,所以通过交换机相互连接的网络能够将整个大的网络分离成许多小的网络子域。在拥有镜像备份功能的交换式网络中,由于网络的中心设备具有镜像功能,如果在交换机中心设备上设置好相应的镜像端口,然后在与镜像端口相连接的主机上面安装网络协议分析,就能够抓取到整个交换式网络中的全部数据。交换式网络结构如图2.2所示。

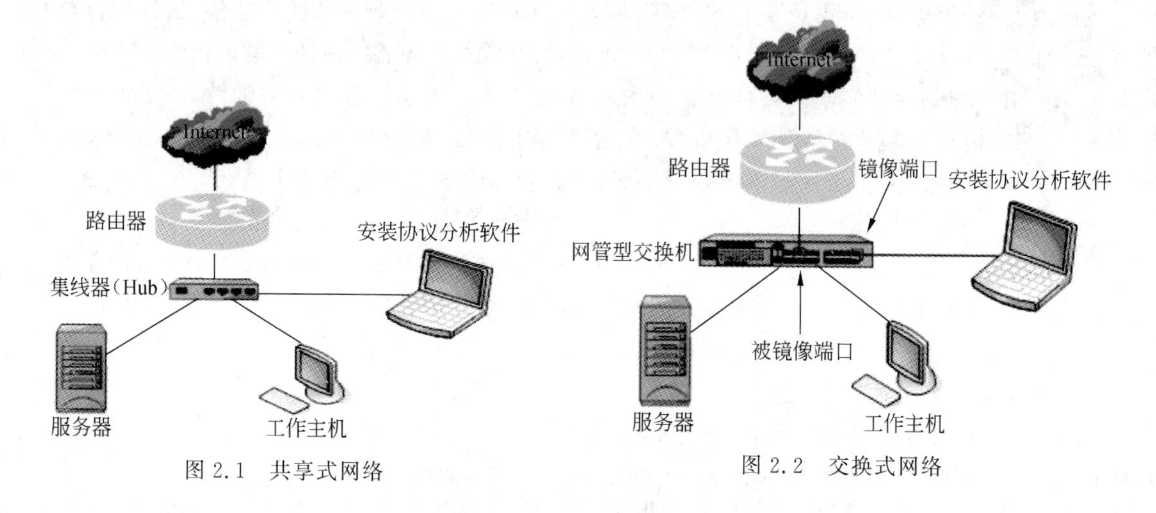


图2.1　共享式网络　　　　图2.2　交换式网络

3)通过拥有镜像功能的相互交换式网络

在实际中,考虑到成本或技术上的原因,许多交换机设计和制造都很简单,它们并不拥有镜像备份的功能,于是对于这类交换机,在实际中就不可能利用端口镜像对网络进行监控和分析。此时,可以采取其他方法来实现。为了实现对网络数据的抓取,考虑在路由器或网络防火墙与交换机之间连接一个集线器或分路器,连接方式为串联,这种网络就叫作相互交换式网络。相互交换式网络结构如图2.3所示。

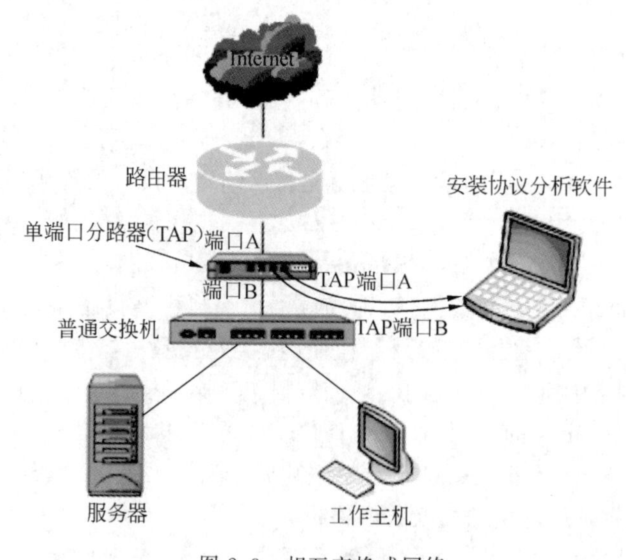


图2.3　相互交换式网络

可以看到，其实所有监听模式的解决方法都是不太可靠的，监听模式下只能对网络数据进行监视和记录，对网络数据无法进行访问控制和限制，而目前所有使用 WinPcap 驱动的网络监控软件和使用网络层驱动的软件都是监听模式。如果要求使用上述 3 种安装方法之一就肯定是监听模式软件。因此，真正商业运行的话，强烈建议使用网关模式。

WinPcap 是用于网络封包抓取的一套工具，可适用于 32/64 位的操作平台上解析网络封包，包含了核心的封包过滤、一个底层动态链接库和一个高层系统函数库，以及可用来直接存取封包的应用程序界面。WinPcap 是一个免费公开的软件系统，用于 Windows 系统下直接的网络编程。WinPcap 的作用主要是捕获最初始的数据包，无论这个数据包是发往本节点，还是与其他节点之间的数据交换包、向网络发送初始的网络数据包、对网络数据流量信息做统计等。很多不同的工具软件都把 WinPcap 用于网络分析、故障排除、网络安全监控等方面。

**2. 网关模式**

由于所有出口数据流都必须经过网关，因此网关模式在控制方面可以说是最强大、完美而无任何副作用的方式。网关模式克服了目前所有采用 WinPcap 驱动或网络层驱动的监听模式下的所有弱点，克服了所有监听模式下阻断用户数据报协议（User Datagram Protocol，UDP）的致命弱点，是网络监控最理想的模式。

代理/网关服务器就是在服务器上通过 Windows 连接共享设置，其他计算机通过这个代理/网关服务器分享上网。一般都是双网卡模式：一个网卡连接外网；另一个网卡连接内网。通常只需要在代理服务器上直接安装网络分析软件就可以实现了，但现在大部分的网络已经不再使用这个模式，直接使用路由器的网络地址转换（Network Address Translation，NAT）上网共享模式。代理服务器的网络结构如图 2.4 所示。

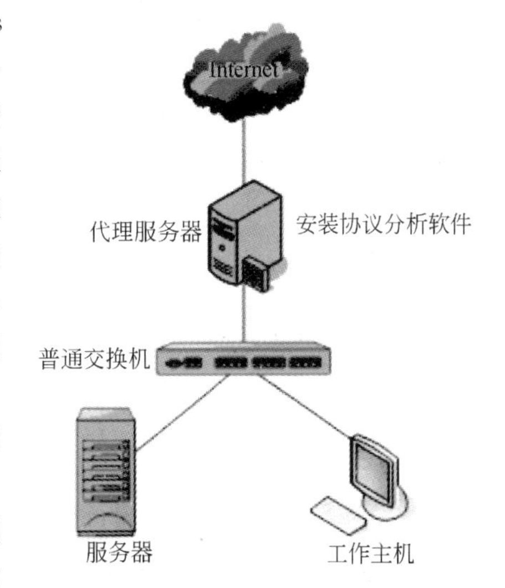

图 2.4　代理服务器共享上网

网关模式按照管理目标可分为内网监控和外网监控两种。

（1）内网监控（内网行为管理、屏幕监视、软硬件资产管理、数据安全）包含如下基本功能：内网监控、屏幕监视和录像、软硬件资产管理、光驱和 USB 等硬件禁止、应用软件限制、打印监控、ARP 防火墙、消息发布、日志报警、远程文件自动备份功能、禁止修改本地连接属性、禁止聊天工具传输文件、通过网页发送文件监视、远程文件资源管理、支持远程关机注销等、支持 MSN/MSN Shell/新浪 UC/ICQ/AOL/Skype/E 话通/雅虎通/贸易通/Google Talk/淘宝旺旺/飞信/UU Call/TM/QQ 聊天记录等。数据安全部分一般为单独的透明加密软件。

（2）外网监控（上网行为管理、网络行为审计、内容监视、上网行为控制）应包含如下基本功能：上网监控、网页浏览监控、邮件监控、Webmail 发送监视、聊天监控、BT 禁止、流量监视、上下行分离流量带宽限制、并发连接数限制、FTP 命令监视、Telnet 命令监视、网络行为审计、操作员审计、软网关功能、端口映射和基于以太网的点对点通信协议（Point to Point over Ethernet,PPPoE)拨号支持、通过Web方式发送文件的监视、通过IM聊天工具发送文件的监视和控制等。



无论是硬件还是软件方式的解决方法,都应包含内网监控和外网监控产品,通过合理的投资组合获得对资源和行为管理的不断升级更新。硬件在性能上相比软件来说具有优势,但在拓展性、升级更新、投资成本上却会造成很大的麻烦。

视频讲解

# 2.2 Sniffer工具

## 2.2.1 Sniffer介绍

Sniffer是利用计算机的网络接口截获目的地为其他计算机的数据报文的一种工具。简单地说,Sniffer就是一个网络上的抓包工具,同时还可以对抓到的包进行分析。

Sniffer既可以是硬件,也可以是软件。软件Sniffer易于学习和使用,价格也比较便宜,但是往往无法抓取网络上所有的传输(如碎片),某些情况下也就可能无法真正了解网络的故障和运行情况;硬件Sniffer通常称为协议分析仪,可以获取网络上所有的数据,因此对网络状况的分析更为准确,但是价格昂贵。目前主要使用的是软件Sniffer。

以太网Sniffer是指对以太网设备上传送的数据包进行侦听,发现感兴趣的包。如果发现符合条件的包,就把它存到一个日志文件中。通常设置的这些条件是包含username或password的包,它的目的是将网络层放到"混杂"模式。"混杂"模式是指网络上的设备对总线上传送的所有数据进行侦听,并不仅仅是它们自己的数据。Sniffer通常运行在路由器或有路由器功能的主机上,这样就能对大量的数据进行监控。

## 2.2.2 Sniffer原理

Sniffer意为"嗅探器",也可以比喻为卧底。它就像潜入敌人内部一样,不断地将敌方的情报送出来。Sniffer一般运行在路由器或有路由器功能的主机上,这样就可以达到监控大量数据的目的。它的运行平台也比较多,如Windows、Linux、Netmon等。Sniffer攻击属于数据链路层的攻击,一般是攻击者进入目标系统,然后利用Sniffer得到更多的信息(如用户名、口令、银行账户、密码等),它几乎能得到以太网上传送的任何数据包。通常Sniffer程序只需要看到一个数据包的前200～350B的数据就可以得到用户名和密码等信息。由此可见,这种攻击手段是非常危险的。

通常在同一个网段的所有网络接口都有访问在物理媒体上传输的所有数据的能力,而每个网络接口都还应该有一个硬件MAC地址,该硬件MAC地址不同于网络中存在的其他网络接口的硬件MAC地址,同时每个网络至少还要一个广播地址(代表所有的接口地址)。在正常情况下,一个合法的网络接口应该只响应这样两种数据帧:帧的目标区域具有和本地网络接口相匹配的硬件MAC地址;帧的目标区域具有"广播地址"。在收到上面两种情况的数据包时网络接口通过中央处理器(Central Processing Unit,CPU)产生一个硬件中断,该中断能引起操作系统注意,然后将帧中所包含的数据传送给系统进一步处理。而Sniffer就是一种能将本地网络接口状态设成"混杂"状态的软件,当网络接口处于这种"混杂"状态时,该网络接口具备"广播地址",它对所有遭遇到的每个帧都产生一个硬件中断,以便提醒操作系统处理流经该物理媒体上的每个报文包(绝大多数的网络接口具备置为"混杂"状态的能力)。

可见,Sniffer 工作在网络环境中的底层,它会拦截所有正在网络上传送的数据,并且通过相应的软件处理,可以实时分析这些数据的内容,进而分析所处的网络状态和整体布局。需要注意的是,Sniffer 是极其安静的,它是一种被动的安全攻击。

### 2.2.3 Sniffer 的工作环境

Sniffer 就是能够捕获网络报文的设备。Sniffer 的正当用处是分析网络的流量,以便找出所关心的网络中潜在的问题。例如,假设网络的某一段运行有问题,报文的发送比较慢,而又不知道问题出在什么地方,此时就可以用 Sniffer 做出精确的问题判断。Sniffer 在功能和设计方面有很多不同。有些只能分析一种协议,而有些可能能够分析几百种协议。一般情况下,大多数的 Sniffer 至少能够分析 TCP/IP 和互联网分组交换(Internet Packet Exchange,IPX)协议。Sniffer 与一般的键盘捕获程序不同,键盘捕获程序捕获在终端上输入的键值,而 Sniffer 则捕获真实的网络报文。Sniffer 通过将其置身于网络接口达到这个目的。

数据在网络上是以很小的称为帧(Frame)的单位传输的。帧由好几个部分组成,不同的部分执行不同的功能。帧通过特定的称为网络驱动程序的软件成型,然后通过网卡发送到网线上,通过网线到达它们的目的机器,在目的机器的一端执行相反的过程。接收端机器的以太网卡捕获到这些帧,并告诉操作系统帧的到达,然后对其进行存储。就是在这个传输和接收的过程中,Sniffer 会造成安全方面的问题。每个在局域网(Local Area Network,LAN)上的工作站都有其硬件地址,这些地址唯一地表示着网络上的机器。当用户发送一个报文时,这些报文就会发送到 LAN 上所有可用的机器。在一般情况下,网络上所有的机器都可以"听"到通过的流量,但对不属于自己的报文则不予响应。如果某工作站的网络接口处于"混杂"模式,那么它就可以捕获网络上所有的报文和帧。如果一个工作站被配置成这样的方式,它就是一个 Sniffer。Sniffer 可能造成的危害如下。

(1) 能够捕获口令。

(2) 能够捕获专用的或机密的信息。

(3) 可以用来危害网络邻居的安全,或者用来获取更高级别的访问权限。

事实上,如果在网络上存在非授权的 Sniffer,就意味着自己的系统已经暴露在别人面前了。

### 2.2.4 Sniffer 攻击

Sniffer 攻击属于一种被动攻击,它通过拦截网络上正在传送的数据获取有用信息,通常是欺骗或攻击行为的开始。

**1. 捕获口令**

如果网络上传输的数据使用的是明文传输,Sniffer 可以记录明文数据中的信息,包括用户名和密码。一个位置好的 Sniffer 可以捕获成千上万个口令。

**2. 窃取专用的或机密的信息**

通过在网络上安装 Sniffer 可以窃取到一些敏感数据,如金融账号。许多用户很放心在网上使用自己的信用卡或现金账号,然而Sniffer可以很轻松地截获在网上传送的用户姓名、口令、信用卡号码、截止日期、账号等资料。通过拦截数据帧,入侵者可以利用Sniffer方便地记录用户之间的敏感信息传送,甚至拦截整个会话过程。



**3. 获取底层协议信息**

Sniffer可以记录下底层的协议信息,如两台通信主机之间的网络接口地址、远程网络接口IP地址、IP路由信息和TCP连接的序列号等。这些信息被非法入侵者掌握后会对网络安全构成极大的危害。

**4. 交换环境中的Sniffer攻击**

现代网络中常常采用交换机作为网络连接设备,每个端口所连接设备的MAC地址及相应端口的映射被保存到交换机缓存的MAC地址表中。当一个数据帧的目的地址在MAC地址表中有映射时,它会被转发到连接目的节点的端口而不是所有端口(如果该数据帧为广播帧则转发至所有端口)。因此,通过交换机连接的所有网络节点只能收到目的地址是本机地址和广播地址的数据帧。但是,在交换环境中,进行Sniffer攻击不是完全不可能的,只要让安装了Sniffer的计算机能够收到网络上所有的数据帧就可以了。一个简单的方法就是伪装成网关。

网关是一个网络连接到另一个网络的"关口",所有其他网络上的数据帧都必须由网关转发出去。同样,网络中所有发往其他网络的数据帧也都必须由网关转发。如果网络中的所有计算机都把安装了Sniffer的计算机当成网关,那么Sniffer同样能嗅探到网络中的数据。在局域网中,数据通信是按照MAC地址进行传输的,ARP协议在收到应答数据帧时会对本地的ARP缓存进行更新,将应答中的IP和MAC地址存储在ARP缓存中。ARP欺骗就是利用ARP协议的这个特性,给网络上其他计算机发送伪造的ARP应答,将安装了Sniffer的计算机伪造成网关,使网络上的其他计算机把它当作网关,这样所有的传输数据都经由它中转一次,从而达到窃取通信数据的目的。

### 2.2.5 如何防御Sniffer攻击

**1. 合理的规划网络**

从工作原理可以知道,Sniffer只能在当前网段进行数据捕获。因此,网络分段越细,Sniffer能够收集到的信息就越少。合理地利用交换机、路由器、网桥等设备对网络进行分段,可以降低Sniffer的危害。

**2. 使用检测工具**

使用检测工具可以检测系统是否被入侵。Tripwire是UNIX下文件系统完整性检查的软件工具,它会根据管理员设置的配置文件对指定要监控的文件进行读取,对每个文件生成对应的数字签名,并把结果保存到自己的数据库中,当文件现在的数字签名与数据库中保留的数字签名不一致时说明系统被入侵了。另外,AntiSniffer可以检测本地网络中是否有网卡处于"混杂"模式,从而发现被安装了Sniffer的计算机。

**3. 会话加密**

对安全性要求较高的数据进行加密,攻击者即使获取了数据,也很难还原数据的原文。一次性口令技术可以使窃听账号失去意义。例如,S/Key一次性口令系统能够对访问者的身份与设备进行综合验证。S/Key协议每次分配给访问者的口令都不同,可以有效地解决口令泄露问题。另外，SSH 协议也是目前比较可靠的专门为远程登录会话和其他网络服务提供安全性的协议。它可以对所有传输的数据进行加密，同时对传输的数据进行压缩，这样还可以提高传输速度。利用 SSH 协议可以有效地防止远程管理过程中的信息泄露问题。

**4. 应对交换环境中的嗅探攻击**

在交换环境下需要先进行 ARP 欺骗才能使用 Sniffer 攻击。因此，在关键设备上设置静态 ARP，可以应对交换环境下的 ARP 欺骗，如在防火墙和边界路由器上设置静态 ARP。在大型网络上可以采用 Arpwatch、AntiARP 等软件监测 IP 与 ARP 之间对应的变化，从而发现 ARP 欺骗。

**5. 多注意网络异常情况**

因为 Sniffer 是一种被动监听的程序，一般不会留下什么核查线索，所以不容易被发现。但是 Sniffer 在工作时要占用大量的网络资源，特别是当 Sniffer 对很多网络流量同时进行嗅探时。虽然很多 Sniffer 都做了改进，只对数据帧的前面若干字节进行嗅探，不过仍会消耗大量的网络资源。监控网络经常出现的异常情况，也可以发现网络中存在的 Sniffer。Sniffer 对信息安全的威胁来自其被动性和非干扰性，使它具有很强的隐蔽性，往往使信息泄密不易被发现。黑客正是利用这一点进行网络信息窃取的，因此，采取一定的防范措施保障网络中的信息安全是很有必要的。Sniffer 使黑客成功入侵网络内某台安全防护相对薄弱的计算机后，可进一步获取其他计算机上用户的账号和口令等关键信息，扩大攻击范围。因而，一个网络上存在 Sniffer 对该网络将构成极大的威胁。根据网络环境和实际条件的不同，可以灵活采取各种检测防范措施，最大限度地减小 Sniffer 的威胁。

## 2.2.6 Sniffer 的应用

Sniffer 在当前网络技术中应用得非常广泛。Sniffer 既可以作为网络故障的诊断工具，也可以作为黑客嗅探和监听的工具。最近，网络监听技术出现了新的重要特征。传统的 Sniffer 技术是被动地监听网络通信、用户名和口令，而新的 Sniffer 技术出现了主动控制通信数据的特点，把 Sniffer 技术扩展到了一个新的领域。Sniffer 主要有以下几个方面的应用。

(1) Sniffer 可以帮助评估业务运行状态。如果网络管理员能告诉老板公司的业务运行正常，性能良好，比起报告网络没有问题，老板会更愿意听到前面的汇报。但要做出这样的汇报，光说是不行的，必须有根据，Sniffer 能够提供这样的根据，如各个应用的响应时间、一个操作需要的时间、应用带宽的消耗、应用的行为特征、应用性能的瓶颈等，Sniffer 都可以提供相应的数据。

(2) Sniffer 能够帮助评估网络的性能，如各链路的使用率、网络的性能趋势、网络中哪些应用消耗带宽最多、网络上哪些用户消耗带宽最多、各分支机构流量状况、影响网络性能的主要因素、可否做一些相应的控制等。

(3) Sniffer 帮助快速定位故障。Sniffer 的监测、专家系统、解码三大功能都可以帮助快速定位故障。

(4) Sniffer 可以帮助排除潜在的威胁。网络中有各种各样的应用，有的是关键应用；有的是办公软件；有的是业务应用；还有的就是威胁，威胁不但对业务没有帮助，还可能带来危害，如病毒、木马、扫描等，Sniffer 可以快速地发现它们，并且发现攻击的来源，这就为网管员控制提供了根据。例如,在2003年"冲击波"病毒发作的时候,很多用户通过Sniffer快速定位受感染的计算机。

(5) Sniffer可以做流量的趋势分析。通过长期监控,可以发现网络流量的发展趋势,为将来网络改造提供建议和依据。

(6) Sniffer可以做应用性能预测。Sniffer能够根据捕获的流量分析一个应用的行为特征。还可以用Sniffer评估应用的瓶颈在哪,不同的应用瓶颈,Sniffer能比较准确地预测出具体的位置。

视频讲解

# 2.3 Sniffer Pro软件

## 2.3.1 Sniffer Pro软件简介

Sniffer Pro是美国Network Associates公司出品的一款利用计算机网络接口设备截取在网络传输的数据包并对数据包进行解码分析的网络分析软件,具有捕获网络流量进行详细分析、实时监控网络活动、利用专家分析系统诊断问题、收集网络利用率和错误等功能。它智能化的专家分析系统能够协助用户在运行数据包捕获、实时解码的同时,快速识别各种异常事件;数据包解码模块支持广泛的网络和应用协议,不仅限于Oracle,还包括基于IP的语音传输(Voice over IP,VoIP)类协议,以及金融行业专用协议和移动网络类协议等。

Sniffer Pro还提供了直观易用的仪表板和各种统计数据、逻辑拓扑视图,并且提供能够深入数据包的点击关联分析能力。因此,Sniffer Pro的网络功能正好为用户提供了一个网络协议学习和实践的优秀平台。

Sniffer Pro可用于网络故障与性能管理,在局域网领域应用非常广泛。它是一款很好的网络分析程序,允许管理员分析通过网络的实际数据和协议,从而了解网络的运行情况。Sniffer Pro具有以下特点。

(1) Sniffer Pro可以解码TCP/IP、IPX、序列分组交换(Sequenced Packet Exchange,SPX)等几乎所有的网络传输标准协议。

(2) 支持局域网、城域网、广域网等网络技术。

(3) 提供对网络问题的分析和诊断,并推荐针对分析所应该采取的措施。

(4) 可以离线捕获数据,并对捕获的数据进行存储,以方便网络管理人员对所捕获的数据进行细致的分析。

有了Sniffer Pro,网络管理员就能够在一个容纳几十台甚至更多计算机的网络中查找网络故障并及时进行修复。网络技术人员往往要借助它找出网络中的问题,这时Sniffer又被称为网络协议分析仪。然而,黑客也可以利用它截获网络上的通信信息,获取其他用户的账号和密码等重要信息,这时Sniffer就可作为黑客的攻击工具。

## 2.3.2 Sniffer Pro软件使用

通过Sniffer Pro实时监控,及时发现网络环境中的故障(如病毒、攻击、流量超限等非正常行为)。对于很多企业、网吧网络环境,网关(路由、代理等)自身不具备流量监控、查询功能,Sniffer Pro将是一个很好的管理工具。Sniffer Pro强大的实用功能还包括网内任意终端流量实时查询、网内终端与终端之间流量实时查询、终端流量 Top 排行、异常告警等。同时，将数据包捕获后，通过 Sniffer Pro 的专家分析系统帮助我们更进一步分析数据包，以便更好地分析、解决网络异常问题。

(1) 部署 Sniffer Pro 软件的网络拓扑，如图 2.5 所示。

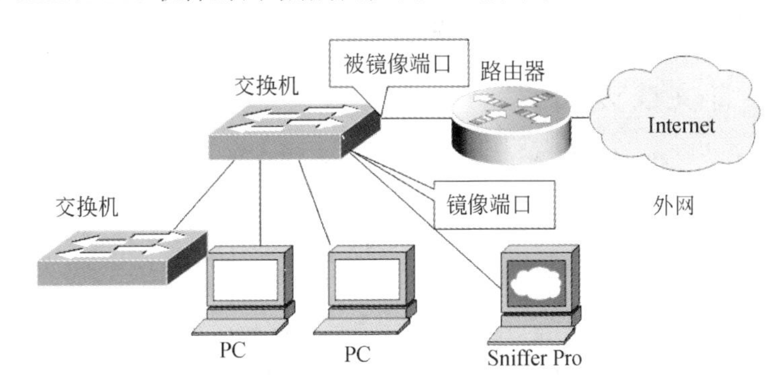


图 2.5　带有 Sniffer Pro 的网络拓扑

(2) 配置交换机端口镜像。

端口镜像就是把交换机一个或多个端口的数据镜像到一个或多个端口的方法。交换机的工作原理与 Hub 有很大的不同，Hub 组建的网络数据交换都是通过广播方式进行的，而交换机组建的网络是根据交换机内部 MAC 表(通常也称为 IP-MAC 表)进行数据转发的，因此需要通过配置交换机把一个或多个端口的数据转发到某个端口实现对网络的监听。

# 2.4　网路岗软件

## 2.4.1　网路岗的基本功能

网路岗软件由深圳德尔软件公司开发，是国内广泛使用且专业的网络监控软件及局域网监控产品，只需要通过一台计算机即可监控整个网络的网络活动，是政府机构、企事业单位和校园网吧上网的管理软件之一。

网路岗软件通过旁路对网络数据流进行采集、分析和识别，实时监视网络系统的运行状态，记录网络事件，发现安全隐患，并对网络活动的相关信息进行存储、分析和协议还原。该产品可监视企业内部员工是否将公司机密资料通过 Internet 外传到竞争对手的手中。

网路岗软件的功能包括监控邮件内容和附件(包括 Web 邮件监控)、监控聊天内容、监控上网网站、监控 FTP 外传文件、监控 Telnet 命令、监控上网流量、IP 过滤、端口过滤、网页过滤、封堵聊天游戏、限制外发资料邮件大小、限制网络流量、IP-MAC 绑定、截取屏幕等。

## 2.4.2　网路岗对上网的监控程度

(1) 让某人只能在规定时间上网，且只能上指定的网站。

(2) 让某人只能在某个网站上收发邮件，只能收发某类的邮箱。

(3) 获取谁什么时候通过什么软件发送了什么邮件或通过哪个网站发了什么软件，邮件的内容和附件是什么，以及附件在发送者计算机的具体位置。

(4) 规定某人只能发送多大的邮件。

(5) 规定某些人只能发送到哪些目标邮箱。

(6) 轻松抓取指定人的计算机屏幕。

(7) 所有机器在一天内各时间段的上网流量。

(8) 某台机器哪些外部端口不能用,或只能通过哪些端口和外界联系等。

### 2.4.3 网路岗安装方式

(1) 网路岗安装在代理服务器上,通过安装代理服务器软件或网路岗 NAT,实现所有机器共享一个出口上网,如图 2.6 所示。

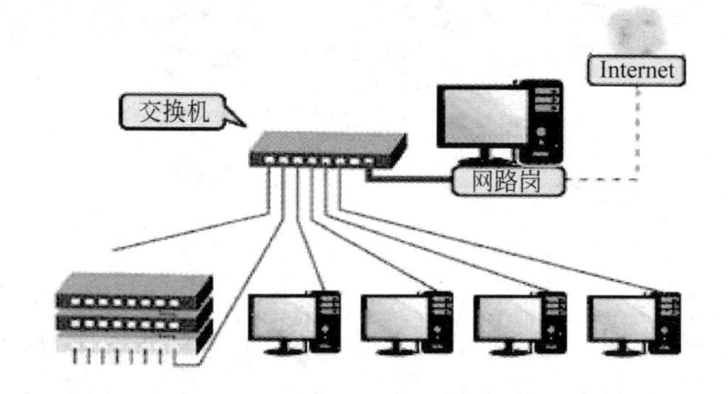


图 2.6 网路岗在代理服务器上的安装拓扑

安装方法:将网路岗安装在代理服务器上,绑定内网的网卡,网路岗设置为"非旁路监控"模式,重新启动计算机。

(2) 网路岗安装在 Hub 的一个端口上,通过 IP 分享器、路由器或防火墙实现整个网络共享一个出口上网,且内部交换机均不具备设置镜像端口的功能,如图 2.7 所示。

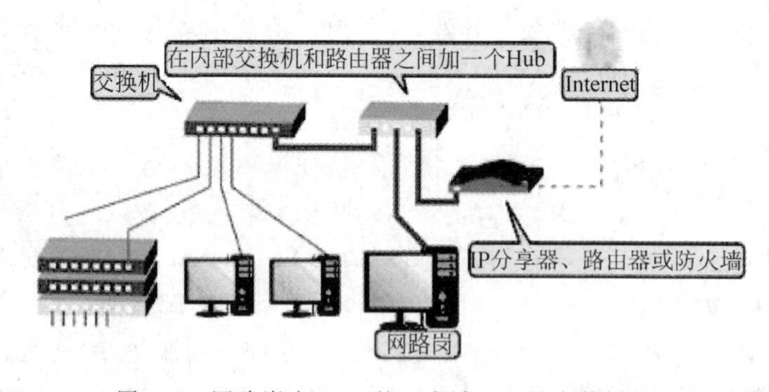


图 2.7 网路岗在 Hub 的一个端口上的安装拓扑

安装方法:在内部交换机和路由器之间加一个共享式 Hub,再将安装网路岗的机器网线也接到 Hub 上,网路岗设置为"旁路监控"模式。

(3) 网路岗安装在交换机的镜像端口上,通过 IP 分享器、路由器或防火墙实现整个网络共享一个出口上网,且内部主交换机具备设置镜像端口的功能,如图 2.8 所示。

安装方法:在内部主交换机上设置端口镜像,将接路由器的网线设置为被镜像端口,将

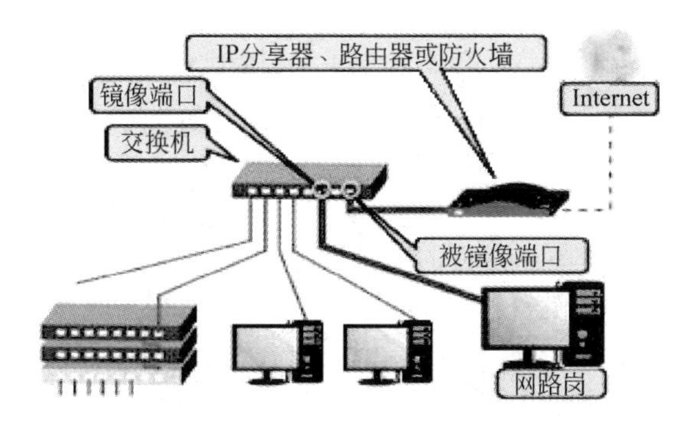


图 2.8　网路岗在交换机的镜像端口上的安装拓扑

接网路岗的网线设置为镜像端口。网路岗设置为“旁路监控”模式。

（4）网路岗安装在网络桥上，在一台双网卡计算机上建立网络桥，将该网络桥放在Internet 出口处，如图 2.9 所示。

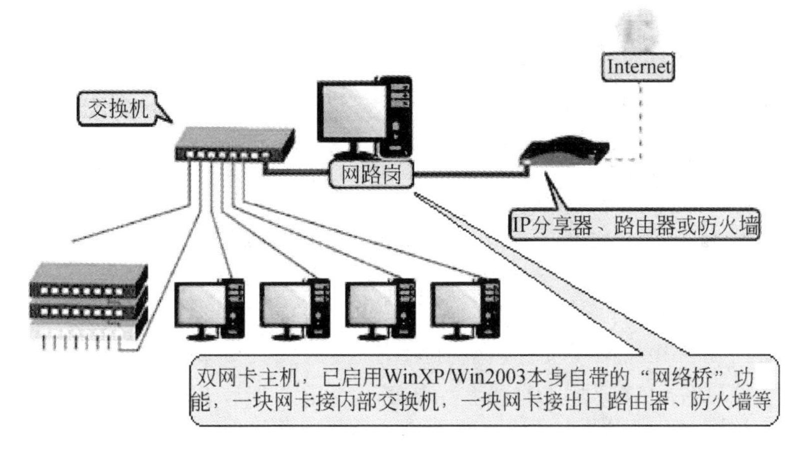


图 2.9　网路岗在网络桥上的安装拓扑

安装方法：直接将网路岗安装在启用网络桥的机器上，网路岗绑定在内网的网卡上，同时给网络桥配置 IP 使其能访问内部网其他机器。网路岗设置为“非旁路监控”模式，重新启动计算机。

## 课后习题

### 一、选择题

1.（　　）不是内网监控基本功能。

　A. 内网行为管理　　　　B. 软硬件资产管理

　C. 内容监视　　　　　　D. 屏幕监视

2.（　　）不是外网监控基本功能。

　A. 上网行为管理　　　　B. 网络行为审计

　C. 内容监视　　　　　　D. 屏幕监视

3. Sniffer攻击不能窃取(　　)数据。

A. 口令　　B. 计算机上的文本信息

C. 机密的信息　　D. 底层协议信息

4. Sniffer的(　　)功能不能帮助快速定位故障。

A. 监测　　B. 解码　　C. 专家系统　　D. 流量统计

5. 计算机网络硬件设备中无交换能力的集线器属于(　　)共享设备。

A. 物理层　　B. 数据链路层　　C. 传输层　　D. 网络层

6. 共享式网络结构简单,主要的设计思想就是将网络中心设备设置成(　　)。

A. 集线器　　B. 交换机　　C. 路由器　　D. 防火墙

**二、填空题**

1. 网络监控产品主要分为________和________两种。

2. 网络监控软件按照运行原理可分为________和________两种。

3. 监听模式是通过抓取总线MAC层________方式获得监听数据,并利用________协议原理实现控制的方法。

4. 网关模式按照管理目标可分为________和________两种。

5. Sniffer是利用计算机的________截获目的地为其他计算机的________的一种工具。

6. "混杂"模式是指网络上的设备对________上传送的所有数据进行侦听,并不仅仅是它们自己的数据。

7. Sniffer一般运行在________或________的主机上。

8. 大多数的Sniffer至少能够分析________和________协议。

**三、简答题**

1. 网络监控的主要目标是什么?

2. 网络监控软件相比网络监控硬件有哪些优点?

3. 网络监控软件中监听模式有哪些主要形式?

4. 网关模式下内网监控的基本功能有哪些?

5. 网关模式下外网监控的基本功能有哪些?

6. 简述"混杂"模式的工作原理。

7. Sniffer可能造成哪些危害?

8. 如何防御Sniffer攻击?

9. Sniffer有哪些应用?

10. Sniffer Pro软件主要有哪些功能?

11. 网路岗软件可以监控哪些内容?

# 第3章 操作系统安全

## 3.1 国际安全评价标准的发展及其联系

视频讲解

计算机系统安全评价标准是一种技术性法规。在信息安全这一特殊领域,如果没有这一标准,与此相关的立法、执法就会有失偏颇,最终会给国家的信息安全带来严重后果。由于信息安全产品和系统的安全评价事关国家的安全利益,许多国家都在充分借鉴国际标准的前提下,积极制定本国的计算机安全评价认证标准。

第1个有关信息技术安全评价的标准诞生于20世纪80年代的美国,就是著名的可信计算机系统评价准则(Trusted Computer System Evaluation Criteria,TCSEC),又称为橘皮书。该准则对计算机操作系统的安全性规定了不同的等级。从20世纪90年代开始,一些国家和国际组织相继提出了新的安全评价准则。1991年,欧共体发布了信息技术安全评价准则(Information Technology Security Evaluation Criteria,ITSEC)。1993年,加拿大发布了加拿大可信计算机产品评价准则(Canadian Trusted Computer Product Evaluation Criteria,CTCPEC),CTCPEC综合TCSEC和ITSEC两个准则的优点。同年,美国在对TCSEC进行修改补充并吸收ITSEC优点的基础上发布了信息技术安全评价联邦准则(Federal Criteria,FC),如图3.1所示。

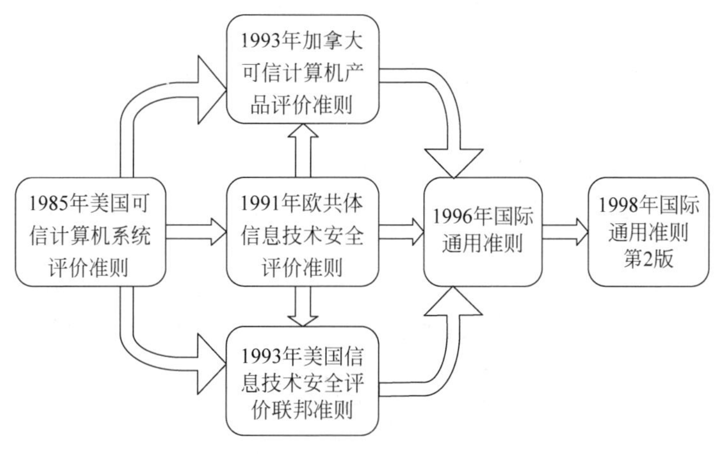


图3.1 安全评价标准的发展

1996年6月,上述国家共同起草了一份通用准则(Common Criteria,CC),并将CC推广为国际标准。CC发布的目的是建立一个各国都能接受的通用的安全评价准则,国家与国家之间可以通过签订互认协议决定相互接受的认可级别,这样能使基础性安全产品在通过CC准则评价并得到许可后进入国际市场时不需要再作评价。此外,国际标准化组织和国际电工委也已经制定了上百项安全标准,其中包括专门针对银行业务制定的信息安全标准。国际电信联盟和欧洲计算机制造商协会也推出了许多安全标准。



### 3.1.1 计算机安全评价标准

计算机安全评价标准(TCSEC)是计算机系统安全评估的第1个正式标准,具有划时代的意义。该准则于1970年由美国国防科学委员会提出,并于1985年12月由美国国防部公布。TCSEC最初只是军用标准,后来延至民用领域。TCSEC将计算机系统的安全划分为4个等级、7个级别。

**1. D类安全等级**

D类安全等级只包括D1一个级别。D1的安全等级最低,D1系统只为文件和用户提供安全保护。D1系统最普通的形式是本地操作系统,或者是一个完全没有保护的网络。

**2. C类安全等级**

C类安全等级能够提供审慎的保护,并为用户的行动和责任提供审计能力。C类安全等级可划分为C1和C2两个级别。C1系统的可信任运算基础体制,通过将用户和数据分开来达到安全的目的。在C1系统中,所有用户以同样的灵敏度处理数据,即用户认为C1系统中的所有文档都具有相同的机密性。C2系统比C1系统加强了可调的审慎控制。在连接到网络上时,C2系统的用户分别对各自的行为负责。C2系统通过登录过程、安全事件和资源隔离增强这种控制。C2系统具有C1系统中所有的安全性特征。

**3. B类安全等级**

B类安全等级可分为B1、B2和B3级别。B类系统具有强制性保护功能。强制性保护意味着如果用户没有与安全等级相连,系统就不会让用户存取对象。

B1系统满足下列要求:系统对网络控制下的每个对象都进行灵敏度标记,系统使用灵敏度标记作为所有强迫访问控制的基础。系统在把导入的、非标记的对象放入系统前标记。灵敏度标记必须准确地表示其所联系的对象的安全级别。当系统管理员创建系统或增加新的通信通道或I/O设备时,管理员必须指定每个通信通道和输入/输出(Input/Output,I/O)设备是单级还是多级,并且管理员只能手工改变指定。单级设备并不保持传输信息的灵敏度级别,所有直接面向用户位置的输出(无论是虚拟的还是物理的)都必须产生标记以指示关于输出对象的灵敏度,系统必须使用用户的口令或证明决定用户的安全访问级别,系统必须通过审计记录未授权访问的企图。

B2系统必须满足B1系统的所有要求。另外,B2系统的管理员必须使用一个明确的、文档化的安全策略模式作为系统的可信任运算基础体制。B2系统必须满足下列要求:系统必须立即通知系统中的每个用户所有与之相关的网络连接的改变。只有用户能够在可信任通信路径中进行初始化通信,可信任运算基础体制能够支持独立的操作者和管理员。

B3系统必须符合B2系统的所有安全需求。B3系统具有很强的监视委托管理访问能力和抗干扰能力。B3系统必须设有安全管理员。B3系统应满足以下要求:除了控制对个别对象的访问外,B3系统必须产生一个可读的安全列表,每个被命名的对象提供对该对象没有访问权的用户列表说明,B3系统在进行任何操作前要求用户进行身份验证。B3系统验证每个用户,同时还会发送一个取消访问的审计跟踪消息。设计者必须正确区分可信任的通信路径和其他路径,可信任的通信基础体制为每个被命名的对象建立安全审计跟踪,可信任的运算基础体制支持独立的安全管理。

**4. A类安全等级**

A系统的安全级别最高。目前,A类安全等级只包含A1一个安全类别。A1级别与B3级别相似,对系统的结构和策略不作特别要求。A1系统的显著特征是系统的设计者必须按照一个正式的设计规范分析系统。对系统分析后,设计者必须运用核对技术确保系统符合设计规范。A1系统必须满足下列要求:系统管理员必须从开发者那里接收一个安全策略的正式模型,所有的安装操作都必须由系统管理员进行,系统管理员进行的每步安装操作都必须有正式文档。

### 3.1.2 欧洲安全评价标准

ITSEC是欧洲多国安全评价方法的综合产物,应用领域为军事、政府和商业。该标准将安全概念分为功能与评估两部分。功能准则分为F1~F10共10级。F1~F5级对应于TCSEC的D~A类。F6~F10级分别对应数据和程序的完整性、系统的可用性、数据通信的完整性、数据通信的保密性及机密性和完整性的网络安全。评估准则分为6级,分别是测试、配置控制和可控的分配、能访问详细设计和源码、详细的脆弱性分析、设计与源码明显对应、设计与源码在形式上一致。

ITSEC定义了从E0级(不满足品质)~E6级(形式化验证)的7个安全等级,对于每个系统,安全功能可分别定义。这7个安全等级分别如下。

(1) E0级:该级别表示不充分的安全保证。

(2) E1级:该级别必须有一个安全目标和一个对产品或系统的体系结构设计的非形式化的描述,还需要有功能测试,以表明是否达到安全目标。

(3) E2级:除了E1级的要求外,还必须对详细的设计有非形式化描述。另外,功能测试的证据必须被评估,必须有配置控制系统和认可的分配过程。

(4) E3级:除了E2级的要求外,不仅要评估与安全机制相对应的源代码和硬件设计图,还要评估测试这些机制的证据。

(5) E4级:除了E3级的要求外,必须有支持安全目标的安全策略的基本形式模型。

(6) E5级:除了E4级的要求外,在详细的设计和源代码或硬件设计图之间有紧密的对应关系。

(7) E6级:除了E5级的要求外,必须正式说明安全加强功能和体系结构设计,使其与安全策略的基本形式模型一致。

### 3.1.3 加拿大评价标准

加拿大的CTCPEC专门针对政府需求而设计。与ITSEC类似,该标准将安全分为功能性需求和保证性需要两部分。功能性需求共划分为4大类:机密性、完整性、可用性和可控性。每种安全需求又可以分成很多小类以表示安全性上的差别,分为0~5级。

### 3.1.4 美国联邦准则

FC是对TCSEC的升级,并引入了保护轮廓(Protection Profile,PP)的概念。每个轮廓都包括功能、开发保证和评价3部分。FC充分吸取了ITSEC和CTCPEC的优点,在美国的政府、民间和商业领域得到广泛应用。但FC有很多缺陷,它是一个过渡标准,后来结合ITSEC发展为国际通用准则。

### 3.1.5 国际通用准则

CC是国际标准化组织统一现有多种准则的结果,是目前最全面的评价准则。1996年6月,CC第1版发布;1998年5月,CC第2版发布;1999年10月,CC v2.1发布,并且成为ISO标准。CC的主要思想和框架都取自ITSEC和FC,并充分突出了"保护轮廓"概念。CC将评估过程划分为功能和保证两部分,评估等级分为eal1～eal7共7个等级。每级均需评估7个功能类,分别为配置管理、分发和操作、开发过程、指导文献、生命期的技术支持、测试、脆弱性评估。

视频讲解

## 3.2 我国安全标准简介

我国信息安全研究经历了通信保密和计算机数据保护两个发展阶段,正在进入网络信息安全的研究阶段。通过学习、吸收、消化TCSEC的原则,进行了安全操作系统、多级安全数据库的研制,但由于系统安全内核受控于人,以及国外产品的不断更新升级,基于具体产品的增强安全功能的成果,难以保证没有漏洞,难以得到推广应用。在学习借鉴国外技术的基础上,国内一些部门也开发研制了一些防火墙、安全路由器、安全网关、黑客入侵检测、系统脆弱性扫描软件等。但是,这些产品安全技术的完善性、规范化、实用性还存在许多不足,特别是在多平台的兼容性以及安全工具的协作配合和互动性方面存在很大距离,理论基础和自主的技术手段也需要发展和强化。

以前,国内主要是等同采用国际标准。现在,由公安部主持制定、国家技术标准局发布的中华人民共和国国家标准GB 17859—1999《计算机信息系统安全保护等级划分准则》已经正式颁布并使用了。该准则将信息系统安全分为5个等级,分别是用户自主保护级、系统审计保护级、安全标记保护级、结构化保护级和访问验证保护级。主要的安全考核指标有身份认证、自主访问控制、数据完整性、审计、隐蔽信道分析、客体重用、强制访问控制、安全标记、可信路径和可信恢复等,这些指标涵盖了不同级别的安全要求。

### 3.2.1 用户自主保护级

用户自主保护级的可信计算基通过隔离用户与数据,使用户具备自主安全保护的能力,具有多种形式的控制能力,对用户实施访问控制,即为用户提供可行的手段,保护用户和用户组信息,避免其他用户对数据的非法读写与破坏,具体表现在以下几方面。

(1) 可信计算基定义和控制系统中命名用户对命名客体的访问。实施机制(如访问控制表)允许命名用户以用户和(或)用户组的身份规定并控制客体的共享,阻止非授权用户读取敏感信息。

(2) 可信计算基初始执行时,首先要求用户标识自己的身份,并使用保护机制(如口令)鉴别用户的身份,阻止非授权用户访问用户身份鉴别数据。

(3) 可信计算基通过自主完整性策略,阻止非授权用户修改或破坏敏感信息。

### 3.2.2 系统审计保护级

与用户自主保护级相比,系统审计保护级的可信计算基实施了粒度更细的自主访问控制,通过登录规程、审计安全性相关事件和隔离资源,使用户对自己的行为负责。它增加了客体重用和安全审计方面的内容,并进一步增强了自主访问控制和身份鉴别机制,具体表现在以下几方面。

(1) 自主访问控制机制根据用户指定方式或默认方式阻止非授权用户访问客体。访问控制的粒度是单个用户。控制访问权限扩散,没有存取权的用户只允许由授权用户指定对客体的访问权。

(2) 通过为用户提供唯一标识,可信计算基能够使用户对自己的行为负责。可信计算基还具备将身份标识与该用户所有可审计行为相关联的能力。

(3) 在可信计算基的空闲存储客体空间中,对客体初始指定、分配或再分配一个主体之前,撤销该客体所含信息的所有授权。当主体获得对一个已被释放的客体的访问权时,当前主体不能获得原主体活动所产生的任何信息。

(4) 可信计算基能创建和维护受保护客体的访问审计跟踪记录,并能阻止非授权的用户对它访问或破坏。可信计算基能记录如下事件:使用身份鉴别机制;将客体引入用户地址空间(如打开文件、程序初始化);删除客体;由操作员、系统管理员或(和)系统安全管理员实施的动作,以及其他与系统安全有关的事件。对于每个事件,其审计记录包括事件的日期和时间、用户、事件类型、事件是否成功。对于身份鉴别事件,审计记录包含的来源(如终端标识符);对于客体引入用户地址空间的事件和客体删除事件,审计记录包含客体名。对不能由可信计算基独立分辨的审计事件,审计机制提供审计记录接口,可由授权主体调用。这些审计记录区别于可信计算基独立分辨的审计记录。

### 3.2.3 安全标记保护级

安全标记保护级的可信计算基具有系统审计保护级的所有功能。此外,还提供有关安全策略模型、数据标记及主体对客体强制访问控制的非形式化描述;具有准确地标记输出信息的能力;消除通过测试发现的任何错误。它增加了强制访问控制机制,具体表现在以下几方面。

(1) 可信计算基对所有主体及其所控制的客体(如进程、文件、段、设备)实施强制访问控制,为这些主体及客体指定敏感标记,这些标记是等级分类和非等级类别的组合,它们是实施强制访问控制的依据。可信计算基支持两种或两种以上成分组成的安全级。可信计算基控制的所有主体对客体的访问应满足:仅当主体安全级中的等级分类高于或等于客体安全级中的等级分类,且主体安全级中的非等级类别包含了客体安全级中的全部非等级类别,主体才能读客体;仅当主体安全级中的等级分类低于或等于客体安全级中的等级分类,且主体安全级中的非等级类别包含了客体安全级中的非等级类别,主体才能写客体。可信计算基使用身份和鉴别数据,鉴别用户的身份,并保证用户创建的可信计算基外部主体的安全级和授权该用户的安全级。

(2) 可信计算基应维护与主体及其控制的存储客体(如进程、文件、段、设备)相关的敏感标记,这些标记是实施强制访问的基础。为了输入未加安全标记的数据,可信计算基向授权用户要求并接受这些数据的安全级别,且可由可信计算基审计。

(3) 在审计记录的内容中,对于客体引入用户地址空间的事件及客体删除事件,审计记录包含客体名及客体的安全级别。此外,可信计算基具有审计更改可读输出记号的能力。

(4) 在网络环境中,使用完整性敏感标记确认信息在传送中未受损。

### 3.2.4 结构化保护级

结构化保护级的可信计算基建立于一个明确定义的形式化安全策略模型之上,它要求将第3级系统中的自主和强制访问控制扩展到所有主体和客体。此外,还要考虑隐蔽通道。本级的可信计算基必须结构化为关键保护元素和非关键保护元素。可信计算基的接口也必须明确定义,使其设计与实现能经受更充分的测试和更完整的复审。本级加强了鉴别机制;支持系统管理员和操作员的职能;提供可信设施管理;增强了配置管理控制。系统具有相当的抗渗透能力。增加的内容主要表现在以下几方面。

(1) 可信计算基对外部主体能够直接或间接访问的所有资源(如主体、存储客体和输入输出资源)实施强制访问控制。

(2) 可信计算基能够审计利用隐蔽存储信道时可能被使用的事件。

(3) 系统开发者应彻底搜索隐蔽存储信道,并根据实际测量或工程估算确定每个被标识信道的最大带宽。

(4) 对用户的初始登录和鉴别,可信计算基在它与用户之间提供可信通信路径。该路径上的通信只能由该用户初始化。

### 3.2.5 访问验证保护级

访问验证保护级的可信计算基满足引用监视器需求,引用监视器仲裁主体对客体的全部访问。引用监视器本身是抗篡改的,必须足够小,能够分析和测试。为了满足引用监视器需求,可信计算基在其构造时,排除那些对实施安全策略来说并非必要的代码;在设计和实现时,从系统工程角度将其复杂性降低到最低程度。本级支持安全管理员职能;扩充审计机制,当发生与安全相关的事件时发出信号;提供系统恢复机制。系统具有很高的抗渗透能力。增加的内容主要表现在以下几方面。

(1) 在审计方面,可信计算基包含能够监控可审计安全事件发生与积累的机制,当超过阈值时,能够立即向安全管理员发出报警。并且,如果这些与安全相关的事件继续发生或积累,系统应以最小的代价中止事件发生。

(2) 可信路径上的通信只能由该用户或可信计算基激活,在逻辑上与其他路径上的通信相隔离,且能正确地加以区分。

(3) 可信计算基提供过程和机制,保证计算机信息系统失效或中断后,可以进行不损害任何安全保护性能的恢复。

## 3.3 安全操作系统的基本特征

### 3.3.1 最小特权原则

最小特权原则是系统安全中基本的原则之一。所谓最小特权指的是“在完成某种操作时所赋予网络中每个主体(用户或进程)必不可少的特权”。最小特权原则是指“应限定网络中每个主体所必需的最小特权,确保可能的事故、错误、网络部件的篡改等原因造成的损失最小”。

最小特权原则一方面给予主体“必不可少”的特权,这就保证了所有的主体都能在所赋予的特权之下完成所需要完成的任务或操作;另一方面,它只给予主体“必不可少”的特权,这就限制了每个主体所能进行的操作。

最小特权原则要求每个用户和程序在操作时应当使用尽可能少的特权,而角色允许主体以参与某特定工作所需要的最小特权进入系统。被授权拥有强力角色的主体,不需要动辄运用到其所有的特权,只有在那些特权有实际需求时,主体才去运用它们。如此一来,可减少由于不注意的错误或是侵入者假装合法主体所造成的损坏发生,限制了事故、错误或攻击带来的危害。它还减少了特权程序之间潜在的相互作用,从而使对特权无意的、没必要的或不适当的使用等情况不太可能发生。这种想法还可以引申到程序内部,只有程序中需要那些特权的最小部分才拥有特权。

### 3.3.2 访问控制

访问控制是主体依据某些控制策略或权限对自身或其资源进行不同授权的访问。访问控制的目的是限制访问主体对访问客体的访问权限,从而使计算机系统在合法范围内使用。访问控制又可以分为自主访问控制和强制访问控制。

访问控制三要素如下。

(1) 主体(Subject):可以对其他实体施加动作的主动实体,如用户、进程、I/O设备等。

(2) 客体(Object):接受其他实体访问的被动实体,如文件、共享内存、管道等。

(3) 控制策略(Control Strategy):主体对客体的操作行为集和约束条件集,如访问矩阵、访问控制表等。

访问控制是操作系统安全机制的主要内容,也是操作系统安全的核心。访问控制的基本功能是允许授权用户按照权限对相关客体进行相应的操作,阻止非授权用户对相关客体进行任何操作,以此规范和控制系统内部主体对客体的访问操作。在系统中访问控制需要完成以下两种任务。

(1) 识别和确认访问系统的用户。

(2) 决定该用户可以对某一系统资源进行何种类型的访问。

**1. 自主访问控制**

自主访问控制(Discretionary Access Control,DAC)是一种最普遍的访问控制安全策略,其最早出现在20世纪70年代初期的分时系统中,基本思想伴随着访问矩阵被提出,在目前流行的操作系统(如AIX、HP-UX、Solaris、Windows Server、Linux Server等)中被广泛使用,是由客体的属主对自己的客体进行管理的一种控制方式。这种控制方式是自由的,也就是说,由属主自己决定是否将自己的客体访问权或部分访问权授予其他主体。在自主访问控制下,用户可以按自己的意愿,有选择地与其他用户共享他的文件。自主访问控制的实现方式通常包括目录式访问控制模式、访问控制表、访问控制矩阵和面向过程的访问控制等方式。

自主访问控制是基于对主体的识别限制对客体的访问,这种控制是自主的,在自主访问控制下,一个用户可以自主选择哪些用户能共享他的文件。其基本特征是用户所创建的文件的访问权限由用户自己控制,系统通过设置的自主访问控制策略为用户提供这种支持。也就是说,用户在创建了一个文件以后,其自身首先就具有了对该文件的一切访问操作权限,同时创建者还可以通过"授权"操作将这些访问操作权限有选择地授予其他用户,而且这种"授权"的权限也可以通过称为"权限转移"的操作授予其他用户,使具有使用"授权"操作的用户授予对该文件进行访问操作权限的能力。

**2. 强制访问控制**

强制访问控制(Mandatory Access Control,MAC)是"强加"给访问主体的,即系统强制主体服从访问控制政策。强制访问控制的主要特征是对所有主体及其所控制的客体(如进程、文件、段、设备)实施强制访问控制。为这些主体及客体指定敏感标记,这些标记是等级分类和非等级类别的组合,它们是实施强制访问控制的依据。系统通过比较主体和客体的敏感标记决定一个主体是否能够访问某个客体。用户的程序不能改变他自己及任何其他客体的敏感标记,从而系统可以防止特洛伊木马的攻击。

强制访问控制一般与自主访问控制结合使用,并且实施一些附加的、更强的访问限制。一个主体只有通过了自主与强制性访问限制检查后才能访问某个客体。用户可以利用自主访问控制防范其他用户对自己客体的攻击,由于用户不能直接改变强制访问控制属性,因此,强制访问控制提供了一个不可逾越的、更强的安全保护层以防止其他用户偶然或故意地滥用自主访问控制。

强制访问策略将每个用户及文件赋予一个访问级别,如最高秘密级(Top Secret,T)、秘密级(Secret,S)、机密级(Confidential,C)及无级别级(Unclassified,U)。其级别为 T>S>C>U,系统根据主体和客体的敏感标记决定访问模式。访问模式包括以下几个。

(1) 下读(Read Down):用户级别大于文件级别的读操作。

(2) 上写(Write Up):用户级别小于文件级别的写操作。

(3) 下写(Write Down):用户级别等于文件级别的写操作。

(4) 上读(Read Up):用户级别小于文件级别的读操作。

### 3.3.3 安全审计功能

安全审计是识别与防止网络攻击行为、追查网络泄密行为的重要措施之一。其包括两方面的内容:一是采用网络监控与入侵防范系统,识别网络中的各种违规操作与攻击行为,即时响应(如报警)并进行阻断;二是对信息内容的审计,可以防止内部机密或敏感信息的非法泄露。

审计是安全系统的重要组成部分,在美国的 TCSEC 中对于安全审计的定义是这样的:一个安全系统中的安全审计系统是对系统中任一或所有安全相关事件进行记录、分析和再现的处理系统。因此，在 TCSEC 中规定了对于安全审计系统的一般要求，主要包括以下5个方面。

（1）记录与再现。要求安全审计系统必须能够记录系统中所有的安全相关事件，同时，如果有必要，应该能够再现产生系统某一状态的主要行为。

（2）入侵检测。安全审计系统应该能够检查出大多数常见的系统入侵的行为，同时，经过适当的设计，应该能够阻止这些入侵行为。

（3）记录入侵行为。安全审计系统应该记录所有的入侵行为，即使某次入侵已经成功，这也是事后调查取证和系统恢复必需的。

（4）威慑作用。应该对系统中具有的安全审计系统及其性能进行适当宣传，这样可以对企图入侵者起到威慑作用，又可以减少合法用户在无意中违反系统的安全策略。

（5）系统本身的安全性。安全审计系统本身的安全性必须保证，这包括两个方面的内容：一是操作系统和软件的安全性；二是审计数据的安全性。一般来说，要保证审计系统本身的安全，必须与系统中其他安全措施（如认证、授权、加密等）相配合。

另外，TCSEC 还要求 C2 级以上的安全操作系统必须包含审计功能。我国《计算机信息系统安全保护等级划分准则》对安全审计也有相应的要求。审计为系统进行事故原因的查询、定位、事故发生前的预测、报警及事故发生之后的实时处理提供详细、可靠的依据和支持，以便有违反系统安全规则的事件发生后能够有效地追查事件发生的地点和过程。

### 3.3.4 安全域隔离功能

安全域是指在其中实施认证、授权和访问控制的安全策略的计算环境。当安装和配置操作系统时，将创建称为管理域的初始安全域。安全域理论不仅为建设信息安全保障体系提供基础，而且在风险评估中如果能较好地应用安全域，还会起到事半功倍的作用。安全域可以将一个单独资产联系起来，在等级保护当中也有比较好的应用。总之，安全域理论是安全方面的最佳实践，对于信息安全建设具有非常重要的指导意义。

## 3.4 Windows 操作系统安全

视频讲解

从 1998 年开始，微软公司平均每年对自己的产品公布大约 70 份以上的安全报告，一直在坚持不懈地给人们发现的那些漏洞打补丁。Windows 这种操作系统之所以安全风险最高，主要是因为它的功能广泛和市场占有率高，从 NT 3.51 到 Windows 10，操作系统的代码差不多增加了几十倍，因为版本要更新，所以 Windows 系统上被悄悄激活的功能会越来越多，因此越来越多的漏洞会被人们发现。

### 3.4.1 远程攻击 Windows 系统的途径

（1）对用户账户密码的猜测。登录 Windows 系统时主要的安全保护措施就是密码，通过字典密码猜测和认证欺骗的方法都可以实现对系统的攻击。

（2）系统的网络服务。现代工具使存在漏洞的网络服务被攻击相当容易，点击之间即可实现。

（3）软件客户端漏洞。诸如 IE 浏览器、MSN、Office 和其他客户端软件都受到攻击者的密切监视,攻击者发现其中的漏洞,并伺机直接访问用户数据。

(4) 设备驱动。攻击者持续不断地分析操作系统上的无线网络接口,在USB和CD-ROM等设备提交的所有原始数据中发现新的攻击点。



例如,如果系统开放了服务器信息块(Server Message Block,SMB)服务,入侵系统最有效、最简单的方法是远程共享加载。试着连接一个发现的共享卷(如C$共享卷或IPC$),尝试各种用户名/密码组合,直到找出一个能进入目标系统的组合为止。其中,很容易用脚本语言实现对密码的猜测,如在Windows的命令行中用net use命令和for语句编写一个简单的循环就可以进行自动化密码猜测。

(5) 针对密码猜测活动的防范措施。使用网络防火墙限制对可能存在漏洞的服务(如在TCP 139和445号端口上的SMB服务、TCP 1355号端口上的MSRPC服务、TCP 3389号端口上的TS服务)的访问;使用Windows的主机防火墙(Windows XP和更高版本)限制对有关服务的访问;禁用不必要的服务(尤其注意TCP 139和445号端口上的SMB服务);制定和实施强口令字策略;设置一个账户锁定值,并确保该值已应用于内建的Administrator账户;记录账户登录失败事件,并定期查看事件日志文件。

### 3.4.2 取得合法身份后的攻击手段

**1. 权限提升**

在Windows系统上获得用户账户,之后就要获得Administrator或System账户。Windows系统最伟大的黑客技术之一就是所谓的GetAdmin系列,它是一个针对Windows NT4的重要权限提升攻击工具,尽管相关漏洞的补丁已经发布,该攻击所采用的基本技术"DLL注入"仍然具有生命力。因为GetAdmin必须在目标系统本地以交换方式运行,所以其强大的功能受到了限制。

对于权限提升的防范措施,首先要及时更新补丁,并且对于存储私人信息的计算机交互登录权限做出非常严格限制,因为一旦获得了这个重要的立足点之后,这些权限提升攻击手段就非常容易实现了。在Windows 2000和更高版本上检查交互登录权限的方法是运行"本地安全策略"工具,找到"本地策略"下的"用户权限分配"节点,然后检查"允许本地登录"权限的授予情况,如图3.2所示。

**2. 获取并破解密码**

获得相当于Administrator的地位之后,攻击者需要安装一些攻击工具才能更进一步地控制用户计算机,所以攻击者攻击系统之后的活动之一就是收集更多的用户名和密码。针对Windows XP SP2及以后的版本,攻击者侵入用户计算机后首先做的一件事就是关闭防火墙,因为默认配置的系统防火墙能够阻挡很多依赖于Windows网络辅助的工具制造的入侵。

对于密码破解攻击的防范措施,最简单的方法就是选择高强度密码,现在多数Windows系统都默认使用的安全规则——密码必须满足复杂性要求,创建和更改用户密码时要满足以下要求。

(1) 不能包含用户名和用户名字中两个以上的连贯字符。

(2) 密码长度至少要6位。

(3) 必须包含以下4组符号中的3组以上:大写字母(A~Z)、小写字母(a~z)、数字(0~9)、其他字符(如$、%、&、*)。

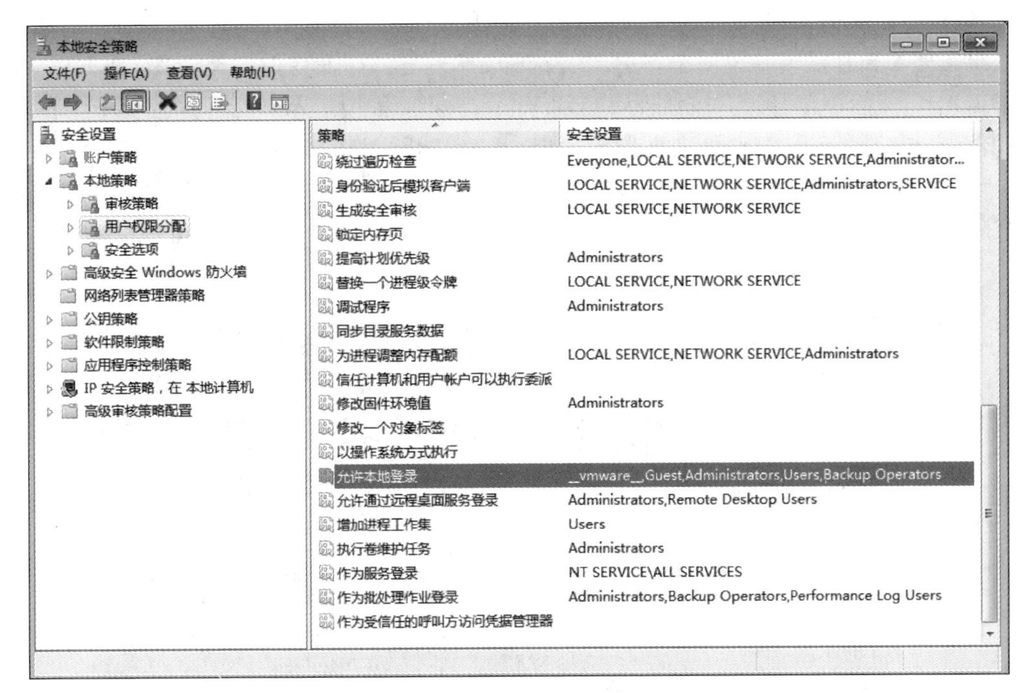


图 3.2　检查“允许本地登录”权限的授予情况

## 3.4.3 Windows 安全功能

**1. Windows 防火墙**

Windows XP 中有一个名为因特网连接防火墙(Internet Connection Firewall,ICF)的组件,微软公司在 XP 后续版本中对这个防火墙做了很多改进并把它重新命名为 Windows Firewall。改进的防火墙提供了更好的用户操作界面：保留了 Exception(例外)设置项,可以只允许“例外”的应用程序通过防火墙；新增加了一个 Advanced(高级)选项卡,用户可以对防火墙的各种细节配置做出调整。另外,现在还可以通过组策略配置防火墙,为需要对很多系统的防火墙进行分布式管理的系统管理员提供了便捷。

**2. Windows 安全中心**

Windows 安全中心可以让用户查看和配置很多系统安全防护功能：防火墙、自动更新、Internet 选项。Windows 安全中心的目标用户是普通消费者而并不是 IT 专业人员,这一点可以从它没有提供“安全策略”和“证书管理器”等高级安全功能配置界面上看出来。

**3. Windows 组策略**

怎样管理一个很大的计算机群组？这就需要组策略,它是功能非常强大的工具之一。所谓组策略,顾名思义,就是基于组的策略。它以 Windows 中的一个微软管理控制台(Microsoft Management Console,MMC)管理单元的形式存在,可以帮助系统管理员针对整个计算机或是特定用户设置多种配置,包括桌面配置和安全配置。例如,可以为特定用户或用户组定制可用的程序、桌面上的内容,以及“开始”菜单选项等,也可以在整个计算机范围内创建特殊的桌面配置。简而言之,组策略是 Windows 中的一套系统更改和配置管理工具的集合。组策略是修改注册表中的配置。当然,组策略使用自己更完善的管理组织方法,可以对各种对象中的设置进行管理和配置,远比手工修改注册表方便、灵活,功能也更加强大。

组策略编辑器的启动很简单,只需执行"开始"→"运行"命令,在"运行"对话框中输入gpedit.msc,然后单击"确定"按钮即可启动Windows组策略编辑器。

例如,要启动Windows的文件保护功能,只需打开"组策略"窗口,在左侧列表中展开"计算机配置"→"管理模板"→"系统"→"Windows文件保护"节点,在右侧列表中显示已有的文件保护策略,如图3.3所示,双击列表中的某项,打开设置窗口。在该窗口中可设置"已启用"这一项安全策略。这样就实现了Windows的文件保护功能。

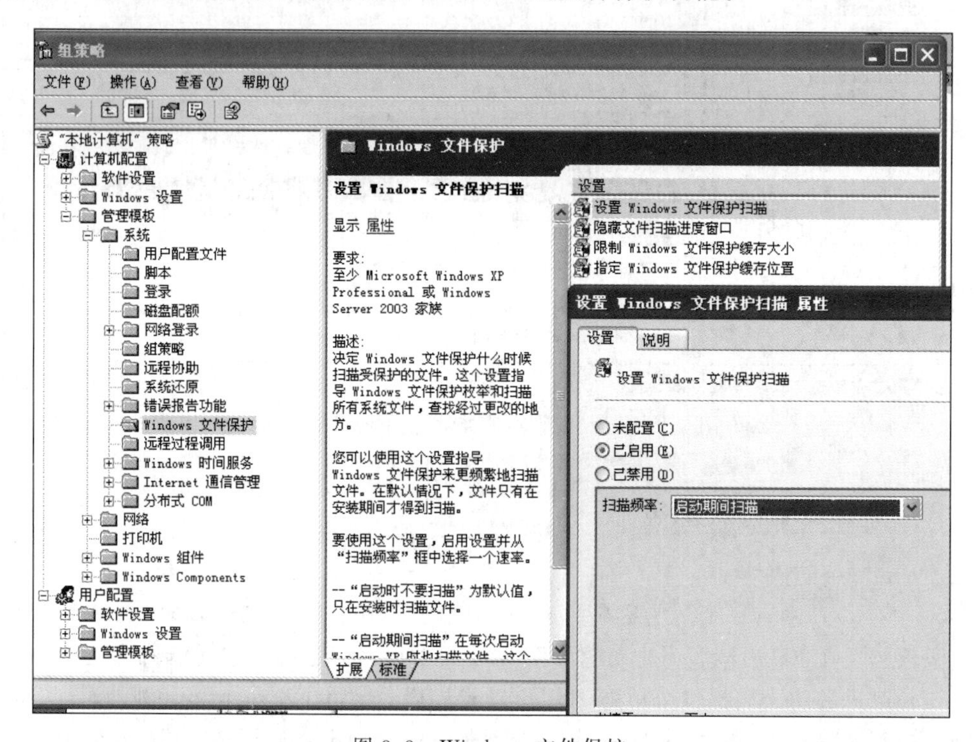


图3.3 Windows文件保护

## 4. 本地安全策略

Windows系统自带的"本地安全策略"是一个很不错的系统安全管理工具,它可以对本机的许多属性(如用户、密码、审核、用户权限分配等)进行设置,这些设置只影响本计算机的安全设置。

启用Windows的管理工具"本地安全策略",依次执行"开始"→"程序"→"管理工具"→"本地安全策略"命令,打开"本地安全设置"窗口,如图3.4所示,主要包括账户策略、本地策略、公钥策略、IP安全策略配置。

## 5. Windows资源保护

从Windows 2000和Windows XP开始新增一项Windows文件保护(Windows File Protection,WFP)的功能,它能保护由Windows安装程序安装的系统文件不被覆盖。并且之后在Windows Vista版本中做了更新,增加了重要的注册键值和文件,并更名为Windows资源保护(Windows Resource Protection,WRP)。WRP有一个弱点,在于管理员用于更改被保护资源的访问控制列表(Access Control List,ACL)。默认设置下,本地管理

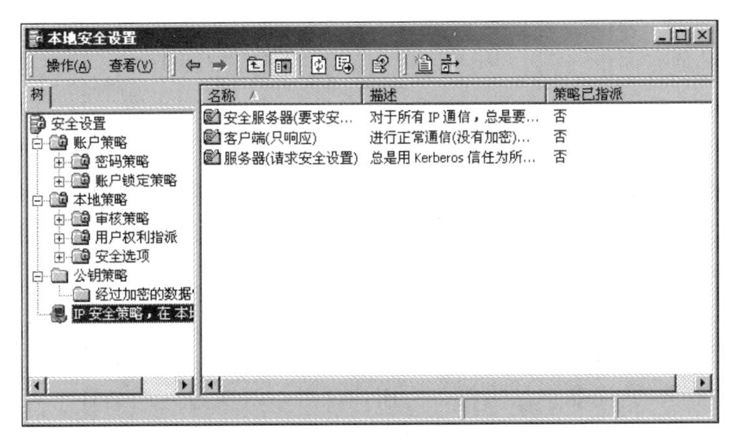


图 3.4　本地安全策略

员组使用 SeTakeOwnership 权限并接管任何受 WRP 保护资源的所有权。因此，被保护资源的访问权限可能被拥有者任意更改，这些文件也可能被修改、替换或删除。WRP 并非被用于抵御假的系统管理员，它的主要目的是防止第三方安装者修改对系统稳定性有重大影响的受保护文件。

**6. 内存保护：DEP**

微软公司的数据执行保护(Data Execution Prevention，DEP)机制由硬件和软件协同构成。DEP 机制将在满足其运行要求的硬件上自动运行，它会把内存中的特定区域标注为“不可执行区”——除非这个区域明确地包含着可执行代码。很明显，这种做法可以防止绝大多数堆栈型缓冲区溢出攻击。除了依靠硬件实现 DEP 机制外，Windows XP SP2 和更高版本还实现了基于软件的 DEP 机制以阻断各种利用 Windows 异常处理机制中的漏洞的攻击手段。Windows 体系的结构化异常处理(Structured Exception Handling，SEH)机制一直是攻击者认为最方便的可执行代码注入点。

## 3.4.4　Windows 认证机制

用户在使用 Windows 时总是要先进行登录。Windows 的登录认证机制和原理都是严格复杂的，理解并掌握 Windows 的登录认证机制和原理对用户来说很重要，能增强对系统安全的认识，并能够有效预防、解决黑客和病毒的入侵。

常见的 Windows 登录类型如下。

**1. 交互式登录**

交互式登录是最常见的登录类型，就是用户通过相应的用户账号和密码在本机进行登录。有人认为“交互式登录”就是“本地登录”，其实这是错误的。“交互式登录”还包括“域账号登录”，而“本地登录”仅限于“本地账号登录”。这里有必要提及的是，通过终端服务和远程桌面登录主机可以看作“交互式登录”，其验证的原理是一样的。

在交互式登录时，系统会首先检验登录的用户账号类型，是本地用户账号还是域用户账号，再采用相应的认证机制，因为不同的用户账号类型其处理方法也不同。

采用本地用户账号登录，系统会通过存储在本机安全账号管理器(Security Accounts Manager，SAM)数据库中的信息进行验证。这也就是为什么 Windows 2000 忘记 Administrator

密码时可以使用删除SAM文件的方法来解决。不过对于Windows XP以后的版本则不可以,可能是出于安全方面的考虑。用本地用户账号登录后,只能访问具有访问权限的本地资源。

采用域用户账号登录,系统则通过存储在域控制器的活动目录中的数据进行验证。如果该用户账号有效,则登录后可以访问到整个域中具有访问权限的资源。如果计算机加入域以后,登录对话框就会显示"登录到:"选项,可以从中选择登录到域还是登录到本机。

**2. 网络登录**

如果计算机加入工作组或域,当要访问其他计算机的资源时就需要"网络登录"了。当要登录主机时,输入该主机的用户名和密码后进行验证。这里需要提醒的是,输入的用户账号必须是对方主机上的,而非自己主机上的用户账号。因为进行网络登录时,用户账号的有效性是由对方主机验证的。

**3. 服务登录**

服务登录是一种特殊的登录方式。平时,系统启动服务和程序时,都是先以某些用户账号进行登录后运行的,这些用户账号可以是域用户账号、本地用户账号或SYSTEM账号。采用不同的用户账号登录,其对系统的访问、控制权限也不同,而且用本地用户账号登录只能访问具有访问权限的本地资源,不能访问到其他计算机上的资源,这点和"交互式登录"类似。

从任务管理器中可以看到,系统的进程所使用的账号是不同的。当系统启动时,一些基于Win32的服务会被预先登录到系统上,从而实现对系统的访问和控制。运行services.msc可以设置这些服务。正是因为系统服务有着举足轻重的地位,它们一般都以SYSTEM账号登录,对系统有绝对的控制权限,所以很多病毒和木马也争着加入这个账号。除了SYSTEM账号外,有些服务还以Local Service和Network Service这两个账号登录。而在系统初始化后,用户运行的一切程序都是以用户本身账号登录的。

从上面讲到的原理不难看出,平时使用计算机时要以Users组的用户登录,因为即使运行了病毒、木马程序,由于受到登录用户账号相应的权限限制,最多也只能破坏属于用户本身的资源,而对维护系统安全和稳定性的重要信息无破坏性。

**4. 批处理登录**

批处理登录一般用户很少用到,通常由执行批处理操作的程序使用。在执行批处理登录时,所用账号要具有批处理工作的权利,否则不能进行登录。

为了安全起见,平时进入Windows时都要输入账号和密码。而一般都是使用一个固定的账号登录的。面对每次烦琐的输入密码,有的人干脆设置为空密码或类似123等弱口令,而这些账号也多数为管理员账号。殊不知黑客用一般的扫描工具,很容易就能扫描到一段IP中所有弱口令的计算机,所以还是建议要把密码尽量设置得复杂些。

另外,账号和密码是明文保存在注册表中的,所以只要具有访问注册表权限的人都可以通过网络查看。因此,如果要设置登录,最好不要设置为管理员账号,可以设置为Users组的用户账号。

### 3.4.5 Windows文件系统安全

文件系统安全是操作系统安全的核心。Windows文件系统控制谁能访问信息以及能做些什么。即使外层账号安全被突破,攻击者也还必须击败文件系统根据文件拥有权和权限精心设置的防御措施。当建立文件的权限时，必须先确定文件系统格式为 Windows 新技术文件系统（New Technology File System，NTFS），当然也可以使用文件配置表（File Allocation Table，FAT）格式，但是并不支持文件级的权限。一旦使用了 NTFS 的文件系统格式，就可通过 Windows 的资源管理器直接管理文件的安全。

NTFS 权限及使用有以下几个原则。

（1）权限最大原则。当一个用户同时属于多个组，而这些组又有可能被赋予了对某种资源的不同访问权限，则用户对该资源最终有效权限是在这些组中最宽松的权限，即加权权限，将所有的权限加在一起即为该用户的权限（“完全控制”权限为所有权限的总和）。

（2）文件权限超越文件夹权限原则。当用户或组对某个文件夹及该文件夹下的文件有不同的访问权限时，用户对文件的最终权限是访问该文件的权限，即文件权限超越文件的上级文件夹的权限，用户访问该文件夹下的文件不受文件夹权限的限制，只受被赋予的文件权限的限制。

（3）拒绝权限超越其他权限原则。当用户对某个资源有拒绝权限时，该权限覆盖其他任何权限，即在访问该资源的时候只有拒绝权限是有效的。当有拒绝权限时权限最大法则无效，因此对于拒绝权限的授予应该慎重考虑。

在同一个 NTFS 分区内或不同的 NTFS 分区之间移动或复制一个文件或文件夹时，该文件或文件夹的 NTFS 权限会发生不同的变化。这时 NTFS 权限的继承性就起到了作用，关于 NTFS 权限的继承性有以下几方面。

（1）在同一个 NTFS 分区内移动文件或文件夹。在同一分区内移动的实质就是在目的位置将原位置上的文件或文件夹“搬”过来，因此文件和文件夹仍然保留有在原位置的一切 NTFS 权限（准确地讲，就是该文件或文件夹的权限不变）。

（2）在不同 NTFS 分区之间移动文件或文件夹。在这种情况下文件和文件夹会继承目的分区中文件夹的权限（ACL），实质就是在原位置删除该文件或文件夹，并且在目的位置新建该文件或文件夹（要从 NTFS 分区中移动文件或文件夹，操作者必须具有相应的权限。在原位置上必须有“修改”的权限，在目的位置上必须有“写”权限）。

（3）在同一个 NTFS 分区内复制文件或文件夹。在这种情况下复制文件和文件夹将继承目的位置中文件夹的权限。

（4）在不同 NTFS 分区之间复制文件或文件夹。在这种情况下复制文件和文件夹将继承目的位置中文件夹的权限（从 NTFS 分区向 FAT 分区中复制或移动文件和文件夹时都将导致文件和文件夹的权限丢失，因为 FAT 分区不支持 NTFS 权限）。

### 3.4.6 Windows 加密机制

加密文件系统（Encrypting File System，EFS）是 Windows 2003/XP 以上版本所特有的一个实用功能，NTFS 卷上的文件和数据都可以直接被操作系统加密保存，在很大程度上提高了数据的安全性。

EFS 加密是基于公钥策略的。在使用 EFS 加密一个文件或文件夹时，系统首先会生成一个由伪随机数组成的文件密钥（File Encryption Key，FEK），然后将利用 FEK 和数据扩展标准 X 算法创建加密后的文件，并把它存储到硬盘上，同时删除未加密的原始文件。随后系统利用公钥加密 FEK，并把加密后的 FEK 存储在同一个加密文件中。而在访问被加密的文件时,系统首先利用当前用户的私钥解密 FEK,然后利用 FEK 解密出文件。在首次使用 EFS 时,如果用户还没有公钥/私钥对(统称为密钥),则会首先生成密钥,然后加密数据。如果登录到了域环境中,密钥的生成依赖于域控制器,否则它就依赖于本地机器。

EFS 加密有以下两点好处: 首先,EFS 加密机制和操作系统紧密结合,因此不必为了加密数据安装额外的软件,这节约了使用成本; 其次,EFS 加密系统对用户是透明的。也就是说,如果加密了一些数据,那么对这些数据的访问将是完全允许的,并不会受到任何限制。而其他非授权用户试图访问加密过的数据时,就会收到"访问拒绝"的错误提示。EFS 加密的用户验证过程是在登录 Windows 时进行的,只要登录到 Windows 就可以打开任何一个被授权的加密文件。

要使用 EFS 加密,首先要保证操作系统符合要求。目前支持 EFS 加密的 Windows 操作系统主要有 Windows 2000/XP 及更新版本的操作系统。其次,EFS 加密只对 NTFS5 分区上的数据有效(注意,这里提到的 NTFS5 分区是指由 Windows 2003/XP 格式化过的 NTFS 分区; 而由 Windows NT 格式化的 NTFS 分区是 NTFS4 格式的,虽然同样是 NTFS 文件系统,但它不支持 EFS 加密),无法加密保存在 FAT 和 FAT32 分区上的数据。

对于想加密的文件或文件夹,只需要右击该文件或文件夹,从弹出的快捷菜单中选择"属性"命令,在打开对话框中的"常规"选项卡中单击"高级"按钮,在弹出的"高级属性"对话框中选中"加密内容以便保护数据"复选框,然后单击"确定"按钮,等待片刻,数据就加密好了。如果加密的是一个文件夹,系统还会询问是把这个加密属性应用到文件夹上,还是应用到文件夹及内部的所有子文件夹上,按照实际情况操作即可。解密数据也是很简单的,同样是按照上面的方法,取消对"加密内容以便保护数据"复选框的勾选,然后单击"确定"按钮。

**注意**: *如果把未加密的文件复制到具有加密属性的文件夹中,这些文件将会被自动加密。若是将加密数据移出来,如果移动到 NTFS 分区上,数据依旧保持加密属性; 如果移动到 FAT 分区上,这些数据会被自动解密。被 EFS 加密过的数据不能在 Windows 中直接共享。如果通过网络传输经 EFS 加密过的数据,这些数据在网络上将会以明文的形式传输。NTFS 分区上保存的数据还可以被压缩,不过一个文件不能同时被压缩和加密。最后,Windows 的系统文件和系统文件夹无法被加密。*

### 3.4.7 Windows 备份与还原

如果系统的硬件或存储媒体发生故障,"备份"工具可以保护数据免受意外的损失。例如,可以使用"备份"创建硬盘中数据的副本,然后将数据存储到其他存储设备。备份存储媒体既可以是逻辑驱动器(如硬盘)、独立的存储设备(如可移动磁盘),也可以是由自动转换器组织和控制的整个磁盘库或磁带库。如果硬盘上的原始数据被意外删除或覆盖,或因为硬盘故障而不能访问该数据,那么用户可以十分方便地从存档副本中还原该数据。为了保护服务器,应该安排对所有数据进行定期备份。数据备份的类型大致分为以下几种。

(1) 副本备份。可以复制所有选定的文件,但不将这些文件标记为已经备份(换言之,不清除存档属性)。如果要在正常备份和增量备份之间备份文件,复制是很有用的,因为它不影响其他备份操作。

(2) 每日备份。用于复制执行每日备份的当天修改过的所有选定文件。备份的文件将不会标记为已经备份(换言之,不清除存档属性)。

(3) 差异备份。用于复制自上次正常备份或增量备份以来所创建或更改的文件。它不将文件标记为已经备份(换言之,不清除存档属性)。如果要执行正常备份和差异备份的组合,则还原文件和文件夹将需要上次已执行过正常备份和差异备份。

(4) 增量备份。仅备份自上次正常备份或增量备份以来创建或更改的文件。它将文件标记为已经备份(换言之,清除存档属性)。如果将正常备份和增量备份结合使用,需要具有上次的正常备份集和所有增量备份集才能还原数据。

(5) 正常备份。用于复制所有选定的文件,并且在备份后标记每个文件为已经备份(换言之,清除存档属性)。使用正常备份,只需备份文件或磁带的最新副本就可以还原所有文件。通常,在首次创建备份集时执行一次正常备份。

组合使用正常备份和增量备份来备份数据,需要的存储空间最少,并且是最快的备份方法。然而,恢复文件可能比较耗时,而且比较困难,因为备份集可能存储在不同的磁盘或磁带上。

组合使用正常备份和差异备份来备份数据更加耗时,尤其当数据经常更改时,但是它更容易还原数据,因为备份集通常只存储在少量磁盘和磁带上。

Windows 自带的备份和还原工具如图 3.5 所示。

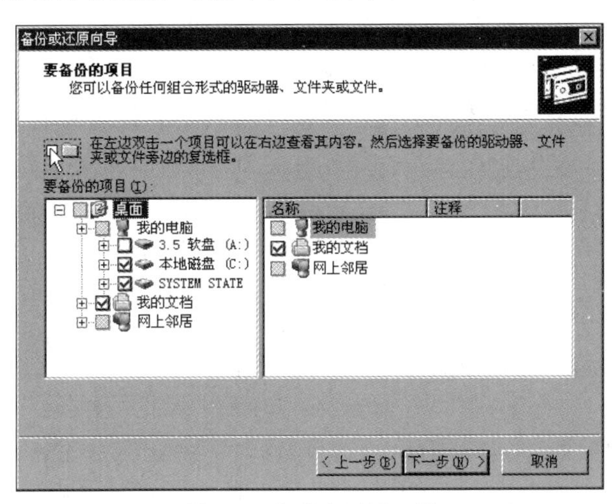


图 3.5　备份和还原工具

## 3.5　Android 操作系统安全

视频讲解

Android 是一个开放的移动设备操作系统。根据 IDC 2020 年的数据统计,Android 手机的市场份额为 84.1%。丰富的 Android 应用程序(简称应用)极大地方便了人们的生活,同时系统的安全性也越来越引起用户的关注。Android 应用可以操作设备上的各种硬件、软件,以及本地数据和服务器数据,并能够访问网络。因此,Android 操作系统为了保护数据、程序、设备、网络等资源,必须为程序提供一个安全的运行环境。

### 3.5.1　Android 安全体系结构

操作系统的安全性目的就是保护移动设备软件、硬件资源,包括 CPU、内存、外部设备、文件系统和网络等。Android 系统为了安全性,提供如下主要安全特征:操作系统严格的

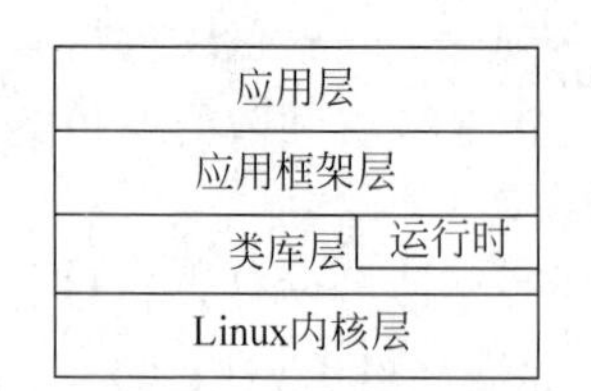


图3.6 Android操作系统分层的安全体系结构

分层结构、应用沙盒、安全进程通信、授权和签名等。Android作为开放平台,它的设计和实现细节完全暴露,因此对安全性要求更加严格,设计时首先要重点考虑的就是平台结构设计问题,Android操作系统的安全体系结构设计为多层结构,如图3.6所示。这种结构在给用户提供安全保护的同时还保持了开放平台的灵活性。

Android系统结构由4层组成,从上到下分别是应用层、应用框架层、系统运行类库层和Linux内核层。应用层由运行在Android设备上的所有应用构成,包括预装的系统应用和用户自己安装的第三方应用。大部分应用是由Java语言编写并运行在Dalvik虚拟机中;另一部分应用是通过C/C++语言编写的本地应用。不论采用何种编程语言,两类应用运行的安全环境相同,都在应用沙箱中运行。应用框架层集中体现Android系统的组件设计思想。框架层由多个系统服务组成。Android应用由若干个组件构成,组件和组件之间的通信是通过框架层提供的服务集中调度和传递消息实现的,而不是组件之间直接进行的。框架层协调应用层的应用工作,提升了系统的整体安全性。类库层主要由类库和Android运行时两部分组成。其中类库由一系列的二进制动态库构成,大部分来源于优秀的第三方类库,另一部分是系统原生类库,通常使用C/C++语言开发。Android运行时由Java核心类库和Android虚拟机Dalvik共同构成。Java核心类库包括框架层和应用层所用到的基本Java库。Dalvik是为Android量身打造的Java虚拟机,它与标准Java虚拟机(Java Virtual Machine,JVM)的主要差别在于Dalvik是基于寄存器设计的,而JVM是基于数据栈的,前者能够更快地编译较大的应用程序。Dalvik允许在有限的内存中同时运行多个虚拟机的实例,每个Dalvik应用作为一个独立的Linux进程执行,可防止在某一虚拟机崩溃时所有应用都被关闭。最后一层是Linux内核层,该层提供的核心系统服务包括安全、内存、进程、网络和设备驱动等功能。

### 3.5.2 Linux安全性

Android平台的基础是Linux内核。Linux操作系统经过多年的发展,已经成为一个稳定的、安全的、被许多公司和安全专家信任的安全平台。作为移动平台的基础,Linux内核为Android提供了如下安全功能:基于用户授权的模式、进程隔离、可扩展的安全进程间通信(Inter-Process Communication,IPC)和移除不必要的不安全的内核代码。作为多用户操作系统,Linux内核提供了相互隔离用户资源的功能。通过隔离功能,一个用户不能使用另一个用户的文件、内存、CPU和设备等。

### 3.5.3 文件系统许可/加密

在Linux环境中,文件系统许可(Permission)可以保证一个用户不能修改或读取另一个用户的文件。Android系统中每个应用都分配一个用户ID,应用作为一个用户存在,因此,除非开发者明确指定某文件可以供其他应用访问,否则一个应用创建的文件其他应用不能读取或修改。文件系统加密功能可以对整个文件系统进行加密。内核利用dm-crypt技术创建加密文件系统。dm-crypt技术是建立在Linux内核2.6版本的device-mapper特性之上的。device-mapper是在实际的块设备之上添加虚拟层,以方便开发人员实现镜像、快照、级联和加密等处理。为了防止系统口令攻击,如通过彩虹表(彩虹表就是将各种可能的数字、字母组合的哈希值预先计算好,通过查表的方式快速匹配,提高破解速度)或暴力破解等方法,口令采用SHA1加密算法进行保存。为了防止口令字典攻击,系统提供口令复杂性规则,规则由设备管理员制定,由操作系统实施。

### 3.5.4 Android 应用安全

Android系统为移动设备提供了一个开源的平台和应用程序开发环境。通常程序开发语言采用Java,并运行在Dalvik虚拟机中,对于游戏等性能要求较高的程序也可以采用C/C++语言编写。程序安装包以.apk为扩展名。一个应用程序通常由配置文件(AndroidManifest.xml)、活动(Activity)、服务(Service)、广播接收器(Broadcast Receiver)等组成。

**1. Android 权限模式**

所有的应用程序都运行在应用沙盒中,默认情况下,应用只能存取受限的系统资源。这种受限机制的实现方式有多种,包括不提供获取敏感功能的应用程序接口(Application Programming Interface,API)函数、采用角色分离技术和采用权限模式。权限模式最常用,通过这种方式把用于存取敏感资源的API函数只授权给值得信任的应用程序,这些函数主要涉及的功能包括摄像头、全球定位系统(Global Positioning System,GPS)、蓝牙、电话、短信、网络等。应用程序为了能够存取这些敏感资源,必须在它的配置文件中声明存取所需资源的能力。当用户安装这种程序时,系统会显示对话框提示程序需要的权限并询问用户是否需要继续安装。如果用户继续安装,系统就把这些权限授予对应的程序。安装过程中,针对用户只想授权其中的某些权限的情况系统是不支持的。安装完毕后,用户可以通过"系统设置"功能允许或拒绝某些权限。对于系统自带的应用程序,系统不会提示请求用户授权。如果程序的配置文件中没有指定受保护资源的授权,但程序中调用了资源对应的API函数,则系统抛出安全异常。程序的配置文件中还可以定义安全级别(Protection Level)属性,这个属性告诉系统其他哪些应用可以访问此应用。

**2. 安全进程通信**

尽管Linux内核提供了IPC机制,包括管道、信号、报文、信号量、共享内存和套接字等,但出于安全性考虑,Android增加了新的安全IPC机制,主要包括Binder、Service、Intent和ContentProvider。Binder是一个轻量级的远程过程调用机制,它可以高效安全地实现进程内和进程间调用。Service运行在后台并通过Binder向外提供接口服务,通常设有可见的用户界面。Intent是一个简单的消息对象,此对象表示想要做某事的"意向"。ContentProvider是一个数据仓库,通过它可以向外提供数据。例如,一个应用可以获取另一个应用通过ContentProvider向外公布的数据。在编写程序时如果需要进程通信,虽然可以使用Linux提供的传统方式,但还是推荐使用Android提供的安全IPC框架,这样可以避免传统方式存在的通信安全缺陷。

**3. 应用程序安装包签名**

所有的Android应用程序安装包(APK文件)必须进行签名,否则程序不能安装在Android设备或模拟器中。签名的目的用于标识程序作者、升级应用程序。当没有签名的应用在安装时,包管理器就会拒绝安装。签名的应用在安装时,包管理器首先验证APK文件中的签名证书是否正确,如果正确,首先把应用放置在应用沙盒中,然后系统为它分配一个UID,不同的应用有不同的UID;如果证书签名与设备中其他签名的应用相同,表示是同一个应用,则提示用户是否用新的应用更新旧的应用。该签名证书可以由开发者自己设定称之为自签名(Self-signed)证书,也可以由第三方的认证机构授权。系统提供自签名证书功能使开发者不再需要借助外部的帮助或授权即可以自己进行签名。Google公司提供了完整方便的签名工具为用户开发提供便利。

# 课后习题

**一、选择题**

1. Windows主机推荐使用(　　)格式。
   A. NTFS　　B. FAT32　　C. FAT　　D. Linux
2. 下列对文件和对象的审核,错误的一项是(　　)。
   A. 文件和对象访问的成功和失败　　B. 用户及组管理的成功和失败
   C. 安全规则更改的成功和失败　　D. 文件名更改的成功和失败
3. 下列不属于服务器的安全措施的是(　　)。
   A. 保证注册账户的时效性　　B. 删除死账户
   C. 强制用户使用不易被破解的密码　　D. 所有用户使用一次性密码
4. 下列不属于数据备份类型的是(　　)。
   A. 每日备份　　B. 差异备份　　C. 增量备份　　D. 随机备份
5. TCSEC是(　　)国家标准。
   A. 英国　　B. 意大利　　C. 美国　　D. 俄罗斯
6. 身份认证的含义是(　　)一个用户。
   A. 注册　　B. 标识　　C. 验证　　D. 授权
7. 口令机制通常用于(　　)。
   A. 认证　　B. 标识　　C. 注册　　D. 授权
8. 在生成系统账号时,系统管理员应该分配给合法用户一个(　　),用户在第1次登录时应更改口令。
   A. 唯一的口令　　B. 登录的位置
   C. 使用的说明　　D. 系统的规则
9. 信息安全评测标准CC是(　　)标准。
   A. 美国　　B. 国际　　C. 英国　　D. 澳大利亚
10. (　　)数据备份策略不是常用类型。
    A. 完全备份　　B. 增量备份　　C. 选择性备份　　D. 差异备份
11. 数据保密性安全服务的基础是(　　)。
    A. 数据完整性机制　　B. 数字签名机制
    C. 访问控制机制　　D. 加密机制
12. Windows系统的用户账号有两种基本类型,分别为全局账号和(　　)。
    A. 本地账号　　B. 域账号　　C. 来宾账号　　D. 局部账号
13. Windows系统安装完成后,默认情况下系统将产生两个账号,分别为管理员账号和(　　)。

A. 本地账号　　B. 域账号　　C. 来宾账号　　D. 局部账号

14. 某公司的工作时间是上午8点半至12点,下午1点至5点半,每次系统备份需要一个半小时,下列适合作为系统数据备份的时间是(　　)。

A. 上午8点　　B. 中午12点　　C. 下午3点　　D. 凌晨1点

15. 下列不是UNIX/Linux操作系统的密码设置原则的是(　　)。

A. 密码最好是英文字母、数字、标点符号、控制字符等的组合

B. 不要使用英文单词,容易遭到字典攻击

C. 不要使用自己、家人、宠物的名字

D. 一定要选择字符长度为8位的字符串作为密码

16. 1999年,我国发布第1个信息安全等级保护的国家标准GB 17859—1999,提出将信息系统的安全等级划分为(　　)个等级。

A. 7　　B. 8　　C. 4　　D. 5

17. 定期对系统和数据进行备份,在发生灾难时进行恢复。该机制是为了满足信息安全的(　　)属性。

A. 真实性　　B. 完整性　　C. 不可否认性　　D. 可用性

**二、填空题**

1. ________年,欧共体发布了《信息技术安全评价准则》。________年,加拿大发布了《加拿大可信计算机产品评价准则》。

2. 计算机安全评价标准(TCSEC)是计算机系统安全评估的第1个正式标准,于________年12月由美国国防部公布。

3. D1系统只为________和________用户提供安全保护。

4. C类安全等级可划分为________和________两类。

5. 计算机系统安全评估的第1个正式标准是________。

6. 自主访问控制(DAC)是一个接入控制服务,它执行基于系统实体身份及系统资源的接入授权。这包括在文件、________和________中设置许可。

7. 安全审计是识别与防止________、追查________的重要措施之一。

8. C1系统的可信任运算基础体制,通过将________和________分开达到安全的目的。

9. ________账号一般是在域中或计算机中没有固定账号的用户临时访问域或计算机时使用的。

10. ________账号被赋予在域中和在计算机中具有不受限制的权利,该账号被设计用于对本地计算机或域进行管理,可以从事创建其他用户账号、创建组、实施安全策略、管理打印机及分配用户对资源的访问权限等工作。

11. 中华人民共和国国家标准GB 17859—1999《计算机信息系统安全保护等级划分准则》已经正式颁布并使用。该准则将信息系统安全分为5个等级,分别是自主保护级、________、________、________和访问验证保护级。

12. B2级别的系统管理员必须使用一个________、________的安全策略模式作为系统的可信任运算基础体制。

13. B3级别的系统具有很强的________和________。

14. 访问控制三要素为主体、________和________。

15. 自主访问控制的实现方式通常包括目录式访问控制模式、________、________和面向过程的访问控制等方式。

16. 组策略是Windows中的一套系统________和________管理工具的集合。

17. Android系统结构由4层组成,从上到下分别是应用层、应用框架层、________和________。

**三、简答题**

1. 简述TCSEC中C1、C2、B1级的主要安全要求。

2. 简述审核策略、密码策略和账户策略的含义。这些策略如何保护操作系统不被入侵?如何关闭不需要的端口和服务?

3. 计算机安全评价标准中B类安全等级都包括哪些内容?

4. 计算机安全评价标准中A类安全等级都包括哪些内容?

5. 计算机信息系统安全保护等级划分准则中将信息系统安全分为几个等级?主要的安全考核指标是什么?

6. 安全操作系统的基本特征有哪些?

7. 安全审计主要包括哪几方面的内容?

8. 远程攻击Windows系统的途径有哪些?

9. 取得合法身份后的攻击手段有哪些?

10. Windows安全功能有哪些?

11. 常见的Windows的登录类型有哪几种?

12. NTFS权限及使用原则有哪些?

13. NTFS权限的继承性有哪几方面的内容?

14. 文件加密系统的原理是什么?

15. 数据备份的类型大致分为哪几种?

16. 本地安全策略由哪几部分组成?

# 第4章　密码技术

密码是通信双方按约定的法则进行信息特殊变换的一种重要保密手段。依照这些法则，变明文为密文，称为加密变换；变密文为明文，称为解密变换。密码在早期仅对文字或数码进行加、解密变换，随着通信技术的发展，对语音、图像、数据等都可实施加、解密变换。

密码学是研究如何隐秘地传递信息的学科，在现代特别指对信息及其传输的数学性研究，常被认为是数学和计算机科学的分支，和信息论也密切相关。著名的密码学者 Ron Rivest 解释道："密码学是关于如何在敌人存在的环境中通信。"从工程学的角度来看，这相当于密码学与纯数学的异同。密码学是信息安全等相关议题（如认证、访问控制等）的核心。密码学的首要目的是隐藏信息的涵义，而不是隐藏信息的存在。密码学也促进了计算机科学的发展，特别是在计算机与网络安全方面，如访问控制与信息的机密性。密码学已被应用在日常生活的各个方面，包括自动柜员机的芯片卡、计算机用户存取密码、电子商务等。

## 4.1　密码学的发展历史

视频讲解

密码学是在编码与破译的斗争实践中逐步发展起来的，并随着先进科学技术的应用，已成为一门综合性的尖端技术科学，它与语言学、数学、电子学、声学、信息论、计算机科学等有着广泛而密切的联系。它的研究成果，特别是各国政府现在使用的密码编制及破译手段等都具有高度的机密性。

进行明密变换的法则称为密码的体制，指示这种变换的参数称为密钥，它们是密码编制的重要组成部分。密码体制的基本类型可以分为以下 4 种。

（1）错乱：按照规定的图形和线路，改变明文字母或数码等的位置成为密文。

（2）代替：用一个或多个代替表将明文字母或数码等代替为密文。

（3）密本：用预先编定的字母或数字密码组代替一定的词组单词等变明文为密文。

（4）加乱：用有限元素组成的一串序列作为乱数，按规定的算法同明文序列相结合变成密文。

以上 4 种密码体制既可单独使用，也可混合使用，以编制出各种复杂度很高的实用密码。

密码学根据其研究的范围可分为密码编码学和密码分析学。密码编码学是研究密码体制的设计，对信息进行编码实现隐蔽信息的一门学科；密码分析学是研究如何破译被加密信息或信息伪造的学科。它们是相互对立、相互依存、相互促进并发展的。

密码学的发展大致可以分为 3 个阶段。第 1 阶段是从几千年前到 1949 年，这一阶段的密码称为古典密码（以字符为基本加密单元的密码）。第 2 阶段是 1949—1975 年，这一阶段主要进行的是利用计算机技术实现密码技术的研究。第3阶段为1976年至今,这一阶段的密码称为现代密码(以信息块为基本加密单元的密码)。

### 4.1.1 古典密码

在计算机出现以前,密码学的算法主要是通过字符之间代替或易位实现的,这种密码体制称为古典密码,其中包括易位密码、代替密码(单表代替密码、多表代替密码等)。这些密码算法大都十分简单,现在已经很少在实际应用中使用了。这一时期密码学还没有成为一门真正的科学,而是一门艺术。密码学专家常常是凭自己的直觉和信念进行密码设计,而对密码的分析也多是基于密码分析者(即破译者)的直觉和经验进行的。

密码学在公元前400多年就已经产生了,正如《破译者》一书中所说的,"人类使用密码的历史几乎与使用文字的时间一样长"。密码学的起源的确要追溯到人类刚刚出现,并且尝试去学习如何通信时,为了确保他们通信的机密,最先是有意识地使用一些简单的方法加密信息,通过一些象形文字(密码)相互传达信息。接着由于文字的出现和使用,确保通信的机密性就成为一种艺术,古代发明了不少加密信息和传达信息的方法。例如,我国古代的烽火就是一种传递军情的方法;再如,古代的兵符就是用来传达信息的密令。就连闯荡江湖的侠士都有秘密的黑道行话,更何况是那些不堪忍受压迫的义士在秘密起义前进行地下联络的暗语,这都促进了密码学的发展。

事实上,密码学真正成为科学是在19世纪末到20世纪初期,由于军事、数学、通信等相关技术的发展,特别是两次世界大战中对军事信息保密传递和破获敌方信息的需求,密码学得到了空前的发展,并广泛地用于军事情报部门的决策。例如,在希特勒一上台时,德国就试验并使用了一种名为"恩尼格玛"的密码机,"恩尼格玛"密码机能产生220亿种不同的密钥组合,假如一个人日夜不停地工作,每分钟测试一种密钥的话,需要约4.2万年才能将所有的密钥可能组合试完,德军完全相信了这种密码机的安全性。然而,英国获知了"恩尼格玛"密码机的密码原理,设计了一部针对"恩尼格玛"密码机的绰号叫"炸弹"的密码破译机,每秒钟可处理2000个字符,它几乎可以破译截获德国的所有情报。后来又研制出一种每秒可处理5000个字符的"巨人"型密码破译机并投入使用,至此,同盟国几乎掌握了德军的绝大多数军事机密,而德军却对此一无所知。太平洋战争中,美军成功破译了日本海军的密码,读懂了日本舰队发给各级指挥官的命令,在中途岛彻底击溃了日本海军,取得了太平洋战争的决定性胜利。因此,可以说密码学为战争的胜利立了大功。

古典密码学主要有以下两大基本方法。

(1) 代替密码。将明文的字符替换为密文中的另一种字符,接收者只要对密文做反向替换就可以恢复出明文。

(2) 置换密码(又称为易位密码)。明文的字符保持不变,但顺序被打乱了。

下面介绍几种经典的古典密码。

**1. 滚筒密码**

在古代,为了确保通信的机密,先是有意识地使用一些简单的方法对信息进行加密。例如,斯巴达人于公元前400年应用一根叫Scytale的棍子对信息进行加密,然后在军官间传递秘密信息。送信人先将一张羊皮条绕棍子螺旋地卷起来(见图4.1),然后把要写的信息按某种顺序写在上面,接着打开羊皮条卷,通过其他渠道将信送给收信人。如果不知道棍子的宽度(这里作为密匙)是不容易解密其中的内容的,但是收信人可以根据事先和写信人的约定,用同样叫 Scytale 的棍子将书信解密,就能看到原始的消息。

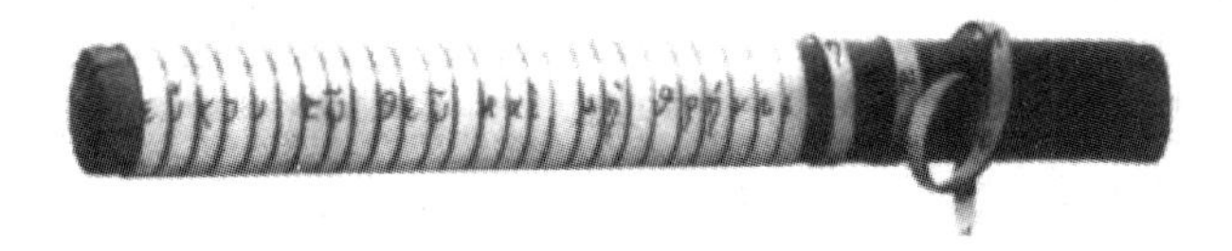

图 4.1　Scytale 棍子

**2. 棋盘密码**

世界上最早的棋盘密码产生于公元前 2 世纪,是由一位希腊人提出的。首先建立一张表,使每个字符对应一个数,这样每个字母就对应了由两个数构成的字符 α 和 β。α 是该字母所在行的标号;β 是列标号。例如,c 对应 13,s 对应 43 等。如果接收的密文为 43 15 13 45 42 15 32 15 43 43 11 22 15,则对应的明文即为 securemessage。

密码将 26 个字母放在 5×5 的方格中,i,j 放在一个格子中,具体情况如表 4.1 所示。

**表 4.1　棋盘密码**

| | 1 | 2 | 3 | 4 | 5 |
|---|---|---|---|---|---|
| 1 | a | b | c | d | e |
| 2 | f | g | h | i,j | k |
| 3 | l | m | n | o | p |
| 4 | q | r | s | t | u |
| 5 | v | w | x | y | z |

另一个比较著名的棋盘密码是 ADFGX 密码,如表 4.2 所示。1918 年,第一次世界大战将要结束时,法军截获了一份德军电报,电文中的所有单词都由 A,D,F,G,X 这 5 个字母拼成,因此称为 ADFGX 密码。ADFGX 密码是 1918 年 3 月由德军上校 Fritz Nebel 发明的,是结合了 Polybius 密码和置换密码的双重加密方案。A,D,F,G,X 即方阵中行、列对应数字替换的 5 个字母。

**表 4.2　ADFGX 密码**

| | A | D | F | G | X |
|---|---|---|---|---|---|
| A | b | t | a | l | p |
| D | d | h | o | z | k |
| F | q | f | v | s | n |
| G | g | i,j | c | u | x |
| X | m | r | e | w | y |

假设现在需要发送明文信息 Attack at once,用上面的密码方阵填充后,加密效果如下。

明文:A T T A C K A T O N C E

经过棋盘变换:AF AD AD AF GF DX AF AD DF FX GF XF

然后,利用一个移位密钥加密。假设密钥是 CARGO,将其写在新格子的第 1 行,再将上一阶段的密码文一行一行写进新方格里,如表 4.3 所示。

表 4.3 移位密钥加密表

| C | A | R | G | O |
|---|---|---|---|---|
| A | F | A | D | A |
| D | A | F | G | F |
| D | X | A | F | A |
| D | D | F | F | X |
| G | F | X | F | X |

最后,密钥按照字母表顺序 ACGOR 排序,再按照此顺序依次抄下每个字母下面的整列信息,形成新密文为

FAXDF ADDDG DGFFF AFAXX AFAFX

在实际应用中,移位密钥通常有两打字符那么长,且分解密钥和移位密钥都是每天更换的。

1918 年 6 月,再加入一个字母 V 扩充,变成以 6×6 格共 36 个字符加密,称为 ADFGVX 密码。这使所有英文字母(不再将 i 和 j 视为同一个字母)及数字 0～9 都可混合使用。这次增改是因为以原来的加密法发送含有大量数字的简短信息会出现问题。

**3. 凯撒(Caesar)密码**

据记载,在罗马帝国时期,凯撒大帝曾经设计过一种简单的移位密码用于战时通信。这种加密方法就是将明文的字母按照字母顺序,向后依次递推 $k$ 位,就可以得到加密的密文。而解密的过程正好和加密的过程相反,它是将英文字母向前推移 $k$ 位。例如,$k=5$,则密文字母与明文的对应关系为

a b c d e f g h i j k l m n o p q r s t u v w x y z

F G H I J K L M N O P Q R S T U V W X Y Z A B C D E

于是,对应于明文 secure message,可得密文为 XJHZWJRJXXFLJ。此时,$k$ 就是密钥。为了传送方便,可以将 26 个字母一一对应于从 0～25 的 26 个整数,如 a 对应 1,b 对应 2,…,y 对应 25,z 对应 0。这样,凯撒加密变换实际就是一个同余式,即

$$c \equiv m+k \mod 26$$

其中,$m$ 为明文字母对应的数;$c$ 为与明文对应的密文的数。

随后,为了提高凯撒密码的安全性,人们对凯撒密码进行了改进。选取 $k$ 和 $b$ 作为两个参数,其中要求 $k$ 与 26 互素,明文与密文的对应规则为

$$c \equiv km+b \mod 26$$

可以看出,$k=1$ 就是前面提到的凯撒密码。这种加密变换是凯撒加密变换的推广,并且其保密程度也比凯撒密码高。

以上介绍的密码体制都属于单表置换,意思是一个明文字母对应的密文字母是确定的。根据这个特点,利用频率分析可以对这样的密码体制进行有效的攻击。方法是在大量的书籍、报刊和文章中统计各个字母出现的频率。例如,e 出现的概率最多达到 12.5%左右,其次是 t,a,o,l 等。破译者通过对密文中各字母出现频率的分析,结合自然语言的字母频率特征,就可以将该密码体制破译。

鉴于单表置换密码体制具有这样的攻击弱点,人们自然就会想办法对其进行改进以弥

补这个弱点，提高抗攻击能力。

**4. 栅栏密码**

栅栏密码也称为栅栏易位，即把将要传递的信息中的字母交替排成上下两行，再将下面一行字母排在上面一行的后边，从而形成一段密码。栅栏密码是一种置换密码。

密文：TEOGSDYUTAENNHLNETAMSHVAED

解密过程：先将密文分为两行，即

T E O G S D Y U T A E N N

H L N E T A M S H V A E D

再依次按上下的顺序组合成一句话，即

THE LONGEST DAY MUST HAVE AN END

加密时不一定非用两栏。例如，密文为

PFEE SESN RETM MFHA IRWE OOIG MEEN NRMA ENET SHAS DCNS IIAA IEER BRNK FBLE LODI

去掉空格，为

PFEESESNRETMMFHAIRWEOOIGMEENNRMAENETSHASDCNSIIAAIEERBRNKFBLELODI

共 64 个字符，以 8 个字符为一栏，排列成 8×8 的方阵(凯撒方阵)如下。

P F E E S E S N

R E T M M F H A

I R W E O O I G

M E E N N R M A

E N E T S H A S

D C N S I I A A

I E E R B R N K

F B L E L O D I

从上向下竖着读，即为

PRIMEDIFFERENCEBETWEENELEMENTSRESMONSIBLEFORHIROSHIMAANDNAGASAKI

插入空格：PRIME DIFFERENCE BETWEEN ELEMENTS RESMONSIBLE FOR HIROSHIMA AND NAGASAKI(广岛和长崎的原子弹轰炸的最主要区别)。

**5. 维吉尼亚(Vigenere)密码**

法国密码学家维吉尼亚于 1586 年提出一种多表式密码，即一个明文字母可以表示成多个密文字母中的一个。其原理为：给出密钥 $K=k[1]k[2]\cdots k[n]$，若明文为 $M=m[1]m[2]\cdots m[n]$，则对应的密文为 $C=c[1]c[2]\cdots c[n]$。其中，$C[i]=(m[i]+k[i]) \bmod 26$。例如，若明文 $M$ 为 data security，密钥 $K$ 为 best，将明文分解为长度为 4 的序列：data secu rity，对每 4 个字母，用 $K$ 加密后得密文为 $C$=EELT TIUN SMLR。可以看出，当 $K$ 为一个字母时就是凯撒密码。而且容易看出，$K$ 越长，保密程度就越高，当密钥 $K$ 取的词组很长时，截获者就很难将密文破解。显然，这样的密码体制比单表置换密码体制具有更强的抗攻击能力，而且其加密、解密均可用所谓的维吉尼亚方阵进行，从而在操作上简单易行。

该密码曾被认为是300年内破译不了的密码,因而这种密码在今天仍在使用。

我国在古典密码方面也有许多研究,如宋代曾公亮、丁度等编撰的《武经总要》"字验"记载,北宋前期,在作战中曾用一首五言律诗的40个汉字分别代表40种情况或要求,这种方式已具备了密本体制的特点。1871年,由上海大北水线电报公司选用6899个汉字,代以四码数字,成为中国最初的商用明码本,同时也设计了由明码本改编为密本及进行加乱的方法。在此基础上,逐步发展为各种复杂的密码。

### 4.1.2 隐写术

隐写术是人们最熟悉的古典加密方法,通常将秘密消息隐藏于其他消息中,使真正的秘密消息通过一份看起来很平常的消息发送出去,它是不让计划接收者之外的任何人知道信息传递事件的一门技巧与科学。要注意的是,隐写术和一般的密码术是不同的。密码术只是对信息进行加密,再发送给接收者。对间谍来说,密码术也非常重要,要是被发现在传递一串谁也看不懂的文字,十有八九会被有关部门盯上。隐写术则相对安全,隐写的信息通常被藏在图片、购物清单、诗文等事物中。如果说密码术是一个隐士,那么隐写术看起来就像大街上一个毫不起眼的人。换句话说,密码术隐藏的是信息,而隐写术隐藏的则是传递信息的过程,这两者常常结伴出现。将信息加密后,再附在图片等载体上发送出去,这样即使他人碰巧截获了图片,也得费一番工夫才能将信息破解出来。

隐写术的由来源远流长,早在希腊时代隐写术就有应用了。有一个名叫Histaiaeus的希腊人打算策划一场反抗波斯国王的叛乱,他需要隐秘地传递信息。于是他将一名奴隶的头发剃光,在头皮上写下信息,等奴隶的头发重新长出来时就派他出去送信,对方只需再一次剃光奴隶的头发就可获取信息。除了奴隶的头皮外,兔子的腹部也是一个传递信息的优良载体。这个方法在当时应该算是最先进的加密手段了。不过缺点就是要找一个头发长得快的,还不能让他洗头。

公元前480年,波斯国王薛西斯一世亲率30万大军征战希腊。战前,一个被流放的希腊人Demaratus想方设法给斯巴达报信。他使用的是一种书写板,去掉书写板上的蜡,将消息写在木板上,再用蜡覆盖。据说是斯巴达国王的妻子通过占卜,预言出蜡的背后有东西,他们得到这块木板后将蜡刮掉,得知了波斯的阴谋,从而在温泉关布置防御,抵抗了波斯大军的入侵。温泉关之战是人类史上最残酷的战争之一,在电影《斯巴达300勇士》里有详细描述。

传递隐秘信息的方法多不胜数,如文字游戏、藏头诗、电影《风声》中那件绣有摩斯密码的旗袍等。简单地改变某些字母的高度、在特定字上打十分微小的孔、用特殊墨水标记字母及改变行间距等方法都曾被用来传递这些信息。

隐写术可以分为语言隐写术和技术隐写术两种。

**1. 语言隐写术**

语言隐写术与密码编码学关系比较密切,它主要提供两种方法:符号码和公开代码。

符号码是以可见的方式(如手写体字或图形)隐藏秘密的书写。在书或报纸上标记所选择的字母,如用点或短画线,这比上述方法更容易被人怀疑,除非使用显隐墨水,但此方法易于实现。一种变形的应用是降低所关心的字母,使其水平位置略低于其他字母,这种降低几乎让人觉察不到。

一份秘密的信件或伪装的消息要通过公开信道传送，需要双方事前的约定，也就是需要一种公开代码。这可能是保密技术的最古老形式，公开文献中经常可以看到。东方和远东的商人和赌徒在这方面有独到之处，他们非常熟练地掌握了手势和表情的应用。在美国的纸牌骗子中较为盛行的方法有：手拿一支烟或用手挠一下头，表示所持的牌不错；一只手放在胸前并且跷起大拇指，意思是"我将赢得这局，有人愿意跟我吗?"；右手手掌朝下放在桌子上，表示"是"，手握成拳头表示"不"。

特定行业或社会阶层经常使用的语言往往称为行话。一些乞丐、流浪汉和地痞流氓使用的语言还称为黑话，它们是这些社会群体的护身符。其实这也是利用了伪装，伪装的秘密因此也称为专门隐语。

黑社会犯罪团伙使用的语言特别具有隐语的特性，法语中黑话有很多例子，其中有的现在还成了通俗用法。例如，Rossignol（夜莺）表示"万能钥匙"；Mouche（飞行）表示"告密者"等。

第二次世界大战中，印第安纳瓦约土著语言被美军用作密码，从吴宇森导演的电影《风语者》中能窥其一二。所谓风语者，是指第二次世界大战时期美军特别征募的印第安纳瓦约通信兵。在第二次世界大战的太平洋战场上，美国海军军部让北墨西哥和亚利桑那印第安纳瓦约族人使用纳瓦约语进行情报传递。纳瓦约语的语法、音调及词汇都极为独特，不为世人所知，当时纳瓦约族人以外的美国人中，能听懂这种语言的也就一二十人。这是密码学和语言学的成功结合，纳瓦约语密码成为历史上从未被破译的密码。

公开代码的第 2 种类型就是利用虚码和漏格进行隐藏，隐藏消息的规则比较常见：某个特定字符后的第几个字符，如空格后的下一个字母；更好一点的还有空格后的第 3 个字母，或者标点符号后的第 3 个字母。

漏格方法可以追溯到卡尔达诺（Cardano，1550 年）时代，这是一种容易掌握的方法，但不足之处是双方需要相同的漏格，特别是战场上的士兵，使用时不太方便。

藏头诗也是语言隐写术的一种形式，它有 3 种形式：一是首联与中二联六句皆言所寓之景，而不点破题意，直到结联才点出主题；二是将诗句头一字暗藏于末一字中；三是将所说之事分藏于诗句之首。现在常见的是第 3 种形式，每句的第 1 个字连起来读，可以传达作者的某种特有思想。同时，藏头诗是一种特殊形式的诗体，它以每句诗的头一个字嵌入要表达的内容中的一个字。全诗的每句中头一个字又组成一个完整的人名、地名、企业名或一句祝福。藏头诗涵义深、品位高、价值重，可谓一字千金。

例如，《水浒传》中梁山为了拉卢俊义入伙，便生出一段"吴用智取玉麒麟"的故事来，利用卢俊义正为躲避"血光之灾"的惶恐心理，口占 4 句卦歌："芦花丛中一扁舟，俊杰俄从此地游。义士若能知此理，反躬难逃可无忧。"暗藏"卢俊义反"4 字，广为传播，成了官府治罪的证据，终于把卢俊义"逼"上了梁山。

当然，藏头诗和其他文学形式一样，如果使用不当，也会带来不必要的麻烦。2004 年 11 月 15 日，便民眼镜城在《迁安时讯》上登载由自己提供广告词的广告，其内容为："便民诚信规模大，民心所向送光明。伟业不亢又不卑，大胆创新非昔比。"广告词的每句话在报上上下排列，4 句的首字连起来是"便民伟大"，最后一字连起来是"大明卑比（鄙）"。该广告刊载后被大明眼镜有限公司告上法庭。法院审理认为，便民眼镜城公开抬高自己贬低他人，损害了大明眼镜有限公司的名誉，属于违法行为。鉴于被告存在主观故意过错，判决便民眼镜城在

《迁安时讯》上为大明眼镜有限公司恢复名誉,并赔礼道歉。

**2. 技术隐写术**

在传统的隐蔽通信中,信鸽传书、隐形墨水、缩微摄影等都曾是非常重要的信息隐藏技术手段,也不乏许多成功的应用实例。例如,用隐形墨水在报纸上标记确定的字母实现情报密传;通过在乐谱的确定位置增加不明显的回声向间谍发送信息。近代又发明了很多方法用于隐蔽通信的应用技术,包括高分辨率缩微胶片、流星余迹散射通信、语义编码等。前几种方法多用于军事,使敌人难以检测和干扰通信信号,而语义编码则是用非文字的东西表示文字消息内容实现秘密通信,如把手表指针定位在不同位置表示不同的含义,或以图画、乐谱等表示确定的语义。这些近代的隐写技术在隐蔽通信中也发挥了很重要的作用。

随着数字化技术的兴起与Internet的普及,人们开始用现代技术对原始的隐写术进行数字仿真,这也为隐写术的发展提供了另一片广阔的天地,隐蔽通信与知识产权保护两大应用需求使信息隐藏这种古老艺术在当今数字时代得以复兴。

2001年年初,美国各大媒体,包括CNN、ABC及FOX News等相继报道本·拉登恐怖组织可能用隐写工具传递了与恐怖活动有关的秘密信息。另有报道指出,一些著名网站(如eBay和Amazon等)已成为传播隐写信息的渠道。目前Internet上已经出现了很多隐写系统,大部分是业余爱好者研究出来的,而其他一些则是公司的产品。

在人们不断增强的信息安全需求的驱动下,作为隐蔽通信、版权保护、证件防伪等的重要手段,包括隐写术在内的信息隐藏技术得以快速发展,迅速成为国际的研究热点,世界各国,尤其是发达国家都非常重视其理论和算法研究,并为此投入了大量的人力物力。国外众多知名研究机构,如麻省理工学院的多媒体实验室、剑桥大学的多媒体实验室、IBM数字实验室、德国国家信息技术研究中心、日本NEC等,都在从事这一领域的研究。有关这一领域的论文也呈现出一种几何级数增长趋势,电气与电子工程师协会(Institute of Electrical and Electronics Engineers,IEEE)分别于1998年和1999年出版了两个关于隐写术和数字水印方面的专集。

国家"863计划""973计划"、国家自然科学基金等都对信息隐藏领域的研究有项目资金支持。国内已有不少研究机构及大学正在从事隐写术和数字水印方面的研究。1999年年底在北京电子技术应用研究所召开了"第一届全国信息隐藏研讨会(CIHW)",至今该研讨会已举办多届。

对隐写术而言,相对于其他的技术指标,隐写术最强调的就是隐蔽性,其次是容量。人们对隐写术进行研究的目标就是找到更好的能够隐藏更多信息且不被发觉的算法。因此,一个成功的隐写术算法首先应该具有很高的安全性,同时可以隐藏很多的信息。

根据信息载体的不同,隐写术的应用可分为隐写术在文本中的应用、隐写术在图像中的应用、隐写术在音频中的应用等。

隐写术在文本中的应用就是将所传达的秘密信息嵌入一篇看似普通的文本中,从而达到信息隐藏的效果。随着网络技术的发展,越来越多的网络应用要求对通信内容加密,隐写术也逐渐应用到网络中的传输文本中来。目前基于文本的隐藏技术包括映射、词(词组)替换、行编码、字编码和字符特征编码等。其中,映射的思想是将待嵌入信息按一定的规则与语言空间的元素相对应;词(词组)替换是根据待嵌入信息和预先确定的对应关系将文档内容中的词(或词组)用其他不影响意义表达的词(或词组,如同义词、近义词等)替换;行编码、字编码分别通过行的垂直移动和字的水平移动表达信息；字符特征编码利用字符特征信息，如对 b，d，h，k 等字符的垂直线的长度稍作修改，达到隐藏的目的。最近业界又提出了基于标点的隐写技术，即在标点全角和半角之分的基础上，用 0 代表全角标点，1 代表半角标点，将所传达的信息用其表示。

隐写术在图像中的应用就是利用图像这种载体源本身所具有的数据冗余，以及人类感官器官的生理、心理特性，将秘密消息以一定的编码或加密方式嵌入公开的图像，对载有秘密信息的图像进行传输，以达到隐蔽通信的目的。随着数字图像的广泛使用，以数字图像为载体的情况不断增多。Internet 上的每个网站中都存在着数字图像，所以数字图像也成为最有效的隐藏信息的载体。基于图像的信息隐藏算法也层出不穷，包括时空域算法、变换域算法和压缩域算法，现在又出现了频率域算法。时空域算法是将秘密信息嵌入载体的时间或空间域中，其特点是易于实现和隐藏容量大，但其稳健性较差，适用于隐蔽通信。变换域算法是将秘密消息嵌入数字作品的某一变换域中。压缩域算法主要应用于 JPEG 图像的压缩隐写。

隐写术在音频中的应用就是利用音频中载体源本身所具有的数据冗余，对加密数据进行编码或加密前嵌入公开的音频文件，然后进行传输，达到隐蔽通信的目的。众所周知，人们对于相同频率的音频的敏感度有很大的差异，所以利用隐写术在音频中编码不是那么容易。人们的听觉系统中存在一个听觉阈值电平，低于这个电平的信号就听不到。听觉阈值的大小随声音频率的改变而改变，每个人的听觉阈值也不同，大多数人的听觉系统对 2～5kHz 的声音最敏感。一个人是否能听到声音取决于声音的频率及声音的强度是否大于频率对应的听觉阈值，因此人类听觉系统是一个动态系统。根据这一特性，将秘密信息隐藏于较弱的音频中，也就是说在某一强度之上的声音人能听到，这一强度之下的声音人就不能听到。因此，可以将相应的时间轴上的信号转换到音频轴上，计算出各频率的强度，然后将秘密信息嵌入比这些频率强度低的各频率中去。

微博上传照片也会暗藏“隐写”信息。你是否已习惯随手将好玩的照片上传到微博？这个习惯并不好。因为用数码相机或手机拍下的任何一张照片，其实也像一幅用隐写术处理过的图片一样，本身会携带大量信息，也就是通常所说的可交换图像文件（Exchangeable Image File，EXIF）信息。这些数据中包含了相机型号、快门速度等诸多摄像参数，有的还记录了照片拍摄日期。不止这些，尤其是 iPhone 和 Android 手机所配的摄像头还会存储照片拍摄地点的定位信息。这就意味着，凭着这张照片，任何人都可以轻而易举地获得你的住址和电话。

近几年来，隐写术领域已经成为信息安全的焦点。每个 Web 站点都依赖多媒体，如音频、视频和图像。隐写术这项技术可以将秘密信息嵌入数字媒介中而不损坏它的载体的质量。第三方觉察不到秘密信息的存在。因此，密钥、数字签名和私密信息都可以在开放的环境（如 Internet）中安全地传送。所以，在这个信息时代，不是只有间谍或反间谍才需要了解隐写术，计算机使用者最起码也该了解一下，如何才能保护自己的隐私。

### 4.1.3 转轮密码机

20 世纪 20 年代，随着机械和机电技术的成熟，以及电报和无线电需求的出现，引起了密码设备方面的一场革命——发明了转轮密码机（简称转轮机，Rotor），转轮机的出现是密码学发展的重要标志之一。

在第二次世界大战中,转轮密码机的使用相当普遍。它主要利用机械运动和简单电子线路,有一个键盘和若干转轮,实际上它是维吉尼亚密码的一种实现。每个转轮由绝缘的圆形胶板组成,胶板正反两面边缘线上有金属凸块,每个金属凸块上标有字母,字母的位置相互对齐。胶板正反两面的字母用金属连线接通,形成一种置换运算。不同的转轮固定在一个同心轴上,它们可以独立自由转动,每个转轮可选取一定的转动速度。例如,一个转轮可能被导线连通,完成用F代替A,用U代替B,用L代替C等。

为了防止密码分析,有的转轮密码机还在每个转轮上设定不同的位置号,使转轮的位置、转轮的数量、转轮上的齿轮结合起来,增大机器的周期。

最著名的转轮密码机是德国人谢尔比乌斯设计的"恩尼格玛"密码机和瑞典人哈格林设计的"哈格林"密码机(美国军方称为M-209)。

**1. "恩尼格玛"密码机**

德国人使用的"恩尼格玛"密码机共有5个转轮,可选择3个使用。如图4.2所示,转轮机中设计的一块插板和一个反射轮可对一个明文字母操作两次。另一个特点是转轮由齿轮控制,以形成不规则进位。

图4.2 "恩尼格玛"密码机

"恩尼格玛"密码机的加密原理是键盘一共有26个键,键盘排列与广为使用的计算机键盘基本一样,只不过为了使通信尽量短和难以破译,空格、数字和标点符号都被取消,只有字母键。键盘上方是显示器,这不是普通意义上的屏幕显示器,而是标示了同样字母的26个小灯泡,当键盘上的某个键被按下时,和这个字母被加密后的密文字母所对应的小灯泡就亮起来,这是一种近乎原始的"显示"。在显示器的上方是3个直径为6cm的转子,它们的主要部分隐藏在面板下,转子才是"恩尼格玛"密码机最核心关键的部分。如果转子的作用仅仅是把一个字母换成另一个字母,那就是密码学中所说的"简单替换密码",而在公元9世纪,阿拉伯的密码破译专家就已经能够娴熟地运用统计字母出现频率的方法破译简单替换密码,柯南·道尔在他著名的《福尔摩斯探案集:跳舞的小人》中就非常详细地叙述了福尔摩斯使用频率统计法破译跳舞人形密码(也就是简单替换密码)的过程。之所以叫"转子",是因为它会转,这就是关键。当按下键盘上的一个字母键,相应加密后的字母在显示器上通过灯泡闪亮来显示,而转子就自动地转动一个字母的位置。举例来说,当第1次输入A,灯泡B亮,转子转动一格,各字母所对应的密码就改变了。第2次再输入A时,它所对应的字母就可能变成了C。同样地,第3次输入A时,又可能是灯泡D亮了。这就是它难以被破译的关键所在,它不是一种简单替换密码。同一个字母在明文的不同位置时,可以被不同的字母替换,而密文中不同位置的同一个字母又可以代表明文中的不同字母,字母频率分析法在这里丝毫无用武之地了。这种加密方式在密码学上称为"复式替换密码"。

但是,如果连续输入26个字母,转子就会整整转一圈,回到原始的方向上,这时编码就和最初重复了。而在加密过程中,重复的现象很可能就是最大的破绽,因为这可以使破译密码的人从中发现规律。于是“恩尼格玛”密码机又增加了一个转子，当第 1 个转子转动整整一圈以后，它上面有一个齿轮拨动第 2 个转子，使它的方向转动一个字母的位置。假设第 1 个转子已经整整转了一圈，按 A 键时显示器上 D 灯泡亮；当放开 A 键时第 1 个转子上的齿轮也带动第 2 个转子同时转动一格，于是第 2 次输入 A 时，加密的字母可能为 E；再次放开 A 键时，就只有第 1 个转子转动了，于是第 3 次输入 A 时，加密的字母就可能是 F 了。

因此，只有在 26×26＝676 个字母后才会重复原来的编码。而事实上“恩尼格玛”密码机有 3 个转子(第二次世界大战后期德国海军使用的“恩尼格玛”密码机甚至有 4 个转子)，那么重复的概率就达到 26×26×26＝17 576 个字母之后。在此基础上，谢尔比乌斯十分巧妙地在 3 个转子的一端加上了一个反射器，把键盘和显示器中的相同字母用电线连在一起。反射器和转子一样，把某个字母连在另一个字母上，但是它并不转动。乍一看这么一个固定的反射器好像没什么用处，它并不增加可以使用的编码数目，但是把它和解码联系起来就会看出这种设计的别具匠心了。当一个键被按下时，信号不是直接从键盘传到显示器，而是首先通过 3 个转子连成的一条线路，然后经过反射器再回到 3 个转子，通过另一条线路到达显示器。例如，图 4.2 中 A 键被按下时，亮的是 D 灯泡。如果这时按的不是 A 键而是 D 键，那么信号恰好按照上面 A 键被按下时的相反方向通行，最后到达 A 灯泡。换句话说，在这种设计下，反射器虽然没有像转子那样增加不重复的方向，但是它可以使解码过程完全重现编码过程。

使用“恩尼格玛”密码机通信时，发信人首先要调节 3 个转子的方向(而这个转子的初始方向就是密匙，是收发双方必须预先约定好的)，然后依次输入明文，并把显示器上灯泡闪亮的字母依次记下来，最后把记录下的字母按照顺序用正常的电报方式发送出去。收信方收到电文后，只要也使用一台“恩尼格玛”密码机，按照原来的约定把转子调整到和发信方相同的初始方向上，然后依次输入收到的密文，显示器上自动闪亮的字母就是明文了。加密和解密的过程完全一样，这就是反射器的作用。反射器的一个副作用就是一个字母永远也不会被加密成它自己，因为反射器中一个字母总是被连接到另一个不同的字母。

“恩尼格玛”密码机加密的关键就在于转子的初始方向。当然，如果敌人收到了完整的密文，还是可以通过不断试验转动转子方向找到这个密匙，特别是如果破译者同时使用许多台机器进行这项工作，那么所需要的时间就会大大缩短。可以通过增加转子的数量应对这种“暴力破译法”，因为只要每增加一个转子，试验的数量就成为原来的 26 倍。不过由于增加转子就会增加机器的体积和成本，密码机又是需要便于携带的，而不是一个带有几十个甚至上百个转子的庞然大物。那么方法也很简单，“恩尼格玛”密码机的 3 个转子是可以拆卸下来并互相交换位置的，这样一来初始方向的可能性一下就变为原来的 6 倍。假设 3 个转子的编号为 1，2，3，那么它们可以被设成 123，132，213，231，312，321 这 6 种不同的排列位置，当然收发密文的双方除了要约定转子自身的初始方向外，还要约好这 6 种排列中的一种。

除了转子方向和排列位置外，“恩尼格玛”密码机还有一道保障安全的关卡。在键盘和第 1 个转子之间有一块连接板，通过这块连接板可以用一根连线把某个字母和另一个字母连接起来，这样这个字母的信号在进入转子之前就会转变为另一个字母的信号。这种连线最多可以有 6 根(后期的“恩尼格玛”密码机甚至达到 10 根连线)，这样就可以使 6 对字母的信号两两互换，其他没有插上连线的字母则保持不变。当然，连接板上的连线状况也是收发双方预先约定好的。

这样,转子的初始方向、转子之间的相互位置及连接板的连线状况就组成了“恩尼格玛”密码机3道牢不可破的保密防线,其中连接板是一个简单替换密码系统,而不停转动的转子虽然数量不多,却是点睛之笔,使整个系统变成了复式替换系统。连接板虽然只是简单替换,却能使可能性数目大大增加,在转子的复式作用下进一步加强了保密性。下面来算一算经过这样处理,要想通过“暴力破解法”还原明文,需要试验多少种可能性。

(1) 3个转子不同的方向组成了 26×26×26=17 576 种可能性。

(2) 3个转子间不同的相对位置为6种可能性。

(3) 连接板上两两交换6对字母的可能性则是异常庞大的,有100 391 791 500种。

于是一共有17 576×6×100 391 791 500,其结果大约为10 000 000 000 000 000,即一亿亿种可能性。这样数量庞大的可能性,换言之,即便能动员大量的人力物力,要想靠“暴力破解法”逐一试验,那几乎是不可能的。而收发双方则只要按照约定的转子方向、转子位置和连接板连线状况,就可以非常轻松简单地进行通信了。这就是“恩尼格玛”密码机的保密原理。

德国海军是德国第1支使用“恩尼格玛”密码机的部队。海军型号从1925年开始生产,于1926年开始使用。到了1928年7月15日,德国陆军已经有了他们自己的“恩尼格玛”密码机,即“恩尼格玛G型”密码机,它在1930年6月经过改进成为“恩尼格玛I型”密码机。1930年,德国陆军建议海军采用他们的“恩尼格玛”密码机,他们说(有接线板的)陆军版安全性更高,并且各军种之间的通信也会变得简单。海军最终同意了陆军的提议,并且在1934年启用了陆军用“恩尼格玛”密码机的海军改型,代号为M3。当陆军仍然在使用3转子“恩尼格玛”密码机时,海军为了提高安全性可能要开始使用5个转子了。1938年12月,陆军又为每台“恩尼格玛”密码机配备了两个转子,这样操作员就可以从一套5个转子中随意选择3个使用。同样,在1938年,德国海军也加了两个转子,1939年又加了一个,所以操作员可以从一套8个转子中选择3个使用。1935年8月,德国空军也开始使用“恩尼格玛”密码机。1942年2月1日,海军为U型潜艇配备了一种4转子“恩尼格玛”密码机,代号为M4,在第二次世界大战结束以后,盟军认为这些机器仍然很安全,于是将缴获的“恩尼格玛”密码机卖给了发展中国家。

**2. “哈格林”密码机**

瑞典的哈格林研制出了“哈格林”密码机。它有6个鼓轮转盘,可以产生101 405 850个加密字母而不重复一次,这个数字要比有5个密钥转盘的密码机大10倍。哈格林带着这项设计图纸和样机,远赴美国推销,得到了美国军方的肯定,一下子就订购了14万部装备各通信机构,美国谍报机关也把它称为M-209转换机。

图4.3 M-209转换机

M-209转换机如图4.3所示,由Smith-Corona公司负责为美国陆军生产,曾装备美军师到营级部队。M-209是第二次世界大战中美军的主要加密设备,在朝鲜战争期间还在使用。M-209转换机增加了一个有26个齿的密钥轮,共由6个共轴转轮组成，每个转轮外边缘分别有 17，19，21，23，25，26 个齿，它们互为素数，从而使它的密码周期达到了 $26\times25\times23\times21\times19\times17=101\ 405\ 850$。

**3. TYPEX 密码机**

英国的 TYPEX 密码机是德国 3 转子“恩尼格玛”密码机的改进型，它增加了两个转子使破译更加困难，在英军通信中使用广泛，并帮助英军破译了德军信号。

**4. 破译机**

1940 年 7 月，德国空军司令戈林下达一项绝密命令：“尽快准备大规模空袭英国，进而派遣陆海军攻占英国。”但是，英国首相丘吉尔却出人意料地对此做出了迅速反应，他向全世界宣告：“英国将在海滩上，乃至城市的街道中抗击并打击德国人。”戈林大为吃惊，他不知道如此高度的机密怎么会如此迅速地被英国人获悉。这个疯狂的纳粹头子当然也想不到，在英国海滨一个叫作“布雷契莱”的小庄园里，有一支当时世界上技术力量最强大的破译机构，还有一台当时最为先进的电子破译机。

1943 年年底，布雷契莱庄园又运来了一台可以任意编写程序的电子计算机，它的信息储存容量很大，不仅能够用来破译德国“西门子”保密电传打字机的密码，而且破译速度也大大快于以前的破译机。美国最早的破译密码机构是在 1917 年成立的，代号为 MI8，也叫作“黑房间”。第二次世界大战时，日本海军联合舰队司令官山本五十六率领的日本海军把美国海军打得节节败退。这时山本五十六又密令对中途岛的美国舰队实施一次毁灭性打击，这封密码电报被设在珍珠港的一个戒备森严的地下室中的美国海军作战情报团截获，情报官罗彻福特开动了一台 IBM 密码破译机，把日本海军有 45 000 个码组和 50 000 个加密码组的 JN25 密码输入 IBM 破译机中，经过运算，把这份破译的情报记录在穿空卡上，情报内容是“大日本海军将袭击 AF”。罗彻福特不知道 AF 是指何地，但他分析很可能是指中途岛，为了证实这一点，他要了一个花招，让美国在中途岛上的驻军用已经被日本人暗中破译的密码（这一点美军已知道，但依然佯装不知）拍发了一条中途岛缺少淡水的电文。果然在两天后，日本海军总部向各舰队发出了一封电报，罗彻福特赶忙把这条截获的电文立即输入 IBM 破译机，破译出来的情报是：“AF 缺少淡水，有利我军偷袭”。几天后，美国空军出其不意地起飞“地狱式”俯冲轰炸机，把几千磅等级的大量炸弹倾泻到日本正准备突袭中途岛的军舰上，一举炸沉了 4 艘主力航空母舰，使日本海军陷于瘫痪。一年后，美国太平洋舰队驻夏威夷密码破译部队同样使用这台 IBM 破译机，又截获并破译了山本五十六将对所属海军舰队进行秘密视察的电文，当山本五十六的座机飞上天空时，14 架美国“闪电式”战斗机突然出现在山本五十六的座机周围，发射出密集的炮火，炸掉了机翼，山本五十六的座机一头栽进丛林。

破译密码也并非只靠破译机，关键是有了先进的破译机，操纵破译机的人员还须拥有较高的智慧和极其清晰的头脑，根据具体的截获电波，运用合理的程序和方法进行多渠道的破译试验。例如，有的密码密钥量很多，保密性和保密时间也很高、很长。这就好比找钥匙开锁，从 10 万把各不相同的钥匙中找出一把合适的开锁钥匙，所花的时间要很多很多，而且对开锁成功也没有完全把握。根据现代密码的一般情况，战术保密级的密码最低的密钥量为 $10^6$，假定破译机的破译速度（换密钥的速度）为每秒 1 次，那么需要 6 个昼夜才有可能破译这一密码。而战略保密级的密码最低的密钥量为 $10^{30}$，假定破译机的破译速度为每秒 1 亿次，那么也需要用 100 万亿年才能将它破译。因此，破译密码就不能把截获的电波不用任何变通方法便输到破译机中去进行按部就班的换密钥运用,而应当像罗彻福特那样采用一些巧妙的方法快速准确地破译敌方电文。



古典密码的发展已有悠久的历史,尽管这些密码大都比较简单,但在今天仍有广泛的使用。

### 4.1.4 现代密码(计算机阶段)

密码成为一门新的学科是在20世纪70年代,这是受计算机科学蓬勃发展刺激和推动的结果。快速电子计算机和现代数学方法,一方面为加密技术提供了新的概念和工具;另一方面也给破译者提供了有力武器。计算机和电子学时代的到来给密码设计者带来了前所未有的自由,他们可以摆脱原先用铅笔和纸进行手工设计时易犯的错误,也不用再负担用电子机械方式实现的密码机的高额费用。总之,利用电子计算机可以设计更为复杂的密码系统。

1949年,美国数学家、信息论的创始人克劳德·香农发表了《保密系统的信息理论》一文,文中提出的主要观点是数据安全基于密钥而不是算法的保密,它标志着密码学阶段的开始。同时以这篇文章为标志的信息论为对称密钥密码系统建立了理论基础,从此密码学成为一门科学。由于保密的需要,这时人们基本上看不到关于密码学的文献和资料,平常人们是接触不到密码的。1967年,David Kahn出版了一本名为《破译者》的小说,使人们知道了密码学。20世纪70年代初期,IBM公司发表了有关密码学的几篇技术报告,从而使更多的人了解了密码学的存在。但科学理论的产生并没有使密码学失去艺术的一面,如今,密码学仍是一门具有艺术性的科学。

1976年,Diffie和Hellman发表了《密码学的新方向》一文,首次证明了在发送端和接收端不需要传输密钥保密通信的可能性,文中提出的主要观点是公钥密码使发送端和接收端无密钥传输的保密通信成为可能,从而开创了公钥密码学的新纪元。受他们的思想启迪,各种公钥密码体制被提出。该文也成为区分古典密码和现代密码的标志。1978年,RSA(Rivest-Shamir-Adleman)公钥密码体制出现,成为公钥密码的杰出代表,并成为事实标准,在密码学史上是一个里程碑。可以这么说:"没有公钥密码的研究就没有近代密码学"。同年,美国国家标准局,即现在的美国国家标准与技术研究所(National Institute of Standards and Technology,NIST)正式公布实施了美国的数据加密标准(Data Encryption Standard,DES),公开它的加密算法,并被批准用于政府等非机密单位和商业上的保密通信。上述两篇重要的论文和美国数据加密标准的实施,标志着密码学理论与技术的划时代的革命性变革,宣布了近代密码学的开始。

近代密码学与计算机技术、电子通信技术紧密相关。在这一阶段,密码理论蓬勃发展,密码算法设计与分析互相促进,出现了大量的密码算法和各种攻击方法。另外,密码使用的范围也在不断扩张,而且出现了许多通用的加密标准,促进了网络和技术的发展。

现在,由于现实生活的实际需要和计算机技术的进步,密码学有了突飞猛进的发展,密码学研究领域出现了许多新的课题和方向。例如,在分组密码领域,由于DES已经无法满足高保密性的要求,美国于1997年1月开始征集新一代数据加密标准,即高级数据加密标准(Advanced Encryption Standard,AES)。目前,AES的征集已经选择了比利时密码学家所设计的Rijndael算法作为标准草案,并正在对Rijndael算法做进一步评估。AES征集活动使国际密码学界又掀起了一次分组密码研究高潮。同时，在公开密钥密码领域，椭圆曲线密码体制由于其安全性高、计算速度快等优点引起了人们的普遍关注，许多公司与科研机构都投入对椭圆曲线密码的研究当中。目前，椭圆曲线密码已经被列入一些标准中作为推荐算法。另外，由于嵌入式系统的发展和智能卡的应用，这些设备由于系统本身资源的限制，要求所使用的密码算法以较小的资源快速实现，这样公开密钥密码的快速实现成为一个新的研究热点。随着其他技术的发展，一些具有潜在密码应用价值的技术也逐渐得到了密码学家极大的重视，出现了一些新的密码技术，如混沌密码、量子密码等，这些新的密码技术正在逐步走向实用化。

### 4.1.5 密码学在网络信息安全中的作用

在现实世界中，安全是一个相当简单的概念。例如，房子门窗上要安装足够坚固的锁以阻止窃贼的闯入；安装报警器是阻止入侵者破门而入的进一步措施；当有人想从他人的银行账户上骗取钱款时，出纳员要求其出示相关身份证明也是为了保证存款安全；签署商业合同时，需要双方在合同上签名以产生法律效力也是保证合同的实施安全。

在数字世界中，安全以类似的方式工作着。机密性就像大门上的锁，它可以阻止非法者闯入用户的文件夹读取用户的敏感数据或盗取钱财(如信用卡号或网上证券账户信息)。数据完整性提供了一种当某些内容被修改时可以使用户得知的机制，相当于报警器。通过认证，可以验证实体的身份，就像从银行取钱时需要用户提供合法的身份(ID)一样。基于密码体制的数字签名具有防否认功能，同样有法律效力，可使人们遵守数字领域的承诺。

以上思想是密码技术在保护信息安全方面所起作用的具体体现。密码是一门古老的技术，但自密码技术诞生直至第二次世界大战结束，对于公众而言，密码技术始终处于一种未知的保密状态，常与军事、机要、间谍等工作联系在一起，让人在感到神秘之余，又有几分畏惧。信息技术的迅速发展改变了这一切。随着计算机和通信技术的迅猛发展，大量的敏感信息常通过公共通信设施或计算机网络进行交换，特别是 Internet 的广泛应用、电子商务和电子政务的迅速发展，越来越多的个人信息需要严格保密，如银行账号、个人隐私等。正是这种对信息的机密性和真实性的需求，密码学才逐渐揭去了神秘的面纱，走进公众的日常生活中。

密码技术是实现网络信息安全的核心技术，是保护数据最重要的工具之一。通过加密变换，将可读的文件变换成不可理解的乱码，从而起到保护信息和数据的作用。它直接支持机密性、完整性和非否认性。当前信息安全的主流技术和理论都是基于以算法复杂性理论为特征的现代密码学。从 Diffie 和 Hellman 发起密码学革命起，该领域最近几十年的发展表明，信息安全技术的一个创新点是信息安全的编译码理论和方法的深入研究，这方面具有代表性的工作有数据加密标准、高级加密标准(AES)、RSA 算法、椭圆曲线密码(Elliptic Curve Cryptography，ECC)算法、国际数据加密算法(International Data Encryption Algorithm，IDEA)、优良保密协议(Pretty Good Privacy，PGP)系统等。

今天，在计算机被广泛应用的信息时代，由于计算机网络技术的迅速发展，大量信息以数字形式存放在计算机系统中，信息的传输则通过公共信道。这些计算机系统和公共信道在不设防的情况下是很脆弱的，容易受到攻击和破坏，信息的失窃不容易被发现，而后果可能是极其严重的。如何保护信息的安全已成为许多人感兴趣的迫切话题，作为网络安全基础理论之一的密码学引起人们的极大关注,吸引着越来越多的科技人员投入密码学领域的研究之中。

尽管在网络信息安全中具有举足轻重的作用,但密码学绝不是确保网络信息安全的唯一工具,它也不能解决所有的安全问题。同时,密码编码与密码分析是一对矛与盾的关系,它们在发展中始终处于一种动态的平衡。在网络信息安全领域,除了技术之外,管理也是一个非常重要的方面。如果密码技术使用不当,或者攻击者绕过了密码技术的使用,就不可能提供真正的安全性。

视频讲解

# 4.2 密码学基础

## 4.2.1 密码学相关概念

密码学(Cryptology)作为数学的一个分支,是密码编码学和密码分析学的统称。或许与最早的密码起源于古希腊有关,cryptology 这个词来源于希腊语,crypto 是隐藏、秘密的意思,logo 是单词的意思,grapho 是书写、写法的意思,cryptography 就是"如何秘密地书写单词"。

使消息保密的技术和科学叫作密码编码学(Cryptography)。密码编码学是密码体制的设计学,即怎样编码,采用什么样的密码体制以保证信息被安全地加密。从事此行业的人员称为密码编码者(Cryptographer)。与之相对应,密码分析学(Cryptanalysis)就是破译密文的科学和技术。密码分析学是在未知密钥的情况下从密文推演出明文或密钥的技术。密码分析者(Cryptanalyst)是从事密码分析的专业人员。

在密码学中,有一个五元组:明文、密文、密钥、加密算法、解密算法,对应的加密方案称为密码体制(或密码)。

- 明文:作为加密输入的原始信息,即消息的原始形式,通常用 $m$ 或 $p$ 表示。所有可能明文的有限集称为明文空间,通常用 $M$ 或 $P$ 表示。
- 密文:明文经加密变换后的结果,即消息被加密处理后的形式,通常用 $c$ 表示。所有可能密文的有限集称为密文空间,通常用 $C$ 表示。
- 密钥:参与密码变换的参数,通常用 $k$ 表示。一切可能的密钥构成的有限集称为密钥空间,通常用 $K$ 表示。
- 加密算法:将明文变换为密文的变换函数,相应的变换过程称为加密,即编码的过程(通常用 $E$ 表示,即 $c=E_k(p)$)。
- 解密算法:将密文恢复为明文的变换函数,相应的变换过程称为解密,即解码的过程(通常用 $D$ 表示,即 $p=D_k(c)$)。

对于有实用意义的密码体制,总是要求它满足 $p=D_k((E_k(p))$,即用加密算法得到的密文总是能用一定的解密算法恢复出原始的明文。而密文消息的获取同时依赖于初始明文和密钥的值。

根据密码分析者对明文、密文等信息掌握的多少,可将密码分析分为以下 5 种情形。

**1. 唯密文攻击(Ciphertext Only)**

对于这种形式的密码分析,破译者已知的东西只有两样:加密算法、待破译的密文。

**2. 已知明文攻击(Known Plaintext)**

在已知明文攻击中,破译者已知的东西包括加密算法和经密钥加密形成的一个或多个明文-密文对,即知道一定数量的密文和对应的明文。

**3. 选择明文攻击(Chosen Plaintext)**

选择明文攻击的破译者除了知道加密算法外,还可以选定明文消息,并可以知道对应的加密得到的密文,即知道选择的明文和对应的密文。例如,公钥密码体制中,攻击者可以利用公钥加密任意选定的明文,这种攻击就是选择明文攻击。

**4. 选择密文攻击(Chosen Ciphertext)**

与选择明文攻击相对应,破译者除了知道加密算法外,还知道包括自己选定的密文和对应的、已解密的原文,即知道选择的密文和对应的明文。

**5. 选择文本攻击(Chosen Text)**

选择文本攻击是选择明文攻击与选择密文攻击的结合。破译者已知的东西包括加密算法、由密码破译者选择的明文消息和它对应的密文,以及由密码破译者选择的猜测性密文和它对应的已破译的明文。

很明显,唯密文攻击是最困难的,因为分析者可利用的信息最少。上述攻击的强度是递增的。一个密码体制是安全的,通常是指在前 3 种攻击下的安全性,即攻击者一般容易具备进行前 3 种攻击的条件。

加密和解密算法的操作通常是在一组密钥控制下进行的,分别称为加密密钥和解密密钥。密钥未知情况下进行的解密推演过程称为破译,也称为密码分析或密码攻击。它们之间的关系如图 4.4 所示。

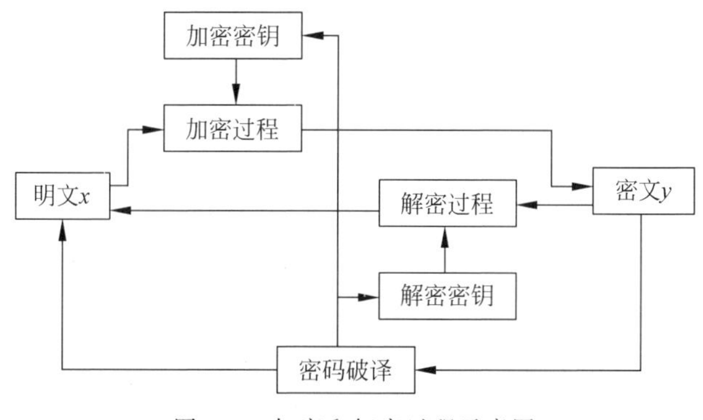


图 4.4 加密和解密过程示意图

### 4.2.2 密码系统

密码系统是用于加密和解密的系统,就是明文与加密密钥作为加密变换的输入参数,经过一定的加密变换处理以后得到输出密文,由它们所组成的一个系统。一个完整的密码系统由密码体制(包括密码算法及所有可能的明文、密文和密钥)、信源、信宿和攻击者构成。

在设计和使用密码系统时,有一个著名的"柯克霍夫原则"需要遵循,它是荷兰密码学家柯克霍夫于 1883 年在其著作《军事密码学》中提出的密码学的基本假设:密码系统中的算法即使为密码分析者所知,也对推导出明文或密钥没有帮助。也就是说,密码系统的安全性不应取决于不易被改变的事物(算法),而应只取决于可随时改变的密钥。

如果密码系统的强度依赖于攻击者不知道算法的内部机理,那么注定会失败。如果相信保持算法的内部秘密比让研究团体公开分析它更能改进密码系统的安全性,那就错了。如果认为别人不能反汇编代码和逆向设计算法,那就太天真了。最好的算法是那些已经公开的,并经过世界上最好的密码分析家们多年的攻击,却还是不能破译的算法(美国国家安全局曾对外保持他们的算法的秘密,而且有世界上最好的密码分析家在为其工作。另外,他们互相讨论他们的算法,通过反复的审查发现工作中的弱点)。

认为密码分析者不知道密码系统的算法是一种很危险的假定,因为:

(1) 密码算法在多次使用过程中难免被敌方侦察获悉;

(2) 在某个场合可能使用某类密码更合适,再加上某些设计者可能对某种密码系统有偏好等因素,敌方往往可以“猜出”所用的密码算法;

(3) 通常只要经过一些统计试验和其他测试就不难分辨出不同的密码类型。

**1. 密码系统的安全条件**

如果算法的保密性是基于保持算法的秘密,这种算法称为受限制的(Restricted)算法。受限制的算法的特点表现为:

(1) 密码分析时因为不知道算法本身,还需要对算法进行恢复;

(2) 处于保密状态的算法只为少量的用户知道,产生破译动机的用户也就更少;

(3) 不了解算法的人或组织不可用,但这样的算法不可能进行质量控制或标准化,而且要求每个用户和组织必须有自己唯一的算法。

现代密码学用密钥解决了这个问题。所有这些算法的安全性都基于密钥的安全性,而不是基于算法的安全性。这就意味着算法可以公开,也可以被分析,即使攻击者知道算法也没有关系。算法公开的优点如下。

(1) 它是评估算法安全性的唯一可用的方式。

(2) 防止算法设计者在算法中隐藏后门。

(3) 可以获得大量的实现,最终可走向低成本和高性能的实现。

(4) 有助于软件实现。

(5) 可以成为国内、国际标准。

(6) 可以大量生产使用该算法的产品。

所以,在密码学中有一条不成文的规定:密码系统的安全性只取决于密钥,通常假定算法是公开的。这就要求加密算法本身要非常安全。

评价密码体制安全性的3个途径如下。

(1) 计算安全性。计算安全性是指攻破密码体制所做的计算上的努力。如果使用最好的算法攻破一个密码体制需要至少 $N$ 次操作($N$ 为一个特定的非常大的数字),则可以定义这个密码体制是安全的。存在的问题是没有一个已知的实际密码体制在该定义下可以被证明是安全的。通常的处理办法是使用一些特定的攻击类型研究计算上的安全性,如使用穷举搜索方法。很明显,这种评价方法对于一种攻击类型安全的结论并不适用于其他种类的攻击。

(2) 可证明安全性。这种方法是将密码体制的安全性归结为某个经过深入研究的数学难题,数学难题被证明求解困难。这种评价方法存在的问题是它只说明了安全和另一个问题相关，并没有完全证明问题本身的安全性。

(3) 无条件安全性。这种评价方法考虑的是对攻击者的计算资源没有限制时的安全性。即使提供了无穷的计算资源，依然无法被攻破，则称这种密码体制是无条件安全的。

**2. 密码系统的分类**

密码系统通常有 3 种分类方式。

1) 根据明文变换到密文的操作类型

(1) 代替(Substitution)。即明文中的每个元素(位、字母、位组合或字母组合)被映射为另一个元素。该操作主要达到非线性变换的目的。

(2) 换位(Transposition)。即明文中的元素被重新排列，这是一种线性变换，对它们的基本要求是不丢失信息(即所有操作都是可逆的)。

2) 根据所用的密钥数量

(1) 单密钥加密(Single Key Cipher)。即发送者和接收者双方使用相同的密钥。该系统也称为对称加密、秘密密钥加密或常规加密。

(2) 双密钥加密(Dual Key Cipher)。即发送者和接收者各自使用一个不同的密钥，这两个密钥形成一个密钥对，其中一个可以公开，称为公钥；另一个必须由密钥持有人秘密保管，称为私钥。该系统也称为非对称加密或公钥加密。

3) 根据明文被处理的方式

(1) 分组加密(Block Cipher)。一次处理一块(组)元素的输入，对每个输入块产生一个输出块，即一个明文分组被当作一个整体产生一个等长的密文分组输出。通常使用的是 64b 或 128b 的分组大小。

(2) 流加密(Stream Cipher)。也称为序列密码，即连续地处理输入元素，并随着该过程的进行，一次产生一个元素的输出，即一次加密 1b 或 1B。

人们在分析分组密码方面做出的努力要比在分析流密码方面做出的努力多得多。一般而言，分组密码比流密码的应用范围广。绝大部分基于网络的常规加密应用都使用分组密码。

### 4.2.3 密码学的基本功能

数据加密的基本思想是通过变换信息的表示形式伪装需要保护的敏感信息，使非授权者不能了解被保护信息的内容。网络安全使用密码学辅助完成传递敏感信息的相关问题，主要包括以下几方面。

(1) 机密性。仅有发送方和指定的接收方能够理解传输的报文内容。窃听者可以截取到加密了的报文，但不能还原原来的信息，即不能获取报文内容。

(2) 鉴别。发送方和接收方都应该能证实通信过程所涉及的另一方，通信的另一方确实具有他们所声称的身份。即第三者不能冒充与你通信的对方；能对对方的身份进行鉴别。

(3) 报文完整性。即使发送方和接收方可以互相鉴别对方，但还需要确保其通信的内容在传输过程中未被改变。

(4) 不可否认性。如果收到通信对方的报文后，还要证实报文确实来自所宣称的发送方，发送方不能否认自己发送过报文。

视频讲解

## 4.3 密码体制

密码体制就是完成加密和解密功能的密码方案。密码学发展至今,已有两大类密码体制:第1类为对称密钥(单密钥)密码体制;第2类为非对称密钥(公共钥匙)密码体制。

### 4.3.1 对称密钥密码体制

对称密钥密码体制是一种传统密码体制,也称为私钥密码体制。在对称加密系统中,加密和解密采用相同的密钥。因为加、解密密钥相同,需要通信的双方必须选择和保存他们共同的密钥,各方必须信任对方不会将密钥泄露出去,这样就可以保证数据的机密性和完整性,如图4.5所示。

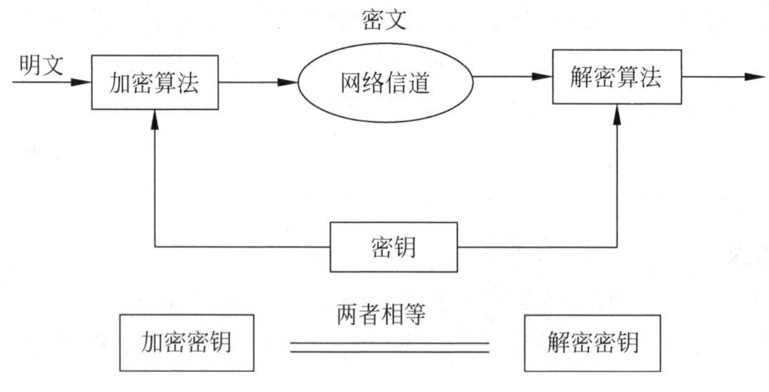


图4.5 对称密钥密码体制

比较典型的算法有DES算法及其变形三重DES(3DES)、GDES(广义DES);欧洲的国际数据加密算法(IDEA);日本的FEAL-*N*(Fast Data Enchipherment Algorithm-*N*)、RC5等。

对称密钥密码体制的安全性主要取决于以下两个因素。

(1) 加密算法必须足够安全,使得不必为算法保密,仅根据密文就能破译出消息是不可行的。

(2) 密钥的安全性。密钥必须保密并保证有足够大的密钥空间,对称密码体制要求基于密文和加密/解密算法的知识能破译出消息的做法是不可行的。

对称密码算法的优点是加密、解密处理速度快、保密度高等。

对称密码算法的缺点如下。

(1) 密钥是保密通信安全的关键,发信方必须安全、妥善地把密钥护送到收信方,不能泄露其内容,如何才能把密钥安全地送到收信方是对称密码算法的突出问题。对称密码算法的密钥分发过程十分复杂,所花代价高。

(2) 多人通信时密钥组合的数量会出现爆炸性增长,使密钥分发更加复杂化,$N$个人进行两两通信,需要的密钥数为$N(N-1)/2$个。

(3) 通信双方必须统一密钥才能发送保密的信息。如果发信方与收信方素不相识,这就无法向对方发送秘密信息了。

(4) 除了密钥管理与分发问题外,对称密码算法还存在数字签名困难问题(通信双方拥有同样的消息,接收方可以伪造签名,发送方也可以否认发送过某消息)。

## 4.3.2 常用的对称密钥算法

**1. DES(数据加密标准)**

DES是由IBM公司在1971年设计出的一个加密算法。DES在1977年被美国国家标准局采用为联邦标准之后,已成为在金融界及其他各种行业应用最广泛的对称密钥密码系统。DES是分组密码的典型代表,也是第1个被公布的标准算法。1977年,美国正式公布美国数据加密标准——DES,并广泛用于商用数据加密,算法完全公开,这在密码学史上是一个创举。尽管计算机硬件及破解密码技术的发展日新月异,若撇开DES的密钥太短,易于被使用穷举密钥搜寻法找到密钥的攻击法这个缺点不谈,目前所知攻击法,如差分攻击法或是线性攻击法,对于DES的安全性也仅仅做到了质疑的地步,并未从根本上破解DES。

DES仍是迄今为止世界上使用最广泛和流行的一种分组密码算法。美国政府已经征集评估并决定以新的数据加密标准AES取代DES,但DES对现代分组密码理论的发展和应用起到了奠基性的作用。DES是一种对二进制数据进行加密的算法。数据分组长为64位,密钥长也为64位。使用56位密钥对64位的数据块进行加密,并对64位的数据块进行16轮编码。在每轮编码时,一个48位的"每轮"密钥值由56位的完整密钥得出来。经过16轮的迭代、乘积变换、压缩变换等,输出密文也为64位。DES算法的安全性完全依赖于其所用的密钥。

DES用软件进行解码需要很长时间,而用硬件解码速度非常快,但幸运的是当时大多数黑客并没有足够的设备制造出这种硬件设备。

1977年,人们估计要耗资2000万美元才能建成一个专门计算机用于DES的解密,而且需要12个小时的破解才能得到结果,所以当时DES被认为是一种十分强壮的加密算法。

1997年开始,RSA公司发起了一个"向DES挑战"竞技赛。1997年1月,参赛者用了96天时间,成功地破解了用DES加密的一段信息;一年之后,在第2届赛事上,这一记录被改写为41天;1998年7月,"第2-2届DES挑战赛"(DES Challenge Ⅱ-2)把破解DES的时间缩短到了只需56小时;"第3届DES挑战赛"(DES Challenge Ⅲ)把破解DES的时间缩短到了只需22.5小时。

**2. AES(高级加密标准)**

AES是美国联邦政府采用的一种区块加密标准。这个标准用来替代原先的DES,已经被多方分析且广为全世界使用。经过5年的甄选流程,高级加密标准由美国国家标准与技术研究院(NIST)于2001年11月26日发布于FIPS PUB 197,并在2002年5月26日成为有效的标准。2006年,AES已然成为对称密钥加密中流行的算法之一。

AES的基本要求是采用对称分组密码体制,密钥长度的最少支持为128,192,256位,分组长度为128位,算法应易于各种硬件和软件实现。1998年,NIST开始AES第1轮分析、测试和征集,共产生了15个候选算法。1999年3月完成了第2轮AES2的分析、测试。2000年10月2日,美国政府正式宣布选中比利时密码学家Joan Daemen和Vincent Rijmen提出的一种密码算法Rijndael作为AES。

在应用方面,尽管DES在安全上是脆弱的,但由于快速DES芯片的大量生产,使DES仍能暂时继续使用,为提高安全强度,通常使用独立密钥的三级DES。但是DES迟早要被AES代替。流密码体制较分组密码在理论上成熟且安全,但未被列入下一代加密标准。

AES加密数据块分组长度必须为128位,密钥长度可以是128,192,256位中的任意一个(如果数据块及密钥长度不足时会补齐)。AES加密有很多轮的重复和变换。

**3. 3DES**

3DES是三重数据加密算法块密码的通称,它相当于是对每个数据块应用3次DES加密算法。由于计算机运算能力的增强,原版DES密码的密钥长度使其容易被暴力破解。3DES提供了一种相对简单的方法,即通过增加DES的密钥长度避免类似的攻击,而不是设计一种全新的块密码算法。

3DES是DES向AES过渡的加密算法(1999年NIST将3DES指定为过渡的加密标准),是DES的一个更安全的变形。它以DES为基本模块,通过组合分组方法设计出分组加密算法。

**4. RC2**

RC2是由著名密码学家Ron Rivest设计的一种传统对称分组加密算法,它可作为DES算法的建议替代算法。RC2的商业版本允许使用1～2048位的密钥,在被用于出口的软件中其密钥长度被限制在40位,仅使用40位密钥的RC2加密算法的安全性相对较低。

## 4.3.3 非对称密钥密码体制

非对称密钥密码体制也叫公开密钥密码体制、双密钥密码体制。该技术就是针对对称密钥密码体制的缺陷被提出来的。在公钥加密系统中,加密和解密是相对独立的,加密和解密会使用两个不同的密钥,加密密钥(公开密钥)向公众公开,谁都可以使用,解密密钥(秘密密钥)只有解密人自己知道,非法使用者根据公开的加密密钥无法推算出解密密钥,所以也称为公钥密码体制,如图4.6所示。

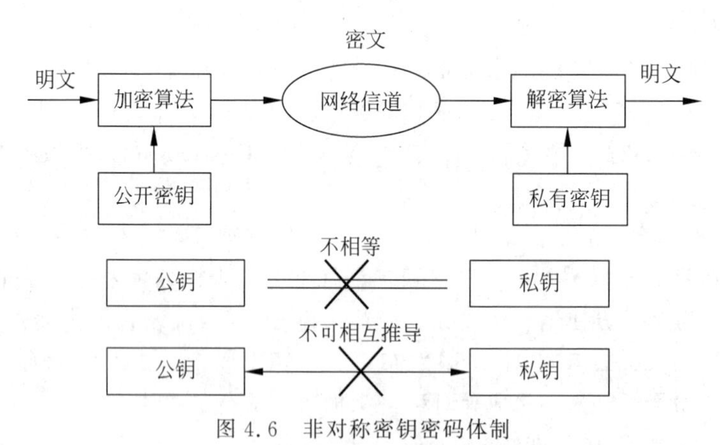


图4.6 非对称密钥密码体制

公钥密码体制的发展是整个密码学发展史上最伟大的一次革命,它与以前的密码体制完全不同。因为,公钥密码算法基于数学问题求解的困难性,而不再是基于代替和换位方法。公钥密码体制是非对称的,它使用两个独立的密钥,一个可以公开,称为公钥;另一个不能公开,称为私钥。

公钥密码体制的产生主要基于以下两个原因:一是为了解决常规密钥密码体制的密钥管理与分配的问题;二是为了满足对数字签名的需求。因此,公钥密码体制在消息的保密性、密钥分配和认证领域有着重要的意义。

公钥密码体制的算法中最著名的代表是 RSA 系统,此外还有背包密码、McEliece 密码、Diffie-Hellman 算法、Rabin 算法、零知识证明、椭圆曲线算法、ElGamal 算法等。公钥加密系统除了用于数据加密外,还可用于数字签名。公钥加密系统可提供以下功能。

(1) 机密性。保证非授权人员不能非法获取信息,通过数据加密来实现。

(2) 确认性。保证对方属于所声称的实体,通过数字签名来实现。

(3) 数据完整性。保证信息内容不被篡改,入侵者不可能用假消息代替合法消息,通过数字签名来实现。

(4) 不可抵赖性。发送者不可能事后否认他发送过消息,消息的接收者可以向中立的第三方证实所指的发送者确实发出了消息,通过数字签名来实现。

可见,公钥加密系统满足信息安全的所有主要目标。

公钥密码体制的优点如下。

(1) 网络中的每个用户只需要保存自己的私有密钥,则 $N$ 个用户仅需产生 $N$ 对密钥。密钥少,便于管理。

(2) 密钥分配简单,不需要秘密的通道和复杂的协议传送密钥。公开密钥可基于公开的渠道(如密钥分发中心)分发给其他用户,而私有密钥则由用户自己保管。

(3) 可以实现数字签名。

公钥密码体制的缺点:与对称密码体制相比,公开密钥密码体制的加密、解密处理速度较慢,同等安全强度下公开密钥密码体制的密钥位数要求多一些。

公钥密码体制可用于以下 3 个方面。

(1) 通信保密。此时将公钥作为加密密钥,私钥作为解密密钥,通信双方不需要交换密钥就可以实现保密通信。这时,通过公钥或密文分析出明文或私钥是不可行的。如图 4.7 所示,Bob 拥有多个人的公钥,当需要向 Alice 发送机密消息时,他用 Alice 公布的公钥对明文消息加密,当 Alice 接收到后用她的私钥解密。由于私钥只有 Alice 本人知道,因此能实现通信保密。

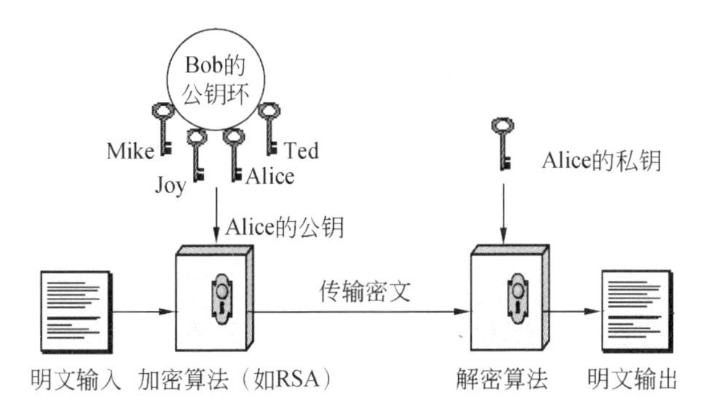


图 4.7　通信保密

(2) 数字签名。将私钥作为加密密钥,公钥作为解密密钥,可实现由一个用户对数据加密而使多个用户解密。如图 4.8 所示,Bob 用私钥对明文进行加密并发布,Alice 收到密文后用 Bob 公布的公钥解密。由于 Bob 的私钥只有 Bob 本人知道,因此 Alice 看到的明文肯定是 Bob 发出的,从而实现了数字签名。

(3) 密钥交换。通信双方交换会话密钥,以加密通信双方后续连接所传输的信息。每次逻辑连接使用一个新的会话密钥,用完就丢弃。

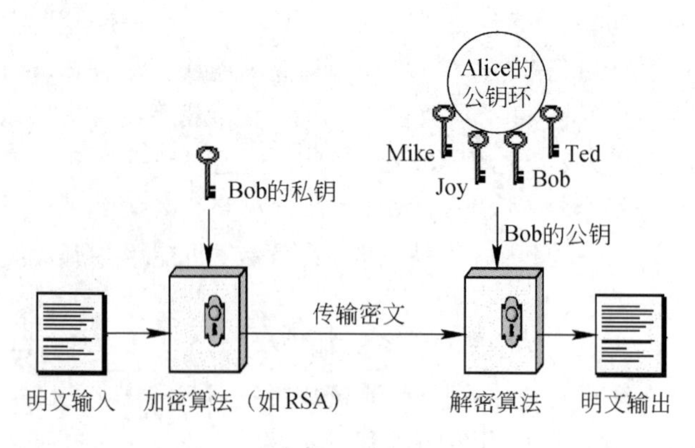


图 4.8　数字签名

### 4.3.4　常用的公开密钥算法

**1. RSA**

RSA是目前最有影响力的公钥加密算法，它能够抵抗到目前为止已知的绝大多数密码攻击，已被国际标准化组织(International Organization Standardization，ISO)推荐为公钥数据加密标准。RSA是1977年由MIT教授Ronald L. Rivest、Adi Shamir和Leonard M. Adleman共同开发的，名称分别取自3名数学家名字的第1个字母。

RSA使用两个密钥：一个公开密钥，一个私有密钥。如用其中一个加密，则可用另一个解密，密钥长度从40～2048位可变，加密时也把明文分成块，块的大小可变，但不能超过密钥的长度，RSA算法把每一块明文转化为与密钥长度相同的密文块。密钥越长，加密效果越好，但加密解密的开销也大，所以要在安全与性能之间折中考虑。

RSA算法研制的最初理念与目标是努力使互联网安全可靠，旨在解决DES算法密钥利用公开信道传输分发的难题。而实际结果不但很好地解决了这个难题，还可利用RSA完成对电文的数字签名以对抗电文的否认与抵赖，同时还可以利用数字签名较容易地发现攻击者对电文的非法篡改，以保护数据信息的完整性。

RSA的安全性依赖于大数分解的难度，其公开密钥和私人密钥是一对大素数的函数。从一个公开密钥和密文中恢复出明文的难度等价于分解两个大素数之积的难度。该算法经受了多年深入的密码分析，虽然分析者不能证明RSA的安全性，但也没有证明RSA的不安全，表明该算法的可信度还是比较高的。

目前为止，很多种加密技术采用了RSA算法，如PGP加密系统，它是一个工具软件，向认证中心注册后就可以用它对文件进行加解密或数字签名，PGP所采用的就是RSA算法。由此可以看出RSA有很好的应用，是迄今理论上最为成熟完善的一种公钥密码体制。

RSA算法涉及3个参数：$n,e_1,e_2$。其中，$n$为两个大质数$p$和$q$的积，$n$的二进制表示时所占用的位数就是所谓的密钥长度。$e_1$和$e_2$是一对相关的值，$e_1$可以任意取，但要求$e_1$与$(p-1)\times(q-1)$互质；再选择$e_2$，要求$(e_2\times e_1)\bmod((p-1)\times(q-1))=1$。$(n,e_1)$，$(n,e_2)$就是密钥对。其中，$(n,e_1)$为公钥，$(n,e_2)$为私钥。RSA加解密算法完全相同，设$A$为明文，$B$为密文，则$A=B^{e_2}\bmod n$；$B=A^{e_1}\bmod n$(公钥加密体制中，一般用公钥加密，私钥解密）。$e_1$ 和 $e_2$ 可以互换使用，即 $A=B^{e_1} \bmod n$；$B=A^{e_2} \bmod n$。

举例说明，取两个质数 $p=11, q=13$，$p$ 和 $q$ 的乘积为 $n=p\times q=143$，算出另一个数 $d=(p-1)\times(q-1)=120$；再选取一个与 $d=120$ 互质的数，如 $e=7$，则公开密钥为 $(n,e)=(143,7)$。

对于这个 $e$ 值，可以算出其逆 $a=103$。因为 $e\times a=7\times 103=721$，满足 $(e\times a) \bmod d=1$，即 $721 \bmod 120=1$ 成立，则秘密密钥为 $(n,a)=(143,103)$。假设小王需要发送机密信息（明文）$m=85$ 给小李，小王已经从公开媒体得到了小李的公开密钥 $(n,e)=(143,7)$，于是算出加密值 $c=m^e \bmod n=85^7 \bmod 143=123$ 并发送给小李。小李在收到密文 $c=123$ 后，利用只有自己知道的私人密钥计算 $m=c^a \bmod n=123^{103} \bmod 143=85$，所以小李可以得到小王发给他的真正的信息 $m=85$，实现了解密。

由于 RSA 进行的都是大数计算，使 RSA 最快的情况也比 DES 慢上好几倍。无论是软件还是硬件实现，速度一直是 RSA 的缺陷，一般来说只适用于少量数据加密。RSA 的速度比同等安全级别的对称密码算法要慢 1000 倍左右。

比起 DES 和其他对称算法，RSA 要慢得多。实际上用户一般使用一种对称算法加密信息，然后用 RSA 加密比较短的对称密码，最后将用 RSA 加密的对称密码和用对称算法加密的消息发送给对方。这样一来，对随机数的要求就更高了，尤其对产生对称密码的要求非常高，否则的话，可以越过 RSA 直接攻击对称密码。

RSA 的缺点主要如下。

（1）产生密钥很麻烦，受到素数产生技术的限制，因而难以做到一次一密。

（2）速度太慢，分组长度太大，为保证安全性，$n$ 至少要大于 1024，运算代价很高。且随着大数分解技术的发展，这个长度还在增加，不利于数据格式的标准化。较对称密码算法慢几个数量级，为了速度问题，人们广泛使用单钥、公钥密码结合使用的方法，使优缺点互补：单钥密码加密速度快，人们用它加密较长的文件，然后用 RSA 给文件密钥加密，极好地解决了单钥密码的密钥分发问题。

（3）RSA 密钥长度随着保密级别提高，增加很快。RSA 的安全性依赖于大数的因子分解，现今，人们已能分解 1024 位的大素数，这就要求使用更长的密钥。

**2. 背包算法**

1977 年，Merkle 与 Hellman 合作设计了使用背包问题实现信息加密的方法，背包问题是一种组合优化的 NP 完全问题。问题可以描述为：给定一组物品，每种物品都有自己的重量和价格，在限定的总重量内如何选择才能使物品的总价格最高？背包问题应用到信息加密上的工作原理是：假定 A 想加密，则先产生一个较易求解的背包问题，并用它的解作为专用密钥；然后从这个问题出发，生成另一个难解的背包问题，并作为公共密钥。如果 B 想向 A 发送报文，B 就可以使用难解的背包问题对报文进行加密。由于这个问题十分难解，因此一般没有人能够破译密文。A 收到密文后，可以使用易解的专用密钥解密。

背包加密分为加法背包和乘法背包。

（1）加法背包。已知：$1<2, 1+2<4, 1+2+4<8, 1+2+4+8<16, \cdots$。选择这样一些数，这些数从小到大排列。如果前面所有的数加起来的值总小于最后的数，那么这些数就可以构成一个背包，然后给出一个背包中某些数的和，这个数就是被加密的数，由这个背包得出这个数只有一种组合方式，这个方式就是秘密了。例如，给大家一个背包（2，3，6，12，

24,48),由这个背包中的某些数构成数86,你知道86是怎么来的吗?当然,看着背包中的内容,可以知道是由2+12+24+48得到的,如果没有这个背包,而是直接得到这个86,你知道加得这个86的最小数是多少吗?你无法知道,因为加起来等于86的数非常多,如85+1=86,84+2=86等,所以背包加密非常难破。

(2) 乘法背包。乘法背包比加法背包更复杂,不仅运算量大了很多,更重要的是得到的被加密了的数据更大,一般都是上亿的,而且在许多机密的部门里面,背包的数据都不是用"数",而是用"位"。我们知道,1<2,1×2<3,1×2×3<7,1×2×3×7<43,1×2×3×7×42<1765,…,数字的增长还是很快的,之所以复杂,就是因为数字很大。背包的特点是,如果背包里面的数据按从小到大排列,那么前面所有数据的乘积小于最后一个元素。虽然很简单,但是要知道数字的乘积的增长是非常快的。

背包加密是一种相当高级的加密方式,不容易破解,而且还原也相对容易,因此采用这种加密方式加密游戏数据也是非常好的,只要知道背包,就可以轻易算出来。

这么复杂的加密,怎么解密?有如下两种破解方法:利用孤立点破解和利用背包破解。所谓孤立点,还是以上面的背包为例,可以把密码设为 $a$,得到的密码为1,如果把密码设为 $b$,得到的密码为2。同理,可以把背包里面的所有元素都利用孤立点的方法枚举出来,这样得知背包了,对下面的破解就不成问题了,是不是很简单?其实在加密的时候,也许它们会利用异或运算先加密一下,再利用背包加密,这样更难破。孤立点方法非常有效,但不是万能的,要结合前面的方法配合使用。利用背包就很简单了,想一想,要加密也得有背包才行,要解密也要有背包。也就是说,不管是客户端还是服务器端,都会有该背包的,找到该背包就解决问题了。

视频讲解

## 4.4 哈希算法

哈希算法(Hash Algorithm)也称为信息标记算法(Message-Digest Algorithm),可以提供数据完整性方面的判断依据。

哈希算法将任意长度的二进制值映射为固定长度的较小二进制值,这个小的二进制值称为哈希值。哈希值是一段数据唯一且极其紧凑的数值表示形式。如果对一段明文使用哈希算法,而且哪怕只更改该段落的一个字母,随后的哈希值都将产生不同的值。要找到哈希值为同一个值的两个不同的输入,在计算上是不可能的,所以数据的哈希值可以检验数据的完整性,如图4.9所示。

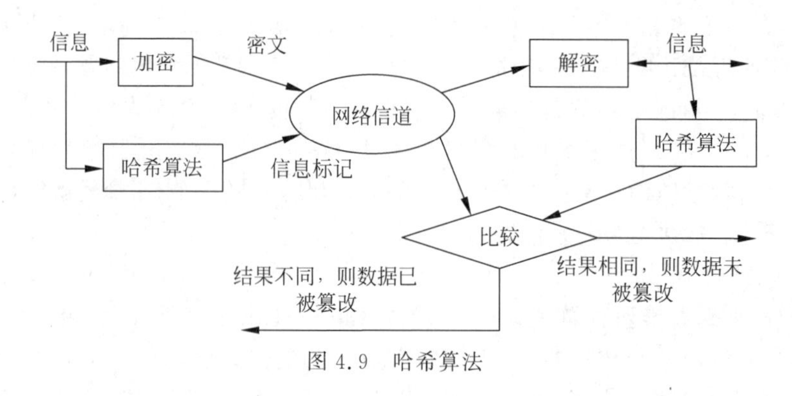


图4.9 哈希算法

哈希表是根据设定的哈希函数和处理冲突方法将一组关键字映射到一个有限的地址区间上，并以关键字在地址区间中的映射作为记录表示在表中的存储位置，这种表称为哈希表或散列，所得存储位置称为哈希地址或散列地址。作为线性数据结构，与表格和队列等结构相比，哈希表无疑是查找速度比较快的一种。

哈希算法通过将单向数学函数应用到任意数量的数据上计算后会得到固定大小的结果。如果输入数据有变化，则哈希值也会发生变化。哈希算法可用于许多操作，包括身份验证和数字签名，也称为“消息摘要”。

哈希算法是用来产生一些数据片段(如消息或会话项)的哈希值的算法。使用好的哈希算法，在输入数据中所做的更改就可以更改结果哈希值中的所有位。因此，哈希算法对于检测数据对象(如消息)中的修改很有用。此外，好的哈希算法使构造两个相互独立且具有相同哈希值的输入不能通过计算方法实现。典型的哈希算法有 MD2、MD4、MD5 和 SHA-1。哈希算法也称为哈希函数。

哈希算法以一条信息为输入，输出一个固定长度的数字，称为标记(Digest)。哈希算法具备以下 3 个特性。

(1) 不可能以信息标记为依据推导出输入信息的内容。

(2) 不可能人为控制某个消息与某个标记的对应关系(必须用哈希算法得到)。

(3) 要想找到具有同样标记的信息在计算方面是行不通的。

哈希算法与加密算法共同使用，加强数据通信的安全性。采用这一技术的应用有数字签名、数字证书、网上交易、终端的安全连接、安全的电子邮件系统、PGP 加密软件等。

## 4.5 MD5 简介

信息-摘要算法(Message-Digest Algorithm 5，MD5)在 20 世纪 90 年代初由 Ronald L. Rivest 开发出来，经 MD2、MD3 和 MD4 发展而来。MD5 是一种哈希算法，哈希算法的用途不是对明文加密，让别人看不懂，而是通过对信息摘要的比对，防止对原文的篡改。通常对哈希算法而言，所谓的“破解”就是找碰撞。

MD5 是把一个任意长度的字节串加密成一个固定长度的大整数(通常是 16 位或 32 位)，加密的过程中要筛选过滤掉一些原文的数据信息，因此想通过对加密的结果进行逆运算得出原文是不可能的。

关于 MD5 的应用，举个具体的例子。用户在一个论坛注册了一个账号，密码设为 qiuyu21。此密码经过 MD5 运算后变成 287F1E255D930496EE01037339CD978D，当单击“提交”按钮提交时，服务器的数据库中不记录用户的真正密码 qiuyu21，而是记录这个 MD5 运算结果。用户登录论坛时输入的密码是 qiuyu21，计算机再次进行 MD5 运算，把 qiuyu21 转换为 287F1E255D930496EE01037339CD978D，最后传送到服务器。这时服务器就把传过来的 MD5 运算结果与数据库中存储的 MD5 运算结果进行比较，如果相同，则登录成功。也就是说，服务器只是对 MD5 运算结果进行比较。服务器为什么不用直接对用户的密码 qiuyu21 进行校验呢？因为如果服务器的数据库中存储的是真实密码，那么黑客只要破解了服务器的数据库，就得到了所有人的密码，黑客可以用其中的任意密码进行登录。但是，如果数据库中的密码都是 MD5 格式的，那么即使黑客得到了 287F1E255D930496EE01037339CD978D 这一串数字，也不能以此作为密码来登录。

下面介绍MD5的破解。假设攻击者已经得到了287F1E255D930496EE01037339CD978D这样一串数字,那么攻击者怎么能得出密码是qiuyu21呢？因为MD5算法是不可逆的,只能用暴力法(穷举法)破解,就是列举所有可能的字母和数字的排列组合,然后一一进行MD5运算验证运算结果是否为287F1E255D930496EE01037339CD978D。qiuyu21这个密码是7位英文字符和数字的组合,这样的排列组合的数量是一个天文数字,如果一一列举,那么在有生之年是看不到的。所以,只有使用黑客字典才是一种有效可行的方法。黑客字典可以根据一些规则自动生成,如qiuyu21这个密码就是一种常见的组合,规则是：拼音＋拼音＋数字,拼音总共约有400个,数字以100个两位数来算,这种规则总共约有400×400×100＝16 000 000种可能,使用优化的算法,估计用1s就能破解。就算考虑到字母开头大写或全部大写的习惯,也只会花大约十几秒时间。如果是破解熟悉的某个人的密码,那么可以根据对他的了解缩小词典的范围,以便更快速地破解。这种破解方法在很大程度上依赖于运气。

最后谈谈MD5的碰撞。根据密码学的定义,如果内容不同的明文通过哈希算法得出的结果(密码学称为信息摘要)相同,就称为发生了"碰撞"。因为MD5值可以由任意长度的字符计算出来,所以可以把一篇文章或一个软件的所有字节进行MD5运算得出一个数值,如果这篇文章或软件的数据改动了,那么再计算出的MD5值也会发生变化,这种方法常常用作数字签名校验。因为明文的长度可以大于MD5值的长度,所以可能会有多个明文具有相同的MD5值,如果找到了两个相同MD5值的明文,就是找到了MD5的"碰撞"。

哈希算法的碰撞分为强无碰撞和弱无碰撞两种。以前面那个密码为例,已知287F1E255D930496EE01037339CD978D这个MD5值,然后找出了一个单词碰巧也能计算出与qiuyu21相同的MD5值,那么就找到了MD5的"弱无碰撞",其实这就意味着已经破解了MD5。如果不给出指定的MD5值,随便找任意两个相同MD5值的明文,即找"强无碰撞",显然相对容易,但对于好的哈希算法,做到这一点也很不容易了。

对MD5算法的简要叙述为：MD5以512位分组处理输入的信息,且每一分组又被划分为16个32位子分组,经过一系列的处理后,算法的输出由4个32位分组组成,将这4个32位分组级联后将生成一个128位哈希值。在MD5算法中,首先需要对信息进行填充,使其字节长度对512求余的结果等于448。因此,信息的字节长度将被扩展至$N\times512+448$,即$(N\times64+56)$B,$N$为一个正整数。填充方法如下：在信息的后面填充一个1和无数个0,直到满足上面的条件时才停止用0对信息的填充。然后,在这个结果后面附加一个以64位二进制表示的填充前信息长度。经过这两步的处理,现在的信息字节长度为$N\times512+448+64=(N+1)\times512$,即长度恰好是512的整数倍。这样做的原因是为满足后面处理中对信息长度的要求。

MD5中有4个32位的称为链接变量的整数参数,分别为$A=0\times01234567$,$B=0\times89abcdef$,$C=0\times fedcba98$,$D=0\times76543210$。当设置好这4个链接变量后,就开始进入算法的4轮循环运算。循环的次数是信息中512位信息分组的数目。将上面4个链接变量复制到另外4个变量中：A到$a$,$B$到$b$,$C$到$c$,$D$到$d$。主循环有4轮(MD4只有3轮),每轮循环都很相似。第1轮进行16次操作。每次操作对$a$,$b$,$c$,$d$中的3个作一次非线性函数运算,然后将所得结果加上第4个变量。再将所得结果向右移一个不定的数,并加上$a$,$b$,

$c$,$d$ 之一。最后用该结果取代 $a$,$b$,$c$,$d$ 之一。

按照上面所说的方法实现 MD5 算法以后,可以用以下几个信息对程序进行一个简单的测试,看看程序有没有错误。

MD5 ("") = d41d8cd98f00b204e9800998ecf8427e

MD5 ("a") = 0cc175b9c0f1b6a831c399e269772661

MD5 ("abc") = 900150983cd24fb0d6963f7d28e17f72

MD5 ("message digest") = f96b697d7cb7938d525a2f31aaf161d0

MD5 相对 MD4 的改进如下。

(1) 增加了第 4 轮。

(2) 每步均有唯一的加法常数。

(3) 为减弱第 2 轮中函数 $G$ 的对称性,从 $(X\&Y)|(X\&Z)|(Y\&Z)$ 变为 $(X\&Z)|(Y\&(\sim Z))$。

(4) 第 1 轮加上了第 3 轮的结果,这将引起更快的雪崩效应。

(5) 改变了第 2 轮和第 3 轮中访问消息子分组的次序,使其更不相似。

(6) 近似优化了每轮中的循环左移位移量以实现更快的雪崩效应。各轮的位移量互不相同。

## 4.6 PGP 加密软件

视频讲解

PGP(Pretty Good Privacy)是一种在信息安全传输领域首选的加密软件,其技术特性是采用了非对称的公钥加密体系。由于美国对信息加密产品有严格的法律约束,特别是对向美国、加拿大之外国家散播该类信息,以及出售、发布该类软件约束更为严格,因而限制了 PGP 的一些发展和普及,现在该软件的主要使用对象为情报机构、政府机构、信息安全工作者(如较有水平的安全专家和有一定资历的黑客)。PGP 最初的设计主要是用于邮件加密,如今已经发展到了可以加密整个硬盘、分区、文件、文件夹,集成进邮件软件进行邮件加密,甚至可以对 ICQ 的聊天信息实时加密。聊天者只要安装了 PGP 软件,就可利用其 ICQ 加密组件在双方聊天的同时进行加密或解密,最大限度地保证聊天信息不被窃取或监视。

PGP 使用加密和校验的方式,提供了多种功能和工具,帮助保证电子邮件、文件、磁盘及网络通信的安全。可以使用 PGP 做以下这些事。

(1) 在任何软件中进行加密/签名和解密/校验。通过 PGP 选项和电子邮件插件,可以在任何软件当中使用 PGP 的功能。

(2) 创建及管理密钥。使用 PGPkeys 创建、查看和维护自己的 PGP 密钥对,以及把任何人的公钥加入自己的公钥库中。

(3) 创建自解密压缩文档。可以建立一个自动解密的可执行文件,任何人不需要事先安装 PGP,只要得知该文件的加密密码,就可以把这个文件解密。这个功能尤其在需要把文件发送给没有安装 PGP 的人时特别好用,并且此功能还能对内嵌其中的文件进行压缩,压缩率与 ZIP 相似,比 RAR 略低(某些时候略高,如含有大量文本时)。

(4) 创建 PGPdisk 加密文件。该功能可以创建一个扩展名为.pgd 的文件,此文件用 PGPdisk 功能加载后将以新分区的形式出现,可以在此分区内放入需要保密的任何文件。

其使用私钥和密码两者共用的方式保存加密数据,保密性坚不可摧。但需要注意的是,一定要在重装系统前记得备份"我的文档"中PGP文件夹中的所有文件,以备重装后恢复自己的私钥。该步骤一定不能忽略,否则将永远不可能再次打开曾经在该系统下创建的任何加密文件。

(5) 永久粉碎销毁文件、文件夹,并释放出磁盘空间。可以使用PGP粉碎工具永久地删除那些敏感的文件和文件夹,而不会遗留任何的数据片段在硬盘上。也可以使用PGP自由空间粉碎器再次清除已经被删除的文件实际占用的硬盘空间。这两个工具都是要确保所删除的数据将永远不可能被别有用心的人恢复。

(6) 9.x版本新增的全盘加密功能,也称为完整磁盘加密。该功能可将整个硬盘上的所有数据加密,甚至包括操作系统本身,提供极高的安全性,没有密码的人绝不可能使用加密过的系统或查看硬盘中存放的文件、文件夹等数据。即便是硬盘被拆卸到另外的计算机上,该功能仍将忠实地保护被加密的数据,加密后的数据维持原有的结构,文件和文件夹的位置都不会改变。

(7) 9.x版本增强的即时消息工具加密功能。该功能可将支持的即时消息工具所发送的信息完全经由PGP处理,只有拥有对应私钥和密码的对方才可以解密消息的内容。其他任何人截获到也没有任何意义,仅仅是一堆乱码。

(8) 9.x版本新增的PGP压缩包技术。该功能可以创建类似其他压缩软件打包压缩后的文件包,不同的是其拥有坚不可摧的安全性。

(9) 9.x版本增强的网络共享技术。可以使用PGP接管共享文件夹本身及其中的文件,安全性远远高于操作系统本身提供的账号验证功能。并且可以方便地管理允许的授权用户可以进行的操作。极大地方便了需要经常在内部网络中共享文件的企业用户,免于受蠕虫病毒和黑客的侵袭。

### 4.6.1 PGP的技术原理

PGP加密系统是采用公开密钥加密与传统密钥加密相结合的一种加密技术。它使用一对数学上相关的密钥,其中一个(公钥)用来加密信息,另一个(私钥)用来解密信息。

PGP采用的传统加密技术部分所使用的密钥称为"会话密钥"(sek)。每次使用时,PGP都随机产生一个128位的IDEA会话密钥用来加密报文。公开密钥加密技术中的公钥和私钥则用来加密会话密钥,并通过它间接地保护报文内容。

PGP中的每个公钥和私钥都伴随着一个密钥证书。它一般包含以下内容。

(1) 密钥内容(用长达百位的大数字表示的密钥)。

(2) 密钥类型(表示该密钥为公钥还是私钥)。

(3) 密钥长度(密钥的长度,以二进制位表示)。

(4) 密钥编号(用以唯一标识该密钥)。

(5) 创建时间。

(6) 用户标识(密钥创建人的信息,如姓名、电子邮件等)。

(7) 密钥指纹(为128位的数字,是密钥内容的提要,表示密钥唯一的特征)。

(8) 中介人签名(中介人的数字签名,声明该密钥及其所有者的真实性,包括中介人的密钥编号和标识信息)。

PGP把公钥和私钥存放在密钥环文件中。PGP提供有效的算法查找用户需要的密钥。PGP在多处需要用到口令,它主要起到保护私钥的作用。由于私钥太长且无规律,因此难以记忆,PGP把它用口令加密后存入密钥环,这样用户可以用易记的口令间接使用私钥。

PGP的每个私钥都由一个相应的口令加密。PGP主要在以下3处需要用户输入口令。

(1) 需要解开收到的加密信息时,用户输入口令,取出私钥解密信息。

(2) 当用户需要为文件或信息签字时,用户输入口令,取出私钥加密。

(3) 对磁盘上的文件进行传统加密时,需要用户输入口令。

### 4.6.2 PGP的密钥管理

PGP使用了4种类型的密钥:一次性会话对称密钥、公钥、私钥和基于口令短语的对称密钥。

会话密钥。使用CAST-128算法本身产生随机的128位数字。将128位的密钥和两个作为明文的64位块作为输入,CAST-128算法用密码反馈模式加密这两个64位块,并将密文块连接起来形成128位的会话密钥。两个作为明文输入随机数发生器的64位块来自128位的随机数据流。这个随机数据流的产生是以用户的击键为基础的,击键时间和键值用于产生随机数据流。

在PGP中,加密的消息与加密的会话密钥一起发送给消息的接收者。会话密钥是使用接收者的公钥加密的,因此只有接收者才能够恢复会话密钥,从而解密消息。如果接收者只有一个公钥/私钥对,接收者就会自动知道用哪个密钥解密会话密钥。但如上所述,一个用户可能拥有多个公钥/私钥对,这种情况下,接收者如何知道会话密钥是使用哪个公钥加密的呢?一个简单的办法就是消息的发送者将加密会话密钥的公钥与消息一起传过去,接收者验证收到的公钥确实是自己的以后进行解密操作。但这样做会造成空间的浪费,因为RSA的密钥很大,可能由几百个十进制数组成。

PGP采用的解决办法是为每个公钥分配一个密钥ID,并且很有可能这个密钥ID在用户ID内是唯一的。与每个公钥关联的密钥ID包含公钥的低64位,这个长度足以保证密钥发生重复的概率非常小。

## 4.7 软件与硬件加密技术

视频讲解

### 4.7.1 软件加密

软件加密一般是用户在发送信息前,先调用信息安全模块对信息进行加密,然后发送,到达接收方后,由用户使用相应的解密软件进行解密并还原。软件加密的方法有密码表加密、软件子校验方式、序列号加密、许可证管理方式、钥匙盘方式、光盘加密等方法。

**1. 序列号加密**

现今很多共享软件大多采用这种加密方式,用户在软件的试用期是不需要交费的,一旦试用期满还希望继续使用这个软件,就必须到软件公司进行注册,然后软件公司会根据提交的信息(一般是用户的名字)生成一个序列号,当收到这个序列号以后,在运行软件的时候输入,软件会验证你的名字与序列号之间的关系是否正确,如果正确,说明你已经购买了这个软件,也就没有使用日期的限制了。

**2. 许可证加密**

许可证加密是序列号加密的一个变种。从网上下载或购买的软件并不能直接使用,软件在安装或运行时会对用户的计算机进行一番检测,并根据检测结果生成一个特定指纹,这个指纹是一个数据文件,把这个指纹数据通过 Internet、E-mail、电话、传真等方式发送到开发商那里,开发商再根据这个指纹给用户一个注册码或注册文件,用户得到这个注册码或注册文件并按软件要求的步骤在计算机上完成注册后方能使用。

但是,采用软件加密方式有以下一些安全隐患。

(1) 密钥的管理很复杂,这也是安全 API 实现的一个难题,从目前的几个 API 产品来看,密钥分配协议均有缺陷。

(2) 使用软件加密,因为是在用户的计算机内部进行,容易使攻击者采用分析程序进行跟踪、反编译等手段实现攻击。

(3) 目前国内尚无自己的安全 API 产品。另外,软件加密速度相对较慢。

### 4.7.2 硬件加密

硬件加密则是采用硬件(电路、器件、部件等)和软件结合的方式实现加密,对硬件本身和软件采取加密、隐藏、防护技术,防止被保护对象被攻击者破析、破译。硬件加解密是商业或军事上的主流。硬件加密的方法有加密卡、软件狗、微狗等。硬件加密具有以下几个特点。

(1) 速度快:针对位的操作,不占用计算机主处理器。

(2) 安全性:可进行物理保护,由硬件完成加/解密和权限检查,防止破译者通过反汇编、反编译分析破译。

(3) 易于安装:不需要使用电话、传真、数据线路。计算机环境下,使用硬件加密可对用户透明;而用软件实现,则需要在操作系统深层安装,不易实现。

(4) 在硬件内设置自毁装置,一旦发现硬件被拆卸或程序被跟踪,促使硬件自毁,使破译者不敢进行动态跟踪。

硬件加密是目前广泛采用的加密手段,加密后软件执行时需访问相应的硬件,如插在计算机扩展槽上的卡或插在计算机并口上的“狗”。采用硬加密的软件运行时需和相应的硬件交换数据,若没有相应的硬件,加密后的软件将无法运行。

视频讲解

## 4.8 数字签名与数字证书

### 4.8.1 数字签名

所谓数字签名,就是附加在数据单元上的一些数据,或是对数据单元所做的密码变换。这种数据或变换允许数据单元的接收者用以确认数据单元的来源和数据单元的完整性并保护数据,防止被人(如接收者)伪造。它是对电子形式的消息进行签名的一种方法,一个签名消息能在一个通信网络中传输。基于公钥密码体制和私钥密码体制都可以获得数字签名,目前主要是基于公钥密码体制的数字签名,包括普通数字签名和特殊数字签名。普通数字签名算法有 RSA、ElGamal、Fiat-Shamir、Guillou-Quisquarter、Schnorr、Ong-Schnorr-Shamir 数字签名算法、DES/DSA、椭圆曲线数字签名算法和有限自动机数字签名算法等。特殊数字签名有盲签名、代理签名、群签名、不可否认签名、公平盲签名、门限签名、具有消息恢复功能的签名等,它与具体应用环境密切相关。显然,数字签名的应用涉及法律问题,美国联邦政府基于有限域上的离散对数问题制定了自己的数字签名标准(Digital Signature Standard,DSS)。

数字签名技术是不对称加密算法的典型应用。数字签名的应用过程是数据源发送方使用自己的私钥对数据校验和其他与数据内容有关的变量进行加密处理,完成对数据的合法"签名";数据接收方则利用对方的公钥解读收到的"数字签名",并将解读结果用于对数据完整性的检验,以确认签名的合法性。数字签名技术是在网络系统虚拟环境中确认身份的重要技术,完全可以代替现实过程中的"亲笔签字",在技术和法律上有保障。在公钥与私钥管理方面,数字签名应用与加密邮件 PGP 技术正好相反。在数字签名应用中,发送者的公钥可以很方便地得到,但他的私钥则需要严格保密。

数字签名的主要功能是保证信息传输的完整性、发送者的身份认证、防止交易中的抵赖发生。

数字签名技术是将摘要信息用发送者的私钥加密,与原文一起发送给接收者。接收者只有用发送的公钥才能解密被加密的摘要信息,然后用哈希函数对收到的原文产生一个摘要信息,与解密的摘要信息对比。如果相同,则说明收到的信息是完整的,在传输过程中没有被修改,否则说明信息被修改过,因此数字签名能够验证信息的完整性。

假定 A 需要传送一份合同给 B,B 需要确认合同的确是 A 发送的,同时还需要确定合同在传输途中未被修改。

通过比较标记 1 和标记 2,就可以确认合同是否是 A 发送的,以及合同在传输途中是否被修改。工作流程如图 4.10 所示。

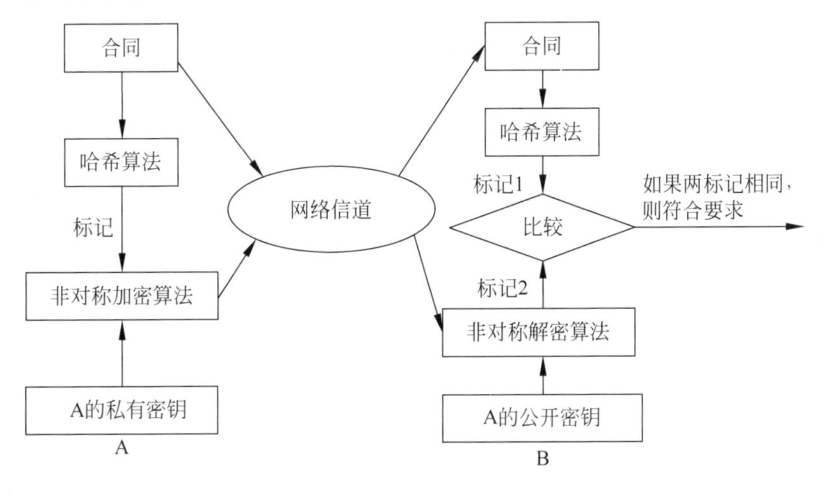


图 4.10　数字签名的工作流程

## 4.8.2　数字证书

当对签名人与公开密钥的对应关系产生疑问时,就需要第三方颁证机构——证书认证中心(Certificate Authorities,CA)的帮助。

电子商务技术使在网上购物的顾客能够极其方便地获得商家和企业的信息,但同时也增加了某些敏感或有价值的数据被滥用的风险。为了保证互联网上电子交易和支付的安全性和保密性,防范交易和支付过程中的欺诈行为,必须在网上建立一种信任机制。这就要求参加电子商务的买方和卖方都必须拥有合法的身份,并且在网上能够有效无误地进行验证。数字证书是一种权威性的电子文档,它提供了一种在Internet上验证身份的方式,其作用类似于司机的驾驶执照或日常生活中的身份证。数字证书是由CA发行的,人们可以在互联网交往中用它来识别对方的身份。当然,在数字证书认证的过程中,CA作为权威的、公正的、可信赖的第三方,其作用是至关重要的。

数字证书必须具有唯一性和可靠性。为了达到这一目的,需要采用很多技术来实现。通常数字证书采用公钥体制,即利用一对互相匹配的密钥进行加密、解密。每个用户自己设定一个特定的仅为本人所有的私钥,用它进行解密和签名;同时设定一个公钥并由本人公开,为一组用户所共享,用于加密和验证签名。当发送一份保密文件时,发送方使用接收方的公钥对数据加密,而接收方则使用自己的私钥解密,这样信息就可以安全无误地到达目的地了。通过数字的手段保证加密过程是一个不可逆过程,即只有用私有密钥才能解密。公开密钥技术解决了密钥发布的管理问题,用户可以公开其公钥,而保留其私钥。

数字证书使用过程如图4.11所示,用户首先向CA申请一份数字证书,申请过程中会生成他的公钥/私钥对。公钥被发送给CA,CA生成证书,并用自己的私钥签发,同时向用户发送一份副本。用户用数字证书把文件加上签名,然后把原始文件同签名一起发送给自己的同事。用户的同事从CA查到用户的数字证书,用证书中的公钥对签名进行验证。

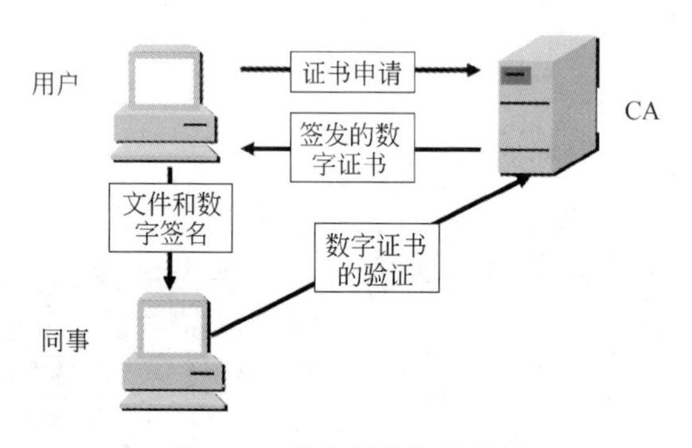


图4.11　数字证书使用过程

根据数字证书的应用角度,数字证书可以分为以下几类。

**1. 服务器证书**

服务器证书安装在服务器设备上,用来证明服务器的身份和进行通信加密。服务器证书可以用来防止假冒站点。

在服务器上安装服务器证书后,客户端浏览器可以与服务器证书建立SSL连接,在SSL连接上传输的任何数据都会被加密。同时,浏览器会自动验证服务器证书是否有效,验证所访问的站点是否是假冒站点。服务器证书保护的站点多被用来进行密码登录、订单处理、网上银行交易等。全球知名的服务器证书品牌有VeriSign,Thawte,GeoTrust等,其服务器证书编织起来的可信网络已覆盖全球。

SSL证书主要用于服务器的数据传输链路加密和身份认证,绑定网站域名,不同的产品对于不同价值的数据要求不同的身份认证。超真 SSL 和超快 SSL 在颁发时间上已经没有什么区别,主要区别在于:超快 SSL 只验证域名所有权,证书中不显示单位名称;而超真 SSL 需要验证域名所有权、营业执照和第三方数据库验证,证书中显示单位名称。

**2. 电子邮件证书**

电子邮件证书可以用来证明电子邮件发件人的真实性。它并不证明数字证书上 CN 一项所标识的证书所有者姓名的真实性,它只证明邮件地址的真实性。

收到具有有效电子签名的电子邮件,除了能相信邮件确实由指定邮箱发出外,还可以确信该邮件发出后没有被篡改过。

另外,使用接收的邮件证书还可以向接收方发送加密邮件。该加密邮件可以在非安全网络传输,只有接收方的证书持有者才能打开该邮件。

**3. 客户端证书**

客户端证书主要用来进行身份验证和电子签名。安全的客户端证书被存储于专用的 USBKey 中。存储于 USBKey 中的证书不能被导出或复制,且使用 USBKey 时需要输入保护密码。使用该证书需要物理上获得其存储介质 USBKey,且需要知道其保护密码,这也被称为双因子认证。这种认证手段是目前 Internet 上最安全的身份认证手段。

客户端证书分为超真单位证书、超真个人证书、超快个人证书、PDF 文件签名证书等。

数字证书相当于电子化的身份证明,应有值得信赖的颁证机构(如 CA)的数字签名,可以用来强力验证某个用户或某个系统的身份及其公开密钥。

数字证书既可以向一家公共的办证机构申请,也可以向运转在企业内部的证书服务器申请。这些机构提供证书的签发和失效证明服务。

## 4.9 PKI 基础知识

视频讲解

公开密钥体系(Public Key Infrastructure,PKI)是一种遵循既定标准的密钥管理平台,它能够为所有网络应用提供加密和数字签名等密码服务及所必需的密钥和证书管理体系。简单来说,PKI 就是利用公钥理论和技术建立的提供安全服务的基础设施。PKI 技术是信息安全技术的核心,也是电子商务的关键和基础技术。

### 4.9.1 PKI 的基本组成

完整的 PKI 系统必须具有权威认证机构(CA)、数字证书库、密钥备份及恢复系统、证书作废系统、应用程序接口(API)等基本构成部分,构建 PKI 也将围绕这 5 大系统。

(1) 认证机构(CA)。即数字证书的申请及签发机构,CA 必须具备权威性的特征。

(2) 数字证书库。用于存储已签发的数字证书和公钥,用户可由此获得所需的其他用户的证书和公钥。

(3) 密钥备份及恢复系统。如果用户丢失了用于解密数据的密钥,则数据将无法被解密,这将造成合法数据丢失。为避免这种情况,PKI 提供备份与恢复密钥的机制。但要注意,密钥的备份与恢复必须由可信的机构完成。并且密钥备份与恢复只能针对解密密钥,签名私钥为确保其唯一性而不能备份。

(4) 证书作废系统。证书作废系统是 PKI 的一个必备的组件。与日常生活中的各种身份证件一样,证书有效期内也可能需要作废,原因可能是密钥介质丢失或用户身份变更等。为实现这一点,PKI必须提供作废证书的一系列机制。

(5) 应用程序接口(API)。PKI的价值在于使用户能够方便地使用加密、数字签名等安全服务,因此,一个完整的PKI必须提供良好的应用接口系统,使各种各样的应用能够以安全、一致、可信的方式与PKI交互,确保安全网络环境的完整性和易用性。

## 4.9.2 PKI的安全服务功能

建设PKI体系是为网上金融、网上银行、网上证券、电子商务、电子政务、网上缴税、网上工商等多种网上办公、交易提供完备的安全服务功能,是公钥基础设施最基本、最核心的功能。作为基础设施,要做到:遵循必要的原则,不同的实体可以方便地使用PKI安全基础设施提供的服务。安全服务功能包括身份认证、完整性、机密性、不可否认性、时间戳和数据的公正性服务。

**1. 网上身份安全认证**

由于网络使用者匿名的特点,每个人都可以通过一定的手段假冒别人的身份实施非法的操作和网上交易,从而对系统或合法用户造成危害。因此,网上的身份认证在网络出现以来就一直是人们关注和研究的热点。人们已经认识到网上身份认证是一切电子商务应用的基础。

认证的实质就是证实被认证对象是否属实和是否有效的过程,常常用于通信双方相互确认身份,以保证通信的安全。其基本思想是通过验证被认证对象的某个专有属性,达到确认被认证对象是否真实、有效的目的。被认证对象的属性可以是口令、数字签名或指纹、声音、视网膜这样的生理特征等。目前,实现认证的技术手段很多,通常有口令技术加ID(实体唯一标识)、双因素认证、挑战应答式认证、著名的Kerberos认证系统,以及X.509证书及认证框架。这些不同的认证方法所提供的安全认证强度也不同,具有各自的优势和不足,以及所适用的安全强度要求不同的应用环境。而解决网上电子身份认证的PKI技术近年来被广泛应用,并取得了飞速的发展,在网上银行、电子政务等保护用户信息资产等领域发挥了巨大的作用。

数字签名技术是基于公钥密码学的强认证技术,其中每个参与交易的实体都拥有一对签名的密钥。每个参与的交易者都自己掌握进行签名的私钥,私钥不在网上传输。只有签名者自己知道签名私钥,从而保证其安全,公开的是进行验证签名的公钥。因此,只要私钥安全,就可以有效地对产生该签名的声称者进行身份验证,保证交互双方的身份真实性。

为了保证公钥的可靠性,即保证公钥与其拥有者的有效绑定,通过PKI体系中的权威、公正的第三方——认证中心,为所服务的PKI域内的相关实体签发一个网上身份证,即数字证书,保证公钥的可靠性以及它与合法用户的对应关系。数字证书中主要包含的就是证书所有者的信息、证书所有者的公开密钥和证书颁发机构的签名,以及有关的扩展内容等。具备了这些条件,就可以在具体的业务中有效实现交易双方的身份认证。

**2. 保证数据完整性**

保证数据完整性就是防止非法篡改信息,如修改、复制、插入、删除等。在交易过程中,要确保交易双方接收到的数据和从数据源发出的数据完全一致,数据在传输和存储的过程中不能被篡改,否则交易将无法完成或违背交易意图。

但直接观察原始数据的状态判断其是否改变在很多情况下是不可行的。如果数据量很大，将很难判断其是否被篡改，即完整性很难得到保证。为了保证数据的完整性，已出现了各种不同的安全机制和方法。其中在电子商务和网络安全领域使用最多的就是密码学，它为我们提供了数据完整性机制和方法。

在国内PKI体系所实现的方案中，目前采用的标准哈希算法为SHA1，MD5作为可选的哈希算法保证数据的完整性。在实际应用中，通信双方通过协商以确定使用的算法和密钥，从而在两端计算条件一致的情况下，对同一数据应当计算出相同的算法，保证数据不被篡改，实现数据的完整性。

**3. 保证网上交易的不可否认性**

不可否认性用于从技术上保证实体对他们行为的诚实，即参与交互的双方都不能事后否认自己曾经处理过的每笔业务。在这中间，人们更关注的是数据来源的不可否认性、发送方的不可否认性和接收方在接收后的不可否认性。此外，还有传输的不可否认性、创建的不可否认性、同意的不可否认性等。PKI所提供的不可否认功能是基于数字签名及其所提供的时间戳服务功能的。

在进行数字签名时，签名私钥只能被签名者自己掌握，系统中的其他参与实体无法得到该密钥。这样，签名者从技术上就不能否认自己做过该签名。为了保证签名私钥的安全，一般要求这种密钥只能在防篡改的硬件令牌上产生，并且永远不能离开令牌。

再利用PKI提供的时间戳功能，安全时间戳服务用来证明某个特别事件发生在某个特定的时间，或某段特别数据在某个日期已存在。这样，签名者对自己所做的签名将无法进行否认。

**4. 提供时间戳服务**

时间戳也叫作安全时间戳，是一个可信的时间权威，使用一段可以认证的完整数据表示的时间戳。最重要的不是时间本身的精确性，而是相关时间、日期的安全性。支持不可否认服务的一个关键因素就是在PKI中使用安全时间戳，也就是说，时间源是可信的，时间值必须特别安全地传送。

PKI中必须存在用户可信任的权威时间源，权威时间源提供的时间并不需要正确，仅仅作为用户的一个参照“时间”，以便完成基于PKI的事物处理，如事件A发生在事件B的前面等。一般的PKI系统中都设置一个时钟系统以统一PKI时间。当然，也可以使用世界官方时间源所提供的时间，其实现方法是从网络中这个时钟位置获得安全时间。要求实体在需要的时候向这些权威请求在数据上盖上时间戳。一份文档上的时间戳涉及对时间和文档内容的哈希值的数字签名。权威的签名提供了数据的真实性和完整性。

虽然安全时间戳是PKI支撑的服务，但它依然可以在不依赖PKI的情况下实现安全时间戳服务。一个PKI体系中是否需要实现时间戳服务，完全依照应用的需求来决定。

**5. 保证数据的公正性**

PKI中支持的公证服务是指“数据认证”，也就是说，公证人要证明的是数据的有效性和正确性，这种公证取决于数据验证的方式。与公证服务、一般社会公证人提供的服务有所不同，在PKI中被验证的数据是基于哈希值的数字签名、公钥在数学上的正确性和签名私钥的合法性。

PKI的公证人是一个被其他PKI实体所信任的实体，能够正确地提供公证服务。它主要是通过数字签名机制证明数据的正确性,所以其他实体需要保存公证人的验证公钥的正确副本,以便验证和相信作为公证的签名数据。

通常来说,CA是证书的签发机构,它是PKI的核心。众所周知,构建密码服务系统的核心内容是如何实现密钥的管理。公钥体制涉及一对密钥(即私钥和公钥),私钥只由用户独立掌握,无需在网上传输;而公钥则是公开的,需要在网上传送,故公钥体制的密钥管理主要是针对公钥的管理问题,目前较好的解决方案是数字证书机制。

视频讲解

## 4.10 认证机构

认证机构(CA)是负责签发证书、认证证书、管理已颁发证书的机构,是PKI的核心。CA要制定政策和具体步骤来验证、识别用户的身份,对用户证书进行签名,以确保证书持有者的身份和公钥的拥有权。CA也拥有自己的证书(内含公钥)和私钥,网上用户通过验证CA的签名从而信任CA,任何用户都可以得到CA的证书,用以验证它所签发的证书。CA必须是各行业各部门及公众共同信任的、认可的、权威的、不参与交易的第三方网上身份认证机构。

### 4.10.1 认证机构的功能

**1. 证书的颁发**

认证中心接收、验证用户(包括下级认证中心和最终用户)的数字证书的申请,将申请的内容进行备案,并根据申请的内容确定是否受理该数字证书申请。如果认证中心接受该数字证书申请,则进一步确定给用户颁发何种类型的证书。新证书用认证中心的私钥签名以后发送到目录服务器供用户下载和查询。为了保证消息的完整性,返回给用户的所有应答信息都要使用认证中心的签名。

**2. 证书的更新**

认证中心可以定期更新所有用户的证书,或者根据用户的请求更新用户的证书。

**3. 证书的查询**

证书的查询可以分为两类:其一是证书申请的查询,认证中心根据用户的查询请求返回当前用户证书申请的处理过程;其二是用户证书的查询,这类查询由目录服务器完成,目录服务器根据用户的请求返回适当的证书。

**4. 证书的作废**

当用户的私钥由于泄密等原因造成用户证书需要申请作废时,用户需要向认证中心提出证书作废的请求,认证中心根据用户的请求确定是否将该证书作废。另外一种证书作废的情况是证书已经过了有效期,认证中心自动将该证书作废。认证中心通过维护证书作废列表(Certificate Revocation List,CRL)完成上述功能。

**5. 证书的归档**

证书具有一定的有效期,证书过了有效期之后就将作废,但是不能将作废的证书简单地丢弃,因为有时可能需要验证以前的某个交易过程中产生的数字签名,这时就需要查询作废的证书。基于此类考虑,认证中心还应当具备管理作废证书和作废私钥的功能。

## 4.10.2 CA 系统的组成

一个典型的CA系统包括安全服务器、CA服务器、注册机构(Registration Authority, RA)、轻型目录访问协议(Lightweight Directory Access Protocol, LDAP)服务器、数据库服务器等,如图4.12所示。

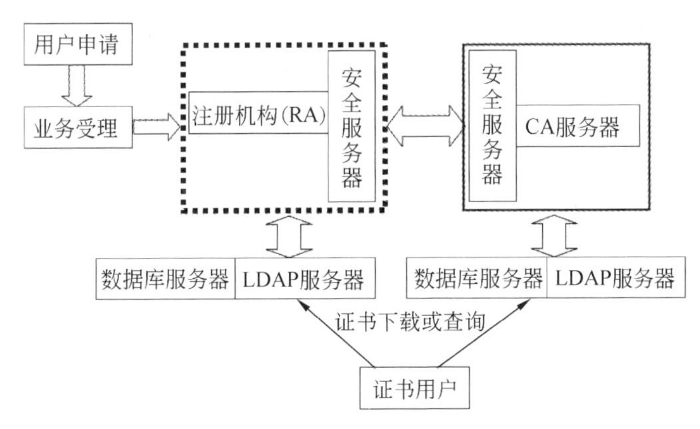


图4.12 典型CA中心示意图

**1. 安全服务器**

安全服务器面向普通用户,用于提供证书申请、浏览、证书撤销列表、证书下载等安全服务。安全服务器与用户的通信采取安全信道方式(如SSL方式,不需要对用户进行身份认证)。用户首先得到安全服务器的证书(该证书由CA颁发),然后用户与服务器之间的所有通信,包括用户填写的申请信息和浏览器生成的公钥均以安全服务器的密钥进行加密传输,只有安全服务器利用自己的私钥解密才能得到明文,这样可以防止其他人通过窃听得到明文,从而保证了证书申请和传输过程中的信息安全性。

**2. CA 服务器**

CA服务器是整个证书机构的核心,负责证书的签发。CA首先产生自身的私钥和公钥(密钥长度至少为1024位),然后生成数字证书,并且将数字证书传输给安全服务器。CA还负责为操作员、安全服务器和RA服务器生成数字证书。安全服务器的数字证书和私钥也需要传输给安全服务器。CA服务器是整个结构中最为重要的部分,存有CA的私钥及发行证书的脚本文件,出于安全的考虑,应将CA服务器与其他服务器隔离,任何通信采用人工干预的方式,确保认证中心的安全。

**3. 注册机构**

注册机构(RA)面向登记中心操作员,在CA体系结构中起到承上启下的作用,一方面向CA转发安全服务器传输过来的证书申请请求,另一方面向LDAP服务器和安全服务器转发CA颁发的数字证书和证书撤销列表。

**4. LDAP 服务器**

LDAP服务器提供目录浏览服务,负责将注册机构服务器传输过来的用户信息和数字证书加到服务器上。这样,其他用户通过访问LDAP服务器就能够得到其数字证书。

**5. 数据库服务器**

数据库服务器是认证机构的核心部分,用于认证机构中数据(如密钥和用户信息等)、日志和统计信息的存储和管理。实际的数据库系统应采用多种措施，如磁盘阵列、双机备份和多处理器等方式，以维护数据库系统的安全性、稳定性、可伸缩性和高性能。

### 4.10.3 国内CA现状

为促进电子商务在中国的顺利开展，一些行业都已建成自己的一套CA体系，如中国电信安全认证体系(CTCA)、中国金融认证中心(China Financial Certificate Authority，CFCA)等；还有一些行政区也建立了或正在建立区域性的CA体系，如上海电子商务认证中心(SHECA)、广东省电子商务认证中心、海南省电子商务认证中心、云南省电子商务认证中心等。

**1. 中国电信安全认证系统**

中国电信自1997年年底开始在长沙进行电子商务试点工作，由长沙电信局负责组织。CTCA是国内最早的CA中心。1999年8月3日，中国电信安全认证系统通过国家密码委员会和信息产业部的联合鉴定，并获得国家信息产品安全认证中心颁发的认证证书，成为首家允许在公网上运营的CA安全认证系统。目前，中国电信可以在全国范围内向用户提供CA证书服务。

中国电信安全认证系统有一套完善的证书发放体系和管理制度。体系采用三级管理结构：全国CA安全认证中心(包括全国CTCA中心、CTCA湖南备份中心)、省级RA中心和地市业务受理点，在2000年6月形成覆盖全国的CA证书申请、发放、管理的完整体系。系统为参与电子商务的不同用户提供个人证书、企业证书和服务器证书。同时，中国电信还组织制定了《中国电信电子商务总体技术规范》《中国电信CA认证系统接口标准》《网上支付系统的接口标准》《中国电信电子商务业务管理办法》等，向社会免费公布CTCA接口标准和API软件包，为更多的电子商务应用开发商提供CTCA的支持与服务。中国电信已经与银行、证券、民航、工商、税务等多个行业联合开发出了网上安全支付系统、电子缴费系统、电子银行系统、电子证券系统、安全电子邮件系统、电子订票系统、网上购物系统、网上报税等一系列基于中国电信安全认证系统的电子商务应用，已经建立起中国电信电子商务平台。

**2. 中国金融认证中心**

由中国人民银行牵头，中国工商银行、中国农业银行、中国银行、中国建设银行、交通银行、招商银行、中信实业银行、华夏银行、广东发展银行、深圳发展银行、光大银行、民生银行等12家商业银行联合建设了中国金融认证中心(CFCA)。中国金融认证中心的项目包括建设SET CA和Non-SET CA两套系统，工程于1999年8月30日开始实施。SET CA由IBM公司负责承建，Non-SET CA由Entrust、SUN和得达创新等公司联合建设。

Non-SET CA系统于2000年1月19日发放了第1批试验证书，SET CA系统于2000年3月30日试发了第1批证书。CFCA于2000年6月20日通过了由国家密码管理委员会和人民银行支付科技司联合主持的密码产品本地化工作的安全性审查，并于2000年6月29日开始对社会各界提供证书服务，系统进入运行状态。

中国金融认证中心专门负责为金融业的各种认证需求提供证书服务，包括电子商务、网上银行、网上证券交易、支付系统和管理信息系统等，为参与网上交易的各方提供安全的基础，建立彼此信任的机制。

CFCA在建设过程中，因为技术上的问题，使正式发证时间比计划大大推迟。因为在操作上、证书申请的方式上还存在一些问题，因此发放的证书不多。

**3. 国富安电子商务安全认证中心**

国富安电子商务安全认证中心是中国国际电子商务中心下属的专业从事电子商务和信息安全的公司。根据国家“金关工程”网络发展的需要，负责建立、维护、管理、运营中国国际电子商务安全认证中心，并向社会提供数字证书服务。“商业电子信息安全认证系统”已于1999年2月通过国家科技部和国家密码管理委员会的技术鉴定。

据了解，国富安电子商务安全认证中心的建立是借助国外公司的力量完成的，国富安电子商务安全认证中心自己本身的开发力量一直不强，因此在它的电子商务证书基础上还没有较多的成功应用，国富安本身在数字证书的基础上也没有完整的应用软件。

**4. 上海市电子商务安全证书管理中心**

上海市电子商务安全证书管理中心(SHECA)由上海市电子商务安全证书管理中心有限公司负责经营管理。

SHECA在上海市政府的大力推广之下，目前发证量相对来说比较多。并且，在1999年和2000年，SHECA进行了一些比较成功的推广应用，如东方航空公司网上安全售票系统、上海热线的安全电子邮件服务、基于SHECA认证的港澳上证证券之星网上证券交易系统、上海银行卡网络服务中心支付网关、上海网上化工交易中心、基于SHECA安全认证的企业名录。在上海市政府的介入下，要求上海的各家银行采用SHECA颁发的证书。因此，SHECA在上海得到了比较好的应用。

另外，还有一些其他的省级电子商务认证中心，如北京市电子商务认证中心、天津市电子商务认证中心、云南省电子商务认证中心、山东省电子商务认证中心、湖南省电子商务认证中心、湖北省电子商务认证中心、广东省电子商务认证中心、广西电子商务认证中心、海南省电子商务认证中心、山西省电子商务认证中心、吉林省电子商务认证中心、福建省电子商务认证中心、深圳市电子商务认证中心等。我国还有其他一些省市和企业机关也在着手建立自己的电子商务认证中心，特别是一些大型企业和事业单位，也使用CA和证书机制对企业用户的身份和权限进行认证和管理。

目前，我国的CA建设还处于一个起步的阶段，没有完整的统筹和协调，还处于各自为政、独立发展的混乱局面，没有建立一个政策上固定的全国范围的根CA(如美国的邮政CA)，这对处于权威认证机构的CA来说不仅是基础设施的浪费，也给电子商务中的身份认证带来一系列问题，如交叉认证的互不兼容等。相信经过若干年的发展，我国的CA建设在积累经验和教训的基础上，一定会形成一个全国性的、完整的和层次性合理的CA基础设施，真正为我国的电子商务发展保驾护航。

## 4.11 《中华人民共和国密码法》简介

视频讲解

2019年10月26日，第十三届全国人民代表大会常务委员会第十四次会议审议通过《中华人民共和国密码法》(以下简称《密码法》)，自2020年1月1日起施行。

### 4.11.1 《密码法》颁布的意义

提到“密码”，人们通常以为是我们每天接触的计算机或手机开机密码、银行卡支付密码等。生活中的这些"密码"实际上是口令,是一种简单、初级的身份认证手段,是最简易的密码。而《密码法》中的"密码",是指"采用特定变换的方法对信息等进行加密保护、安全认证的技术、产品和服务"。密码是保障网络与信息安全的核心技术和基础支撑,是解决网络与信息安全问题最有效、最可靠、最经济的手段。密码的主要功能有两个,一个是加密保护,另一个是安全认证。

密码技术是保障网络安全的核心技术,密码算法和密码产品的自主可控是确保我国信息安全的重中之重。当前我国大多采用国外的加密算法,存在着大量的不可控因素,一旦被不法分子利用攻击,所产生的损失将不可估量。实现密码产品自主可控软硬件全国产化替换,是防止后门漏洞的最有效方法,是保障网络安全的终极举措。国密算法具备自主知识产权,符合国家信息产品国产化战略。随着国产替代趋势的进一步加强,存量市场上,国密算法将有望实现对RSA等国际算法的加速替代。

国家对密码实行分类管理,分为核心密码、普通密码、商用密码。以商用密码SM2算法为例,SM2拥有更高的安全性能和更快的加密速度。目前主流的RSA算法是基于大整数因子分解数学难题进行设计的,其数学原理相对简单,单位安全强度相对较低。SM2基于ECC,单位安全强度相对较高。基于ECC的SM2证书普遍采用256位密钥长度,加密强度等同于3072位RSA证书,高于业界普遍采用的2048位RSA证书。更长的密钥意味着必须来回发送更多的数据以验证连接,产生更大的性能损耗和时间延迟。SM2算法能够以较短的密钥和较少的数据传递建立HTTPS连接,在确保相同安全强度的前提下提升连接速度。

应网络安全形势、国家网络战略及密码领域法律建设所需,建立国产自主商用密码体系迫在眉睫。随着商用密码技术不断创新,我国商用密码产业蓬勃发展,2020年商密行业规模已突破400亿元。PKI相关领域作为国产商用密码体系中的重要组成部分,在国产通用算法全面推广的关键时期,未来有望进一步应用于"云大物智移"等新兴领域。

《密码法》对密码分类、商用密码制度、密码发展促进和保障措施、相应的法律责任等方面作出规定,旨在通过立法提升密码管理科学化、规范化、法治化水平,促进我国密码事业稳步健康发展。

**1. 提升密码工作法治化保障水平**

《密码法》明确对密码实行分类管理原则。按照保护信息的种类这一分类标准,明确规定密码分为核心密码、普通密码和商用密码,实行分类管理。

核心密码、普通密码用于保护国家秘密信息,核心密码保护信息的最高密级为绝密级,普通密码保护信息的最高密级为机密级;核心密码、普通密码属于国家秘密,由密码管理部门依法实行严格统一管理。商用密码用于保护不属于国家秘密的信息;公民、法人和其他组织均可依法使用商用密码保护网络与信息安全。

在核心密码、普通密码方面,深入贯彻总体国家安全观,将现行有效的基本制度、特殊管理政策及保障措施法治化;在商用密码方面,明确公民、法人和其他组织均可依法使用。

为贯彻落实职能转变和"放管服"改革要求,规范和促进商用密码产业发展,《密码法》规定国家鼓励商用密码技术的研究开发和应用,健全商用密码市场体系,鼓励和促进商用密码产业发展;规定了商用密码标准化制度;建立了商用密码检测认证制度,并鼓励从业单位自愿接受商用密码检测认证;对列入网络关键设备和网络安全专用产品目录的商用密码产品、用于网络关键设备和网络安全专用产品的商用密码服务实行强制性检测认证;规定关键信息基础设施应当依法使用商用密码、开展安全性评估及国家安全审查；对特定范围的商用密码实行进口许可和出口管制制度；规定电子政务电子认证服务管理制度；支持商用密码行业协会积极发挥作用，加强行业自律，促进行业健康发展；规定密码管理部门和有关部门建立商用密码事中事后监管制度。

在密码发展促进和保障措施方面，按照规定，国家鼓励和支持密码科学技术研究、交流，依法保护密码知识产权，促进密码科学技术进步和创新，建立密码工作表彰奖励制度；国家加强密码宣传教育，任何组织或者个人不得窃取他人的加密信息，不得非法侵入他人的密码保障系统，不得利用密码从事危害国家安全、社会公共利益、他人合法权益的活动或者其他违法犯罪活动。

**2. 密码转换中的“降密、解密”问题**

密码是一种技术产品，现在是核心密码，过一段时间随着技术的进步，可能已经不能满足核心密码的要求，就会降密。例如，某台服务器设置的密码，本来是商用密码，但是用到核心密码或普通密码的空间以后，就不能再按照商用密码来管理，而是要按照普通密码甚至核心密码来管理，因为它已成为一个体系的一部分。不管是核心密码、普通密码还是商用密码，都有一个特点，就是时间、空间上会转换。《密码法》应把握和处理好核心密码、普通密码、商用密码的关系和转化问题。有些核心密码、普通密码随着时间的推移和形势的发展会解密，什么时候解密，要及时向社会公布，便于大家共享。

《密码法》的制定还准确把握和处理好国家秘密的保护与商用秘密和个人信息保护的关系。现在随着信息社会的发展，特别是互联网的发展，商业秘密越来越多。在国家安全和商业秘密以及个人信息保护发生冲突的情况下，怎样处理好这种关系？法律上怎样去界定？这是《密码法》制定中需要考虑和把握的问题。不然的话，两种情况都可能出现：一种是以保护商业秘密、保护个人信息为由危害到国家安全；另一种是个别部门以国家安全为由对互联网公司和个人信息保护造成侵害。这方面也涉及一些应当征求网信部门或密码部门的鉴定和认证的情况。

**3. 生物特征密码应纳入密码法监管范围**

关于密码形式，早期基本上都是数字加密，现在密码的形式已经多种多样了，包括指纹识别、人脸识别、虹膜识别等。生物特征密码指的是将指纹、人脸、虹膜等人体生物特征进行抽象表达，提取出密码字符串，实现了人体自身与密码的绑定，用户无须再记忆密码口令或携带认证证件，从而减少了传统密码手段存在的泄露、盗用等问题。生物特征密码技术在近20年得到了蓬勃发展，该技术既可以保护人体生物特征模板的安全与隐私，也可以在生物特征中提取密码，是一种具备更高安全性的密码生成、管理技术。但涉及的人体生物特征安全性需要得到重视。人体生物特征是特别敏感的隐私信息，可能会在使用与存储的过程中泄露，并且一旦泄露无法撤销和更新，严重影响用户的数据隐私。

行业主管部门应在生物密码相关领域加大技术投入，对形式多样的生物密码技术进行安全性分析，建立安全性检测标准，并对生物密码应用进行监管。新技术的发展会促进密码技术与密码系统的改进与完善，同时密码管理部门也需要支持新型密码技术的发展应用，推进相关新型密码技术的标准化工作，完善密码检测认证体系以及新型密码技术的推广应用。

另外，存在App收集个人信息、解码软件、网上支付安全等互联网领域问题。对市场上解码软件如何管理，需要研究。《密码法》应对推动商用密码的应用或强制应用作出规定，现在很多App都在收集个人信息,要求权限,不给就用不了。这样的App企业至少应该使用商用密码,谁来管理和监督这个事都是非常重要的。

### 4.11.2 PKI应用及密码行业大有可为

PKI系统构建网络安全防线。在网络安全中,身份认证可作为第1道,甚至是最重要的一道防线。身份认证就是在网络系统中通过某种手段确认操作者身份的过程,其目的在于判明和确认通信双方和信息内容的真实性。基于公共密钥的认证机制拥有Kerberos认证机制的优点,同时使用非对称加密技术,拥有极高的安全性,也解决了用户过多时密钥管理的问题,是目前应用中最为安全可靠的方法,但是实现起来较为复杂,需要建设相应的配套设施。目前较为流行和完善的是以PKI为核心的一套信息安全系统。当前网络技术快速升级迭代,建设基于PKI的网络安全系统是网络安全面临的一项紧迫任务。

受益于网络安全等级保护2.0,PKI应用领域得到极大推广,在物联网时代极具市场前景。PKI中核心载体为数字证书,即由具有公信力的机构(CA)为个人颁发的身份证明,可看作个人在虚拟网络世界的身份证。PKI产品广泛应用于日常生活中,使用PKI技术的应用包括安全认证网管关(保证远程连接安全)、网银(USBKey证书或文件证书)、安全电子交易(数字签名和验签)等。目前,国内设计高等级安全性应用的相关领域,均不同程度的采用了PKI技术。金融领域、移动支付领域、云计算领域、电子政务领域都对PKI技术有强需求。且未来物联网有巨大市场空间,密码应用产业将是一片蓝海。

密码应用大有可为,密码相关企业将充分受益。卫士通作为我国网络安全国家队,深耕密码行业,已经围绕密码体系构建了非常完整的安全系统。格尔软件作为PKI系统基础设施提供商,为我国政府多个部门提供产品,是PKI行业领军企业。数字认证作为PKI系统应用方,是电子认证技术优势企业,可提供一体化的电子认证解决方案,充分受益电子认证行业快速发展。

### 4.11.3 《密码法》的主要内容

《密码法》共5章,44条,重点规定了以下内容。

**1. 什么是密码**

第2条规定,密码“是指采用特定变换的方法对信息等进行加密保护、安全认证的技术、产品和服务”。密码是保障网络与信息安全的核心技术和基础支撑,是解决网络与信息安全问题最有效、最可靠、最经济的手段。它就像网络空间的DNA,是构筑网络信息系统免疫体系和网络信任体系的基石,是保护党和国家根本利益的战略性资源,是国之重器。第6~8条明确了密码的种类及其适用范围,规定核心密码用于保护国家绝密级、机密级、秘密级信息;普通密码用于保护国家机密级、秘密级信息;商用密码用于保护不属于国家秘密的信息。对密码实行分类管理,是党中央确定的密码管理根本原则,是保障密码安全的基本策略,也是长期以来密码工作经验的科学总结。

**2. 谁来管密码**

第4条规定,要“坚持中国共产党对密码工作的领导”。依法确立密码工作领导体制,并明确中央密码工作领导机构,即中央密码工作领导小组(国家密码管理委员会),对全国密码工作实行统一领导;要把中央确定的领导管理体制,通过法律形式固定下来,变成国家意志，为密码工作沿着正确方向发展提供根本保证。中央密码工作领导小组负责制定国家密码重大方针政策，统筹协调国家密码重大事项和重要工作，推进国家密码法治建设。第 5 条确立了国家、省、市、县 4 级密码工作管理体制。“国家密码管理部门负责管理全国的密码工作。县级以上地方各级密码管理部门负责管理本行政区域的密码工作。国家机关和涉及密码工作的单位在其职责范围内负责本机关、本单位或者本系统的密码工作。”

**3. 怎么管密码**

《密码法》第 2 章(第 13～20 条)规定了核心密码、普通密码的主要管理制度。核心密码、普通密码用于保护国家秘密信息和涉密信息系统，有力地保障了中央政令军令安全，为维护国家网络空间主权、安全和发展利益构筑起牢不可破的密码屏障。《密码法》明确规定“密码管理部门依法对核心密码、普通密码进行指导、监督和检查”，并规定了核心密码、普通密码使用要求，安全管理制度以及国家加强核心密码、普通密码工作的一系列特殊保障制度和措施。核心密码、普通密码本身就是国家秘密，一旦泄密，将危害国家安全和利益。因此，有必要对核心密码、普通密码的科研、生产、服务、检测、装备、使用和销毁等各个环节实行严格统一管理，确保核心密码、普通密码的安全。

《密码法》第 3 章(第 21～31 条)规定了商用密码的主要管理制度。商用密码广泛应用于国民经济发展和社会生产生活的方方面面，涵盖金融和通信、公安、税务、社保、交通、卫生健康、能源、电子政务等重要领域，积极服务“互联网＋”行动计划、智慧城市和大数据战略，在维护国家安全、促进经济社会发展以及保护公民、法人和其他组织合法权益等方面发挥着重要作用。《密码法》明确规定“国家鼓励商用密码技术的研究开发、学术交流、成果转化和推广应用，健全统一、开放、竞争、有序的商用密码市场体系，鼓励和促进商用密码产业发展”。一是坚决贯彻落实“放管服”改革要求，充分体现非歧视和公平竞争原则，进一步削减行政许可数量，放宽市场准入，更好地激发市场活力和社会创造力。二是由商用密码管理条例规定的全环节严格管理调整为重点把控产品销售、服务提供、使用、进出口等关键环节，管理方式上由重事前审批转为重事中事后监管，重视发挥标准化和检测认证的支撑作用。三是对于关系国家安全和社会公共利益，又难以通过市场机制或者事中事后监管方式进行有效监管的少数事项，规定了必要的行政许可和管制措施。按照上述立法思路，《密码法》规定了商用密码的主要管理制度，包括商用密码标准化制度、检测认证制度、市场准入管理制度、使用要求、进出口管理制度、电子政务电子认证服务管理制度以及商用密码事中事后监管制度。

**4. 怎么用密码**

对于核心密码、普通密码的使用，第 14 条要求“在有线、无线通信中传递的国家秘密信息，以及存储、处理国家秘密信息的信息系统，应当依法使用核心密码、普通密码进行加密保护、安全认证”。对于商用密码的使用，一方面，第八条规定公民、法人和其他组织可以依法使用商用密码保护网络与信息安全，对一般用户使用商用密码没有提出强制性要求；另一方面，为了保障关键信息基础设施安全稳定运行，维护国家安全和社会公共利益，第 27 条要求关键信息基础设施必须依法使用商用密码进行保护，并开展商用密码应用安全性评估，要求关键信息基础设施的运营者采购涉及商用密码的网络产品和服务，可能影响国家安全的，应当依法通过国家网信办会同国家密码管理局等有关部门组织的国家安全审查。党政机关存在大量的涉密信息、信息系统和关键信息基础设施，都必须依法使用密码进行保护。此外,由于密码属于两用物项,第12条还明确规定,任何组织或者个人不得窃取他人加密保护的信息或者非法侵入他人的密码保障系统,不得利用密码从事危害国家安全、社会公共利益、他人合法权益等违法犯罪活动。

当今世界,信息技术日新月异,网络安全作为国家安全的重要组成部分,深刻影响着传统领域国家安全以及经济社会发展。在保障网络安全的各种技术中,密码是目前世界上公认的最有效、最可靠、最经济的关键核心技术。在网络世界,密码就像一个看不见的卫士,已经渗透到社会生产生活的各个方面,从涉及国家安全的保密通信、军事指挥,到涉及国民经济的金融交易、防伪税控,再到涉及公民权益的电子支付、网上办事等,密码都在背后发挥着基础支撑作用,维护着国家网络空间的主权、安全和发展。

制定和实施《密码法》,就是要规范密码管理,引导全社会合规、正确、有效地使用密码,让密码在网络空间更加主动、更加充分地发挥保障作用,构建起以密码技术为核心、多种技术交叉融合的网络空间新安全体制。

我们有理由相信,《密码法》作为我国密码领域第一部综合性、基础性法律,它将与《中华人民共和国国家安全法》《中华人民共和国网络安全法》《中华人民共和国反恐怖主义法》《中华人民共和国反间谍法》等一起,共同构成国家安全法律制度体系,进一步筑牢网络安全,护卫国家安全。

## 课后习题

**一、选择题**

1. 为了防御网络监听,最常用的方法是(　　)。
   A. 采用物理传输(非网络)　　B. 信息加密
   C. 无线网　　D. 使用专线传输
2. 下列环节中无法实现信息加密的是(　　)。
   A. 链路加密　　B. 上传加密　　C. 节点加密　　D. 端到端加密
3. 基于公开密钥密码体制的信息认证方法采用的算法是(　　)。
   A. 素数检测　　B. 非对称算法　　C. RSA算法　　D. 对称加密算法
4. RSA算法建立的理论基础是(　　)。
   A. DES　　B. 替代相组合
   C. 大数分解和素数检测　　D. 哈希函数
5. 防止他人对传输的文件进行破坏,需要(　　)。
   A. 数字签名及验证　　B. 对文件进行加密
   C. 身份认证　　D. 时间戳
6. 下列机构如果都是认证中心,你认为可以作为资信认证的是(　　)。
   A. 国家工商局　　B. 著名企业　　C. 商务部　　D. 中国人民银行
7. PGP都随机产生一个(　　)位的IDEA会话密钥。
   A. 56　　B. 64　　C. 124　　D. 128
8. SHA的含义是(　　)。
   A. 加密密钥　　B. 数字水印

C. 常用的哈希算法　　D. 消息摘要

9. 保证商业服务不可否认的手段主要是(　　)。

A. 数字水印　　B. 数据加密　　C. 身份认证　　D. 数字签名

10. DES加密算法所采用的密钥的有效长度为(　　)。

A. 32　　B. 56　　C. 64　　D. 128

11. 数字证书不包含(　　)。

A. 证书的申请日期　　B. 颁发证书的单位

C. 证书拥有者的身份　　D. 证书拥有者姓名

12. 数字签名是解决(　　)问题的方法。

A. 未经授权擅自访问网络　　B. 数据被泄或篡改

C. 冒名发送数据或发送数据后抵赖　　D. 以上3种

13. 在互联网中,不单纯使用对称密钥加密技术对信息进行加密是因为(　　)。

A. 对称加密技术落后　　B. 加密技术不成熟

C. 密钥难以管理　　D. 人们不了解

14. DES是一个(　　)加密算法标准。

A. 非对称　　B. 对称　　C. PGP　　D. SSL

15. 利用电子商务进行网上交易,通过(　　)方式保证信息的收发各方都有足够的证据证明操作的不可否认性。

A. 数字信封　　B. 双方信誉　　C. 数字签名　　D. 数字时间戳

16. PKI系统中没有使用的加密算法是(　　)。

A. 非对称算法　　B. 对称算法　　C. 哈希算法　　D. 错乱算法

17. 网上银行系统的一次转账操作过程中发生了转账金额被非法篡改的行为,这破坏了信息安全的(　　)属性。

A. 保密性　　B. 完整性　　C. 不可否认性　　D. 可用性

18. 用户身份鉴别是通过(　　)完成的。

A. 口令验证　　B. 审计策略　　C. 存取控制　　D. 查询功能

19. 公钥密码基础设施PKI解决了信息系统中的(　　)问题。

A. 身份信任　　B. 权限管理　　C. 安全审计　　D. 加密

20. PKI所管理的基本元素是(　　)。

A. 密钥　　B. 用户身份　　C. 数字证书　　D. 数字签名

21. 下列选项中(　　)最好地描述了数字证书。

A. 等同于在网络上证明个人和公司身份的身份证

B. 浏览器的一个标准特性,它使黑客不能得知用户的身份

C. 网站要求用户使用用户名和密码登录的安全机制

D. 伴随在线交易证明购买的收据

22. (　　)是最常用的公钥密码算法。

A. RSA　　B. DSA　　C. 椭圆曲线　　D. 量子密码

23. PKI的主要理论基础是(　　)。

A. 对称密码算法　　B. 公钥密码算法

C. 量子密码　　D. 摘要算法

24. PKI中进行数字证书管理的核心组成模块是(　　)。

A. 注册中心　　B. 证书中心　　C. 目录服务器　　D. 证书作废列表

25. 常用的对称密码算法有(　　)。

A. ElGamal 算法　　B. DES 数据加密标准

C. 椭圆曲线密码算法　　D. RSA 公钥加密算法

26. 密码学的目的是(　　)。

A. 研究数据加密　　B. 研究数据解密

C. 研究数据保密　　D. 研究信息安全

27. 假设使用一种加密算法,它的加密方法很简单:将每个字母加5,即a加密成f。这种算法的密钥就是5,那么它属于(　　)技术。

A. 对称加密　　B. 分组密码　　C. 公钥加密　　D. 单向函数密码

28. A方有一对密钥($K_A$公开,$K_A$秘密),B方有一对密钥($K_B$公开,$K_B$秘密),A方向B方发送数字签名$M$,对信息$M$加密为:$M'=K_B$公开($K_A$秘密($M$))。B方收到密文的解密方案是(　　)。

A. $K_B$公开($K_A$秘密($M'$))　　B. $K_A$公开($K_A$公开($M'$))

C. $K_A$公开($K_B$秘密($M'$))　　D. $K_B$秘密($K_A$秘密($M'$))

29. 公开密钥密码体制的含义是(　　)。

A. 将所有密钥公开　　B. 将私有密钥公开,公开密钥保密

C. 将公开密钥公开,私有密钥保密　　D. 两个密钥相同

30. 数字签名要预先使用单向哈希函数进行处理的原因是(　　)。

A. 多一道加密工序使密文更难破译

B. 提高密文的计算速度

C. 缩小签名密文的长度,加快数字签名和验证签名的运算速度

D. 保证密文能正确还原成明文

31. 基于通信双方共同拥有的但是不为别人知道的秘密,利用计算机强大的计算能力,以该秘密作为加密和解密的密钥的认证是(　　)。

A. 公钥认证　　B. 零知识认证　　C. 共享密钥认证　　D. 口令认证

32. PKI支持的服务不包括(　　)。

A. 非对称密钥技术及证书管理　　B. 目录服务

C. 对称密钥的产生和分发　　D. 访问控制服务

33. PKI的主要组成不包括(　　)。

A. 证书授权(CA)　　B. SSL

C. 注册授权(RA)　　D. 证书存储库

34. PKI管理对象不包括(　　)。

A. ID和口令　　B. 证书　　C. 密钥　　D. 证书撤销

35. 下面不属于PKI组成部分的是(　　)。

A. 证书主体　　B. 使用证书的应用和系统

C. 证书权威机构　　D. AS

36. 关于密码学的讨论中，下列(　　)观点是不正确的。

A. 密码学是研究与信息安全相关的方面，如机密性、完整性、实体鉴别、抗否认等的综合技术

B. 密码学的两大分支是密码编码学和密码分析学

C. 密码并不是提供安全的单一手段，而是一组技术

D. 密码学中存在一次一密的密码体制，它是绝对安全的

37. 一个完整的密码体制不包括(　　)要素。

A. 明文空间　　B. 密文空间　　C. 数字签名　　D. 密钥空间

38. 关于DES算法，除了(　　)以外，下列描述DES算法子密钥产生过程是正确的。

A. 首先将DES算法所接收的输入密钥$K$(64位)去除奇偶校验位，得到56位密钥(即经过PC-1置换，得到56位密钥)

B. 在计算第$i$轮迭代所需的子密钥时，首先进行循环左移，循环左移的位数取决于$i$的值，这些经过循环移位的值作为下一次循环左移的输入

C. 在计算第$i$轮迭代所需的子密钥时，首先进行循环左移，每轮循环左移的位数都相同，这些经过循环移位的值作为下一次循环左移的输入

D. 将每轮循环移位后的值经PC-2置换，所得到的置换结果即为第$i$轮所需的子密钥$K_i$

39. 完整的数字签名过程(包括从发送方发送消息到接收方安全的接收到消息)包括(　　)和验证过程。

A. 加密　　B. 解密　　C. 签名　　D. 保密传输

40. 密码学在信息安全中的应用是多样的，以下(　　)不属于密码学的具体应用。

A. 生成网络协议　　B. 消息认证，确保信息完整性

C. 加密技术，保护传输信息　　D. 进行身份认证

41. 把明文变成密文的过程叫作(　　)。

A. 加密　　B. 密文　　C. 解密　　D. 加密算法

42. 关于密钥的安全保护，下列说法不正确的是(　　)。

A. 私钥送给CA　　B. 公钥送给CA

C. 密钥加密后存入计算机的文件中　　D. 定期更换密钥

43. (　　)在CA体系中提供目录浏览服务。

A. 安全服务器　　B. CA服务器

C. 注册机构(RA)　　D. LDAP服务器

44. 通常为保证信息处理对象的认证性采用的手段是(　　)。

A. 信息加密和解密　　B. 信息隐匿

C. 数字签名和身份认证技术　　D. 数字水印

45. 下列选项中(　　)不在证书数据的组成中。

A. 版本信息　　B. 有效使用期限

C. 签名算法　　D. 版权信息

46. 网络安全的最后一道防线是(　　)。

A. 数据加密　　B. 访问控制　　C. 接入控制　　D. 身份识别

## 二、填空题

1. 密码是通信双方按约定的法则进行信息特殊变换的一种重要保密手段。依照这些法则,变明文为密文,称为________变换;变密文为明文,称为________变换。

2. 密码学是研究如何________传递信息的学科。

3. 进行明密变换的法则称为密码的________。

4. 在密码体制中,按照规定的图形和线路,改变明文字母或数码等的位置成为密文的方法称为________;用一个或多个代替表将明文字母或数码等代替为密文的方法称为________;用预先编定的字母或数字密码组代替一定的词组单词等变明文为密文的方法称为________;用有限元素组成的一串序列作为乱数,按规定的算法,同明文序列相结合变成密文的方法称为________。

5. 古典密码中主要包括________和________。

6. 目前基于文本的隐藏技术包括________、________替换、字(行)编码及字符特征编码等。

7. 香农的《保密系统的通信理论》一文中提出的主要观点是数据安全基于________而不是________的保密,它标志着密码学阶段的开始。

8. 在密码学中,有一个五元组:明文、________、________、加密算法、解密算法,对应的加密方案称为________。

9. 一个完整的密码系统由密码体制(包括密码算法及所有可能的明文、密文和密钥)、________、________和攻击者构成。

10. 密码编码系统按照明文变换到密文的操作类型可分为________和________。

11. 密码编码系统按照所用的密钥数量可分为________和________。

12. 密码编码系统按照明文被处理的方式可分为________和________。

13. 典型的哈希算法包括MD2、MD4、________和________。

14. 基于数字证书的应用角度分类,数字证书可以分为以下几种:服务器证书、________和________。

15. PKI系统所有的安全操作都是通过________实现的。

16. 密码技术的分类有很多种,其中对称密码体制又可分为按字符逐位加密的________和按固定数据块大小加密的________。

17. 密码系统的安全性取决于用户对于密钥的保护,实际应用中的密钥种类有很多,从密钥管理的角度可以分为________、________、密钥加密密钥和________。

18. DES数据加密标准是________加密系统,RSA是________加密系统。

## 三、简答题

1. 密码体制的基本类型有哪几种?

2. 密码学的发展大致可以分为哪几个阶段?

3. 简述ADFGX密码的工作原理。

4. 根据信息载体的不同,隐写术主要有哪些方面的应用?

5. 密码学在网络信息安全中有哪些作用?

6. 密码分析分为哪几种情形?

7. 密码学的基本功能有哪些?

8. 对称密码算法的优缺点有哪些？

9. 公钥加密系统可提供哪些功能？

10. 简述 RSA 算法的工作原理。

11. PGP 中的密钥证书一般包含哪些内容？

12. 软件加密的方法有哪些？

13. 硬件加密具有哪几个特点？

14. 数字签名主要的功能有哪些？

15. 数字签名的主要流程有哪些？

16. PKI 的基本组成包括哪些系统？

17. PKI 的安全服务功能有哪些？

18. CA 认证机构的功能有哪些？

19. CA 系统的组成有哪些？

20. 具有 $N$ 个节点的网络，如果使用公开密钥密码算法，每个节点的密钥有多少？网络中的密钥共有多少？

21. 用户 A 需要通过计算机网络安全地将一份机密文件传送给用户 B，请问如何实现？

22. 古典密码体制中代换密码有哪几种？各有什么特点？

23. 描述说明 DES 算法的加解密过程（也可以画图说明）。

# 第5章 病毒技术

视频讲解

## 5.1 病毒的基本概念

### 5.1.1 计算机病毒的定义

计算机病毒(Computer Virus)在《中华人民共和国计算机信息系统安全保护条例》中被明确定义,病毒是指"编制或者在计算机程序中插入的破坏计算机功能或者破坏数据,影响计算机使用并且能够自我复制的一组计算机指令或者程序代码"。

病毒往往会利用计算机操作系统的弱点进行传播,提高系统的安全性是防病毒的一个重要方面。完美的系统是不存在的,过于强调提高系统的安全性将使系统多数时间处于病毒检查,系统失去了可用性、实用性和易用性。另外,信息保密的要求让人们在泄密和抓住病毒之间无法选择。病毒与反病毒将作为一种技术对抗长期存在,两种技术都将随计算机技术的发展而得到长期的发展。

病毒不是来源于突发或偶然的原因。一次突发的停电和偶然的错误会在计算机的磁盘和内存中产生一些乱码和随机指令,但这些代码是无序和混乱的。而病毒是一种比较完美的、精巧严谨的代码,按照严格的秩序组织起来,与所在的系统网络环境相适应和配合起来的代码。病毒不会通过偶然形成,其代码本身需要有一定的长度,这个基本的长度从概率上来讲是不可能通过随机代码产生的。现在流行的病毒是由人故意编写的,多数病毒可以找到作者和产地信息。从大量的统计分析来看,病毒作者的主要情况和目的是:一些天才的程序员为了表现自己和证明自己的能力,对上司的不满、好奇、报复、为了祝贺和求爱、为了得到控制口令、为了软件拿不到报酬而预留的陷阱等。当然,也有因政治、军事、宗教、民族、专利等方面的需求而专门编写的,其中也包括一些病毒研究机构和黑客的测试病毒。

### 5.1.2 计算机病毒的特点

计算机病毒具有以下几个特点。

(1) 寄生性。计算机病毒寄生在其他程序之中,当执行这个程序时,病毒就起破坏作用,而在未启动这个程序之前,它是不易被人发觉的。

(2) 传染性。计算机病毒不但本身具有破坏性,更有害的是具有传染性,一旦病毒被复制或产生变种,其传播速度之快令人难以预防。传染性是病毒的基本特征。在生物界,病毒通过传染从一个生物体扩散到另一个生物体。在适当的条件下,它可得到大量繁殖,并使被感染的生物体表现出病症甚至死亡。同样,计算机病毒也会通过各种渠道从已被感染的计算机扩散到未被感染的计算机，在某些情况下造成被感染的计算机工作失常甚至瘫痪。与生物病毒不同的是，计算机病毒是一段人为编制的计算机程序代码，这段程序代码一旦进入计算机并得以执行，它就会搜寻其他符合其传染条件的程序或存储介质，确定目标后再将自身代码插入其中，达到自我繁殖的目的。只要一台计算机染毒，如不及时处理，那么病毒会在这台机器上迅速扩散，其中的大量文件（一般是可执行文件）会被感染。而被感染的文件又成了新的传染源，再与其他机器进行数据交换或通过网络接触，病毒会继续传染。正常的计算机程序一般是不会将自身的代码强行连接到其他程序之上的，而病毒却能使自身的代码强行传染到一切符合其传染条件的未受到传染的程序之上。计算机病毒可通过各种可能的渠道（如软盘、计算机网络）传染其他的计算机。当在一台计算机上发现了病毒，往往曾在这台计算机上用过的软盘已感染上了病毒，而与这台计算机联网的其他计算机也许也被该病毒感染了。是否具有传染性是判断一个程序是否为计算机病毒的最重要条件。病毒程序通过修改磁盘扇区信息或文件内容并把自身嵌入其中的方法达到病毒的传染和扩散。被嵌入的程序叫作宿主程序。

（3）潜伏性。有些病毒像定时炸弹一样，让它什么时间发作是预先设计好的。例如，"黑色星期五"病毒，不到预定时间一点都觉察不出来，等到条件具备的时候一下子就爆发了，对系统进行破坏。一个编制精巧的计算机病毒程序进入系统之后一般不会马上发作，可以在几周或几个月内甚至几年内隐藏在合法文件中，对其他系统进行传染，而不被人发现，潜伏性越好，其在系统中的存在时间就会越长，病毒的传染范围就会越大。潜伏性的第1种表现是指病毒程序不用专用检测程序是检查不出来的，因此病毒可以静静地躲在磁盘或磁带里待上几天，甚至几年，一旦时机成熟，得到运行机会，就会四处繁殖、扩散，继续为害；潜伏性的第2种表现是指计算机病毒的内部往往有一种触发机制，不满足触发条件时，计算机病毒除了传染外不做什么破坏。触发条件一旦得到满足，有的在屏幕上显示信息、图形或特殊标识，有的则执行破坏系统的操作，如格式化磁盘、删除磁盘文件、对数据文件加密、封锁键盘和使系统死锁等。

（4）隐蔽性。计算机病毒具有很强的隐蔽性，有的可以通过病毒软件检查出来，有的根本就查不出来，有的时隐时现、变化无常，这类病毒处理起来通常很困难。

（5）破坏性。计算机中毒后，可能会导致正常的程序无法运行，计算机内的文件被删除或受到不同程度的损坏。

（6）可触发性。病毒因某个事件或数值的出现，诱使病毒实施感染或进行攻击的特性称为可触发性。为了隐蔽自己，病毒必须潜伏，少做动作。如果完全不动，一直潜伏的话，病毒既不能感染也不能进行破坏，便失去了杀伤力。病毒既要隐蔽又要维持杀伤力，它必须具有可触发性。病毒的触发机制就是用来控制感染和破坏动作的频率。病毒具有预定的触发条件，这些条件可能是时间、日期、文件类型或某些特定数据等。病毒运行时，触发机制检查预定条件是否满足，如果满足，启动感染或破坏动作，使病毒进行感染或攻击；如果不满足，使病毒继续潜伏。

### 5.1.3 计算机病毒的分类

根据病毒存在的媒体进行分类，病毒可以分为网络病毒、文件病毒、引导型病毒。

（1）网络病毒通过计算机网络传播感染网络中的可执行文件。

(2) 文件病毒感染计算机中的文件。

(3) 引导型病毒感染启动扇区(Boot)和硬盘的系统引导扇区(Master Boot Record, MBR)。

还有这3种病毒的混合型,如多型病毒(文件和引导型)感染文件和引导扇区两种目标,这样的病毒通常都具有复杂的算法,它们使用非常规的办法入侵系统,同时使用了加密和变形算法。

根据计算机病毒传染的方法进行分类,可分为驻留型病毒和非驻留型病毒。

(1) 驻留型病毒感染计算机后,把自身的内存驻留部分放在内存(Random Access Memory,RAM)中,这一部分程序挂接系统调用并合并到操作系统中去,它处于激活状态,一直到关机或重新启动。

(2) 非驻留型病毒在得到机会激活时并不感染计算机内存,另外一些病毒在内存中留有小部分,但是并不通过这一部分进行传染,这类病毒也被划归为非驻留型病毒。

根据病毒破坏的能力,可分为以下几种病毒。

(1) 无害型。除了传染时减少磁盘的可用空间外,对系统没有其他影响。

(2) 无危险型。这类病毒仅仅是减少内存、显示图像、发出声音和同类音响。

(3) 危险型。这类病毒在计算机系统操作中造成严重的错误。

(4) 非常危险型。这类病毒删除程序、破坏数据、清除系统内存区和操作系统中重要的信息。

这些病毒对系统造成的危害并不是本身的算法中存在危险的调用,而是当它们传染时会引起无法预料的和灾难性的破坏。由病毒引起其他程序产生的错误也会破坏文件和扇区,这些病毒也按照引起的破坏能力划分。一些现在的无害型病毒也可能会对新版的Windows和其他操作系统造成破坏。例如,在早期的病毒中,有一个Denzuk病毒在360KB磁盘上很好地工作,不会造成任何破坏,但是在后来的高密度软盘上却能引起大量的数据丢失。

根据病毒特有的算法,病毒可以分为以下几种类型。

(1) 伴随型病毒。这类病毒并不改变文件本身,它们根据算法产生EXE文件的伴随体,具有同样的名字和不同的扩展名(COM格式),如XCOPY. EXE的伴随体是XCOPY. COM。病毒把自身写入COM文件并不改变EXE文件,当DOS系统加载文件时,伴随体优先被执行,再由伴随体加载执行原来的EXE文件。

(2) 蠕虫型病毒。通过计算机网络传播,不改变文件和资料信息,利用网络从一台机器的内存传播到其他机器的内存,计算网络地址,将自身的病毒通过网络发送。有时它们在系统中存在,一般除了内存不占用其他资源。

(3) 寄生型病毒。除了伴随型和蠕虫型病毒外,其他病毒均可称为寄生型病毒,它们依附在系统的引导扇区或文件中,通过系统的功能进行传播。

(4) 诡秘型病毒。它们一般不直接修改DOS中断和扇区数据,而是通过设备技术和文件缓冲区等DOS内部修改,不易看到资源,使用比较高级的技术。利用DOS空闲的数据区进行工作。

(5) 变形病毒(又称为幽灵病毒)。这类病毒使用一个复杂的算法,使自己每传播一份都具有不同的内容和长度。它们一般的做法是由一段混有无关指令的解码算法和被变化过的病毒体组成。

### 5.1.4 计算机病毒的发展史

**1. 计算机病毒的雏形**

1949年，计算机之父约翰·冯·诺依曼在《复杂自动机组织》一书中提出了计算机程序能够在内存中自我复制。10年后，在美国的贝尔实验室，程序员们利用闲暇时间编写了一种能吃掉其他程序的程序，并让其互相攻击作为消遣。例如，有一个叫“爬行者(Creeper)”的程序，每次执行都会自动生成一个副本，很快计算机中原有的资料就会被“爬行者”侵蚀；又如“侏儒(Dwarf)”程序，它可以在记忆系统中行进，每到第5个“地址”便把那里所储存的信息全部清除，严重损坏原本的程序；还有一个叫“小恶魔(Imp)”的程序，它只有一行移动指令——MOV 0,1，然而这条移动指令可以把程序身处地址中所载的0写入下一行地址当中，以致最后计算机中所有的指令都被改为MOV 0,1，最终导致系统瘫痪。因为这些神奇的程序都在计算机的记忆磁芯中进行，因此这次实验被命名为“磁芯大战”。这些程序已经具备了一定的破坏性和传染性，成为计算机病毒的雏形。

**2. 第1个计算机病毒**

1987年，巴基斯坦盗拷软件盛行一时，一对经营贩卖个人计算机的巴基斯坦兄弟巴斯特(Basit)和阿姆捷特(Amjad)为了防止他们的软件被任意盗拷，编写出了一个叫作C-BRAIN的程序。只要有人盗拷他们的软件，C-BRAIN就会发作，将盗拷者的剩余硬盘空间“吃掉”。虽然在当时这个病毒并没有太大的破坏性，但许多有心的同行以此为蓝图，衍生制作出一些该病毒的“变种”，以此为契机，许多个人或团队创作的新型病毒如雨后春笋般纷纷涌现。因此，业界公认C-BRAIN是真正具备完整特征的计算机病毒始祖。

**3. 第1代计算机病毒**

习惯上，人们一般称之为DOS时期病毒。1987年，计算机病毒主要是引导型病毒，具有代表性的有“小球”和“石头”病毒。当时的计算机硬件较少，功能简单，一般需要通过软盘启动后使用。引导型病毒利用软盘的启动原理工作，它们修改系统启动扇区，在计算机启动时首先取得控制权，减少系统内存，修改磁盘读写中断，影响系统工作效率，在系统存取磁盘时进行传播。1989年，可执行文件型病毒出现，它们利用DOS系统加载执行文件的机制工作，代表为“耶路撒冷”和“星期天”病毒，病毒代码在系统执行文件时取得控制权，修改DOS中断，在系统调用时进行传染，并将自己附加在可执行文件中，使文件长度增加。1990年发展为复合型病毒，可感染COM和EXE文件。1992年，伴随型病毒出现，它们利用DOS加载文件的优先顺序进行工作，具有代表性的是“金蝉”病毒，它感染EXE文件时生成一个同名但扩展名为COM的伴随体。这样，在DOS加载文件时，病毒就取得控制权。1994年，随着汇编语言的发展，实现同一功能可以用不同的方式进行完成，这些方式的组合使一段看似随机的代码产生相同的运算结果。幽灵病毒就是利用这个特点，每感染一次就产生不同的代码。例如，“一半”病毒就是产生一段有上亿种可能的解码运算程序，病毒体被隐藏在解码前的数据中，查解这类病毒就必须能对这段数据进行解码，加大了查毒的难度。

DOS时期病毒种类相当繁杂，不断有人改写已有的病毒。到了后期甚至有人写出所谓的“双体引擎”，可以把一种病毒创造出更多元化的面貌，让人防不胜防。而病毒发作的症状更是各式各样，有的会唱歌，有的会删除文件，有的会格式化硬盘，有的还会在屏幕上显示出各式各样的图形。不过幸运的是,这些DOS时期的病毒,由于大部分的杀毒软件都可以轻易地扫除,因此杀伤力已经大不如前了。

**4. 第2代计算机病毒**

自从互联网出现,基于网络的计算机病毒开始迅猛发展。这种新的病毒由于与传统病毒有着本质区别,因此称为第2代计算机病毒。第2代病毒与第1代病毒最大的差异就在于其传染的途径是基于浏览器的。为了方便网页设计者在网页上能制造出更精彩的动画,让网页更有空间感,几家大公司联手制定出ActiveX和Java技术。而透过这些技术,甚至能够分辨使用的软件版本,建议应该下载哪些软件来更新版本,对于大部分的一般使用者来说是颇为方便的工具。但若想让这些网页的动画能够正常执行,浏览器会自动将这些ActiveX和Java Applets的程序下载到硬盘中。在这个过程中,恶意程序的开发者也就利用同样的渠道,经由网络渗透到个人计算机之中了。这就是目前流行的"第2代病毒",也就是所谓的"网络病毒"。

而今,随着现在电子邮件被用作一个重要的企业通信工具,病毒就比以往任何时候都要扩展得快。附着在电子邮件信息中的病毒,仅仅在几分钟内就可以浸染整个企业,让公司每年在生产损失和清除病毒开销上花费数百万美元。今后任何时候病毒都不会很快地消失。根据美国国家计算机安全协会发布的统计资料,已有超过数万种病毒被辨认出来,而且每个月都在产生几百至几千种新型病毒。为了安全,可以说大部分机构必须常规性地应对病毒的突然爆发。没有一个使用多台计算机的机构是对病毒免疫的。

### 5.1.5 其他的破坏行为

计算机病毒的破坏行为体现了病毒的杀伤能力。病毒破坏行为的激烈程度取决于病毒作者的主观愿望和所具有的技术能力。数以万计不断发展扩张的病毒,其破坏行为千奇百怪,不可能穷举,而且难以做全面的描述。根据现有的病毒资料可以将病毒的破坏目标和攻击部位归纳如下。

(1) 攻击系统数据区。攻击部位包括硬盘主引导扇区、Boot扇区、FAT表、文件目录等。一般来说,攻击系统数据区的病毒是恶意病毒,受损的数据不易恢复。

(2) 攻击文件。病毒对文件的攻击方式很多,可列举如下:删除、改名、替换内容、丢失部分程序代码、内容颠倒、写入时间空白、变碎片、假冒文件、丢失文件簇、丢失数据文件等。

(3) 攻击内存。内存是计算机的重要资源,也是病毒攻击的主要目标之一,病毒额外地占用和消耗系统的内存资源,可以导致一些较大的程序难以运行。病毒攻击内存的方式如下:占用大量内存、改变内存总量、禁止分配内存、蚕食内存等。

(4) 干扰系统运行。此类型病毒会干扰系统的正常运行,以此作为自己的破坏行为。此类行为也是花样繁多,主要包括:不执行命令、干扰内部命令的执行、虚假报警、使文件打不开、使内部栈溢出、占用特殊数据区、时钟倒转、重启动、死机、强制游戏、扰乱串行口、并行口等。

(5) 速度下降。病毒激活时,其内部的时间延迟程序启动,在时钟中纳入了时间的循环计数,迫使计算机空转,计算机速度明显下降。攻击磁盘数据、不写盘、写操作变读操作、写盘时丢字节等。

(6) 扰乱屏幕显示。主要包括:字符跌落、环绕、倒置、显示前一屏、光标下跌、滚屏、抖动、乱写、吃字符等。

(7) 键盘病毒。干扰键盘操作,已发现如下方式:响铃、封锁键盘、换字、抹掉缓存区字符、重复、输入紊乱等。

(8) 喇叭病毒。许多病毒运行时会使计算机的喇叭发出声响。有的病毒作者通过喇叭发出种种声音,有的病毒作者让病毒演奏旋律优美的世界名曲,在高雅的曲调中去劫取人们的信息财富。已发现的喇叭发声有以下方式:演奏曲子、警笛声、炸弹噪声、鸣叫、咔咔声、嘀嗒声等。

(9) 攻击 CMOS。在机器的 CMOS 区中保存着系统的重要数据,如系统时钟、磁盘类型、内存容量等。有的病毒激活时,能够对 CMOS 区进行写入动作,破坏系统 CMOS 中的数据。

### 5.1.6 计算机病毒的危害性

在计算机病毒出现的初期,说到计算机病毒的危害,往往注重病毒对信息系统的直接破坏作用,如格式化硬盘、删除文件数据等,并以此区分恶性病毒和良性病毒。其实这些只是病毒劣迹的一部分,随着计算机应用的发展,人们深刻地认识到,凡是病毒都可能对计算机信息系统造成严重的破坏。

计算机病毒的主要危害如下。

**1. 病毒激活对计算机数据信息的直接破坏作用**

大部分病毒在激活的时候直接破坏计算机的重要信息数据,所利用的手段有格式化磁盘、改写文件分配表和目录区、删除重要文件,或者用无意义的"垃圾"数据改写文件、破坏 CMOS 设置等。例如,磁盘杀手病毒(Disk Killer)内含计数器,在硬盘染毒后累计开机时间 48 小时内激活,激活时屏幕上显示"Warning!! Don't turn off power or remove diskette while Disk Killer is Processing!(警告!! Disk Killer 在工作,不要关闭电源或取出磁盘!)",改写硬盘数据。被 Disk Killer 破坏的硬盘可以用杀毒软件修复,不要轻易放弃。

**2. 占用磁盘空间和对信息的破坏**

寄生在磁盘上的病毒总要非法占用一部分磁盘空间。引导型病毒的一般侵占方式是由病毒本身占据磁盘引导扇区,而把原来的引导区转移到其他扇区,也就是引导型病毒要覆盖一个磁盘扇区。被覆盖的扇区数据永久性丢失,无法恢复。文件型病毒利用一些 DOS 功能进行传染,这些 DOS 功能能够检测出磁盘的未用空间,把病毒的传染部分写到磁盘的未用部位。所以在传染过程中一般不破坏磁盘上的原有数据,但非法侵占了磁盘空间。一些文件型病毒传染速度很快,在短时间内感染大量文件,每个文件都不同程度地加长了,这就造成磁盘空间的严重浪费。

**3. 抢占系统资源**

除少数病毒外,其他大多数病毒在动态下都是常驻内存的,这就必然会抢占一部分系统资源。病毒所占用的基本内存长度大致与病毒本身长度相当。病毒抢占内存,导致内存减少,一部分软件不能运行。除占用内存外,病毒还抢占中断,干扰系统运行。计算机操作系统的很多功能是通过中断调用技术实现的。病毒为了传染激发,总是修改一些有关的中断地址,在正常中断过程中加入病毒的"私货",从而干扰系统的正常运行。

**4. 影响计算机运行速度**

病毒进驻内存后不但干扰系统运行，还影响计算机速度，主要表现如下。

(1) 病毒为了判断传染激发条件，总要对计算机的工作状态进行监视，这相对于计算机的正常运行状态既多余又有害。

(2) 有些病毒为了保护自己，不但对磁盘上的静态病毒加密，而且进驻内存后的动态病毒也处在加密状态，CPU每次寻址到病毒处时要运行一段解密程序把加密的病毒解密成合法的CPU指令再执行，而病毒运行结束时再用一段程序对病毒重新加密。这样，CPU额外执行数千条乃至上万条指令。

(3) 病毒在进行传染时同样要插入非法的额外操作，特别是传染软盘时，不但计算机速度明显变慢，而且软盘正常的读写顺序被打乱，发出刺耳的噪声。

**5. 计算机病毒错误与不可预见的危害**

计算机病毒与其他计算机软件的最大差别是病毒的无责任性。编制一个完善的计算机软件需要耗费大量的人力、物力，经过长时间调试完善，软件才能推出。但在病毒编制者看来既没有必要这样做，也不可能这样做。很多计算机病毒都是个别人在一台计算机上匆匆编制调试后就向外抛出，反病毒专家在分析大量病毒后发现绝大部分病毒都存在不同程度的错误。错误病毒的另一个主要来源是变种病毒。有些初学计算机者尚不具备独立编制软件的能力，出于好奇或其他原因修改别人的病毒，造成错误。计算机病毒错误所产生的后果往往是不可预见的，反病毒工作者曾经详细指出"黑色星期五"病毒存在9处错误；"乒乓"病毒存在5处错误等。但是人们不可能花费大量时间去分析数万种病毒的错误所在。大量含有未知错误的病毒扩散传播，其后果是难以预料的。

**6. 计算机病毒的兼容性对系统运行的影响**

兼容性是计算机软件的一项重要指标。兼容性好的软件可以在各种计算机环境下运行；反之，兼容性差的软件则对运行条件"挑肥拣瘦"，要求机型和操作系统版本等。病毒的编制者一般不会在各种计算机环境下对病毒进行测试，因此病毒的兼容性较差，常常导致死机。

**7. 计算机病毒给用户造成严重的心理压力**

据有关计算机销售部门统计，计算机用户怀疑"计算机有病毒"而提出咨询约占售后服务工作量的60%以上。经检测确实存在病毒的约占70%，另有约30%的情况只是用户怀疑，而实际上计算机并没有病毒。那么用户怀疑有病毒的理由是什么呢？多半是出现诸如计算机死机、软件运行异常等现象。这些现象确实很有可能是计算机病毒造成的，但又不全是，实际上在计算机工作"异常"的时候很难要求一位普通用户去准确判断是否是病毒所为。大多数用户对病毒采取宁可信其有的态度，这对于保护计算机安全无疑是十分必要的，然而往往要付出时间、金钱等方面的代价。仅仅怀疑病毒而贸然格式化磁盘所带来的损失更是难以弥补。不仅是个人计算机用户，一些大型网络系统也难免为甄别病毒而停机。总之，计算机病毒像"幽灵"一样笼罩在广大计算机用户心头，给人们造成巨大的心理压力，极大地影响了现代计算机的使用效率，由此带来的无形损失是难以估量的。

病毒对计算机的危害是众所周知的，轻则影响机器速度，重则破坏文件或造成死机。计算机病毒不仅对计算机产生影响，而且对人也会产生一定影响。当然，计算机病毒是不会与人交叉感染的，那么它是怎样对人产生影响的呢？其实很简单，它通过控制屏幕的输出对人的心理进行影响。有些按破坏能力分类归为“无害”的病毒，虽然不会损坏数据，但在发作时并不只是播放一段音乐这样简单。有些病毒会进行反动宣传；有些病毒会显示一些对人身心健康不利的文字或图像。2000 年年底，人们发现了一个通过电子邮件传播的病毒——“女鬼”病毒。当打开感染了“女鬼”病毒的邮件附件时，病毒发作，在屏幕上显示一个美食家杀害妻子的恐怖故事。之后，一切恢复正常。一般人会以为这个病毒的发作只是这样而已。但是，5 分钟后，屏幕突然变黑，一具恐怖女尸的图像就会显示出来，让没有丝毫心理准备的人吓一跳。据报道，有人因此突发心脏病身亡。所以，计算机病毒的这类危害也是不可小视的。

### 5.1.7 知名计算机病毒简介

**1. CIH**

CIH 病毒是一位名叫陈盈豪的中国台湾大学生编写的，从中国台湾传入大陆，是公认的有史以来危险程度最高、破坏强度最大的病毒。全球估计损失约 5 亿美元。

CIH 感染 Windows 95/98/ME 等操作系统的可执行文件，能够驻留在计算机内存中，并据此继续感染其他可执行文件。CIH 的危险之处在于，一旦被激活，它可以覆盖主机硬盘上的数据并导致硬盘失效。它还具备覆盖主板 BIOS 芯片的能力，从而使计算机引导失败。CIH 的一些变种的触发日期恰好是切尔诺贝利核电站事故发生之日，因此它也被称为切尔诺贝利病毒。1999 年 4 月 26 日，公众开始关注 CIH，首次发作时，全球不计其数的计算机硬盘被垃圾数据覆盖，甚至 BIOS 信息被破坏，无法启动。其发作特征如下。

（1）以 2048 个扇区为单位，从硬盘主引导区开始依次向硬盘写入垃圾数据，直到硬盘数据被全部破坏为止。最坏的情况下硬盘所有数据（含全部逻辑盘数据）均被破坏，如果重要信息没有备份，那损失更是无法想象。

（2）某些主板上的 Flash Rom 中的 BIOS 信息将被清除。

（3）v1.4 版本每月 26 日发作，v1.3 版本每年 6 月 26 日发作，以下版本每年 4 月 26 日发作。

**2. 梅利莎**

1999 年 3 月 26 日，星期五，“梅利莎”（Melissa）病毒登上了全球各地报纸的头版。这个 Word 宏脚本病毒感染了全球 15%～20%的商用 PC。病毒传播速度之快令英特尔公司、微软公司，以及其他许多使用 Outlook 的公司措手不及，为了防止损害，被迫关闭整个电子邮件系统。“梅利莎”病毒的编写者大卫·史密斯后被判处在联邦监狱服刑 20 个月，也算得到一点惩戒。全球估计损失约 3 亿～6 亿美元。

“梅利莎”病毒通过微软公司的 Outlook 软件向用户通讯簿名单中的 50 位联系人发送邮件进行传播。该邮件包含一句话：“这就是你请求的文档，不要给别人看”，此外还包含一个 Word 文档附件。单击这个文件，就会使病毒感染主机并且重复自我复制，一旦被激活，病毒就用动画片《辛普森一家》的台词修改用户的 Word 文档。

**3. 我爱你**

“我爱你”蠕虫病毒是一个 VB 脚本，又称为情书或爱虫。2000 年 5 月 3 日，“我爱你”蠕虫病毒首次在中国香港被发现。“我爱你”蠕虫病毒通过一封标题为“我爱你（I LOVE YOU）”，附件名称为 Love-Letter-For-You. TXT. vbs 的邮件进行传输。和“梅利莎”病毒类似,该病毒也向Outlook通讯簿中的联系人发送自身,还大肆复制自身覆盖音乐和图片文件。它还会在受到感染的机器上搜索用户的账号和密码,并发送给病毒作者。打开病毒邮件附件,会观察到计算机的硬盘灯狂闪,系统速度显著变慢,计算机中出现大量的扩展名为.vbs的文件。所有快捷方式被修改为与系统目录下wscript.exe建立关联,进一步消耗系统资源,造成系统崩溃。由于当时菲律宾并无制裁编写病毒程序的法律,“我爱你”病毒的作者因此逃过一劫。全球估计损失超过100亿美元。

**4. 红色代码**

“红色代码”(Code Red)是一种蠕虫病毒,能够通过网络进行传播。2001年7月13日,“红色代码”病毒在网络服务器上传播开来。它专门针对运行微软公司互联网信息服务软件的网络服务器进行攻击。“红色代码”还被称为Bady,设计者蓄意进行最大程度的破坏。被它感染后,遭受攻击的主机所控制的网络站点上会显示这样的信息:“你好!欢迎光临www.worm.com!”。随后,病毒便会主动寻找其他易受攻击的主机进行感染。这个行为持续大约20天,之后它便对某些特定IP地址发起拒绝服务攻击。在短短不到一周的时间内,这个病毒感染了近40万台服务器,据估计多达100万台计算机受到感染。全球估计损失约26亿美元。

**5. SQL Slammer**

SQL Slammer也称为“蓝宝石”,2003年1月25日首次出现。它是一个非同寻常的蠕虫病毒,给互联网的流量造成了显而易见的负面影响。它的目标并非终端计算机用户,而是服务器。它是一个单包的、长度为376B的蠕虫病毒,随机产生IP地址,并向这些IP地址发送自身。如果某个IP地址恰好是一台运行着未打补丁的微软公司SQL服务器桌面引擎软件的计算机,它会迅速开始向随机IP地址的主机发射病毒。正是运用这种效果显著的传播方式,SQL Slammer在10min之内感染了7.5万台计算机。庞大的数据流量令全球的路由器不堪重负,导致它们一个个被关闭。全球估计损失约上百亿美元。

**6. 冲击波**

对于依赖计算机运行的商业领域而言,2003年夏天是一个艰难的时期。一波未平,一波又起。IT人士在此期间受到了“冲击波”(Blaster)和“霸王虫”蠕虫的双面夹击。“冲击波”首先发起攻击。病毒最早于当年8月11日被检测出来并迅速传播,两天之内就达到了攻击顶峰。病毒通过网络连接和网络流量传播,利用了Windows 2000/XP的一个弱点进行攻击,被激活以后,它会向计算机用户展示一个恶意对话框,提示系统将关闭,如图5.1所示。在病毒的可执行文件中隐藏着这些信息:“桑,我只想说爱你!”“比尔·盖茨,你为什么让这种事情发生?别再敛财了,修补你的软件吧!”。

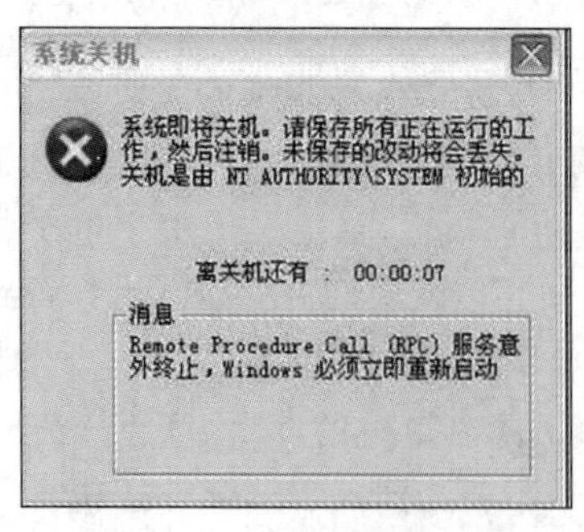


图5.1 “冲击波”中毒症状

病毒还包含了可于4月15日向Windows升级网站发起分布式DoS攻击的代码。但那时,“冲击波”造成的损害已经过了高峰期,基本上得到了控制。估计损失数百亿美元。

**7. 霸王虫**

“冲击波”一走,“霸王虫”(Sobig.F)蠕虫便接踵而至,对企业和家庭计算机用户而言,

2003 年 8 月可谓悲惨的一个月。最具破坏力的变种是 Sobig. F，它于 8 月 19 日开始迅速传播，在最初的 24 小时之内，自身复制了 100 万次，创下了历史纪录（后来被 MyDoom 病毒打破）。病毒伪装在文件名看似无害的邮件附件之中，被激活之后，这个蠕虫便向用户的本地文件类型中发现的电子邮件地址传播自身，最终结果是造成互联网流量激增。估计损失 50 亿～100 亿美元。

2003 年 9 月 10 日，病毒禁用了自身，从此不再成为威胁。为得到线索，找出 Sobig. F 病毒的始作俑者，微软公司宣布悬赏 25 万美元，但至今为止，这个作恶者也没有被抓到。

**8. Bagle**

Bagle 是一个经典而复杂的蠕虫病毒，2004 年 1 月 18 日首次出现。这个恶意代码采取传统的机制，电子邮件附件感染用户系统，然后彻查视窗文件，寻找到电子邮件地址发送以复制自身。

Bagle 及其 60～100 个变种的真正危险在于，蠕虫感染了一台计算机之后，便在其 TCP 端口开启一个后门，远程用户和应用程序利用这个后门得到受感染系统上的数据（包括金融和个人信息在内的任何数据）访问权限。Bagle. B 变种被设计为在 2004 年 1 月 28 日以后停止传播，但是到目前为止还有大量的其他变种继续困扰用户。估计损失 100 亿～200 亿美元。

**9. MyDoom**

2004 年 1 月 26 日，几个小时之间，MyDoom 通过电子邮件在互联网上以史无前例的速度迅速传播，顷刻之间全球都能感受到它所带来的冲击。它还有一个名称叫作 Norvarg，它传播自身的方式极为迂回曲折：把自己伪装成一封包含错误信息“邮件处理失败”的看似电子邮件错误信息邮件的附件。单击这个附件，它就被传播到了地址簿中的其他地址。MyDoom 还试图通过 P2P 软件 Kazaa 用户账户的共享文件夹进行传播。

这个复制进程相当成功，计算机安全专家估计，在受到感染的最初一小时，每 10 封电子邮件中就有一封携带 MyDoom 病毒。MyDoom 病毒程序自身设计为 2004 年 2 月 12 日以后停止传播。估计损失 385 亿美元以上。

**10. 震荡波**

“震荡波”（Sasser）病毒自 2004 年 8 月 30 日起开始传播，其破坏能力之大令法国一些新闻机构不得不关闭了卫星通信。它还导致德尔塔航空公司（Delta）取消了数个航班，全球范围内的许多公司不得不关闭系统。“震荡波”的传播并非通过电子邮件，也不需要用户的交互动作。“震荡波”病毒利用了未升级的 Windows 2000/XP 系统的一个安全漏洞，一旦成功复制，蠕虫便主动扫描其他未受保护的系统并将自身传播到那里。受感染的系统会不断发生崩溃和不稳定的情况。

“震荡波”是德国一名高中生编写的，他在 18 岁生日那天释放了这个病毒。由于编写这些代码的时候他还是一个未成年人，德国一家法庭认定他从事计算机破坏活动，因此仅被判处 21 个月监禁（缓期执行）及社区服务。估计损失 5 亿～10 亿美元。

**11. 网游大盗**

“网游大盗”出现于 2007 年，是一例专门盗取网络游戏账号和密码的病毒，其变种 wm 是典型品种。英文名为 Trojan/PSW. GamePass. jws 的“网游大盗”变种中，jws 是“网游大盗”木马家族最新变种，采用 Visual C++编写，并经过加壳处理。“网游大盗”变种 jws 运行后会将自我复制到 Windows 目录下,自我注册为 Windows_Down 系统服务,实现开机自启。该病毒会盗取包括《魔兽世界》《完美世界》《征途》等多款网游玩家的账户和密码,并且会下载其他病毒到本地运行。玩家计算机一旦中毒,就可能导致游戏账号、装备等丢失。“网游大盗”在 2007 年轰动一时,网游玩家提心吊胆。估计损失数千万美元。

视频讲解

## 5.2 网络病毒

网络病毒通过计算机网络传播感染网络中的可执行文件(如 COM、EXE、DOC 等),主要进行游戏等账号的盗取工作、远程操控,或把受控者的计算机当作“肉鸡”使用。

具有开放性的互联网成为计算机病毒广泛传播的有利环境,而互联网本身的安全漏洞为培育新一代病毒提供了绝佳的条件。人们为了让网页更加精彩漂亮、功能更加强大而开发出 ActiveX 技术和 Java 技术,然而,病毒程序的制造者也利用同样的渠道把病毒程序由网络渗透到个人计算机中。这就是近些年崛起的第 2 代病毒,即所谓的“网络病毒”。可以说:网络是病毒的天堂。

2000 年出现的“罗密欧与朱丽叶”病毒是一个典型的网络病毒,它改写了病毒的历史。在当时,人们还以为病毒技术的发展速度不会太快,然而,“罗密欧与朱丽叶”病毒彻底击碎了人们的侥幸心理。“罗密欧与朱丽叶”病毒具有邮件病毒的所有特性,但它不再藏身于电子邮件的附件中,而是直接存在于邮件正文中,一旦计算机用户用 Outlook 打开邮件进行阅读,病毒就会立即发作,并将复制出的新病毒通过邮件发送给其他人,计算机用户几乎无法躲避。

网络病毒的出现似乎拓展了病毒制造者的思路,在随后的时间里,千奇百怪的网络病毒不断诞生。这些病毒具有更强的繁殖能力和破坏能力,它们不再局限于电子邮件之中,而是直接植入 Web 服务器的网页代码,当计算机用户浏览了带有病毒的网页之后,系统就会被感染,随即崩溃。当然,这些病毒也不会放过自己寄生的服务器,在适当的时候病毒会与服务器系统同归于尽。

国家信息中心联合瑞星公司共同发布的《2020 年中国网络安全报告》统计,2020 年瑞星“云安全”系统共截获病毒样本总量 1.48 亿个,病毒感染次数 3.52 亿次,病毒总体数量比 2019 年同期上涨 43.71%。

近年来,病毒功能越来越强大,不仅拥有蠕虫病毒的传播速度和破坏能力,还具有木马的控制计算机和盗窃重要信息的功能。2000 年以来,病毒制造者为了获得经济利益,纷纷开始制作各类木马,一时间网上木马横行。

2006 年,“熊猫烧香”这一复合型病毒的出现改变了病毒制造者的想法。利用蠕虫的传播能力和多种传播渠道,可以更快、更多地帮助木马传播,从而攫取更大的非法经济效益。因此,“熊猫烧香”病毒在几个月的时间里感染了大量机器,给被感染的用户带来重大损失。

根据病毒感染人数、变种数量和代表性综合评估,瑞星评选出 2020 年病毒 Top5:①Adware.Adpop,主要表现为流氓软件使用的弹窗模块;②Trojan.Shadow Brokers,主要表现为入侵了美国国家安全局的方程式小组,窃取了黑客工具包并免费发布,被病毒广泛使用以进行蠕虫传播;③Trojan.Vools,主要表现为“永恒之蓝”漏洞传播,攻击局域网中的计算机;④Adware.Downloader,主要表现为传播挖矿木马高速下载器,后台恶意推广流氓软件;⑤Troian.Inject,主要表现为恶意 Crypter 打包程序,常用来保护后门、木马、间谍软件,达到逃避安全软件检测目的。

勒索软件和挖矿病毒在2020年依旧占据着重要位置，报告期内瑞星"云安全"系统共截获勒索软件样本156万个，感染次数为86万次，病毒总体数量比2019年同期下降了10.84%；挖矿病毒样本总体数量为922万个，感染次数为578万次，病毒总体数量比2019年同期上涨332.32%。瑞星通过对捕获的勒索软件样本进行分析后发现，Landcrab家族占比为67%，成为第一大类勒索软件；其次是Eris家族，占总量的13%；第三是Lockscreen家族，占总量的2%。

### 5.2.1 木马病毒的概念

特洛伊木马(Trojan Horse，简称木马)，其名称取自希腊神话的《特洛伊木马记》。故事说的是希腊人围攻特洛伊城10年仍不能得手，于是阿伽门农受雅典娜的启发，把士兵藏匿于巨大无比的木马中，然后佯作退兵。当特洛伊人将木马作为战利品拖入城内时，高大的木马正好卡在城门间，进退两难。夜晚，木马内的士兵爬出来，与城外的部队里应外合攻下了特洛伊城。计算机世界的特洛伊木马是指隐藏在正常程序中的一段具有特殊功能的恶意代码，是具备破坏和删除文件、发送密码、记录键盘和DoS攻击等特殊功能的后门程序。它是一种基于远程控制的黑客工具，具有隐蔽性和非授权性的特点。木马病毒的产生严重危害着现代网络的安全运行。

所谓隐蔽性，是指设计者为了防止木马被发现，会采用多种手段隐藏木马，这样服务端即使发现感染了木马，由于不能确定其具体位置，往往只能望"马"兴叹。

所谓非授权性，是指一旦控制端与服务端连接后，控制端将享有服务端的大部分操作权限，包括修改文件、修改注册表、控制鼠标和键盘等，这些权限并不是服务端赋予的，而是通过木马程序窃取的。

木马和病毒都是一种人为的程序，都属于计算机病毒，为什么木马要单独提出来说？大家都知道，以前的计算机病毒其实完全就是为了破坏计算机中的资料数据。除了破坏之外，有些病毒制造者为了达到某些目的而进行的威慑和敲诈勒索行为，就是为了炫耀自己的技术。木马不一样，木马的作用是赤裸裸地偷偷监视别人和盗窃别人密码、数据等。例如，盗窃管理员密码、子网密码搞破坏；或者出于好玩，偷窃上网密码用于他用；窃取游戏账号、股票账号、网上银行账户等，达到偷窥别人隐私和得到经济利益的目的。所以木马比早期的计算机病毒更加有害，更能够直接达到使用者的目的，导致许多别有用心的程序开发者大量编写这类带有偷窃和监视别人计算机的侵入性程序，这就是目前网上大量木马泛滥成灾的原因。鉴于木马的这些巨大危害性和它与早期病毒的作用性质不一样，因此木马虽然属于病毒中的一类，但是要单独地从病毒类型中间剥离出来，称为"木马"程序。

"木马"程序是指通过一段特定的程序控制另一台计算机。木马通常有两个可执行程序：一个是客户端，即控制端；另一个是服务端，即被控制端。植入被控制计算机的是"服务器"部分，而所谓的"黑客"正是利用"控制器"进入运行了"服务器"的计算机。运行了木马程序的"服务器"以后，被植入的计算机就会有一个或几个端口被打开，使黑客可以利用这些打开的端口进入计算机系统，安全和个人隐私也就全无保障了。木马的设计者为了防止木马被发现而采用多种手段隐藏木马。木马的服务一旦运行并被控制端连接，其控制端将享有服务端的大部分操作权限，如给计算机增加口令，浏览、移动、复制、删除文件，修改注册表，更改计算机配置等。随着病毒编写技术的发展，木马程序对用户的威胁越来越大，尤其是一些木马程序采用了极其狡猾的手段隐蔽自己，使普通用户在中毒后很难发觉。

木马的发展可以分为以下几个阶段。

**1. 第1代木马：伪装型病毒**

这种病毒通过伪装成一个合法性程序诱骗用户上当。世界上第1个计算机木马是出现在1986年的PC-Write木马。它伪装成共享软件PC-Write的2.72版本(事实上，编写PC-Write的Quicksoft公司从未发行过2.72版本)，一旦用户信以为真，运行该木马程序，那么下场就是硬盘被格式化。有人用BASIC做了一个登录界面木马程序，当用户把他的用户ID、密码输入一个和正常的登录界面一模一样的伪登录界面后，木马程序一边保存用户的ID和密码，一边提示用户密码错误让用户重新输入，当用户第2次登录时，就已成了木马的牺牲品。此时的第1代木马还不具备传染特征。

**2. 第2代木马：AIDS木马**

继PC-Write之后，1989年出现了AIDS木马。由于当时很少有人使用电子邮件，因此AIDS木马的作者就利用现实生活中的邮件进行散播：给其他人寄去一封封含有木马程序软盘的邮件。之所以叫这个名称是因为软盘中包含AIDS疾病的药品、价格、预防措施等相关信息。软盘中的木马程序在运行后，虽然不会破坏数据，但是它将硬盘加密锁死，然后提示受感染用户花钱消灾。可以说第2代木马已具备了传播特征(尽管通过传统的邮递方式)。

**3. 第3代木马：网络传播型木马**

随着Internet的普及，这一代木马兼备伪装和传播两种特征并结合TCP/IP网络技术四处泛滥。同时，它还添加了新的特征——“后门”功能。所谓后门，就是一种可以为计算机系统秘密开启访问入口的程序。一旦被安装，这些程序就能够使攻击者绕过安全程序进入系统。该功能的目的就是收集系统中的重要信息，如财务报告、口令和信用卡号。此外，攻击者还可以利用后门控制系统，使之成为攻击其他计算机的帮凶。由于后门是隐藏在系统背后运行的，因此很难被检测到。它们不像病毒和蠕虫那样通过消耗内存而引起注意。图5.2所示为QQ软件中木马病毒时的现象。

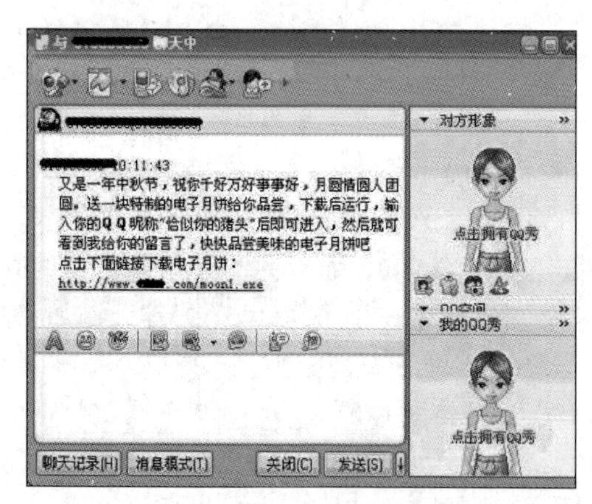


图5.2　QQ软件中木马病毒时的现象

第3代木马添加了击键记录功能。从名称上就可以知道，该功能主要是记录用户所有的击键内容，然后形成击键记录的日志文件发送给恶意用户。恶意用户可以从中找到用户名、口令和信用卡号等用户信息。这一代木马中比较有名的有国外的BO2000和国内的“冰河”木马。它们有以下共同特点：基于网络的客户端/服务器应用程序，具有搜集信息、执行系统命令、重新设置机器、重新定向等功能。当木马程序攻击得手后，计算机就完全成为黑客控制的傀儡主机，黑客成了超级用户，用户的所有计算机操作不但没有任何秘密而言，而且黑客可以远程控制傀儡主机对别的主机发动攻击，这时候被俘获的傀儡主机成了黑客进行进一步攻击的挡箭牌和跳板。

**4. 网页挂马**

网页挂马指的是把一个木马程序上传到一个网站上，然后用木马生成器生成一个木马，上传到网站空间里面，再添加代码使木马在打开网页时运行。

网页挂马常见方式主要有以下几种。

(1) 将木马伪装为页面元素，木马则会被浏览器自动下载到本地。

(2) 利用脚本运行的漏洞下载木马。

(3) 利用脚本运行的漏洞释放隐含在网页脚本中的木马。

(4) 将木马伪装为缺失的组件，或和缺失的组件捆绑在一起(如 Flash 播放插件)。这样既达到了下载的目的，下载的组件又会被浏览器自动执行。

(5) 通过脚本运行调用某些 COM 组件，利用其漏洞下载木马。

(6) 在渲染页面内容的过程中利用格式溢出释放木马(如 ANI 格式溢出漏洞)。

(7) 在渲染页面内容的过程中利用格式溢出下载木马(如 Flash 9.0.115 的播放漏洞)。

虽然木马程序手段越来越隐蔽，只要加强个人安全防范意识，还是可以大大降低"中招"的概率。对此有如下建议：安装个人防病毒软件、个人防火墙软件；及时安装系统补丁；对不明来历的电子邮件和插件不予理睬；经常去安全网站转一转，以便及时了解一些新木马的底细，做到知己知彼，百战不殆。

## 5.2.2 木马的种类

**1. 网游木马**

随着网络在线游戏的普及和升温，中国拥有规模庞大的网游玩家。网络游戏中的金币、装备等虚拟财富与现实财富之间的界限越来越模糊。与此同时，以盗取网游账号、密码为目的的网游木马病毒也随之发展泛滥起来。网游木马通常采用记录用户键盘输入、截获(Hook)游戏进程 API 函数等方法获取用户的密码和账号。窃取到的信息一般通过电子邮件或向远程脚本程序提交的方式发送给木马作者。

网游木马的种类和数量在国产木马病毒中都首屈一指。流行的网络游戏无一不受网游木马的威胁。一款新游戏正式发布后，往往在一到两个星期内就会有相应的木马程序被制作出来。大量的木马生成器和黑客网站的公开销售也是网游木马泛滥的原因之一。

**2. 网银木马**

网银木马是针对网上交易系统编写的木马病毒，其目的是盗取用户的卡号、密码，甚至安全证书。此类木马种类数量虽然比不上网游木马，但它的危害更加直接，受害用户的损失更加惨重。

网银木马通常针对性较强，木马作者首先对某银行的网上交易系统进行仔细分析，然后针对安全薄弱环节编写病毒程序。2013 年，安全软件计算机管家截获网银木马最新变种"弼马温"，它能够毫无痕迹地修改支付界面，使用户根本无法察觉。木马通过不良网站提供假 Qvod 下载地址进行广泛传播，当用户下载这一挂马播放器安装后就会中木马，该病毒运行后即开始监视用户网络交易，屏蔽余额支付和快捷支付，强制用户使用网银，并借机篡改订单，盗取财产。随着我国网上交易的普及，受到外来网银木马威胁的用户也在不断增加。

**3. 下载器木马**

这种木马程序的体积一般很小，其功能是从网络上下载其他病毒程序或安装广告软件。

由于体积很小,下载器木马更容易传播,传播速度也更快。通常功能强大、体积也很大的后门类病毒,如"灰鸽子""黑洞"等,传播时都单独编写一个小巧的下载器木马,用户中毒后会把后门主程序下载到本机运行。

**4. 代理类木马**

用户感染此类木马程序后,会在本机开启HTTP、SOCKS等代理服务功能。黑客将受感染计算机作为跳板,以被感染用户的身份进行黑客活动,达到隐藏自己的目的。

**5. FTP木马**

FTP木马打开被控制计算机的21号端口(FTP所使用的默认端口),使每个人不用密码就可以将FTP客户端程序连接到受控制端计算机,并且可以进行最高权限的上传和下载,窃取受害者的机密文件。新FTP木马还加上了密码功能,这样,只有攻击者本人才知道正确的密码,从而进入对方计算机。

**6. 通信软件类木马**

此类木马可以感染即时通信软件。国内即时通信软件百花齐放,网上聊天用户群十分庞大。常见的通信软件类木马一般有以下3种。

1) 发送消息型

通过即时通信软件自动发送含有恶意网址的消息,目的在于让收到消息的用户点击网址中毒,用户中毒后又会向更多好友发送病毒消息。此类病毒的常用技术是搜索聊天窗口,进而控制该窗口自动发送文本内容。发送消息型木马常常充当网游木马的广告,如"武汉男生2005"木马,可以通过MSN、QQ、UC等多种聊天软件发送带毒网址,其主要功能是盗取《传奇》游戏的账号和密码。

2) 盗号型

此类木马的主要目标为即时通信软件的登录账号和密码,工作原理和网游木马类似。病毒作者盗得他人账号后,可能偷窥聊天记录等隐私内容,在各种通信软件内向好友发送不良信息、广告推销等,或将账号卖掉赚取利润。

3) 传播自身型

2005年年初,"MSN性感鸡"等通过MSN传播的蠕虫泛滥了一阵之后,MSN推出新版本,禁止用户传送可执行文件。2005年上半年,"QQ龟"和"QQ爱虫"这两个国产病毒通过QQ聊天软件发送自身进行传播,感染用户数量极大,在江民公司统计的2005年上半年十大病毒排行榜上分列第1名和第4名。从技术角度分析,发送文件类的QQ蠕虫是以前发送消息类QQ木马的进化,采用的基本技术都是搜寻到聊天窗口后,对聊天窗口进行控制以达到发送文件或消息的目的,只不过发送文件的操作比发送消息复杂很多。

**7. 网页点击类木马**

此类木马会恶意模拟用户点击广告等动作,在短时间内可以产生数以万计的点击量。病毒作者的编写目的一般是赚取高额的广告推广费用。此类木马的技术简单,一般只是向服务器发送HTTP GET请求。

### 5.2.3 木马病毒案例

木马病毒在互联网时代让无数网民深受其害。无论是网购、网银还是网游的账户和密码,只要与钱有关的网络交易都是当下木马攻击的重灾区,用户稍有不慎极有可能遭受重大钱财损失甚至隐私被窃。下面列举一些比较典型的案例。

**1. “支付大盗”花钱上百度首页**

2012年12月6日，一个名为“支付大盗”的新型网购木马被发现。木马网站利用百度排名机制伪装为“阿里旺旺官网”，诱骗网友下载运行木马，再暗中劫持受害者网上支付资金，把付款对象篡改为黑客账户。

**2. “新鬼影”借《江南Style》疯传**

火遍全球的《江南Style》很不幸被一个名为“新鬼影”的木马盯上了。只要下载打开《江南Style》相关视频文件，浏览器主页就被篡改为陌生网址导航。此木马主要寄生在硬盘MBR（主引导扇区）中，如果用户计算机没有开启安全软件防护，中招后无论是重装系统还是格式化硬盘，都无法将其彻底清除干净。

**3. “图片大盗”最爱私密照**

绝大多数网民都有一个困惑，为什么自己计算机中的私密照会莫名其妙地出现在网上。“图片大盗”木马运行后会全盘扫描搜集JPG、PNG格式图片，并筛选大小为100KB～2MB的文件，将其暗中发送到黑客服务器上，对受害者隐私造成严重危害。

**4. “浮云”木马震惊全国**

盗取网民钱财高达千万元的“浮云”成为2012年度震惊全国的木马。首先诱骗网民支付一笔小额假订单，却在后台执行另外一个高额订单，用户确认后，高额转账资金就会进入黑客的账户。该木马可以对20多家银行的网上交易系统实施盗窃。

**5. “黏虫”木马专盗QQ**

“QQ黏虫”在2011年度就被业界评为十大高危木马之一，2012年该木马变种卷土重来，伪装成QQ登录框窃取用户QQ账号及密码。值得警惕的是，不法分子盗窃QQ后，除了窃取账号关联的虚拟财产外，还有可能假冒身份向被害者的亲友借钱。

**6. Loapi木马**

2017年，安全工作者发现了Trojan. AndroidOS. Loapi木马，该木马结构复杂，与之前的木马病毒相比，它可以做非常多的恶意活动，可谓“全能”，如订阅付费服务、持续发送广告、挖矿、DDoS攻击等。Loapi恶意家族样本被放置到广告重定向的网页中，当用户点击之后就会进行下载，恶意网页大多为主流的反病毒软件。在用户成功安装之后，会循环向用户发送请求直到获取到Administrator权限，然后隐藏图标或伪装成其他的应用。此木马同时查看用户有没有被Root过，虽然没有使用Root权限，但是很显然Root权限在将来的某些模块中会用到。Loapi使用了一种防止被移除的技术，安装成功之后会调用手机的管理权限，当用户不想继续授权时，Loapi会将用户手机锁屏并关闭设备管理器设定的窗口。

**7. Kemoge木马病毒**

Kemoge同其他手机木马病毒一样，通过伪装成正常的软件进行病毒的传播。Loapi木马会检测用户手机有没有被Root过，但当时并不会直接使用此权限；Kemoge病毒软件安装成功之后，会直接获取用户手机Root权限，并使用此权限进行恶意操作，如自主下载安装无用的软件，删除360安全卫士、手机管家等安全检测软件等，同时会不停地给用户发送广告。

Kemoge会时刻监听用户手机，一旦手机解锁并处于网络连接状态，就会启动。判断用户手机是否已经被Root过，如果没有，则解密资源文件info. mp4，以获取Root权限开展后续操作。为了保证病毒能获取Root权限,info.mp4中包含了8个Root工具。病毒获取权限之后,会将安装包安装到系统目录下,并重命名,使用户难以察觉,因此,即使用户将手机重置,依旧无法删除该病毒。

**8. CTB-Locker木马病毒**

CTB-Locker又名比特币敲诈者,该病毒通过远程加密用户计算机文件,从而向用户勒索赎金。由于病毒作者要求的赎金并非美元,而是比特币,因此获得了比特币敲诈者的名号。据悉,该病毒首先通过邮件发送病毒样本,之后在大量垃圾指令的掩护下,动态解密自身并将自身复制到Temp目录,实现自启。待网友打开Office等文件时,便会自动被加密,无法打开。值得一提的是,CTB-Locker的作者是俄罗斯知名黑客艾维盖尼耶·米哈伊洛维奇·波格契夫,在FBI通缉10大黑客名单中排名第2。在CTB-Locker病毒大范围传播后,FBI也对该病毒束手无策,只得将波格契夫的悬赏金调高至300万美元。这也是FBI在网络犯罪案件中所提供的最高悬赏金。

**9. "大灰狼"远控木马**

360安全团队披露BT天堂网站挂马事件,该网站被利用IE神洞CVE-2014-6332挂马,如果用户没有给应用软件打补丁或开启安全软件防护,计算机会自动下载执行"大灰狼"远控木马程序。"大灰狼"远控木马由于长期被杀毒软件追杀,所以大量使用动态调用系统API躲避查杀,所有的文件相关操作都采用了动态调用的方式,并且几乎所有的样本都需要动态的解码才能获取到相关的函数调用。木马进入计算机后会强制安装大量软件赚取推广费,同时计算机还会被植入Gh0st远程控制木马,木马作者能够窃取任意文件或监视键盘操作,甚至开启摄像头偷窥。

**10. Xcode Ghost手机木马病毒**

该木马病毒主要通过非官方下载的Xcode传播,能够在开发过程中通过CoreService库文件进行感染,使编译出的App被注入第三方的代码,向指定网站上传用户数据。也就是说,当应用开发者使用带毒的Xcode工作时,编译出的App都将被注入病毒代码,从而产生众多带毒App,并且苹果应用商店AppStore无法检测出这种病毒,因为商店审核只能确定App调用了哪些系统API,于是带毒应用顺利进入AppStore,而广大用户则通过AppStore下载到了病毒应用。

### 5.2.4 木马病毒的防治

**1. 防范木马攻击的主要措施**

(1) 运行反木马实时监控程序。

我们在上网时必须运行反木马实时监控程序,实时监控程序可即时显示当前所有运行程序并配有相关的详细描述信息。另外,也可以采用一些专业的最新杀毒软件、个人防火墙进行监控。

(2) 不要执行任何来历不明的软件。

对于网上下载的软件在安装、使用前一定要用反病毒软件进行检查,最好是专门查杀木马程序的软件,确定没有木马程序后再执行、使用。

(3) 不要轻易打开不熟悉的邮件。

现在,很多木马程序附加在邮件的附件之中,收邮件者一旦点击附件,它就会立即运行。

所以，千万不要打开那些不熟悉的邮件，特别是标题有点乱的邮件，这些邮件往往就是木马携带者。

(4) 不要轻信他人。

不要因为是我们的好朋友发来的软件就运行，因为不能确保他的计算机上就不会有木马程序。当然，好朋友故意欺骗你的可能性不大，但也许他中了木马自己还不知道呢。况且今天的互联网到处充满了危机，也不能保证这一定是好朋友发给我们的，也许是别人冒名给我们发的文件，或者就是木马程序本身发来的。例如，最常见的"QQ尾巴"病毒，经常会冒充主人给好友发来附件。

(5) 不要随意下载软件。

不要随便在网上下载一些盗版软件，特别是从一些不可靠的FTP站点、公众新闻组、论坛或BBS，因为这些正是新木马发布的首选之地。

(6) 将Windows资源管理器配置成始终显示扩展名。

一些扩展名为VBS、SHS、PIF的文件多为木马程序的特征文件，一经发现，要立即删除，千万不要打开。

(7) 尽量少用共享文件夹。

如果计算机连接在互联网或局域网上，要少用、尽量不用共享文件夹。如果因工作等其他原因必须设置成共享，则最好单独开一个共享文件夹，把所有需共享的文件都放在这个共享文件夹中。注意，千万不能把系统目录设置成共享。

(8) 隐藏IP地址。

这一点非常重要。在上网时，最好用一些工具软件隐藏自己计算机的IP地址。

前面讲了防范木马程序攻击的8个方法，似乎已经很安全了。但是，我们知道的方法，木马程序设计者自然也会知道，他们会想尽一切办法，尽量避免被我们预防到。

**2. 木马病毒的检测**

如果怀疑自己的计算机上被别人安装了木马，或者是中了病毒，就要进行相应的检测与查杀了，可以按照以下步骤进行。

(1) 检测网络连接。

可以使用Windows自带的网络命令查看谁在连接你的计算机。

具体的命令格式为netstat -an，这个命令能看到所有和本地计算机建立连接的IP，它包含4部分：Proto(连接方式)、Local Address(本地连接地址)、Foreign Address(和本地建立连接的地址)和State(当前端口状态)。通过这个命令执行结果的详细信息，就可以完全监控计算机上的连接，从而达到控制计算机的目的。

(2) 禁用不明服务。

如果在某天系统重新启动后发现计算机速度变慢了，不管怎么优化都慢，用杀毒软件也查不出问题，这个时候很可能是别人通过入侵你的计算机后开放了某种特别的服务，如IIS信息服务等，这样杀毒软件是查不出来的。但是可以查看系统中究竟有什么服务被开启，如果发现了不是自己开启的服务，就可以有针对性地禁用这个服务。方法就是在命令行窗口中直接输入net start查看服务，再用net stop server命令禁止服务。

(3) 轻松检查账户。

很长一段时间，恶意攻击者非常喜欢使用复制账号的方法控制计算机。采用的方法就是激活一个系统中的默认账户,但这个账户是不经常用的,然后使用工具把这个账户提升到管理员权限,从表面上来看这个账户还是和原来一样,但是这个复制的账户却是系统中最大的安全隐患。恶意攻击者可以通过这个账户任意地控制计算机。

为了避免这种情况,可以对账户进行检测。首先在命令行输入 net user,查看计算机上有些什么用户,然后再使用"net user 用户名"命令查看这个用户属于什么权限。一般除了Administrator 是 administrators 组的以外,其他都不是,如果发现一个系统内置的用户是属于 administrators 组的,那几乎肯定被入侵了,而且别人在计算机上复制了账户。可以使用"net user 用户名/del"命令删掉这个账户。

对于没有联网的客户端,当其联网之后也会在第一时间内收到更新信息将病毒特征库更新到最新版本,不仅省去了用户手动更新的烦琐过程,也使用户的计算机时刻处于最佳的保护环境之下。

(4) 对比系统服务项。

首先执行"开始"→"运行"命令,在打开的对话框中输入 msconfig. exe 后按 Enter 键,打开系统配置实用程序,然后在"服务"选项卡中勾选"隐藏所有 Microsoft 服务"复选框,这时列表中显示的服务项都是非系统程序。

再执行"开始"→"运行"命令,在打开的对话框中输入 Services. msc 后按 Enter 键,打开系统服务管理,对比两张表,在该"服务列表"中可以逐一找出刚才显示的非系统服务项。

然后在"系统服务"管理界面中找到那些服务后双击打开,在"常规"选项卡中的可执行文件路径中可以看到服务的可执行文件位置,一般正常安装的程序,如杀毒软件、MSN、防火墙等都会建立自己的系统服务,不在系统目录下,如果有第三方服务指向的路径是在系统目录,那么它就是木马。选中它,选择表中的"禁止",重新启动计算机即可。

**3. 木马病毒的查杀**

木马病毒的查杀可以采用手动和自动两种方式。最简单的方式是安装杀毒软件,当今国内很多杀毒软件(如360、瑞星、金山毒霸等)都能删除网络中最猖獗的木马。使用杀毒软件的步骤如下。

(1) 升级杀毒软件到最新版本,保证病毒库是最新的。

(2) 对于局域网内部用户,在杀毒之前请断开网络。

(3) 重启计算机,开机后按 F8 键,再按 Enter 键,进入"安全模式"进行杀毒。在Windows 下杀毒会有些不放心,因为它们极有可能会交叉感染。而一些杀毒程序又无法在DOS 下运行,这时可以把系统启动至安全模式,使 Windows 只加载最基本的驱动程序,这样杀毒就更彻底、更干净了。

(4) 杀毒之前确认扫描选项中的"杀毒前备份染毒文件""在杀毒前先扫描内存中的病毒"被选中,不要选中"染毒文件清除失败后删除此文件"选项。因为经验证明,很多病毒都是内存驻留型,备份染毒文件是因为没有哪个杀毒软件能保证杀过毒之后的文件100%能够正常使用。

(5) 碰到病毒已经清除,但系统重新启动又出现中毒情况的,请确认所在网络无毒,然后制作 USB 启动盘在 Windows PE 环境下查杀。如果网络中毒,请联系网络管理员,断网杀毒(Windows PE 是在 Windows 内核上构建的具有有限服务的最小 Win32 子系统,可以方便地从网络文件服务器上复制磁盘映像并启动 Windows 安装程序)。

(6) 如果经过以上步骤后还能发现木马病毒，就需要到网上查找是否有相关病毒的专用杀毒工具了。专用杀毒工具杀毒精确性相对较高，因此推荐在条件许可的情况下使用专用杀毒工具。

**4. 木马病毒的手工查杀**

用杀毒软件相对简单方便，但杀毒软件的升级通常慢于新木马的出现，因此学会手工查杀很有必要。常用方法如下。

(1) 检查注册表。从"开始"菜单运行 regedit，打开注册表编辑器，注意在检查注册表之前要先备份注册表。检查 HKEY_LOCAL_MACHINE\Software\Microsoft\Windows\Current Version\Run 和 HKEY_LOCAL_MACHINE\Software\Microsoft\Windows\CurrentVersion\Runserveice，查看键值中有没有自己不熟悉的自启动文件，它的扩展名一般为 EXE，然后记住木马程序的文件名，再在整个注册表中搜索，凡是看到相同的文件名的键值就删除，接着到计算机中找到木马文件的藏身地将其彻底删除。

(2) 检查 HKEY_LOCAL_MACHINE 和 HKEY_CURRENT_USER\SOFTWARE\Microsoft\Internet Explorer\Main 中的几项(如 Local Page)，如果发现键值被修改了，只要根据判断改回去即可。恶意代码(如"万花谷")就经常修改这几项。

(3) 检查 HKEY_CLASSES_ROOT\inifile\shell\open\command 和 HKEY_CLASSES_ROOT\txtfile\shell\open\command 等几个常用文件类型的默认打开程序是否被更改，若有更改一定要改回来，很多病毒就是通过修改 TXT 和 INI 等文件类型的默认打开程序而清除不了。

(4) 检查系统配置文件。从"开始"菜单运行 msconfig，打开系统配置实用程序。检查 win.ini 文件(在 C:\windows 下)，在[WINDOWS]选项下面如果有 run= 和 load= 参数，是加载木马程序的一种途径。一般情况下，在它们的等号后面什么都没有，如果发现后面跟着不熟悉的启动程序，那个程序就是木马程序。

(5) 检查 system.ini 文件(在 C:\windows 下)，在 BOOT 下面有一个"shell=文件名"。正确的文件名应该是 explorer.exe，如果是"shell=explorer.exe 程序名"，那么后面跟着的那个程序也是木马程序。不管出现以上哪种情况，先将程序名删除，然后再在硬盘上找到这个程序进行删除。

### 5.2.5 蠕虫病毒的概念

"蠕虫"这个生物学名词于 1982 年由 Xerox PARC 的 John F. Shoeh 等最早引入计算机领域，并给出了计算机蠕虫的两个最基本的特征："可以从一台计算机移动到另一台计算机"和"可以自我复制"。最初，他们编写蠕虫的目的是做分布式计算的模型实验。1988 年 Morris 蠕虫爆发后，Eugene H. Spafford 为了区分蠕虫和病毒，给出了蠕虫的技术角度的定义："计算机蠕虫可以独立运行，并能把自身的一个包含所有功能的版本传播到另外的计算机上"。计算机蠕虫和计算机病毒都具有传染性和复制功能，这两个主要特性上的一致导致二者之间是非常难区分的。近年来，越来越多的病毒采取了蠕虫技术达到其在网络上迅速感染的目的。因而，蠕虫本身只是计算机病毒利用的一种技术手段。

蠕虫病毒的传染机理是利用网络进行复制和传播，传染途径是通过网络、电子邮件以及 U 盘、移动硬盘等移动存储设备。例如，2006 年年底的"熊猫烧香"病毒就是蠕虫病毒的一种。蠕虫程序主要利用系统漏洞进行传播。它通过网络、电子邮件和其他的传播方式,像生物蠕虫一样从一台计算机传染到另一台计算机。因为蠕虫使用多种方式进行传播,所以蠕虫程序的传播速度是非常快的。

蠕虫病毒侵入一台计算机后,首先获取其他计算机的IP地址,然后将自身副本发送给这些计算机。蠕虫病毒也使用存储在染毒计算机上的邮件客户端地址簿中的地址传播程序。虽然有的蠕虫程序也在被感染的计算机中生成文件,但一般情况下,蠕虫程序只占用内存资源而不占用其他资源。

蠕虫也是一种病毒,因此具有病毒的共同特征。一般的病毒是需要寄生的,它可以通过自己指令的执行,将自己的指令代码写到其他程序的体内,被感染的文件称为"宿主"。例如,Windows下可执行文件的格式为PE格式,需要感染PE文件时,首先在宿主程序中建立一个新段,将病毒代码写到新段中,修改程序入口点等,这样,宿主程序执行的时候就可以先执行病毒程序,病毒程序运行完之后,再把控制权交给宿主原来的程序指令。可见,病毒主要是感染文件,当然也有像DIRII这种链接型病毒,还有引导区病毒。引导区病毒是感染磁盘的引导区,如果是软盘、U盘、移动硬盘等被感染,其受感染的盘在其他机器上使用后,同样也会感染其他机器,所以传播媒介也可以是移动存储设备。

蠕虫一般不采取利用PE格式插入文件的方法,而是复制自身在互联网环境下进行传播,病毒的传染能力主要是针对计算机内的文件系统而言,而蠕虫病毒的传染目标是互联网中的所有计算机。局域网条件下的共享文件夹、电子邮件、网络中的恶意网页、大量存在着漏洞的服务器等都成为蠕虫传播的良好途径。网络的发展也使蠕虫病毒可以在几个小时内蔓延全球,而且蠕虫的主动攻击性和突然爆发性将令人们手足无措。

**1. 蠕虫病毒的组成**

蠕虫病毒由两部分组成:一个主程序和一个引导程序。主程序一旦在计算机上建立就会去收集与当前计算机联网的其他计算机的信息。它能通过读取公共配置文件并运行显示当前网上联机状态信息的系统实用程序而做到这一点。随后,它尝试利用前面所描述的那些缺陷在这些远程计算机上建立其引导程序。

蠕虫病毒程序常驻于一台或多台计算机中,并有自动重新定位的能力。如果它检测到网络中的某台计算机未被占用,它就把自身的一个备份(一个程序段)发送给那台计算机。每个程序段都能把自身的备份重新定位于另一台计算机中,并且能识别它占用的那台计算机。

**2. 蠕虫病毒的特征**

蠕虫病毒的一般特征如下。

(1) 独立个体,单独运行。

(2) 大部分利用操作系统和应用程序的漏洞主动进行攻击。

(3) 传播方式多样。

(4) 造成网络拥塞,消耗系统资源。

(5) 制作技术与传统的病毒不同,与黑客技术相结合。

蠕虫病毒的行为特征主要包括主动攻击、行踪隐蔽、利用系统和网络应用服务漏洞、造成网络拥塞、降低系统性能、产生安全隐患、反复性、破坏性等。

**3. 蠕虫病毒的分类**

根据攻击对象不同可分为两类:一类是面向企业用户和局域网的,这类蠕虫病毒利用系统漏洞主动进行攻击,可以使整个网络瘫痪,以“红色代码”和“SQL 蠕虫王”为代表;另一类是针对个人用户的通过网络迅速传播的蠕虫病毒,以“爱虫”病毒和“求职信”病毒为代表。

**4. 传播过程**

(1) 扫描。由蠕虫的扫描功能模块负责探测存在漏洞的主机。

(2) 攻击。攻击模块按漏洞攻击步骤自动攻击找到的对象,取得该主机的权限(一般为管理员权限),获得一个 Shell。

(3) 现场处理。进入被感染的系统后,要做现场处理工作,现场处理部分工作主要包括隐藏、信息搜集等。

(4) 复制。复制模块通过原主机和新主机的交互将蠕虫程序复制到新主机并启动。

## 5.2.6 蠕虫病毒案例

**1. “熊猫烧香”病毒**

“熊猫烧香”是一个由 Delphi 工具编写的蠕虫,终止大量的反病毒软件和防火墙软件进程。病毒会删除扩展名为 GHO 的文件,使用户无法使用 Ghost 软件恢复操作系统。“熊猫烧香”感染系统的 EXE,COM,PIF,SRC,HTML,ASP 文件,添加病毒网址,导致用户一打开这些网页文件,浏览器就会自动连接到指定的病毒网址中下载病毒。在硬盘各个分区下生成文件 autorun.inf 和 setup.exe,可以通过 U 盘和移动硬盘等方式进行传播,并且利用 Windows 系统的自动播放功能运行,搜索硬盘中的 EXE 可执行文件并感染,感染后的文件图标变成“熊猫烧香”图案,如图 5.3 所示。“熊猫烧香”病毒还可以通过共享文件夹、系统弱口令等多种方式进行传播。

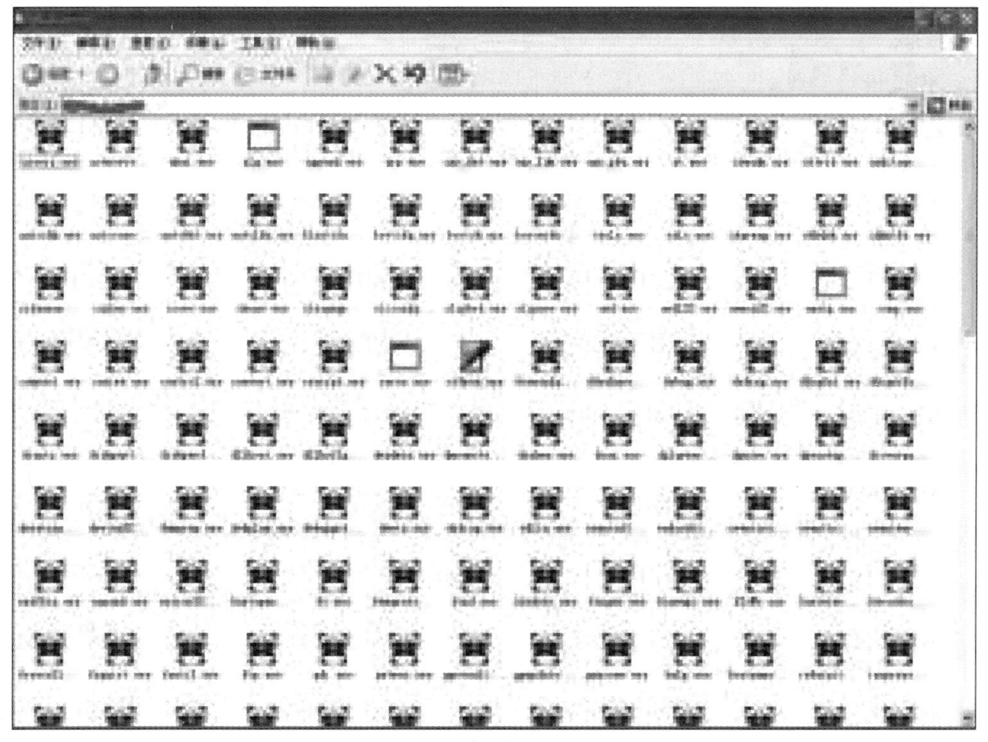

图 5.3 感染“熊猫烧香”病毒现象

据瑞星反病毒专家介绍,“熊猫烧香”其实是“尼姆亚”病毒的新变种,最早出现在2006年11月,由于它一直在不停地进行变种,而且该病毒会将中毒计算机中所有的网页文件尾部添加病毒代码,因此,一旦一些网站编辑人员的计算机被该病毒感染,网站编辑在上传网页到网站后,就会导致所有浏览该网页的计算机用户也感染上该病毒。

同时,金山毒霸反病毒中心表示,“熊猫烧香”除了通过网站带毒感染用户之外,还会通过QQ最新漏洞传播,通过网络文件共享、默认共享、系统弱口令、U盘和移动硬盘等多种途径传播。局域网中只要有一台计算机感染,就可以瞬间传遍整个网络,甚至在极短时间之内就可以感染几千台计算机,严重时可以导致网络瘫痪。中毒症状表现为计算机中所有EXE可执行文件图标都变成了“熊猫烧香”图案,继而系统蓝屏、频繁重启、硬盘数据被破坏等,严重时整个公司局域网内所有计算机全部中毒。

对此,江民公司的反病毒专家分析认为:目前存在三大原因导致病毒快速传播。一是大量的企业用户使用国外杀毒软件,而国外杀毒软件对于此类国产病毒响应速度特别慢。二是由于被种植“熊猫烧香”病毒网站的点击量的全球排名均在前300名之列,而一部分网站编辑本身计算机感染了病毒,当他们把受感染文件上传到服务器后,访问者点击此类受感染网页即中毒,因此该病毒才得以迅速传播。三是病毒具有极强的变种能力,仅从2006年11月至2006年年底短短一个多月的时间,该病毒就变种30余次,因此在许多用户疏于防范而没有更新杀毒软件时,该病毒即可借机迅速传播。

下面简单叙述一下“熊猫烧香”的案件过程。李俊于2006年10月开始制作计算机病毒“熊猫烧香”,并请雷磊对该病毒提修改建议。雷磊认为,该病毒会修改被感染文件的图标,且没有隐藏病毒进程,容易被发现,建议李俊从这两个方面对该病毒进行修改。李俊按照雷磊的建议修改了“熊猫烧香”病毒,由于其技术方面的原因而使修改后的病毒虽然能不改变别人的图标,但会使图标变花、变模糊,隐藏病毒进程问题也没有解决。2007年1月,雷磊亲自对该病毒进行修改,也未能解决上述两个问题。2006年11月中旬,李俊在互联网叫卖该病毒,同时也请王磊及其他网友帮助出售该病毒。随着病毒的出售和赠送给网友,“熊猫烧香”病毒迅速在互联网上传播,由此导致自动链接李俊个人网站的流量大幅上升。王磊得知此情形后,主动提出为李俊卖“流量”,并联系被告人张顺购买李俊网站的“流量”,所得收入由王磊和李俊平分。为了提高访问李俊网站的速度,减少网络拥堵,王磊和李俊商量后,由王磊化名董磊为李俊的网站在南昌锋讯网络科技有限公司租用了一个2GB内存、百兆独享线路的服务器,租金由李俊、王磊每月各负担800元。张顺购买李俊网站的流量后,先后将9个游戏木马挂在李俊的网站上,盗取自动链接李俊网站游戏玩家的“游戏信封”,并将盗取的“游戏信封”进行拆封、转卖,从而获取利益。从2006年12月至2007年2月,李俊获利145 149元,王磊获利80 000元,张顺获利12 000元。“熊猫烧香”病毒的传播造成北京、上海、天津、山西、河北、辽宁、广东、湖北等省市众多单位和个人的计算机受到病毒感染,不能正常运行,同时也使众多游戏玩家的游戏装备、游戏币被盗。2007年2月2日,李俊将其网站关闭,之后再未开启该网站。被告人李俊归案后,向公安机关提供线索抓获了其他同案人。案发后,被告人李俊、王磊、张顺退回了所得全部赃款。被告人李俊交出“熊猫烧香”病毒专杀工具。

法院认为:4被告均构成破坏计算机信息系统罪。根据《刑法》第286条规定:违法国家规定,对计算机信息系统功能进行删除、修改、增加、干扰,造成计算机信息系统不能正常运行，后果严重的，处五年以下有期徒刑或者拘役；后果特别严重的，处五年以上有期徒刑；故意制作、传播计算机病毒等破坏性程序，影响计算机系统正常运行，后果严重的依照第一款的规定处罚。

- 被告人李俊犯破坏计算机信息系统罪，判处有期徒刑四年；
- 被告人王磊犯破坏计算机信息系统罪，判处有期徒刑两年六个月；
- 被告人张顺犯破坏计算机信息系统罪，判处有期徒刑两年；
- 被告人雷磊犯破坏计算机信息系统罪，判处有期徒刑一年。

被告人李俊的违法所得人民币 145 149 元，被告人王磊的违法所得人民币 80 000 元，被告人张顺的违法所得人民币 12 000 元，予以没收，上缴国库。

预防“熊猫烧香”这类病毒的措施如下。

(1) 立即检查本机 administrators 组成员口令，一定要放弃简单口令甚至空口令，安全的口令是字母、数字、特殊字符的组合，自己记得住，别让病毒猜到就行。

修改方法：右击“我的电脑”图标，从弹出的快捷菜单中选择“管理”，在打开的“计算机管理”窗口中选择“本地用户和组”节点，在右侧的窗格中选择具备管理员权限的用户名右击，从弹出的快捷菜单中选择“设置密码”，输入新密码即可，如图 5.4 所示。

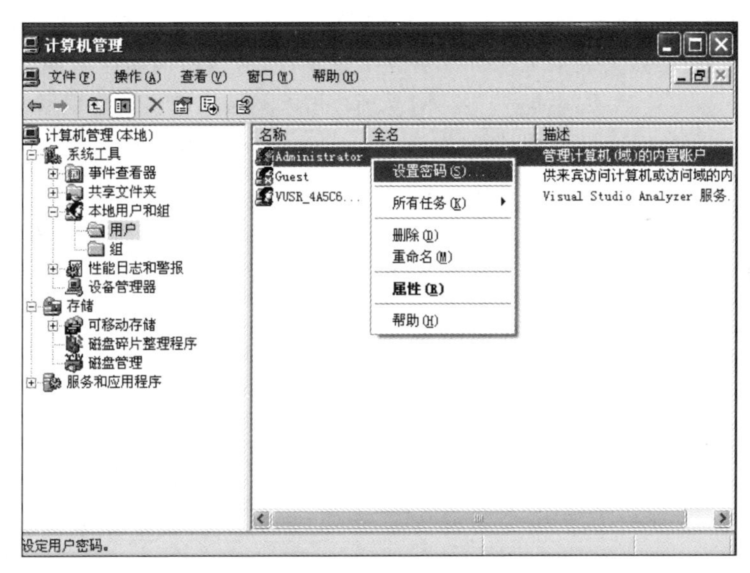


图 5.4 设置用户密码

(2) 利用组策略，关闭所有驱动器的自动播放功能。

修改方法：执行“开始”→“运行”命令，在打开的对话框中输入 gpedit. msc，打开“组策略”窗口，展开“计算机配置”→“管理模板”→“系统”节点，在右侧的窗格中双击“关闭自动播放”，该配置默认是未配置。在弹出对话框中的下拉列表框中选择“所有驱动器”，再选中“已启用”单选按钮，单击“确定”按钮后关闭。最后，执行“开始”→“运行”命令，在打开的对话框中输入 gpupdate，单击“确定”按钮后该策略就生效了。

(3) 修改文件夹选项，以查看不明文件的真实属性，避免无意双击骗子程序中毒。

修改方法：打开资源管理器(按 Windows 徽标键+E 组合键)，执行“工具”→“文件夹选项”菜单命令，再选择“查看”选项卡，在“高级设置”列表框中选择查看所有文件，取消对

“隐藏受保护的操作系统文件”和“隐藏已知文件类型的扩展名”复选框的勾选。

(4) 时刻保持操作系统获得最新的安全更新,不要随意访问来源不明的网站,特别是微软公司的MS06-014漏洞,应立即打好该漏洞补丁。同时,QQ、MSN的漏洞也可以被该病毒利用,因此,用户应该去官方网站打好最新补丁。此外,由于该病毒会利用IE浏览器的漏洞进行攻击,因此用户还应该给IE打好所有的补丁。如果必要的话,用户可以暂时改用Firefox,Opera等比较安全的浏览器。

(5) 启用Windows防火墙保护本地计算机。局域网用户尽量避免创建可写的共享目录,已经创建共享目录的应立即停止共享。

此外,对于未感染的用户,病毒专家建议不要登录不良网站,及时下载微软公司公布的最新补丁避免病毒利用漏洞袭击用户的计算机,同时上网时应采用“杀毒软件+防火墙”的立体防御体系。

**2. “U盘寄生虫”病毒**

金山反病毒中心将该病毒统称为“AV终结者”,瑞星反病毒中心将该病毒称为“帕虫”,江民反病毒中心将该病毒称为“U盘寄生虫”。

“U盘寄生虫”是一款利用U盘等移动存储设备传播的蠕虫病毒,通过网络大规模自动传播,传播方式包括电子邮件、网络共享、系统漏洞、即时通信软件等。“U盘寄生虫”会利用U盘、MP3、移动硬盘等设备中的自动播放文件发作,大量占用系统资源,使计算机运行缓慢、无法上网,甚至导致系统瘫痪。此外,受到攻击的局域网还可能出现网络堵塞、瘫痪等严重症状。

“U盘寄生虫”是蠕虫家族的重要成员之一,采用Delphi语言编写,并经过加壳处理。“U盘寄生虫”运行后自我复制到系统盘根目录下,文件名为test.exe,将文件属性设置为“隐藏”,并在相同目录下创建autorun.inf文件,达到双击盘符就可启动“U盘寄生虫”病毒的目的。普通用户一旦感染该病毒,从病毒进入计算机到实施破坏,4步就可导致用户计算机彻底崩溃。第1步,禁用所有杀毒软件及相关安全工具,让计算机失去安全保障;第2步,破坏安全模式,致使用户根本无法进入安全模式清除病毒;第3步,强行关闭带有病毒字样的网页,只要在网页中输入“病毒”相关字样,网页遂被强行关闭,即使是一些安全论坛也无法登录,用户无法通过网络寻求解决办法;第4步,格式化系统盘重装后很容易被再次感染。

用户格式化后,只要双击其他盘符,病毒将再次运行。此外,用户计算机的安全防御体系被彻底摧毁,安全性几乎为零,而“AV终结者”自动连接到拥有病毒的网站,并下载数百种木马病毒,各类盗号木马、广告木马、风险程序在用户计算机毫无抵抗力的情况下鱼贯而入,用户的网银、网游、QQ账号密码及机密文件都处于极度危险之中。因此,提醒计算机用户目前使用计算机需慎之又慎。

据瑞星反病毒中心表示:“该病毒采用了多种技术手段保护自身不被清除,例如它会终结几十种常用的杀毒软件,如果用户使用Google、百度等搜索引擎搜索‘病毒’,浏览器也会被病毒强制关闭,使用户无法取得相关信息。尤为恶劣的是,该病毒还采用了IFEO(Image File Execution Options)劫持(Windows文件映像劫持)技术,修改注册表,使QQ医生、360安全卫士等几十种常用软件无法正常运行,从而使用户很难手动清除该病毒。”

此外,据反病毒专家介绍:“该病毒通过映像劫持技术将大量杀毒软件‘绑架’,使其无法正常应用，而用户在双击相关安全软件后，实际上已经运行了病毒文件，实现病毒的'先劫持后调包'计划。该病毒不但可以劫持大量杀毒软件和安全工具，还可以禁止 Windows 的自动更新和系统自带的防火墙，大大降低了用户系统的安全性，这也是近几年来对用户的系统安全破坏程度最大的一个病毒之一。而且该病毒还会在每个磁盘分区上建立自动运行文件(包括 U 盘)，从而使其通过 U 盘传播的概率大大增加。同时，由于每个分区上都有病毒留下的文件，普通用户即使格式化 C 盘重装系统，也无法彻底清除该病毒。"

病毒专家建议，计算机用户应及时升级杀毒软件，开启杀毒软件"实时监控"和"系统监测"功能，防范已知和未知病毒。针对越来越多的病毒通过 U 盘传播的特征，专家建议用户在使用 U 盘前务必先使用杀毒软件进行扫描，确认无毒后再打开。此外，用户应养成良好的安全习惯，不随意点击不明链接和运行不明文件，及时为操作系统打好补丁，关闭系统共享以及为系统设置复杂的口令都可有效减少病毒侵害。

**3. Mydoom 邮件病毒**

Novarg/Mydoom.a 蠕虫是 2004 年 1 月 28 日开始传入我国的一个通过邮件传播的蠕虫，在全球造成的直接经济损失至少达 400 亿美元，是 2004 年 1 月十大病毒之首。该蠕虫利用欺骗性的邮件主题和内容诱使用户打开邮件中的附件。拒绝服务的方式是向网站的 Web 服务发送大量 GET 请求，在传播和攻击过程中会占用大量系统资源，导致系统运行变慢。蠕虫还会在系统留下后门，通过该后门，入侵者可以完全控制被感染的主机。

该蠕虫没有使用特别的技术和系统漏洞，之所以能造成如此大的危害，主要还是由于人们防范意识的薄弱和蠕虫本身传播速度较快的原因。该蠕虫主要通过电子邮件进行传播，它的邮件主题、正文和所带附件的文件名都是随机的，另外它还会利用 Kazaa 的共享网络进行传播。病毒文件的图标和 Windows 系统的记事本(Notepad.exe)图标非常相似，运行后会打开记事本程序，显示一些乱码信息，其实病毒已经开始运行了。病毒会创建名为 SwebSipcSmtxSO 的排斥体判断系统是否已经被感染。

蠕虫在系统中寻找所有可能包含邮件地址的文件，包括地址簿文件、各种网页文件等，从中提取邮件地址作为发送的目标。病毒会避免包含以下信息的域名：gov，mil，borlan，bsd，example 等；避免包含以下信息的电子邮件账户：accoun，ca，certific，icrosoft，info，linux 等。当病毒检测到邮件地址中含有上述域名或账户时则忽略该地址，不将其加入发送地址链表中。

Mydoom 蠕虫病毒除了造成网络资源的浪费，阻塞网络，被攻击网站不能提供正常服务外，最大的危险在于安装了后门程序。该后门即 shimgapi.dll，通过修改注册表，使自身随着浏览器的启动而运行，将自己加载到资源管理器的进程空间中。后门监听 3127 端口，如果该端口被占用，则递增端口号，但不大于 3198。后门提供了以下两个功能。

(1) 作为端口转发代理。

(2) 作为后门接收上传程序并执行。

当 3127 端口收到连接之后，如果接收的第 1 个字符是 x04，转入端口转发流程。若第 2 个字符是 0x01，则取第 3 和第 4 个字符作为目标端口，取第 5～8 这 4 个字节作为目标 IP 地址，进行连接并和当前 Socket 数据转发。如果接收的第 1 个字符是 x85，则转入执行命令流程。先接收 4B，转成主机字节序后验证是否是 x133c9ea2，验证通过则创建临时文件接收数据，接收完毕运行该文件。也就是说，只要把任意一个可执行文件的头部加上 5 个字符

x85133c9ea2作为数据发送到感染了Mydoom.a蠕虫计算机的3127端口,这个文件就会在系统上被执行,从而对被感染系统的安全造成极大的威胁。



**4. Nimda蠕虫病毒**

在Nimda蠕虫病毒出现以前,蠕虫技术一直是独立发展的。Nimda病毒首次将蠕虫技术和计算机病毒技术结合起来。从Nimda的攻击方式来看,Nimda蠕虫病毒只攻击微软公司的Windows系列操作系统。Nimda蠕虫病毒在技术实现上与许多蠕虫病毒都有一些共性的特点,主要有以下几方面。

(1) 被利用的系统漏洞。它通过电子邮件、网络临近共享文件、微软公司IE异常处理MIME头漏洞、Microsoft IIS UniCode解码目录遍历漏洞、Microsoft IIS CGI文件名错误解码漏洞、Code Red II和Sadmind/IIS蠕虫留下的后门程序共6种方式进行传播,其中前3种方式是病毒传播方式。

(2) 传播方式。邮件传播、IIS Web服务器传播、文件共享传播、通过网页进行传播、通过修改EXE文件进行传播、通过Word文档进行传播、感染病毒文件并修改System.ini配置、后门安装技术。

**5. 冲击波病毒**

冲击波病毒的行为特征如下。

(1) 病毒运行时会将自身复制为%systemdir%\msblast.exe。%systemdir%是一个变量,它指的是操作系统安装目录中的系统目录,默认为c:\windows\system或c:\Winnt\system32。

(2) 病毒运行时会在系统中建立一个名为BILLY的互斥量,目的是病毒保证在内存中只有一份病毒体,避免用户发现。

(3) 病毒运行时会在内存中建立一个名为msblast.exe的进程,该进程就是活的病毒体。

(4) 病毒会修改注册表,在HKEY_LOCAL_MACHINE\SOFTWARE\Microsoft\Windows\CurrentVersion\Run中添加键值"windows auto update"="msblast.exe",以便每次启动系统时病毒都会运行。

(5) 病毒体内隐藏有一段文本信息:I just want to say LOVE YOU SAN!! Billy gates why do you make this possible? Stop making money and you're your software!!。

(6) 病毒会每20s检测一次网络状态,当网络可用时,病毒会在本地的UDP/69端口上建立一个简单文件传输协议(Trivial File Transfer Protocol,TFTP)服务器,并启动一个攻击传播线程,不断地随机生成攻击地址进行攻击。另外,该病毒攻击时会首先搜索子网的IP地址,以便就近攻击。

(7) 当病毒扫描到计算机后,就会向目标计算机的TCP/135端口发送数据。

(8) 当病毒攻击成功后,目标计算机便会将监听的TCP/4444端口作为后门,并绑定cmd.exe。然后蠕虫会连接到这个端口,发送TFTP下载信息,目标主机通过TFTP下载病毒并运行病毒。

(9) 当病毒攻击失败时,可能会造成没有打补丁的Windows系统的远程文件复制(Remote File Copy,RFC)服务崩溃,Window XP系统可能会自动重启计算机。

(10) 病毒检测到当前系统月份是8月之后或为当月日期的15日之后,就会向微软公司的更新站点 windowsupdate.com 发动拒绝服务攻击，使微软公司网站的更新站点无法为用户提供服务。

从上述冲击波病毒的行为特征可以看出，冲击波病毒与其他两个病毒的不同点在于其传播方式。冲击波病毒利用了 Windows 系统的 DCOM RPC 缓冲区漏洞攻击系统，一旦攻击成功，病毒体将会被传送到对方计算机中进行感染，不需要用户的参与，而其他两种病毒是通过邮件附件的方式引诱用户点击执行。破坏性方面，因病毒而异；病毒的执行、自启动方面，3 种病毒都相似。

RPC 是运用于 Windows 操作系统上的一种协议。RPC 提供相互处理通信机制，允许运行该程序的计算机在一个远程系统上执行代码。RPC 协议本身源于 OSF（Open Software Foundation）RPC 协议，后来又另外增加了一些微软专用扩展功能。RPC 中处理 TCP/IP 信息交换的模块由于错误地处理畸形信息，导致存在缓冲区溢出漏洞，远程攻击者可利用此缺陷以本地系统权限在系统上执行任意指令，如安装程序、查看或更改、删除数据或建立系统管理员权限的账户。

据 CERT 安全小组称，操作系统中超过 50%的安全漏洞都是由内存溢出引起的，其中大多数与微软公司技术有关，这些与内存溢出相关的安全漏洞正在被越来越多的蠕虫病毒所利用。缓冲区溢出是指当计算机程序向缓冲区内填充的数据位数超过缓冲区本身的容量时，溢出的数据就会覆盖在合法数据上，这些数据可能是数值、下一条指令的指针，或者是其他程序的输出内容。一般情况下，覆盖其他数据区的数据是没有意义的，最多造成应用程序错误。但是，如果输入的数据是经过“黑客”或病毒精心设计的，覆盖缓冲区的数据恰恰是“黑客”或病毒的入侵程序代码，一旦多余字节被编译执行，“黑客”或病毒就有可能为所欲为，获取系统的控制权。

溢出根源在于编程：缓冲区溢出是由编程错误引起的。如果缓冲区被写满，而程序没有检查缓冲区边界，也没有停止接收数据，这时缓冲区溢出就会发生。因此，防止利用缓冲区溢出发起的攻击，关键在于程序开发者在开发程序时仔细检查溢出情况，不允许数据溢出缓冲区。此外，用户需要经常登录操作系统和应用程序提供商的网站，跟踪公布的系统漏洞，及时下载补丁程序，弥补系统漏洞。

### 5.2.7 蠕虫病毒的防治

蠕虫病毒的一般防治方法是使用具有实时监控功能的杀毒软件，防范邮件蠕虫的最好办法就是提高自己的安全意识，不要轻易打开带有附件的电子邮件。另外，可以启用杀毒软件的“邮件发送监控”和“邮件接收监控”功能，也可以提高对病毒邮件的防护能力。

**1. 一般防治措施**

因为目前的蠕虫病毒越来越表现出 3 种传播趋势：邮件附件、无口令或弱口令共享、利用操作系统或应用系统漏洞传播病毒，所以防治蠕虫也应从这 3 方面入手。

(1) 针对通过邮件附件传播的病毒。

在邮件服务器上安装杀毒软件，对附件进行杀毒。在客户端（主要是 Outlook）限制访问附件中的特定扩展名的文件，如 PIF，VBS，JS，EXE 等；用户不打开可疑邮件携带的附件。

(2) 针对弱口令共享传播的病毒。

严格来说，通过共享和弱口令传播的蠕虫大多也利用了系统漏洞。这类病毒会搜索网络上的开放共享并复制病毒文件，更进一步的蠕虫还自带口令猜测的字典破解薄弱用户口令，尤其是薄弱管理员口令。对于此类病毒，在安全策略上需要增加口令的强度策略，保证必要的长度和复杂度；通过网络上的其他主机定期扫描开放共享和对登录口令进行破解尝试，发现问题及时整改。

(3) 针对通过系统漏洞传播的病毒。

配置 Windows Update 自动升级功能，使主机能够及时安装系统补丁，防患于未然；定期通过漏洞扫描产品查找主机存在的漏洞，发现漏洞，及时升级；关注系统提供商、安全厂商的安全警告，如有问题则采取相应措施。

(4) 重命名或删除命令解释器。

例如，Windows 系统下的 WScript. exe，通过防火墙禁止除服务端口外的其他端口，切断蠕虫的传播通道和通信通道。

**2. 个人用户对蠕虫病毒的防范措施**

通过上述分析和介绍可以知道，病毒并不可怕，网络蠕虫病毒对个人用户的攻击主要还是通过社会工程学，而不是利用系统漏洞，所以防范此类病毒需要注意以下几点。

(1) 选用合适的杀毒软件。网络蠕虫病毒的发展已经使传统的杀毒软件的“文件级实时监控系统”落伍，杀毒软件必须向内存实时监控和邮件实时监控发展。另外，面对防不胜防的网页病毒，也使用户对杀毒软件的要求越来越高。

(2) 经常升级病毒库。杀毒软件对病毒的查杀是以病毒的特征码为依据的，而病毒每天都层出不穷，尤其是在网络时代，蠕虫病毒的传播速度快、变种多，所以必须随时更新病毒库，以便能够查杀最新的病毒。

(3) 提高防范杀毒意识。不要轻易访问陌生的站点，有可能里面就含有恶意代码。当运行 IE 时，执行“工具”→“Internet 选项”命令，在打开的“Internet 属性”对话框中选择“安全”选项卡，在“该区域的安全级别”区域将安全级别由“中”改为“高”。因为这类网页主要是含有恶意代码的 ActiveX，Applet 或 JavaScript 的网页文件，所以在 IE 设置中将 ActiveX 插件和控件、Java 脚本等全部禁止，就可以大大降低被网页恶意代码感染的概率。具体操作是在 IE 窗口中执行“工具”→“Internet 选项”命令，在弹出的“Internet 属性”对话框中选择“安全”选项卡，单击“自定义级别”按钮，如图 5.5 所示。在弹出的“安全设置”对话框中，将所有 ActiveX 控件和插件和与 Java 相关的全部选项“禁用”。但是，这样做在以后的网页浏览过程中有可能会使一些正常应用 ActiveX 的网站无法浏览。

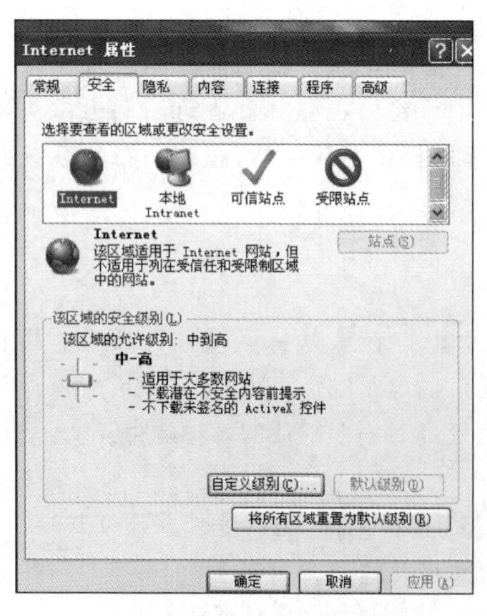


图 5.5　定义安全级别

(4) 不随意查看陌生邮件，尤其是带有附件的邮件。由于有的病毒邮件能够利用 IE 和 Outlook 的漏洞自动执行，因此计算机用户需要升级 IE 和 Outlook 程序，以及其他常用的应用程序。

(5) 打好相应的系统补丁。可以应用瑞星杀毒软件的“漏洞扫描”功能或360安全卫士等工具,这些工具可以引导用户打好补丁并进行相应的安全设置,杜绝病毒的感染。

(6) 警惕聊天软件发来的信息。从2004年起,MSN、QQ等聊天软件开始成为蠕虫病毒传播的途径之一。“性感烤鸡”病毒就通过MSN传播,在很短时间内席卷全球,一度造成中国大陆地区部分网络运行异常。对于普通用户,防范聊天蠕虫的主要措施之一就是提高安全防范意识,对于通过聊天软件发送的任何文件和信息,都要经过好友确认后再运行,不要随意单击聊天软件发送的网络链接。

**3. 蠕虫技术发展的趋势**

(1) 与病毒技术的结合。很早的病毒编写者就提出过这样的思路,现在已经变成了现实。越来越多的蠕虫开始结合病毒技术,在攻击计算机系统之后继续攻击文件系统,从而导致传播机制的多样化。

(2) 动态功能升级技术。提出动态调整蠕虫程序的思路顺理成章,这样的蠕虫可以升级上文提到的功能模型中除控制模块外的所有功能模块,从而获得更强的生存能力和攻击能力。

(3) 通信技术。蠕虫之间、编写者与蠕虫之间传递信息和指令的功能将成为未来蠕虫编写的重点趋势。

(4) 隐身技术。操作系统内核一级的黑客攻防技术将进一步纳入蠕虫的功能中以隐藏蠕虫的踪迹。

(5) 巨型蠕虫。蠕虫程序包含多操作系统的运行程序版本,包含丰富的漏洞库,从而具有更强大的传染能力。

(6) 分布式蠕虫。数据部分同运行代码分布在不同的计算机之间,运行代码在攻击时从数据存放地获取攻击信息。同时,攻击代码用一定的算法在多台计算机上寻找、复制数据的存放地。不同功能模块分布在不同的计算机之间,协调工作,产生更强的隐蔽性和攻击能力。

### 5.2.8 病毒、木马、蠕虫的比较

通过网络传播的病毒不是网络病毒,只有蠕虫等一些威胁可以算作网络病毒。蠕虫病毒也不是普通病毒所能比拟的,网络的发展使蠕虫可以在短短的时间内蔓延整个网络,造成网络瘫痪。表5.1列出了病毒、木马、蠕虫各自的特点和区别,便于理解。

表5.1 病毒、木马、蠕虫的比较

| 比较项目 | 病毒 | 木马 | 蠕虫 |
|---|---|---|---|
| 感染其他文件 | 会 | 不会 | 不会 |
| 被动散播自己 | 是 | 是 | 不是 |
| 主动散播自己 | 不是 | 不是 | 是 |
| 造成程序增加数目 | 计算机使用率越高,文件受感染的数目越多 | 不会增加 | 取决于网络连接情况,范围越广,散布的数目越多 |
| 破坏力 | 取决于病毒作者 | 取决于病毒作者 | 无 |
| 对企业的影响 | 中 | 低 | 高 |

网络用户所受网络攻击类型统计如图5.6所示,病毒、蠕虫和木马造成的安全事件占发生安全事件总数的79%;拒绝服务、端口扫描和篡改网页等网络攻击事件占43%;大规模

垃圾邮件传播造成的安全事件占36%；54%的被调查单位网络安全事件造成的损失比较轻微；损失严重和非常严重的占发生安全事件总数的10%。

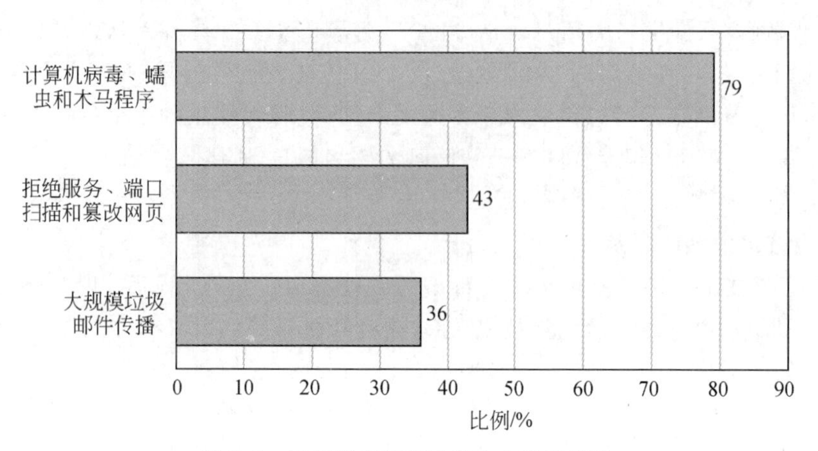


图5.6　网络用户所受网络攻击类型统计

## 5.2.9　网络病毒的发展趋势

随着网络的发展,网络病毒呈现出一些新的发展趋势,主要有以下几点。

(1) 传播介质与攻击对象多元化,传播速度更快,覆盖面更广。网络病毒的传播不仅可利用磁介质,更多的是通过各种通信端口、网络和邮件等迅速传播。攻击对象由单一的个人计算机变为所有具备通信功能的工作站、服务器甚至移动通信工具。

(2) 破坏性更强。网络病毒的破坏性日益增强,它们可以造成网络拥塞进而瘫痪,重要数据丢失,机密信息失窃,甚至通过病毒完全控制计算机信息系统和网络。

(3) 难以控制和根治。在网络中,只要有一台计算机感染病毒,就可通过内部机制进行传播,很快使整个网络受到影响甚至拥塞或瘫痪。

(4) 病毒携带形式多样化。在网络环境下,可执行程序、脚本文件、HTML网页、电子邮件、网上贺卡甚至卡通图片等都有可能携带计算机病毒。

(5) 编写方式多样化,病毒变种多。网络环境下除了传统的汇编语言、C语言等,以JavaScript和VBScript为首的脚本语言已成为最流行的病毒语言。利用新的编程语言与编程技术实现的病毒更易于修改以产生新的变种,从而逃避反病毒软件的检查。另外,已经出现了专门生产病毒的病毒生产机程序,使新病毒出现的频率大大提高。

(6) 触发条件增多,感染与发作的概率增大。

(7) 智能化,隐蔽化。目前网络病毒常常用到隐形技术、反跟踪技术、加密技术、自变异技术、自我保护技术、针对某种反病毒技术的反措施技术和突破计算机网络防护措施的技术等,这使网络环境下的病毒更加智能化、隐蔽化。

(8) 攻击目的明确化。一些高级病毒出于某种经济或政治上的目的,被研制出来扰乱或破坏社会信息、政治、经济秩序,甚至是作为一种信息战略武器。

## 5.2.10　计算机防毒杀毒的常见误区

### 1. 有了杀毒软件就可以什么毒都不怕

真的有了杀毒软件就什么毒都不怕吗？答案肯定是不。不断有新的病毒出现,而且它的出现往往无法预料，杀毒软件也要不断更新，要不断升级才能应对新出现的病毒。即使这样，有很多时候杀毒软件升级到最新也不能杀掉全部的病毒，升级到最新只是能让计算机拒绝更多的病毒，让计算机处于更安全的状态，并不意味着就可以忽略计算机安全，平时还是要注意共享安全。不要下载不明程序，不要打开不明网页。

**2. 安装杀毒软件越多越好**

真的安装杀毒软件越多越好吗？其实不同厂商开发的杀毒软件很容易引起冲突。不少杀毒软件厂商为了避免这种情况的发生，在安装的时候就检测计算机中是否安装有其他杀毒软件，目的就是避免两个杀毒软件同时使用的时候发生冲突。而且，对于大部分的病毒，一般一个杀毒软件就可以杀掉，对付特殊病毒也有不少专杀工具。安装的杀毒软件越多，除了可能发生冲突以外，还会消耗更多的系统资源，减慢计算机运行速度。多装几个杀毒软件，得益没多少，效能却损失很大。所以，并不是杀毒软件越多越好。

**3. 杀毒软件能杀毒就行了**

杀毒软件能杀毒就行？是不是等到病毒入侵然后才来杀毒？有些人关闭了杀毒软件，想减小系统资源的消耗，当病毒入侵的时候才用杀毒软件杀毒。这种意识是不对的，现在病毒肆虐，无孔不入，一不小心就会"中毒"，况且现在硬盘之大，令很多杀毒软件杀毒时间都很长。而且假如病毒入侵的时候才杀毒，那么可能系统早已崩溃，数据早已丢失，为时已晚，到时候损失就大了。因此，杀毒不是重点，防毒才是最重要的。与其说是杀毒软件，不如说是防毒软件更好。

**4. 只要我不上网就不会有病毒**

有些人的计算机连接到 Internet，以为只要不上网就不会感染病毒，所以不运行杀毒软件防毒。其实，虽然不少病毒是通过网页传播的，但是也有不少病毒不等打开网页就早已入侵到计算机中，这个是必须防范的。冲击波、蠕虫病毒等都会在不知不觉中进入计算机。而且，U 盘、移动硬盘也会存在病毒。因此，只要计算机开着，最好就防着。

**5. 文件设置为只读就可以避免病毒**

设置只读只是调用系统几个命令而已，而病毒也可以调用系统命令。因此，病毒可以修改文件属性，严重的可以删掉重要文件，格式化硬盘，让系统崩溃。设置只读并不能有效防毒，不过对于局域网中为了共享安全，防止误删除，设置只读属性还是比较有用的。

**6. 病毒不感染数据文件**

有人觉得病毒是一段程序，而数据文件，如 TXT、PCX 等文件一般不会包含程序，因此不会感染病毒。殊不知像 Word、Excel 等数据文件由于包含了可执行代码却会被病毒感染，而且有些病毒可以让硬盘中的文件全部格式化，因此不能忽视数据文件的备份。

上面只介绍了常见的防毒杀毒误区，还有一些其他误区，在我们使用计算机的时候都有可能慢慢碰到。在使用计算机的时候，最重要的还是防毒，而要做好防毒，那就需要不断更新杀毒软件，同时注意对系统进行升级。

视频讲解

## 5.3 流氓软件

"流氓软件"是介于病毒和正规软件之间的软件。通俗地讲，是指在使用计算机上网时，不断弹出的窗口让鼠标无所适从；有时计算机浏览器被莫名修改增加了许多工作条，当用户打开网页时却变成不相干的奇怪画面,甚至是黄色广告。有些流氓软件只是为了达到某种目的,如广告宣传,这些流氓软件虽然不会影响用户计算机的正常使用,但在启动浏览器的时候会多弹出一个网页,从而达到宣传的目的。

"流氓软件"起源于Badware一词,对Badware的定义为:是一种跟踪你上网行为并将你的个人信息反馈给"躲在阴暗处的"市场利益集团的软件,并且可以通过该软件向你弹出广告。Badware又可分为间谍软件(Spyware)、恶意软件(Malware)和欺骗性广告软件(Deceptive Adware)。

国内互联网业界人士一般将这类软件称为流氓软件,并分为间谍软件、行为记录软件、浏览器劫持软件、搜索引擎劫持软件、广告软件、自动拨号软件、盗窃密码软件等。

## 5.3.1 流氓软件的定义

流氓软件的定义为"在未明确提示用户或未经用户许可的情况下,在用户计算机或其他终端上强行安装运行,侵犯用户合法权益的软件,但已被我国法律法规规定的计算机病毒除外"。它具有以下特点。

**1. 强制安装**

在未明确提示用户或未经用户许可的情况下,在用户计算机或其他终端上强行安装软件。强制安装时不能结束它的进程,不能选择它的安装路径,带有大量色情广告甚至计算机病毒。

**2. 难以卸载**

未提供通用的卸载方式,或在不受其他软件影响、人为破坏的情况下,卸载后仍活动或残存程序。

**3. 浏览器劫持**

未经用户许可,修改用户浏览器或其他相关设置,迫使用户访问特定网站或导致用户无法正常上网。

**4. 广告弹出**

未明确提示用户或未经用户许可的情况下,利用安装在用户计算机或其他终端上的软件弹出色情广告等页面。

**5. 恶意收集用户信息**

未明确提示用户或未经用户许可,恶意收集用户信息。

**6. 恶意卸载**

未明确提示用户、未经用户许可,或误导、欺骗用户卸载非恶意软件。

**7. 恶意捆绑**

在软件中捆绑已被认定为恶意软件。

**8. 恶意安装**

未经许可的情况下,强制在用户计算机中安装其他非附带的独立软件。

**9. 其他**

强制安装到系统盘的软件或侵犯用户知情权、选择权的恶意行为的软件也称为流氓软件。

### 5.3.2 流氓软件的分类

根据不同的特征和危害,困扰广大计算机用户的流氓软件主要有以下几类。

**1. 广告软件**

定义:广告软件(Adware)是指未经用户允许,下载并安装在用户计算机上;或与其他软件捆绑,通过弹出式广告等形式牟取商业利益的程序。

危害:此类软件往往会强制安装并无法卸载;在后台收集用户信息牟利,危及用户隐私;频繁弹出广告,消耗系统资源,使其运行变慢等。

例如,用户安装了某下载软件后,会一直弹出带有广告内容的窗口,干扰正常使用。还有一些软件安装后,会在IE浏览器的工具栏位置添加与其功能不相干的广告图标,普通用户很难清除。

**2. 间谍软件**

定义:间谍软件(Spyware)是一种能够在用户不知情的情况下,在其计算机上安装后门、收集用户信息的软件。

危害:用户的隐私数据和重要信息会被"后门程序"捕获,并被发送给黑客、商业公司等。这些"后门程序"甚至能使用户的计算机被远程操纵,组成庞大的"僵尸网络",这是网络安全的重要隐患之一。

例如,某些软件会获取用户的软硬件配置,并发送出去用于商业目的。

**3. 浏览器劫持**

定义:浏览器劫持是一种恶意程序,通过浏览器插件、浏览器辅助对象(Browser Helper Object,BHO)、Winsock LSP等形式对用户的浏览器进行篡改,使用户的浏览器配置不正常,被强行引导到商业网站。

危害:用户在浏览网站时会被强行安装此类插件,普通用户根本无法将其卸载,被劫持后,用户只要上网就会被强行引导到其指定的网站,严重影响正常上网浏览。

例如,一些不良站点会频繁弹出安装窗口,迫使用户安装某浏览器插件,甚至根本不征求用户意见,利用系统漏洞在后台强制安装到用户计算机中。这种插件还采用了不规范的软件编写技术(此技术通常被病毒使用)逃避用户卸载,往往会造成浏览器错误、系统异常重启等。

**4. 行为记录软件**

定义:行为记录软件(Track Ware)是指未经用户许可,窃取并分析用户隐私数据,记录用户计算机使用习惯、网络浏览习惯等个人行为的软件。

危害:危及用户隐私,可能被黑客利用进行网络诈骗。

例如,一些软件会在后台记录用户访问过的网站并加以分析,有的甚至会发送给专门的商业公司或机构,此类机构会据此窥测用户的爱好,并进行相应的广告推广或商业活动。

**5. 恶意共享软件**

定义:恶意共享软件(Malicious Shareware)是指某些共享软件为了获取利益,采用诱骗手段、试用陷阱等方式强迫用户注册,或在软件体内捆绑各类恶意插件,未经允许即将其安装到用户计算机中。

危害:使用"试用陷阱"强迫用户进行注册,否则可能会丢失个人资料等数据。软件集成的插件可能会造成用户浏览器被劫持、隐私被窃取等。

例如,用户安装某款媒体播放软件后,会被强迫安装与播放功能毫不相干的软件(搜索插件、下载软件)而不给出明确提示,并且用户卸载播放器软件时不会自动卸载这些附加安装的软件。又如某加密软件,试用期过后所有被加密的资料都会丢失,只有交费购买该软件才能找回丢失的数据。

**6. 其他**

随着网络的发展,"流氓软件"的分类也越来越细,一些新种类的流氓软件在不断出现,分类标准必然会随之调整。

### 5.3.3 流氓软件的防治

流氓软件实在是令人憎恶,但是流氓软件都能很好地隐藏自己,因此相对而言,杀毒软件及时杀除流氓软件的可能性就大大降低了,这就要求用户要有一定的流氓软件的防护能力,才能使上网更加安全。

**1. 要有安全的上网意识**

不要轻易登录不了解的网站,因为这样很可能遇到网页脚本病毒的袭击,从而使系统感染上流氓软件。不要随便下载不熟悉的软件。安装软件时应仔细阅读软件附带的用户协议及使用说明,有些软件在安装的过程中会以不引起用户注意的方式提示用户安装流氓软件,这时如果用户不认真看提示信息就会安装上流氓软件。在安装操作系统后,应该先上网给系统打补丁,堵住一些已知漏洞,这样能够避免利用已知漏洞的流氓软件驻留。如果用户使用IE浏览器上网,则应该将浏览器的安全级别调到中高级别,或者将Active X控件、脚本程序都禁止执行,这样能够防止一些隐藏在网页中的流氓软件入侵。

**2. 判断流氓软件**

判断自己是否已经安装了流氓软件,要根据流氓软件的中招症状来看。一般地,浏览器首页被无故修改、总是弹出广告窗口、CPU的资源被大量占用、系统变得很慢、浏览器经常崩溃或出现找不到某个库文件的提示框,这些都是安装了流氓软件最常见的现象,就要采取相应的措施。

流氓软件无论多么复杂,它们的传播流程几乎是一样的,都是会通过软件捆绑或网页下载先进入计算机的一个临时目录,一般是系统的根目录或系统默认的临时目录,然后将自己激活,这时流氓软件进入内存中正常运行。为了下一次能够自动运行,它们往往会修改注册表的自启动项,从而达到自动启动的目的。然后流氓软件会将自己复制到系统目录隐藏起来,并将临时的安装文件删除,最后监听系统端口,进行各种各样的"流氓"行为。

如果用户喜欢下载安装一些小的工具软件,或者去一些小的网站上浏览网页,也极有可能感染流氓软件,这时也应该关注一下计算机,看是否真正中招,可以按照流氓软件的这个传播链去一一排查。

首先,利用一些第三方的内存查看工具查看内存中是否有一些可疑的进程或线程,这需要用户对系统中的进程或一些常用软件的进程有所了解,这样才有可能看出问题。其次,用户在查看进程的过程中应该看看这些进程的路径,如果有一些进程的路径不是正常的安装目录,而是系统的临时目录,那有可能是流氓软件。另外,用户还要看看注册表中(执行"开始"→"运行"命令,在弹出的对话框中输入regedit)的自启动项(HKEY_LOCAL_

MACHINE\SOFTWARE\ Microsoft\ Windows\CurrentVersion\Run)中是否有一些用户不认识的程序键值，这些很可能就是流氓软件建立的。

**3. 清理流氓软件**

确认自己中了流氓软件，清除就相对比较简单了。对于已知的流氓软件，建议用户用专门的清除工具进行清除，目前这些工具都是免费的，用户很轻松就能够在网站上下载。很多流氓软件在进入系统之前就对系统进行了修改和关联，当用户擅自删除流氓软件文件时，系统无法恢复到最初状态，从而导致流氓软件虽然清除了，但系统也总是出现各种错误。而专业的清除工具往往已经考虑到这一点，能够帮助用户完全恢复系统。如果在一些特殊场合用户需要手动清除流氓软件，则按照流氓软件的传播链条，按照"先删除内存的进程，再删除注册表中的键值，最后删除流氓软件，将系统配置修改为默认属性"这样一个过程进行处理。

## 5.4 计算机病毒发展趋势

视频讲解

近年来，我国计算机病毒感染率呈现了连续下降的趋势，我国联网计算机用户的病毒防范意识明显增强，并且随着防病毒产品的普及，尤其是个人安全产品的免费化时代的到来，大多数计算机都安装了一些基本的安全软件。一向被视为难以入侵的 Mac 操作系统经历了大规模感染事件，还发生了多起大规模的信息泄露事件，用户的私密信息受到严重的威胁和侵害，同时拥有大量用户的门户网站、社交网络、金融系统、大型企业的系统等成为不法分子攻击的主要目标，通过攻击可从中攫取大量有价值的商业机密和个人用户的私密信息。Java 漏洞成为黑客的新宠。微信、二维码等新型应用在给用户带来良好体验的同时，也给移动终端的安全带来了新的问题和隐患。Android 系统的移动终端病毒呈现爆炸式增长，移动终端安全形势不容乐观。云服务在面临大量市场需求的同时，随之而来的是难以回避的安全问题，海量数据的存储必定成为不法分子新的攻击目标。网络支付的交易规模大幅度增长，支付安全受到普遍关注。

**1. 计算机病毒传播的主要途径**

受经济利益的驱动，网上银行、网络支付等仍然是病毒的主攻目标，在盗取钱财的同时，不法分子还会窃取用户的私密信息。微博也成为新的关注点。针对大型企业、重点行业的病毒传播和攻击增多调查显示，通过网络下载或浏览传播病毒的比例占 75%，操作系统、浏览器和应用软件中存在的大量未修补的漏洞是联网用户的重大安全隐患，也是不法分子用来传播病毒、挂马和发动攻击的最主要途径。下载应用软件中含有的病毒、木马等恶意程序仍然是威胁用户安全的主要因素，尤其各类游戏网站和低俗网站更是病毒、木马散布的温床。通过移动存储介质和电子邮件传播也是其主要传播方式。

**2. 计算机病毒造成的主要危害**

目前计算机病毒主要造成密码和账号被盗、受到远程控制、系统(网络)无法使用、浏览器配置被修改等破坏后果。整体形势不容乐观，虽然大多数用户安装使用了防病毒软件和防火墙，但用户对安全软件的依赖性过高，认为有了安全软件就可以高枕无忧，但安全软件也有其局限性。如何保护用户的私密信息，应对和解决频频爆发的大规模信息泄露事件，已经成为信息安全领域的焦点问题。

**3. 移动终端病毒逐渐增多**

调查显示,移动终端的病毒感染比例每年都在30%以上。但在受感染用户中,多次感染的比例在半数以上,目前出现了利用手机操作系统的僵尸程序,利用微信、微博的钓鱼和欺诈迅猛增长,钓鱼欺诈仿冒技术不断推陈出新,反钓鱼技术的自动化、智能化水平提高。移动终端的安全问题仍然是安全领域的重点和难点。

移动终端病毒感染的途径中,排名第1的是网站浏览,其次是计算机连接和网络聊天,存储介质和电子邮件也占有较高比例。用户感染移动终端病毒后造成的后果主要有影响手机正常运行、信息泄露、恶意扣费、远程受控等。感染后影响手机正常运行成为在感染移动终端病毒后造成的最主要危害,在感染移动终端病毒后产生恶意扣费、发生信息泄露等也占有较高比例。

**4. 隐藏技术越来越强**

隐藏是计算机病毒的一个重要技术。病毒得以有效和广泛传播,被发现的时间长短是关键。隐藏技术的进步是利用数码水印技术隐藏病毒;可通过操作系统或网络层面实现隐藏的网络,如使用编码技术(红色代码);心理学也将被用来隐藏,如利用人类的好奇心或知名品牌的信任(如假冒知名病毒软件应用程序);主动防御技术势必成为病毒的重要隐蔽手段,甚至可能形成专杀防病毒软件和反病毒软件的病毒。

**5. 混合攻击手段更加多样化**

所谓的混合攻击,一方面是指同样的攻击,都含有病毒、黑客攻击,也包括隐蔽通道攻击、拒绝服务攻击,并且可能包含密码攻击、中间人攻击等多种攻击路线;另一方面是指来自不同的地方,或从系统的不同部分,如服务器、客户端、网关等混合式攻击更多的计算机以传播病毒,造成更大的伤害和更快的攻击。混合攻击的主要攻击目标为微软公司的IIS服务器、IE浏览器等市场占有率较高的系统和软件。混合病毒攻击的复杂性将会越来越高,黑客技术和计算机病毒技术日益紧密结合。越来越多的病毒能够在未来的攻击中采用各种组合,从而提高病毒的生存能力和传播能力。

**6. 发生和传播的速度越来越快**

病毒利用系统漏洞的速度和传播速度会越来越快。目前新的计算机系统漏洞不断地被发现。有些漏洞从发现到针对漏洞产生的病毒爆发时间比较短,所以很多用户还来不及修补系统。随着互联网带来的快捷,病毒传播的速度也在迅速发展,只要漏洞是已知的,黑客用于开发新的病毒造成系统崩溃的时间就会更短。一些软件厂商停止对其旧版本的软件进行升级维护,也会造成漏洞不能及时修补,这样也会使用户更加容易受到病毒的攻击。

**7. 跨平台病毒越来越多**

自从1995年开放式语言Java诞生,跨平台便渐成热点,它实现了很多人"一次编译,跨平台运行"的设计理想,Java语言短时间内风靡全球。目前Java和ActiveX Web技术正逐渐被广泛应用于Internet,从而使跨平台病毒的设计更容易。例如,国外研究人员发现了一种只在Linux和Mac OS X上存在的木马,当计算机被入侵之后,该木马会在计算机上安装Wirenet-1键盘记录软件,捕获用户输入的密码和敏感信息,包括Opera,Firefox,Chrome浏览器提交的信息,一些App存储的信息,以及E-mail、Web组件和聊天应用程序的密码。

还出现了通过互联网浏览病毒作者所设计的网站以感染在 Linux 或 Windows 系统的病毒，该病毒会在感染用户的计算机上运行 Java 控件和 Java 虚拟机。跨平台病毒的出现必将对计算机系统造成更大的伤害。

## 5.5 病毒检测技术

视频讲解

随着计算机病毒技术的不断发展，检测和查杀计算机病毒的技术也在不断地更新并趋于复杂化和智能化。为了选取有效的病毒检测技术，本节首先将对传统的病毒诊断技术进行分析和对比，其次对基于网络的病毒检测技术进行分析。

### 5.5.1 传统的病毒检测技术

**1. 程序和数据完整性检测技术**

完整性病毒检测技术是一种相当古老的病毒检测方法。它的基本原理是对每个程序或代码根据某种算法生成校验码（提取签名），一旦程序发生变化，所产生的校验码必然与原来生成的校验码不同，这时可以初步判断该程序已经被病毒感染。这种技术具有很多弱点，以至于现在几乎不被采用了。其中，病毒检测软件需要建立一个统一的校验码库，不能对经常发生变化的数据文件进行检测和保护。有时，程序被改动并不是病毒感染造成的，从而造成检测的误报率相当高。这种检测方法不能明确地判定病毒的具体类型，而且如果程序在生成校验码前已经被病毒感染，则会逃脱以后的完整性检测。

**2. 病毒特征码检测技术**

病毒特征码检测技术是目前被广泛使用的一种病毒检测技术。它的基本原理是通过对病毒源程序的分析，提取出能够唯一代表该病毒的一串病毒代码，该串代码经过测试是其他程序所没有的。这种病毒检测的方法非常高效，如果病毒特征码提取质量高，病毒的检测率会相当高，而误报率会非常小。这种病毒检测方法能够唯一确定病毒的种类和名称，为下一步的杀毒提供依据。这种检测技术的弱点是它仅仅能够检测已知病毒，而对于未知病毒往往需要经过人工分析，提取特征码后才能进行。随着病毒技术的不断发展，特别是变形病毒的出现，每次传染后病毒代码本身都会加密而各次代码都不相同。这时就不存在一个单一的病毒特征码了，所以病毒特征码检测技术对于变形病毒可以说是无能为力。

**3. 启发式规则（或广谱特征码）病毒检测技术**

启发式规则病毒检测是一种专门针对未知病毒的病毒检测技术。基本原理是通过对一系列病毒代码的分析，提取一种广谱特征码，即代表病毒的某种行为特征的特殊程序代码。当然，仅仅是一段特征码还不能确定一定是某种病毒，通过多种广谱特征码，也就是启发式规则的判断，综合考虑各种因素，确定到底是否是病毒，是哪一种病毒。这种病毒检测方法的优点就是针对未知病毒，而缺点在于它的诊断正确率（包括检测率和误报率）和规则的选取有密切的关系。往往是某些规则对某种病毒很有效，却影响其他类型的病毒检测。规则选取的困难和相互矛盾决定了这种方法只能是一种辅助的检测手段。

**4. 基于操作系统的监视和检测技术**

较早的操作系统监视和检测技术是从中断向量监视开始的，病毒诊断软件通过监视系统的中断向量表判定是否有病毒入侵。此外，内存检测也是操作系统检测技术的手段之一。

随着技术的不断发展,现在的一些杀毒产品采用的是嵌入操作系统内核的检测,它不仅检测中断向量表等一些关键数据结构,还要监视系统的一些关键调用、系统的运行状况、文件系统的访问状况等多个指标,从而判定系统是否工作正常,程序是否被病毒感染。这种监视和检测技术的实现难度很大,需要操作系统厂商的配合。而且,这种方法同样无法确定究竟是何种病毒,误报率很高。

**5. 传统虚拟机病毒检测技术**

虚拟机病毒检测技术是一种最新的病毒检测技术。它的基本原理是为可能的病毒程序构建一个虚拟的运行环境,诱使病毒程序进行感染和破坏活动。虚拟机病毒检测技术的最大优点是能够很高效率地检测出病毒,特别是特征码技术很难解决的变形病毒技术。早期的虚拟机并不是真正意义上的虚拟机,它们仅仅是利用 Windows 操作系统的一些特殊功能构造一个伪虚拟机,但是聪明的病毒程序往往可以破坏虚拟机本身。而且虚拟机的运行需要相当的系统资源,可能会影响正常程序的运行。

通过对以上技术的比较可以看出,无论哪一种技术都不能说是十全十美的。就目前计算机病毒的诊断技术而言,无论哪种诊断软件都不可能只采用某一种诊断方法。最新的病毒诊断技术往往把多种技术融合在一起,发挥各种技术的长处,达到最好的效果。

### 5.5.2 基于网络的病毒检测技术

从本质上讲,基于网络的病毒检测技术并没有在传统的病毒检测技术上做出本质性的更新,新的技术往往是针对网络病毒的特点,对传统的病毒监测技术进行优化并应用在网络环境中。

**1. 实时网络流量检测**

从原理上,实时网络流量检测继承了病毒特征码检测技术,但是网络病毒检测有其独到之处。网络病毒的实时检测将实时地截取网络文件传输的信息流,从传播途径上对病毒进行及时的检测,并能够实时做出反馈行为。网络病毒实时检测的目标是已知的病毒。其优点在于它能实时监测网络流量,发现绝大多数已知病毒;缺点在于随着网络流量呈几何级增长,对巨大的流量进行实时地监测往往需要占用大量的系统资源,同时这种方法对未知病毒完全无能为力。在系统中也使用了实时的网络流量监测,并针对它存在的缺陷进行了改进和完善。

**2. 异常流量分析**

网络流量异常的种类较多,从不同的角度分析有不同的分类结果。从产生异常流量的原因分析可以将其分成3个广义的异常类:网络操作异常、闪现拥挤异常和网络滥用异常。网络操作异常是指网络设备的停机、配置改变等导致的网络行为的显著变化,以及流量达到环境极限引起的台阶行为。闪现拥挤异常出现的原因通常是软件版本的问题,或者是国家公开带来的 Web 站点的外部利益问题。特定类型流量的快速增长(如 FTP 流),或者知名 IP 地址的流量随着时间渐渐降低都是闪现拥挤的显著表现。网络滥用异常主要是由以 DoS 洪泛攻击和端口扫描为代表的各种网络攻击导致的,这种网络异常也是网络病毒检测系统所感兴趣的。

基于网络滥用异常的流量分析可以看作对启发式规则病毒检测技术的一种衍生,这种技术的优势是能发现未知的网络病毒,同时可以通过流量信息直接定位可能感染了病毒的计算机,对于一些蠕虫的变种和新的网络病毒有较好的发现效果。

**3. 蜜罐系统**

蜜罐系统可以看作传统的虚拟机病毒检测技术在网络环境中的一种新的应用。蜜罐定义为一种安全资源，它并没有任何业务上的用途，它的价值就是吸引攻击者对它进行非法使用。蜜罐技术本质上是一种对攻击者进行欺骗的技术，通过布置一些作为诱饵的主机、网络服务和信息诱使攻击者对其进行攻击，减少对实际系统所造成的安全威胁。更重要的是，蜜罐技术可以对攻击行为进行监控和分析，了解攻击者所使用的攻击工具和攻击方法，推测攻击者的意图和动机，在此基础上尽可能地追踪攻击者的来源，对其攻击行为进行审计和取证，从而能够让防御者清晰地了解他们所面对的安全威胁，并通过法律手段去追究攻击者的责任，或者通过技术和管理手段增强对实际系统的安全防护能力。蜜罐技术最大的应用目标是提供一个高度可控的环境对互联网上的各种安全威胁(包括黑客攻击、恶意软件传播、垃圾邮件、僵尸网络和网络钓鱼等)进行深入的了解与分析，从而为安全防御提供知识和经验支持。

## 课后习题

**一、选择题**

1. 下列不属于计算机病毒防治策略的是(　　)。
   A. 确认手头常备一张真正“干净”的引导盘
   B. 及时、可靠升级反病毒产品
   C. 新购置的计算机软件也要进行病毒检测
   D. 整理磁盘

2. 计算机病毒的特征之一是(　　)。
   A. 非授权不可执行性　　B. 非授权可执行性
   C. 授权不可执行性　　D. 授权可执行性

3. 计算机病毒最重要的特征是(　　)。
   A. 隐蔽性　　B. 传染性　　C. 潜伏性　　D. 破坏性

4. 计算机病毒(　　)。
   A. 不影响计算机的运算速度　　B. 可能会造成计算机器件的永久失效
   C. 不影响计算机的运算结果　　D. 不影响程序执行，破坏数据与程序

5. CIH 病毒破坏计算机的 BIOS，使计算机无法启动。它是由时间条件来触发的，其发作的时间是每月的 26 日，这主要说明病毒具有(　　)。
   A. 可传染性　　B. 可触发性　　C. 破坏性　　D. 免疫性

6. 计算机病毒最本质的特性是(　　)。
   A. 寄生性　　B. 潜伏性　　C. 破坏性　　D. 攻击性

7. 针对操作系统安全漏洞的蠕虫病毒根治的技术措施是(　　)。
   A. 防火墙隔离　　B. 安装安全补丁程序
   C. 专用病毒查杀工具　　D. 部署网络入侵检测系统

8. 下列不属于网络蠕虫病毒的是(　　)。
   A. 冲击波　　B. SQL Slammer
   C. CIH　　D. 震荡波

9. 传统的文件型病毒以计算机操作系统作为攻击对象,而现在越来越多的网络蠕虫病毒将攻击范围扩大到了(　　)等重要网络资源。

A. 网络带宽　　B. 数据包　　C. 防火墙　　D. Linux

10. (　　)不是计算机病毒所具有的特点。

A. 传染性　　B. 破坏性　　C. 潜伏性　　D. 可预见性

11. 下列不属于计算机病毒特征的是(　　)。

A. 潜伏性　　B. 传染性　　C. 免疫性　　D. 破坏性

12. 在目前的信息网络中,(　　)病毒是最主要的病毒类型。

A. 引导型　　B. 文件型　　C. 网络蠕虫　　D. 木马型

13. 编制或在计算机程序中插入的破坏计算机功能或毁坏数据,影响计算机使用,并能自我复制的一组计算机指令或程序代码是(　　)。

A. 计算机病毒　　B. 计算机系统　　C. 计算机游戏　　D. 计算机程序

14. 要实现有效的计算机和网络病毒防治,(　　)应承担责任。

A. 高级管理层　　B. 部门经理

C. 系统管理员　　D. 所有计算机用户

15. (　　)不属于在局域网中计算机病毒的防范策略。

A. 仅保护工作站　　B. 完全保护工作站和服务器

C. 保护打印机　　D. 仅保护服务器

16. 现代病毒木马融合了(　　)新技术。

A. 进程注入　　B. 注册表隐藏　　C. 漏洞扫描　　D. 以上都是

17. 当收到认识的人发来的电子邮件并发现其中有附件,应该(　　)。

A. 打开附件,然后将它保存到硬盘

B. 打开附件,但是如果它有病毒,立即关闭它

C. 用防病毒软件扫描以后再打开附件

D. 直接删除该邮件

18. 下列不能防止计算机感染病毒的措施是(　　)。

A. 定时备份重要文件

B. 经常更新操作系统

C. 除非确切知道附件内容,否则不要打开电子邮件附件

D. 重要部门的计算机尽量专机专用,与外界隔绝

**二、填空题**

1. 网络病毒主要进行游戏等________的盗取工作,远程操控,或把你的计算机当作________使用。

2. 特洛伊木马简称木马,它是一种基于________的黑客工具,具有________和________的特点。

3. 木马通常有两个可执行程序:一个是________;另一个是________。

4. 蠕虫程序主要利用________进行传播。

5. 蠕虫病毒采取的传播方式一般为________和________。

6. ________可以阻挡90%的黑客、蠕虫病毒及消除系统漏洞引起的安全性问题。

7. 网络流量异常的种类较多，从产生异常流量的原因分析可以将其分为 3 个广义的异常类：________、________和网络滥用异常。

8. 受经济利益的驱动，________、________等仍然是病毒的主攻目标。

9. 通过________和________是病毒的主要传播方式。

10. 移动终端病毒感染的途径中，排名第 1 的是________，其次是计算机连接和________。

11. 流氓软件定义为“在________或________的情况下，在用户计算机或其他终端上强行安装运行，侵犯用户合法权益的软件，但已被我国法律法规规定的计算机病毒除外”。

12. 网络蠕虫病毒越来越多地借助网络作为传播途径，主要包括互联网浏览、文件下载、________、________、局域网文件共享等。

三、简答题

1. 什么是计算机病毒？

2. 计算机病毒的特点有哪些？

3. 计算机病毒的破坏行为有哪些？

4. 计算机病毒的主要危害有哪些？

5. 什么是木马？

6. 网页挂马常见方式主要有哪几种？

7. 木马的种类有哪些？

8. 防范木马攻击的主要措施有哪些？

9. 木马病毒的检测步骤有哪些？

10. 木马病毒的查杀步骤有哪些？

11. 什么是蠕虫？

12. 蠕虫病毒的特征有哪些？

13. 蠕虫病毒的防治措施有哪些？

14. 蠕虫技术发展的趋势有哪些？

15. 网络病毒的发展趋势有哪些？

16. 计算机防毒杀毒的常见误区有哪些？

17. 流氓软件有哪些特点？

18. 流氓软件分为哪些类型？

19. 计算机病毒的发展趋势有哪几点？

20. 病毒检测技术主要有哪些种类？

# 第6章　防火墙技术

视频讲解

## 6.1　防火墙概述

所谓防火墙，指的是一个由软件和硬件设备组合而成，在内部网与外部网之间、专用网与公共网之间的边界上构造的保护屏障。防火墙是一种获取安全性方法的形象说法，是一种计算机硬件和软件的结合，使 Internet 与 Intranet 之间建立起一个安全网关，从而保护内部网免受非法用户的侵入。防火墙主要由服务访问规则、验证工具、包过滤和应用网关 4 部分组成。防火墙结构示意图如图 6.1 所示。计算机流入/流出的所有网络通信均要经过此防火墙。

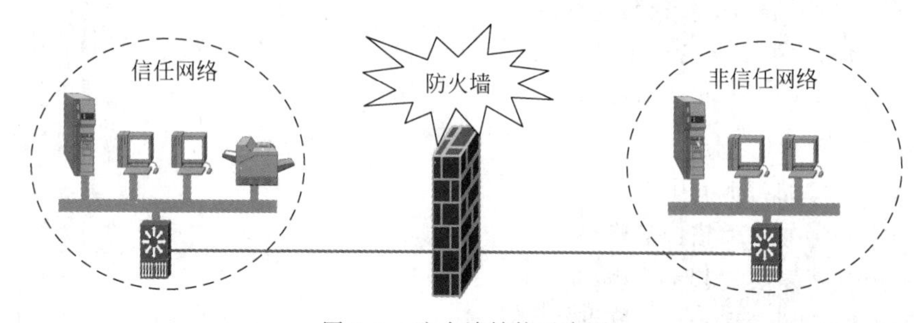


图 6.1　防火墙结构示意图

### 6.1.1　防火墙的功能

防火墙在网络中像一堵真正的墙。从防火墙的过滤机制形象化地说，防火墙就像一个二极管。而二极管具有单向导电性，这样也就形象地说明了防火墙具有单向导通性。这看起来与现在防火墙过滤机制有些矛盾，不过它却完全体现了防火墙初期的设计思想，同时也在相当大程度上体现了当前防火墙的过滤机制。因为防火墙最初的设计思想是对内部网络总是信任的，而对外部网络却总是不信任的，所以最初的防火墙只对外部进来的通信进行过滤，而对内部网络用户发出的通信不作限制。当然，目前的防火墙在过滤机制上有所改变，不仅对外部网络发出的通信连接要进行过滤，对内部网络用户发出的部分连接请求和数据包同样需要过滤。但防火墙仍只允许符合安全策略的通信通过，也可以说具有单向导通性。

防火墙的原意是指古代构筑和使用木质结构房屋的时候，为防止火灾的发生和蔓延，人们将坚固的石块堆砌在房屋周围作为屏障，这种防护构筑物就称为"防火墙"。其实与防火墙一起起作用的就是"门"。如果没有门，各房间的人如何沟通呢？这些房间的人又如何进去呢？当火灾发生时，这些人又如何逃离现场呢？这个门就相当于这里所讲的防火墙的“安全策略”，所以在此处所说的防火墙实际并不是一堵实心墙，而是带有一些小孔的墙。这些小孔就是用来留给那些允许进行的通信，在这些小孔中安装了过滤机制，也就是上面所介绍的单向导通性。

防火墙的功能可以归纳为以下几方面。

**1. 防火墙是网络安全的屏障**

一个防火墙（作为阻塞点、控制点）能极大地提高一个内部网络的安全性，并通过过滤不安全的服务而降低风险。由于只有经过精心选择的应用协议才能通过防火墙，因此网络环境变得更安全。例如，防火墙可以禁止诸如众所周知的不安全的网络文件系统（Network File System，NFS）协议进出受保护网络，这样外部的攻击者就不可能利用这些脆弱的协议来攻击内部网络。防火墙同时可以保护网络免受基于路由的攻击，如 IP 选项中的源路由攻击和 Internet 控制报文协议（Internet Control Message Protocol，ICMP）重定向中的重定向路径。防火墙拒绝所有以上类型攻击的报文并通知防火墙管理员。

**2. 防火墙可以强化网络安全策略**

通过以防火墙为中心的安全方案配置，能将所有安全软件（如口令、加密、身份认证、审计等）配置在防火墙上。与将网络安全问题分散到各个主机上相比，防火墙的集中安全管理更经济。例如，在网络访问时，动态口令系统和其他的身份认证系统完全可以不必分散在各个主机上，而是集中在防火墙身上。

**3. 对网络存取和访问进行监控审计**

如果所有的访问都经过防火墙，那么防火墙就能记录下这些访问并记录日志，同时也能提供网络使用情况的统计数据。当发生可疑动作时，防火墙能进行适当的报警，并提供网络是否受到监测和攻击的详细信息。另外，收集一个网络的使用和误用情况也是非常重要的，因为可以清楚防火墙是否能够抵挡攻击者的探测和攻击，并且清楚防火墙的控制是否充足。而网络使用情况的统计对网络需求分析和威胁分析等而言也是非常重要的。

**4. 防止内部信息的外泄**

通过利用防火墙对内部网络的划分，可实现内部网重点网段的隔离，从而限制了局部重点或敏感网络安全问题对全局网络造成的影响。再者，隐私是内部网络非常关心的问题，一个内部网络中不引人注意的细节可能包含了有关安全的线索而引起外部攻击者的兴趣，甚至因此而暴露了内部网络的某些安全漏洞。使用防火墙就可以隐蔽那些透漏内部细节，如 Finger、域名系统（Domain Name System，DNS）等服务。Finger 显示了主机的所有用户的注册名、真名、最后登录时间和使用 Shell 类型等，但是 Finger 显示的信息非常容易被攻击者所获悉。攻击者可以知道一个系统使用的频繁程度，这个系统是否有用户正在连线上网，这个系统是否在被攻击时引起注意等。防火墙可以同样阻塞有关内部网络中的 DNS 信息，这样一台主机的域名和 IP 地址就不会被外界所了解。

除了安全作用外，防火墙还支持 VPN、NAT 等功能。

### 6.1.2 防火墙的基本特性

防火墙可以使企业内部局域网与 Internet 之间或与其他外部网络互相隔离，限制网络互访以保护内部网络。典型的防火墙具有以下几方面的基本特性。

**1. 内部网络和外部网络之间的所有网络数据流都必须经过防火墙**

这是防火墙所处网络位置特性,同时也是一个前提。因为只有当防火墙是内、外部网络之间通信的唯一通道,才可以全面、有效地保护企业内部网络不受侵害。

根据美国国家安全局制定的《信息保障技术框架》,防火墙适用于用户网络系统的边界,属于用户网络边界的安全保护设备。所谓网络边界,即是采用不同安全策略的两个网络连接处,如用户网络和互联网之间的连接、和其他业务往来单位的网络连接、用户内部网络不同部门之间的连接等。防火墙的目的就是在网络连接之间建立一个安全控制点,通过允许、拒绝或重新定向经过防火墙的数据流,实现对进、出内部网络的服务和访问的审计和控制。

典型的防火墙体系结构如图6.2所示。可以看出,防火墙的一端连接内部的局域网,而另一端则连接着互联网。所有的内、外部网络之间的通信都要经过防火墙,而内部网络之间也可通过安全防火墙实现数据流的控制。

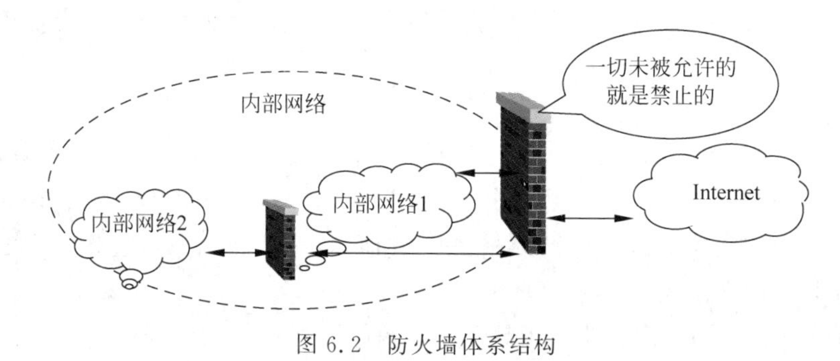


图6.2 防火墙体系结构

**2. 只有符合安全策略的数据流才能通过防火墙**

防火墙最基本的功能是确保网络流量的合法性,并在此前提下将网络的流量快速地从一条链路转发到另外的链路上去。从最早的防火墙模型开始谈起,原始的防火墙是一台"双穴主机",即具备两个网络接口,同时拥有两个网络层地址。防火墙将网络上的流量通过相应的网络接口接收上来,按照OSI协议栈的7层结构顺序上传,在适当的协议层进行访问规则和安全审查,然后将符合通过条件的报文从相应的网络接口送出,而对于那些不符合通过条件的报文则予以阻断。因此,从这个角度来说,防火墙是一个类似于桥接或路由器的多端口(网络接口大于或等于2)转发设备,它跨接于多个分离的物理网段之间,并在报文转发过程中完成对报文的审查工作。

**3. 防火墙自身应具有非常强的抗攻击免疫力**

这是防火墙之所以能担当企业内部网络安全防护重任的先决条件。防火墙处于网络边缘,它就像一个边界卫士一样,每时每刻都要面对黑客的入侵,这样就要求防火墙自身要具有非常强的抗击入侵本领。它之所以具有这么强的本领,防火墙操作系统本身是关键,只有自身具有完整信任关系的操作系统才可以谈论系统的安全性。其次就是防火墙自身具有非常低的服务功能,除了专门的防火墙嵌入系统外,再没有其他应用程序在防火墙上运行。当然,这些安全性也只能说是相对的。

目前国内的防火墙几乎被国外品牌占据了一半的市场,国外品牌的优势主要是在技术和知名度上;而国内防火墙厂商对国内用户了解更加透彻,价格上也更具有优势。防火墙产品中,国外主流厂商有Cisco、CheckPoint、NetScreen等;国内主流厂商有东软、天融信、联想、方正等,它们都提供不同级别的防火墙产品。

**4. 应用层防火墙具备更细致的防护能力**

自从 Gartner 提出下一代防火墙概念以来,信息安全行业越来越认识到应用层攻击成为当下取代传统攻击、最大程度危害用户的信息安全,而传统防火墙由于不具备区分端口和应用的能力,以至于只能防御传统的攻击,对基于应用层的攻击则毫无办法。

从 2011 年开始,国内厂家通过多年的技术积累,开始推出下一代防火墙。在国内,从第 1 家推出真正意义的下一代防火墙的网康科技开始,至今包括东软、天融信等在内的传统防火墙厂商也开始相互效仿,陆续推出了下一代防火墙。下一代防火墙具备应用层分析的能力,能够基于不同的应用特征,实现应用层的攻击过滤,在具备传统防火墙、IPS、防病毒等功能的同时,还能够对用户和内容进行识别管理,兼具了应用层的高性能和智能联动两大特性,能够更好地针对应用层攻击进行防护。

**5. 数据库防火墙针对数据库恶意攻击的阻断能力**

(1) 虚拟补丁技术:针对 CVE(Common Vulnerabilities & Exposures)公布的数据库漏洞,提供漏洞特征检测技术。

(2) 高危访问控制技术:提供对数据库用户的登录、操作行为,提供根据地点、时间、用户、操作类型、对象等特征定义高危访问行为。

(3) SQL 注入禁止技术:提供 SQL 注入特征库。

(4) 返回行超标禁止技术:提供对敏感表的返回行数控制。

(5) SQL 黑名单技术:提供对非法 SQL 的语法抽象描述。

### 6.1.3 防火墙的主要缺点

防火墙可以提高网络的安全性,具有很多优点,但它也存在缺点,具体如下。

**1. 防火墙不能防范恶意的知情者**

防火墙可以禁止通过网络传输机密信息,但用户可以不通过网络,如将数据复制到磁盘或磁带上,然后放在公文包中带出去。如果入侵者是在防火墙内部,那么它也是无能为力的。内部用户可以不通过防火墙而偷窃数据、破坏硬件和软件等。对于内部的威胁只能通过加强管理来防范,如主机安全防范和用户教育等。

**2. 防火墙不能防范不通过它的连接**

防火墙能够有效地防止通过它的信息传输,但它不能防止不通过它的信息传输。例如,如果允许对防火墙后面的内部系统进行拨号访问,那么防火墙绝对没有办法阻止入侵者进行拨号入侵。

**3. 防火墙不能防备全部威胁**

防火墙是一种被动式的防护手段,用来防备已知威胁。一个很好的防火墙设计方案可以防备新威胁,但没有一个防火墙能自动地防御所有新的威胁。

**4. 防火墙不能防范病毒**

防火墙不能防范网络上或计算机中的病毒。虽然许多防火墙可以扫描所有通过它的信息,以决定是否允许它通过,但这种扫描是针对源地址、目标地址和端口号,而不是数据的具体内容。即使是先进的数据包过滤系统也难以防范病毒,因为病毒的种类太多,而病毒可以通过许多种手段隐藏在数据中。防火墙要检测网络数据中的病毒十分困难,它要求:

(1) 确定数据包是程序的一部分;

(2) 确定程序的功能;

(3) 确定病毒引起的改变。



事实上,大多数防火墙采用不同的方式保护不同类型的计算机。当数据在网络上进行传输时,要被打包并经常被压缩,这样便给了病毒可乘之机。所以,无论防火墙是多么安全,用户只能在防火墙后面消除病毒。

**5. 防火墙极有可能限制某些有用的网络服务**

防火墙为了提高被保护网络的安全性,限制或关闭了很多有用但存在安全缺陷的网络服务。由于大多数网络服务在设计之初根本没有考虑安全性,只考虑使用的方便性和资源共享,因此都存在安全问题。防火墙一旦限制了这些网络服务,就等于从一个极端走到了另外一个极端。

**6. 防火墙无法防范数据驱动式攻击**

数据驱动式攻击从表面上看是无害的数据被邮寄或复制到 Internet 主机上,一旦执行就开始攻击。例如,一个数据驱动式攻击可能导致主机修改与安全相关的文件,使入侵者很容易获得对系统的访问权限。

视频讲解

# 6.2 DMZ 简介

## 6.2.1 DMZ 的概念

隔离区(Demilitarized Zone,DMZ)也称为"非军事化区",是为了解决安装防火墙后外部网络不能访问内部网络服务器的问题而设立的一个非安全系统与安全系统之间的缓冲区。这个缓冲区位于企业内部网络和外部网络之间的小网络区域内,在这个小网络区域内可以放置一些必须公开的服务器设施,如企业 Web 服务器、FTP 服务器和论坛等。另外,通过这样一个 DMZ,更加有效地保护了内部网络,因为这种网络部署比起一般的防火墙方案对攻击者来说又多了一道关卡。DMZ 示意图如图 6.3 所示。

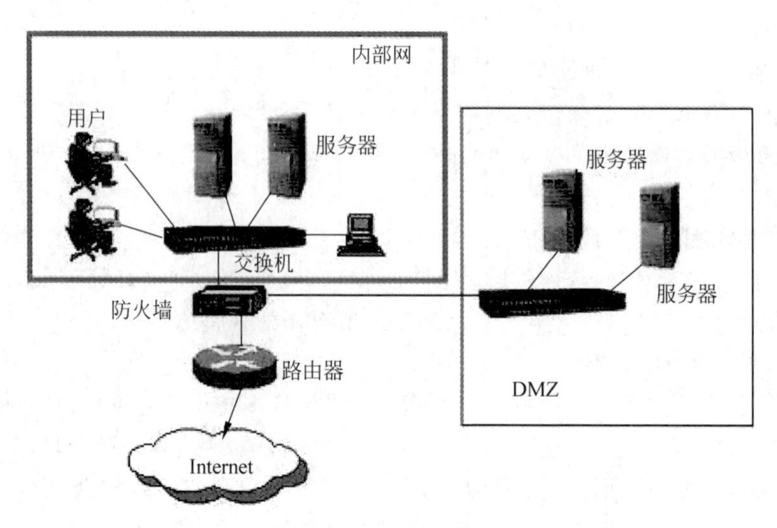


图 6.3 DMZ 示意图

网络设备开发商利用这一技术开发出了相应的防火墙解决方案，称为“非军事区结构模式”。DMZ 通常是一个过滤的子网，在内部网络和外部网络之间构造了一个安全地带。

DMZ 防火墙方案为要保护的内部网络增加了一道安全防线，通常认为是非常安全的。同时，它提供了一个区域放置公共服务器，从而又能有效地避免一些互联应用需要公开却与内部安全策略相矛盾的情况发生。在 DMZ 中通常包括堡垒主机、Modem 池和所有的公共服务器。需要注意的是，电子商务服务器只能用作用户连接，真正的电子商务后台数据需要放在内部网络中。

在这个防火墙方案中包括两个防火墙，外部防火墙抵挡外部网络的攻击，并管理所有内部网络对 DMZ 的访问；内部防火墙管理 DMZ 对于内部网络的访问。内部防火墙是内部网络的第 3 道安全防线（前面有了外部防火墙和堡垒主机），当外部防火墙失效的时候，它还可以起到保护内部网络的功能。而局域网内部，对于 Internet 的访问由内部防火墙和位于 DMZ 的堡垒主机控制。在这样的结构中，一个黑客必须通过 3 个独立的区域（外部防火墙、内部防火墙和堡垒主机）才能够到达局域网，攻击难度大大提高，相应内部网络的安全性也就大大加强，但投资成本也是最高的。

如果计算机不提供网站或其他的网络服务的话，不要设置 DMZ。DMZ 是把计算机的所有端口开放到网络。

### 6.2.2 DMZ 网络访问控制策略

当规划一个拥有 DMZ 的网络时，可以明确各个网络之间的访问关系，可以确定以下 6 条访问控制策略。

（1）内网可以访问外网。内网的用户显然需要自由地访问外网。在这一策略中，防火墙需要进行源地址转换。

（2）内网可以访问 DMZ。此策略是为了方便内网用户使用和管理 DMZ 中的服务器。

（3）外网不能访问内网。很显然，内网中存放的是内部数据，这些数据不允许外网的用户进行访问。

（4）外网可以访问 DMZ。DMZ 中的服务器本身就是要给外界提供服务的，所以外网必须可以访问 DMZ。同时，外网访问 DMZ 需要由防火墙完成对外地址到服务器实际地址的转换。

（5）DMZ 不能访问内网。很明显，如果违背此策略，则当入侵者攻陷 DMZ 时就可以进一步进攻到内网的重要数据。

（6）DMZ 不能访问外网。此条策略也有例外，如 DMZ 中放置邮件服务器时就需要访问外网，否则将不能正常工作。在网络中，非军事区是指为不信任系统提供服务的孤立网段，其目的是把敏感的内部网络和其他提供访问服务的网络分开，阻止内网和外网直接通信，以保证内网安全。

### 6.2.3 DMZ 服务配置

DMZ 提供的服务是经过了网络地址转换（NAT）并受到安全规则限制的，以达到隐蔽真实地址、控制访问的功能。首先要根据将要提供的服务和安全策略建立一个清晰的网络拓扑，确定 DMZ 应用服务器的 IP、端口号和数据流向。通常网络通信流向为禁止外网与内网直接通信,DMZ既可与外网进行通信,也可以与内网进行通信,受到安全规则限制。

**1. 网络地址转换**

DMZ服务器与内网、外网的通信是经过网络地址转换(NAT)实现的。网络地址转换用于将一个地址域(如专用Intranet)映射到另一个地址域(如Internet),以达到隐藏专用网络的目的。DMZ服务器对内服务时映射成内网地址,对外服务时映射成外网地址。采用静态映射配置网络地址转换时,服务用IP和真实IP要一一映射,源地址转换和目的地址转换都必须要有。

**2. DMZ安全规则制定**

安全规则集是安全策略的技术实现,一个可靠、高效的安全规则集是实现一个成功、安全的防火墙非常关键的一步。如果防火墙规则集配置错误,再好的防火墙也只是摆设。在建立规则集时必须注意规则次序,因为防火墙大多以顺序方式检查信息包,同样的规则,以不同的次序放置,可能会完全改变防火墙的运转情况。如果信息包经过每条规则而没有发现匹配,这个信息包便会被拒绝。一般来说,通常的顺序是较特殊的规则在前,较普通的规则在后,防止在找到一个特殊规则之前匹配一个普通规则,避免防火墙配置错误。

DMZ安全规则指定了非军事区内的某一主机(IP地址)对应的安全策略。由于DMZ内放置的服务器主机将提供公共服务,其地址是公开的,可以被外网的用户访问,因此正确设置DMZ安全规则对保证网络安全是十分重要的。

防火墙可以根据数据包的地址、协议和端口进行访问控制。它将每个连接作为一个数据流,通过规则表与连接表共同配合,对网络连接和会话的当前状态进行分析和监控。用于过滤和监控的IP包信息主要有源IP地址、目的IP地址、协议类型(IP、ICMP、TCP、UDP)、源TCP/UDP端口、目的TCP/UDP端口、ICMP报文类型域和代码域、碎片包和其他标识位(如SYN、ACK)等。

为了让DMZ的应用服务器能与内网中服务器通信,需增加DMZ安全规则,这样一个基于DMZ的安全应用服务便配置好了。其他的应用服务可根据安全策略逐个配置。

DMZ无疑是网络安全防御体系中的重要组成部分,再加上入侵检测和基于主机的其他安全措施,将极大地提高公共服务和整个系统的安全性。

## 6.3 防火墙的技术发展历程

视频讲解

### 6.3.1 第1代防火墙:基于路由器的防火墙

由于多数路由器本身就包含有分组过滤功能,故网络访问控制可通过路由控制来实现,从而使具有分组过滤功能的路由器成为第1代防火墙产品。

**1. 基于路由器防火墙的特点**

(1) 利用路由器本身对分组的解析,以访问控制表方式实现对分组的过滤。

(2) 过滤判决的依据可以是IP地址、端口号和其他网络特征。

(3) 只有分组过滤功能,且防火墙与路由器是一体的,对安全要求低的网络采用路由器附带防火墙功能的方法,对安全性要求高的网络则可单独利用一台路由器作为防火墙。

**2. 基于路由器防火墙的不足**

(1) 本身具有安全漏洞,外部网络要探寻内部网络十分容易。例如,在使用FTP时,外部服务器容易从21端口上与内网相连，即使在路由器上设置了过滤规则，内部网络的21端口仍可由外部探寻。

(2) 分组过滤规则的设置和配置存在安全隐患。对路由器中过滤规则的设置和配置十分复杂，它涉及规则的逻辑一致性、作用端口的有效性和规则集的正确性，一般的网络系统管理员难以胜任，加之一旦出现新的协议，管理员就要加上更多的规则去限制，这往往会带来很多错误。

(3) 攻击者可"假冒"地址，黑客可以在网络上伪造假的路由信息欺骗防火墙。

(4) 由于路由器的主要功能是为网络访问提供动态的、灵活的路由，而防火墙则要对访问行为实施静态的、固定的控制，这是一对难以调和的矛盾，防火墙的规则设置会大大降低路由器的性能。

### 6.3.2 第2代防火墙：用户化的防火墙

**1. 用户化防火墙的特点**

(1) 将过滤功能从路由器中独立出来，并加上审计和告警功能。

(2) 针对用户需求，提供模块化的软件包。

(3) 软件可通过网络发送，用户可自己动手构造防火墙。

(4) 与第1代防火墙相比，安全性提高而价格降低了。

由于是纯软件产品，第2代防火墙产品无论在实现上还是在维护上都对系统管理员提出了相当高的要求。

**2. 用户化防火墙的不足**

(1) 配置和维护过程复杂、费时。

(2) 对用户的技术要求高。

(3) 全软件实现，安全性和处理速度均有局限。

(4) 实践表明，使用中出现差错的情况很多。

### 6.3.3 第3代防火墙：建立在通用操作系统上的防火墙

基于软件的防火墙在销售、使用和维护上的问题迫使防火墙开发商很快推出了建立在通用操作系统上的商用防火墙产品，近年来在市场上广泛使用的就是这一代产品。

**1. 通用操作系统防火墙的特点**

(1) 批量上市的专用防火墙产品。

(2) 包括分组过滤或借用了路由器的分组过滤功能。

(3) 装有专用的代理系统，监控所有协议的数据和指令。

(4) 保护用户编程空间和用户可配置内核参数的设置。

(5) 安全性和速度大大提高。

第3代防火墙有以纯软件实现的，也有以硬件方式实现的。但随着安全需求的变化和使用时间的推延，仍表现出不少问题。

**2. 通用操作系统防火墙的不足**

(1) 作为基础的操作系统，其内核往往不为防火墙管理者所知，由于原码保密，其安全性无从保证。

(2) 大多数防火墙厂商并非通用操作系统厂商,通用操作系统厂商不会对操作系统的安全性负责。

上述问题在基于Windows NT开发的防火墙产品中表现得十分明显。

### 6.3.4 第4代防火墙:具有安全操作系统的防火墙

这是目前防火墙产品的主要发展趋势。具有安全操作系统的防火墙本身就是一个操作系统,因而在安全性上较第3代防火墙有质的提高。获得安全操作系统的办法有两种:一种是通过许可证方式获得操作系统的源码;另一种是通过固化操作系统内核提高可靠性。

安全操作系统防火墙的特点如下。

(1) 防火墙厂商具有操作系统的源代码,并可实现安全内核。

(2) 对安全内核实现加固处理,即去掉不必要的系统特性,加上内核特性,强化安全保护。

(3) 对每个服务器、子系统都做了安全处理,一旦黑客攻破了一个服务器,它将会被隔离在此服务器内,不会对网络的其他部分构成威胁。

(4) 在功能上包括了分组过滤、应用网关、电路级网关,且具有加密与鉴别功能。

(5) 透明性好,易于使用。

上述阶段的划分主要以产品为对象,目的在于对防火墙的发展有一个总体勾画。

视频讲解

## 6.4 防火墙的分类

如果从防火墙的软、硬件形式划分的话,防火墙可以分为软件防火墙和硬件防火墙两种。如果根据防范的方式和侧重点的不同来进行分类,防火墙可以分为三大类:包过滤防火墙、状态检测防火墙、代理防火墙。

### 6.4.1 软件防火墙

软件防火墙运行于特定的计算机上,它需要用户预先安装好的计算机操作系统的支持,一般来说,这台计算机就是整个网络的网关。软件防火墙就像其他软件产品一样需要先在计算机上安装并做好配置才可以使用。使用这类防火墙,需要用户对所工作的操作系统平台比较熟悉。

个人防火墙是软件防火墙中比较常见的一种,可为个人计算机提供简单的防火墙功能。目前常用的个人防火墙有360防火墙、天网个人防火墙、瑞星个人防火墙等。个人防火墙是安装在个人计算机上,而不是放置在网络边界,因此个人防火墙关心的不是一个网络到另外一个网络的安全,而是单个主机和与之相连接的主机或网络之间的安全。

个人防火墙使用方便,配置简单,但也具有一定的局限性,其应用范围较小,且只支持Windows系统,功能相对来说要弱很多,并且安全性和并发连接处理能力较差。

作为网络防火墙的软件防火墙具有比个人防火墙更强的控制功能和更高的性能。不仅支持Windows系统,而且多数都支持UNIX或Linux系统,如十分著名的Check Point FireWall、Microsoft ISA Server等。

软件防火墙与硬件防火墙相比,在性能上和抗攻击能力上都比较弱,如果所在的网络环境中攻击频度不是很高,用软件防火墙就能满足要求。但如果是较大型的网络,就需要硬件防火墙进行保护了。

### 6.4.2 包过滤防火墙

包过滤防火墙用一个软件查看所流经的数据包的包头(Header),由此决定整个包的命运。它可能会决定丢弃这个包,可能会接受这个包(让这个包通过),也可能执行其他更复杂的动作。

在 Linux 系统下,包过滤功能是内建于核心的(作为一个核心模块,或者直接内建),同时还有一些可以运用于数据包之上的技巧,不过最常用的依然是查看包头以决定包的命运。

包过滤是一种内置于 Linux 内核路由功能之上的防火墙类型,其防火墙工作在网络层。包过滤防火墙的工作层次如图 6.4 所示。

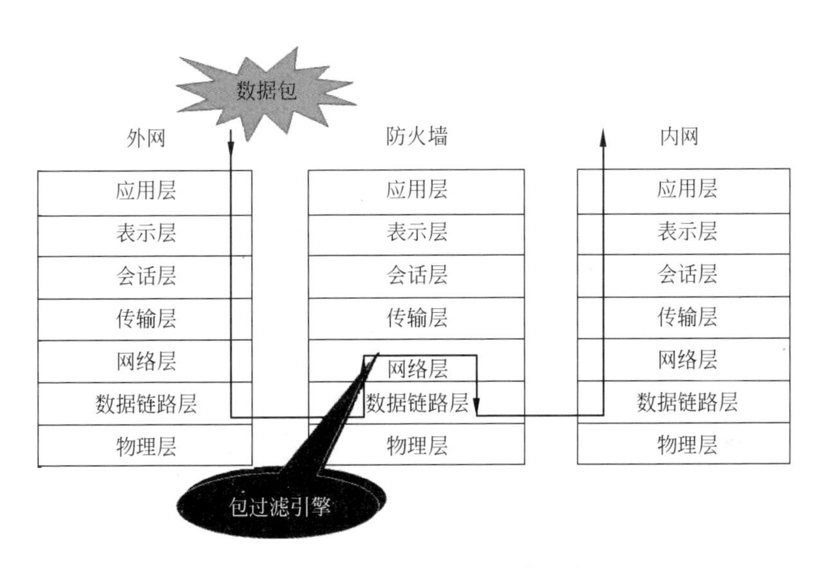


图 6.4 包过滤防火墙的工作层次

**1. 工作原理**

包过滤防火墙的工作原理如下。

1) 使用过滤器

数据包过滤用在内部主机和外部主机之间,过滤系统是一台路由器或一台主机。当执行数据包时,过滤规则用来匹配数据包内容以决定哪些包被允许和哪些包被拒绝。当拒绝流量时,可以采用两个操作:通知流量的发送者其数据将丢弃,或者没有任何通知直接丢弃这些数据。

包过滤防火墙能过滤以下类型的信息:

(1) 第 3 层的源和目的地址。

(2) 第 3 层的协议信息。

(3) 第 4 层的协议信息。

(4) 发送或接收流量的端口号。

数据包过滤是通过对数据包的 IP 头和 TCP 头或 UDP 头的检查来实现的,在 TCP/IP 中存在着一些标准的服务端口号,如 HTTP 的端口号为 80。通过屏蔽特定的端口可以禁止特定的服务。包过滤系统可以阻塞内部主机与外部主机或另外一个网络之间的连接,如可以阻塞一些被视为有敌意的或不可信的主机或网络连接到内部网络中。

2) 过滤器的实现

数据包过滤一般使用过滤路由器来实现,这种路由器与普通的路由器有所不同。普通的路由器只检查数据包的目标地址,并选择一个达到目的地址的最佳路径。它处理数据包是以目标地址为基础的,存在着两种可能性:若路由器可以找到一个路径到达目标地址则发送出去;若路由器不知道如何发送数据包,则通知数据包的发送者"数据包不可达"。

过滤路由器会更加仔细地检查数据包,除了决定是否有到达目标地址的路径外,还要决定是否应该发送数据包。应该与否是由路由器的过滤策略决定并强行执行的。

3) 包过滤器操作过程

包过滤器的基本操作过程如图6.5所示。

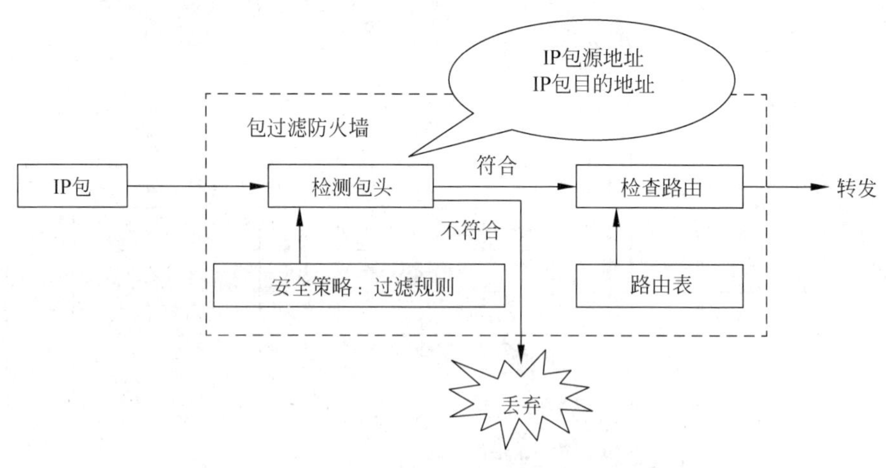


图6.5 包过滤器操作过程

(1) 包过滤规则必须被包过滤设备端口存储在安全策略设置中。

(2) 当包到达端口时,对包头进行语法分析。大多数包过滤设备只检查IP、TCP或UDP头中的字段。

(3) 包过滤规则以特殊的方式存储。应用于包的规则的顺序与包过滤器规则存储顺序必须相同。

(4) 若一条规则阻止包传输或接收,则此包便不符合条件,并被丢弃。

(5) 若一条规则允许包传输或接收,则此包便符合条件,可以被继续处理。

(6) 符合条件的包将检查路由信息并被转发出去。

**2. 包过滤防火墙的优缺点**

包过滤防火墙具有以下优点。

(1) 处理包的速度比代理服务器快,过滤路由器为用户提供了一种透明的服务,用户不用改变客户端程序或改变自己的行为。

(2) 实现包过滤几乎不再需要费用(或极少的费用),因为都包含在标准的路由器软件中。

(3) 包过滤路由器对用户和应用是透明的。

包过滤防火墙存在以下缺点。

(1) 防火墙的维护比较困难，定义数据包过滤器会比较复杂，因为网络管理员需要对各种 Internet 服务、包头格式和每个域的意义有非常深入的理解，才能将过滤规则集尽量定义完善。

(2) 只能阻止一种类型的 IP 欺骗，即外部主机伪装内部主机的 IP，对于外部主机伪装其他可信任外部主机的 IP 却不可阻止。

(3) 任何直接经过路由器的数据包都有被用作数据驱动攻击的潜在危险。

(4) 一些包过滤网关不支持有效的用户认证。

(5) 不可能提供有用的日志，日志功能被局限在第 3 层和第 4 层的信息。例如，不能记录封装在 HTTP 传输报文中的应用层数据，这使用户发觉网络受攻击的难度加大，也就谈不上根据日志进行网络的优化、完善和追查责任。

(6) 随着过滤器数目的增加，路由器的吞吐量会下降。

(7) IP 包过滤器无法对网络上流动的信息提供全面的控制。

(8) 允许外部网络直接连接到内部网络的主机上，易造成敏感数据的泄露。

虽然包过滤防火墙有上述缺点，但是在管理良好的小规模网络上，它能够正常发挥其作用。一般情况下，人们不单独使用包过滤防火墙，而是将它与其他设备(如堡垒主机等)联合使用。

**3. 包过滤防火墙的使用**

因为上述缺点的限制，包过滤防火墙通常用在以下方面。

(1) 作为第一线防御(边界路由器)。

(2) 当用包过滤就能完全实现安全策略并且认证不是一个问题的时候。

(3) 在要求最低安全性并要考虑成本的 SOHO(Small Office Home Office)网络中。

包过滤防火墙能用于不同子网之间不需要认证的内部访问控制。当和其他类型的防火墙相比，因为包过滤防火墙的简易性和低成本，很多 SOHO 网络使用包过滤防火墙。虽然包过滤防火墙不能为 SOHO 提供全面的保护，但是至少提供了最低级别的保护，防御很多类型的网络威胁和攻击。

### 6.4.3 状态检测防火墙

状态检测防火墙又称为动态包过滤，是传统包过滤的功能扩展。状态检测防火墙在网络层有一个检查引擎截获数据包并抽取出与应用层状态有关的信息，并以此为依据决定对该连接是接受还是拒绝。这种技术提供了高度安全的解决方案，同时具有较好的适应性和扩展性。

**1. 状态检测防火墙的基本原理**

状态检测防火墙一般也包括一些代理级的服务，它们提供附加的对特定应用程序数据内容的支持。状态检测技术最适合提供对 UDP 的有限支持。它将所有通过防火墙的 UDP 分组均视为一个虚拟连接，当反向应答分组送达时就认为一个虚拟连接已经建立。状态检测防火墙克服了包过滤防火墙和应用代理服务器的局限性，不仅仅检测源地址和目的地址，而且不要求每个访问的应用都有代理。

状态检测防火墙工作于传输层，与包过滤防火墙相比，状态检测防火墙判断允许还是禁止数据流的依据也是源IP地址、目的IP地址、源端口、目的端口和通信协议等。与包过滤防火墙不同的是,状态检测防火墙是基于会话信息做出决策的,而不是包的信息。状态检测防火墙摒弃了包过滤防火墙仅考查数据包的IP地址等几个参数,而且不关心数据包连接状态变化的缺点,在防火墙的核心部分建立状态连接表,并将进出网络的数据当成一个个会话,利用状态表跟踪每个会话状态。状态监测对每个包的检查不仅根据规则表,更考虑了数据包是否符合会话所处的状态,因此提供了完整的对传输层的控制能力。

**2. 状态检测防火墙工作原理**

状态检测防火墙的工作原理如图6.6所示。

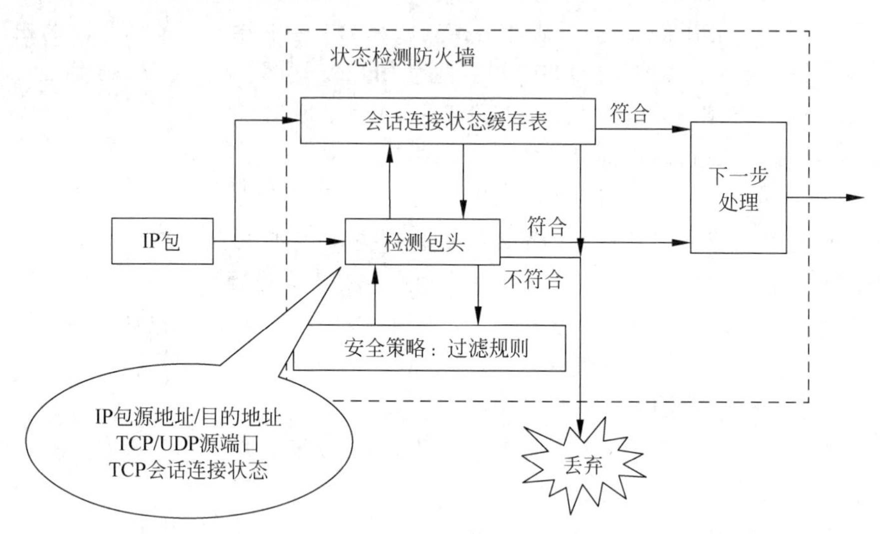


图6.6 状态检测防火墙的工作原理

(1) 包过滤规则必须被存储在安全策略设置中。

(2) 当包到达端口时,对包头进行语法分析,同时在会话连接状态缓存表中保持一个状态。

(3) 数据包还要和会话连接状态缓存表中的会话所处的状态进行对比,符合规则的才算检测通过。

(4) 若一条规则阻止包传输或接收,则此包便不符合条件,并被丢弃。

(5) 若一条规则允许包传输或接收,则此包便符合条件,可以被继续处理。

(6) 符合条件的包将检查路由信息并被转发出去。

状态检测防火墙保持对连接状态的跟踪:连接是否处于初始化、数据传输或终止状态。当想拒绝来自外部设备的连接初始化,但允许用户和这些设备建立连接并允许响应通过状态防火墙返回时,这种防火墙很有用。

从传输层的角度看,状态防火墙检查第3层数据包头和第4层报文头中的信息。例如,查看TCP头中的SYN、RST、ACK、FIN和其他控制代码确定连接的状态。

**3. 状态检测防火墙优缺点**

状态检测防火墙具有以下优点。

(1) 具有检查IP包的每个字段的能力,并遵从基于包中信息的过滤规则。

(2) 知道连接的状态。

(3) 无须打开很大范围的端口以允许通信。

(4) 比包过滤防火墙阻止更多类型的 DoS 攻击,并有更丰富的日志功能。

状态检测防火墙具有以下缺点。

(1) 所有记录、测试和分析工作可能会造成网络连接的某种迟滞,特别是在同时有许多连接激活或是有大量的过滤网络通信的规则存在时,维护状态表的开销会非常大。

(2) 可能很复杂,不易配置。

(3) 不能阻止应用层的攻击。

(4) 不支持用户的连接认证。

(5) 不是所有的协议都包含状态信息。

(6) 一些应用会打开多个连接,其中的一些为附加连接,使用动态端口号,这样记录状态比较困难。

**4. 状态检测防火墙的使用**

状态检测防火墙通常用在以下方面。

(1) 作为防御的主要方式。

(2) 作为防御第一线的智能设备(带状态能力的边界路由器)。

(3) 在需要比包过滤更严格的安全机制,而不用增加太多成本的情况下。

### 6.4.4 代理防火墙

代理防火墙通常也称为应用网关防火墙,代理防火墙彻底隔断内网与外网的直接通信,内网用户对外网的访问变成防火墙对外网的访问,然后再由防火墙转发给内网用户。所有通信都必须经应用层代理软件转发,访问者任何时候都不能与服务器建立直接的 TCP 连接,应用层的协议会话过程必须符合代理的安全策略要求。

**1. 代理防火墙的工作原理**

代理防火墙的主要功能是通常对连接请求认证,然后再允许流量到达内外资源。这使得可以认证用户请求而不是设备。为了使认证和连接过程更加有效,很多代理防火墙认证用户一次,然后使用存储在认证数据库中的授权信息确定该用户可以访问哪些资源。通过授权限制允许该用户访问的其他资源,而不要求用户为每个想访问的资源进行认证。同时,代理防火墙能用来认证输入和输出两个方向的连接。

一个代理防火墙能使用多种方式认证连接请求,包括用户名和口令、令牌卡信息、第 3 层的源地址和生物测量信息。通常第 3 层的源地址被用来认证,除非和其他方式相结合。认证信息能储存在本地、一台安全服务器上或目录服务中。安全服务器的例子有 Cisco 的 Secure ACS,目录服务的例子有 Novell NDS、Microsoft Active Directory 和 LDAP。

代理防火墙工作在应用层,如图 6.7 所示。

**2. 代理防火墙的优缺点**

同包过滤和状态检测防火墙相比,代理防火墙具有以下优点。

(1) 认证个人,而不是设备。

(2) 黑客几乎没有时间进行欺骗和实施 DoS 攻击。

(3) 能监控和过滤应用层数据。

(4) 能提供详细的日志。

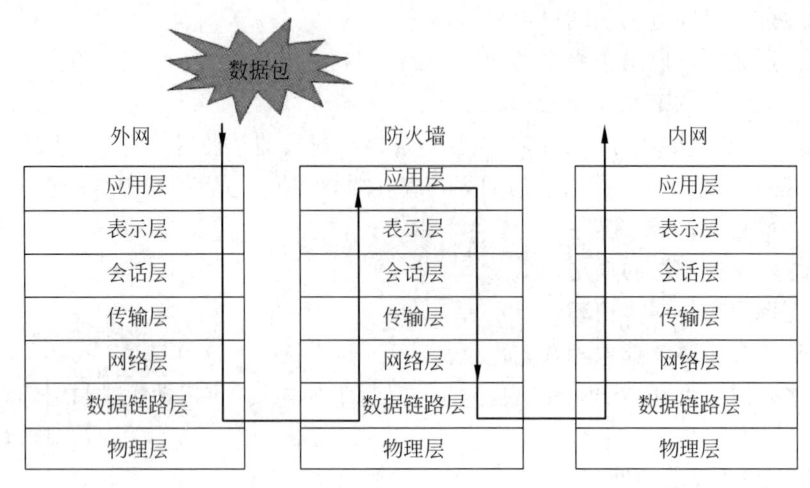


图 6.7 代理防火墙的工作层次

代理防火墙能认证试图访问内部资源的个人。能监控连接上的所有数据,这能检测应用攻击,甚至能基于认证和授权信息控制允许用户执行哪些命令和功能。可以生成非常详细的日志。能监控用户正在通过连接发送的实际数据。

代理防火墙具有以下缺点。

(1) 难于配置。

(2) 处理速度非常慢。

(3) 不能支持大规模的并发连接。

由于每个应用都要求单独的代理进程,这就要求网管能理解每项应用协议的弱点,并能合理的配置安全策略。由于配置烦琐,难以理解,容易出现配置失误,最终影响内网的安全防范能力。

断掉所有的连接,由防火墙重新建立连接,理论上可以使代理防火墙具有极高的安全性。但是实际应用中并不可行,因为对于内网的每个 Web 访问请求,应用网关都需要开一个单独的代理进程,建立一个个的服务代理,它要保护内网的 Web 服务器、数据库服务器、文件服务器、邮件服务器及业务程序等,以处理客户端的访问请求。这样,应用网关的处理延迟会很大,内网用户的正常 Web 访问不能及时得到响应。

总之,代理防火墙不能支持大规模的并发连接,在对速度敏感的行业使用这类防火墙时简直是灾难。另外,防火墙核心要求预先内置一些已知应用程序的代理,使一些新出现的应用在代理防火墙内被无情地阻断,不能很好地支持新应用。

**3. 代理防火墙的使用**

与包过滤和状态检测防火墙相比,代理防火墙增加了智能功能,所以通常用在以下地方。

(1) 作为主要的过滤功能设备。

(2) 作为边界防御设备。

(3) 作为应用代理设备防止日志过载,以及监控和记录其他类型的流量。

在 IT 领域中,新应用、新技术、新协议层出不穷,代理防火墙很难适应这种局面。因此,在一些重要的领域和行业的核心业务应用中,代理防火墙正被逐渐疏远。

但是,自适应代理技术的出现让代理防火墙技术出现了新的转机,它结合了代理防火墙的安全性和包过滤防火墙的高速度等优点，在不损失安全性的基础上将代理防火墙的性能提高了10倍。

## 6.5 防火墙硬件平台的发展

视频讲解

### 6.5.1 x86平台

x86是一个Intel通用计算机系列的标准编号缩写，也标识一套通用的计算机指令集合。x与处理器没有任何关系，它是一个对所有x86系统的简单的通配符定义，如i386、586、奔腾。由于早期Intel的CPU编号都是用8086、80286编号，整个系列的CPU都是指令兼容的，因此都用x86标识所使用的指令集合，如今的奔腾、赛扬、酷睿系列都是支持x86指令系统的，所以都属于x86家族。

x86指令集是美国Intel公司为其第1块16位CPU(i8086)专门开发的。美国IBM公司于1981年推出的世界上第1台计算机中的CPU使用的也是x86指令，同时计算机中为提高浮点数据处理能力而增加的x87芯片系列数学协处理器则另外使用x87指令，以后就将x86指令集和x87指令集统称为x86指令集。虽然随着CPU技术的不断发展，Intel陆续研制出更新型的i80386、i80486，直到后来的Pentium 4(以下简称为P4)系列，但为了保证计算机能继续运行以往开发的各类应用程序以保护和继承丰富的软件资源，Intel公司所生产的所有CPU仍然继续使用x86指令集，它的CPU仍属于x86系列。

另外，除Intel公司之外，AMD和Cyrix等厂家也相继生产出能使用x86指令集的CPU。由于这些CPU能运行所有为Intel CPU所开发的各种软件，计算机业内人士就将这些CPU列为Intel的CPU兼容产品。由于Intel x86系列及其兼容CPU都使用x86指令集，因此就形成了今天庞大的x86系列及兼容CPU阵容。

最初的硬件防火墙都是基于x86架构。x86架构采用通用CPU和计算机I/O总线接口，具有很高的灵活性和可扩展性，过去一直是防火墙开发的主要平台。其具有开发、设计门槛低，技术成熟等优点，曾经以其高灵活性和扩展性在百兆防火墙上获得过巨大的成功。但是，缺陷也是显而易见的，由于x86架构的硬件并非为了网络数据传输而设计，它对数据包的转发性能相对较弱，无法适应日益增长的网络性能要求。

由于国内安全厂商并不掌握x86架构的核心技术，其BIOS中存在着隐藏的漏洞，有可能影响防火墙的安全可靠性。而且x86的产业链条非常复杂，国内厂商在其中能发挥的影响力很有限，不利于国内信息安全产业的长期发展。

### 6.5.2 ASIC平台

目前在集成电路界，专用集成电路(Application Specific Integrated Circuit，ASIC)被认为是一种为专门目的而设计的集成电路，是指应特定用户要求和特定电子系统的需要而设计、制造的集成电路。ASIC的特点是面向特定用户的需求，ASIC在批量生产时与通用集成电路相比具有体积更小、功耗更低、可靠性提高、性能提高、保密性增强、成本降低等优点。

ASIC分为全定制和半定制。全定制设计需要设计者完成所有电路的设计，因此需要大量人力、物力，灵活性好，但开发效率低下。如果设计较为理想，全定制能够比半定制的

ASIC芯片运行速度更快。半定制使用标准逻辑单元,设计时可以从标准逻辑单元库中选择小规模集成(Small Scale Integration,SSI)电路、中规模集成(Medium Scale Integration,MSI)(如加法器、比较器等)、数据通路(如算术逻辑单元、存储器、总线等)、存储器甚至系统级模块(如乘法器、微控制器等)和IP核,这些逻辑单元已经布局完毕,设计者可以较方便地完成系统设计。

相比之下,ASIC防火墙通过专门设计的ASIC芯片逻辑进行硬件加速处理。ASIC通过把指令或计算逻辑固化到芯片中,获得了很高的处理能力,因而明显提升了防火墙的性能。新一代的高可编程ASIC采用了更灵活的设计,能够通过软件改变应用逻辑,具有更广泛的适应能力。但是,ASIC的缺点也同样明显,它的灵活性和扩展性不够,开发费用高,开发周期太长,一般耗时接近两年。

虽然研发成本较高,灵活性受限制,无法支持太多的功能,但其性能具有先天的优势,非常适合应用于模式简单、对吞吐量和时延指标要求较高的电信级大流量的处理。目前,NetScreen在ASIC防火墙领域占有优势地位,而我国的首信也推出了基于自主技术的ASIC千兆防火墙产品。

### 6.5.3 NP平台

根据国际网络处理器会议的定义,网络处理器(Network Processor,NP)是一种可编程器件,它特定地应用于通信领域的各种任务,如包处理、协议分析、路由查找、防火墙、服务质量(Quality of Service,QoS)等。

网络处理器器件内部通常由若干个微码处理器和若干硬件协处理器组成,且多个微码处理器在NP内部并行处理,通过预先编制的微码控制处理流程。对于某些复杂的标准操作,如内存操作、路由表查找算法、QoS的拥塞控制算法、流量调度算法等,则采用硬件协处理器进一步提高处理性能,从而实现了业务灵活性和高性能的有机结合。

目前NP主要用于网络骨干设备和网络接入设备,用来开发从网络第2~7层的各种服务和应用。目前采用NP处理分组交换的厂家,既有第一梯队的网络公司,如思科、北电和朗讯等公司;也有不少后起之秀,如华为、中兴等公司。

由于各厂商所专注的NP技术领域不同,决定了NP产品之间的差异。目前,国内多数安全厂商在NP技术上大都选择了IBM或Intel的NP技术。其实,具体选用哪种NP技术开发防火墙,因素有很多,包括所选NP技术的性能和成熟度,提供NP技术的厂商实力和重视程度,以及NP技术厂商可提供的支持力度及价格。

IBM研发的Power NP系列芯片不仅支持多线程,且每个线程都有充足的指令空间,在一个线程中完成防火墙功能绰绰有余。其系列产品中以NP4GS3为代表,该芯片最高端口速率可达OC-48(2488.32Mb/s),具有4.5Mb/s的报文处理能力和最大4GB的端口容量,并且其拥有IBM创新的带宽分配技术,是进行下一代系统设计的强大部件。而且,IBM还为开发者提供了软件架构的解决方案和仿真平台,大大缩短了开发难度和周期。目前,已经有不少厂家采用IBM的芯片开发高端防火墙产品,如联想网御于2003年10月推出了国内第1款基于NP技术的千兆线速防火墙。2005年,在解决了多项基于多NP协同工作的技术难题的基础上,联想网御成功推出了万兆级的超性能防火墙。

Intel推出的IXP2000系列芯片支持微码开发,在性能上有了长足的提高,如IXP2400

理论上最多可支持 2.5Gb/s 的应用,IXP2800 则支持 10Gb/s 以上的应用。其 SDK 开发包一般功能十分齐全,模块化很好,便于开发人员控制。不足的是,IXP2400 的每个微引擎仅能存储 4k×32 位的指令,比较适合开发路由器和交换机这类产品;IXP2800 的每个微引擎能存储 8k×32 位的指令,基本可以满足防火墙功能开发的需要,但是由于其性能提高带来了产品设计与应用复杂度的成倍提高,造成价格十分昂贵。此外,该系列产品的硬件查表功能比较弱,这对于防火墙这类需要大量查表操作的设备来讲是致命的弱点。

随着新一代网络的继续发展,NP 将更加倚重线速、智能化的包处理技术,而不仅仅是简单的基本性能,NP 技术的发展将直接影响到 NP 防火墙的发展。据业内专家调查分析,NP 技术将向着更高的性能、更多功能支持、多种技术并存和标准化等特征发展,基于 NP 的防火墙产品将随着 NP 的发展大步前行。

近年来,网络的传输速度每年翻一番,几年前的主干网速度是 1Gb/s,现在已经到了 10Gb/s 甚至提高到了 40Gb/s,网络处理器也必须满足这种变化。NP 性能的提高将直接推动防火墙性能的提高。

随着网络处理器在更多领域中的应用,网络处理器必须具有更多的功能支持,如深度内容处理和 IPv6 协议识别,以能适应防火墙等安全设备的需求。

NP 不是万能的,它并不会完全取代通用处理器和 ASIC 在网络设备中的应用。在对处理性能需求很高的高端设备中,ASIC 仍然具有很强的生命力,可以预见的是,在数据层面、控制层面和管理层面,通用处理器、NP 和 ASIC 将各司其职,共同为防火墙应用提供灵活的服务。

总之,防火墙技术与 NP 技术开始紧密地联系在一起,NP 技术的变革将推动防火墙技术向着更高性能、更多功能和标准化的方向发展。

# 6.6 防火墙关键技术

视频讲解

## 6.6.1 访问控制

访问控制是策略和机制的集合,它允许对限定资源的授权访问。它也可保护资源,防止那些无权访问资源的用户恶意访问或偶然访问。然而,它无法阻止被授权组织的故意破坏。

按用户身份及其所归属的某预定义组限制用户对某些信息项的访问,或限制对某些控制功能的使用。访问控制通常用于系统管理员控制用户对服务器、目录、文件等网络资源的访问。访问控制机制决定用户及代表一定用户利益的程序能做什么,以及做到什么程度。

访问控制是信息安全保障机制的核心内容,它是实现数据保密性和完整性机制的主要手段。它是对信息系统资源进行保护的重要措施,也是计算机系统中最重要和最基础的安全机制。访问控制包括 3 个要素,即主体、客体和控制策略。

防火墙上应用的访问控制技术是网络安全防范和保护的主要核心策略,它的主要任务是保证网络资源不被非法使用和访问。访问控制规定了主体对客体访问的限制,并在身份识别的基础上,根据身份对提出资源访问的请求加以控制。网络访问控制技术是对网络信息系统资源进行保护的重要措施,也是计算机系统中最重要和最基础的安全机制。

### 6.6.2 NAT

NAT(网络地址转换)被广泛应用于各种类型的Internet接入方式和各种类型的网络中。原因很简单,NAT不仅完美地解决了IP地址不足的问题,而且还能够有效地避免来自网络外部的攻击,隐藏并保护网络内部的计算机。

虽然NAT可以借助于某些代理服务器来实现,但考虑到运算成本和网络性能,很多时候都是在路由器和防火墙上来实现。

随着接入Internet的计算机数量的不断猛增,IP地址资源也就越加显得捉襟见肘。事实上,除了中国教育和科研计算机网(China Education and Research Network,CERNET)外,一般用户几乎申请不到整段的C类IP地址。在其他互联网服务提供商那里,即使是拥有几百台计算机的大型局域网用户,当他们申请IP地址时,所分配的地址也不过只有几个或十几个IP地址。显然,这样少的IP地址根本无法满足网络用户的需求,于是就产生了NAT技术。

借助于NAT,私有(保留)地址的内部网络通过防火墙发送数据包时,私有地址被转换成合法的IP地址,一个局域网只需使用少量IP地址(甚至是一个)即可实现私有地址网络内所有计算机与Internet的通信需求。

NAT将自动修改IP头的源IP地址和目的IP地址,IP地址校验则在NAT处理过程中自动完成。有些应用程序将源IP地址嵌入IP报文的数据部分中,所以还需要同时对报文进行修改,以匹配IP头中已经修改过的源IP地址;否则,在报文数据分别嵌入IP地址的应用程序就不能正常工作。

NAT的实现方式有3种,即静态转换(Static NAT)、动态转换(Dynamic NAT)和端口地址转换(Port Address Translation,PAT)。

(1) 静态转换是指将内部网络的私有IP地址转换为公有IP地址时,IP地址对是一对一的,是一成不变的,某个私有IP地址只转换为某个公有IP地址。借助于静态转换,可以实现外部网络对内部网络中某些特定设备(如服务器)的访问。

(2) 动态转换是指将内部网络的私有IP地址转换为公有IP地址时,IP地址对是不确定的,是随机的,所有被授权访问Internet的私有IP地址可随机转换为任何指定的合法IP地址。也就是说,只要指定哪些内部地址可以进行转换,以及用哪些合法地址作为外部地址时,就可以进行动态转换。动态转换可以使用多个合法外部地址集。当ISP提供的合法IP地址略少于网络内部的计算机数量时,可以采用动态转换的方式。

(3) 端口地址转换是指改变外出数据包的源端口并进行端口转换。采用端口地址转换方式时,内部网络的所有主机均可共享一个合法外部IP地址实现对Internet的访问,从而可以最大限度地节约IP地址资源。同时又可隐藏网络内部的所有主机,有效避免来自Internet的攻击。因此,目前网络中应用最多的就是端口地址转换方式。

在配置网络地址转换的过程之前,首先必须搞清楚内部接口和外部接口,以及在哪个外部接口上启用NAT。通常情况下,连接到用户内部网络的接口是NAT内部接口,而连接到外部网络(如Internet)的接口是NAT外部接口。在网络中的具体配置如图6.8所示。

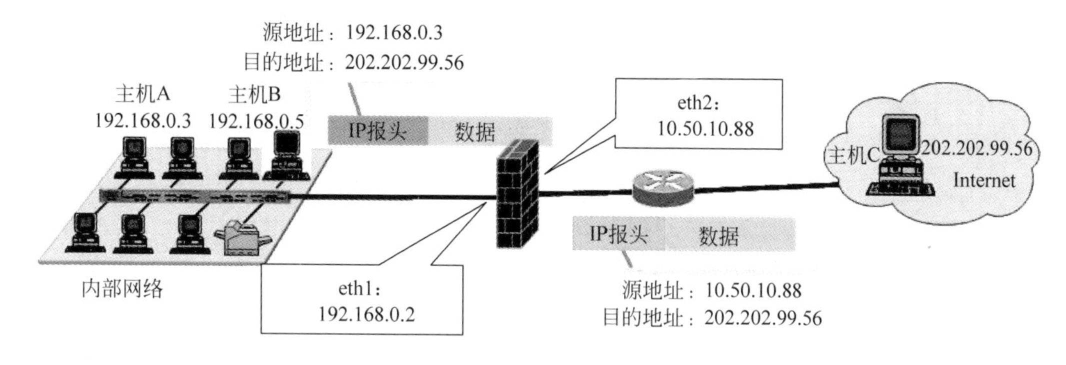


图 6.8　NAT 的配置

### 6.6.3　VPN

可以把虚拟专用网络(VPN)理解成虚拟出来的企业内部专线。它可以通过加密的通信协议在 Internet 上建立一条位于不同地方的两个或多个企业内部网之间的通信线路,就好比是架设了一条专线一样,但是它并不需要真正去铺设光缆之类的物理线路,在网络中的实现如图 6.9 所示。这就好比去电信局申请到了专线,但是不用给铺设线路的费用,也不用购买路由器等硬件设备。VPN 技术原是路由器的重要技术之一,目前在交换机、防火墙设备中也都支持 VPN 功能,VPN 的核心就是利用公共网络建立虚拟私有网。

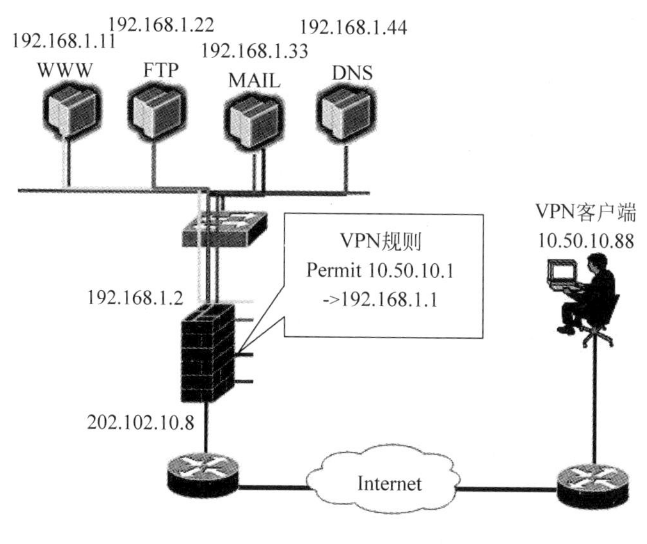


图 6.9　VPN 的实现

## 6.7　个人防火墙

个人防火墙,顾名思义,是一种个人行为的防范措施,这种防火墙不需要特定的网络设备,只要在用户所使用的计算机上安装软件即可。由于网络管理者可以远距离地进行设置和管理,终端用户在使用时不必特别在意防火墙的存在,极为适合小企业和个人等的使用。

个人防火墙把用户的计算机和公共网络分隔开,它检查到达防火墙两端的所有数据包,无论是进入还是发出,从而决定该拦截这个包还是将其放行,是保护个人计算机接入互联网的安全有效措施。

常见的个人防火墙有天网防火墙个人版、瑞星个人防火墙、360木马防火墙、费尔个人防火墙、江民黑客防火墙和金山网镖等。这些个人防火墙都能帮助用户对系统进行监控和管理,防止计算机病毒、流氓软件等程序通过网络进入用户的计算机或在用户未知情况下向外部扩散。这些软件都能够独立运行于整个系统中或针对个别程序、项目,所以在使用时十分方便、实用。

**1. 个人防火墙的主要功能**

1)网络数据包处理

个人防火墙会检查所有通过的数据包中的包头信息,并按照用户所设定的安全过滤规则过滤数据包。如果防火墙设定某一IP为危险的话,从这个地址而来的所有信息都会被防火墙屏蔽掉。由此可见,个人防火墙核心技术是实现在Windows操作系统下的网络数据包拦截。

2)安全规则设置

防火墙的安全规则就是对计算机所使用的局域网、互联网的内制协议进行设置,使网络数据包处理模块可以根据设置对网络数据包进行处理,从而达到系统的最佳安全状态。个人防火墙软件的安全规则方式可分为两种。一种是定义好的安全规则。就是把安全规则定义成几种方案,一般分为低、中、高3种,这样不懂网络协议的用户也可以根据自己的需要灵活地设置不同的安全方案。还有一种就是用户自定义的安全规则。这需要用户在了解了网络协议的情况下,根据自己的安全需要对某个协议进行单独设置。

3)日志

日志是每个防火墙软件必不可少的主要功能,它记录着防火墙软件监听到发生的一切事件,如入侵者的来源、协议、端口、时间等。日志的实现比较简单,将监听到的事件信息写入文件即可。

**2. 个人防火墙的设置**

个人防火墙一般都提供普通设置和高级设置两种。前者主要是提供给普通用户使用,而后者则是提供给对于网络安全有着相当了解的专业级用户使用。究竟选择哪一种取决于用户对自己的定位。

在普通设置中,个人防火墙提供几个档次的选项。在选择最高选项的时候,个人防火墙将关闭所有端口的服务,其他人无法通过端口的漏洞入侵用户的计算机,而且就算是计算机中已经存在有木马的客户端程序,也不会受到入侵者的控制。用户可以用浏览器访问WWW,但无法使用QQ、MSN等软件。如果需要使用聊天类服务,或者安装有FTP Server,HTTP Server的话,那么请不要选择此选项。在选择中档选项的时候,个人防火墙将关闭所有TCP端口服务,但UDP端口服务还开放着,别人无法通过端口的漏洞入侵计算机。这个选项阻挡了几乎所有的蓝屏攻击和信息泄露问题,而且不会影响普通网络软件的使用。在选择低档选项的时候,个人防火墙阻挡了某些常用的蓝屏攻击和信息泄露问题,但不能阻挡后门、木马软件,所以不推荐使用。如果是高级用户,需要自定义配置的话,则需进入高级设置中进行配置。

在高级设置中，个人防火墙一般会提供许多具体的选项。考虑到复杂性问题，只对简单常见的选项进行介绍，其他选项可参考相应软件的使用说明进行配置。

1）禁止 ICMP 服务

关闭该服务时无法进行 ping 操作，即别人无法用 ping 的方法确定用户计算机的存在。当有 Internet 控制报文协议（Internet Control Message Protocol，ICMP）数据流进入计算机时，除了正常情况外，一般是有人利用专门软件进攻用户计算机，这是一种在 Internet 上比较常见的攻击方式之一，主要分为 Flood 攻击和 Nuke 攻击两类。ICMP Flood 攻击通过产生大量的 ICMP 数据流以消耗计算机的 CPU 资源和网络的有效带宽，使计算机服务不能正常处理数据，进行正常运作。ICMP Nuke 攻击通过 Windows 的内部安全漏洞，使连接到互联网络的计算机在遭受攻击的时候出现系统崩溃的情况，不能再正常运作，也就是常说的蓝屏炸弹。ICMP 对于普通用户来说是很少使用到的，建议关掉此功能。

2）禁止 IGMP 服务

Internet 组管理协议（Internet Group Management Protocol，IGMP）和 ICMP 差不多，除了可以利用该协议发送蓝屏炸弹外，还会被后门软件利用。当有 IGMP 数据流进入计算机时，有可能是 DDoS 的宿主向计算机发送 IGMP 控制的信息，如果计算机上有 DDoS 的 Slave 软件，这个软件在接收到这个信息后将对指定的网站发动攻击，这个时候计算机就成了黑客的帮凶。

3）禁止 TCP 监听服务

TCP 监听服务关闭时，计算机上所有的 TCP 端口服务功能都将失效。这是一种对付木马客户端程序的有效方法，因为这些程序也是一种服务程序，由于关闭了 TCP 端口的服务功能，外部几乎不可能与这些程序进行通信。而且，对于普通用户，在互联网上只是用于 WWW 浏览，关闭此功能不会影响用户的操作。但要注意，如果计算机要执行一些服务程序，如 FTP，HTTP 服务时，一定要使该功能正常。而且，如果用户用 ICQ 接收文件，也一定要将该功能恢复正常，否则将无法收到别人的 ICQ 信息。另外，关闭了此功能后，也可以防止大部分的端口扫描。

4）禁止 UDP 监听服务

UDP 监听服务关闭时，计算机上所有的 UDP 端口服务功能都将失效。不过通过 UDP 方式进行蓝屏攻击比较少见，但有可能会被用来进行激活木马客户端程序。注意，如果用户使用了 ICQ，就不可以关闭此功能。

5）禁用 NetBIOS 协议

当有人在尝试使用微软公司网络共享服务端口（139 端口）连接计算机时，如果没有做好安全措施，可能会使该用户在自身不知道和未被允许的情况下，计算机中的私人文件在网络上被任何人在任何地方控制，进行打开、修改或删除等操作。将 NetBIOS 设置为失效时，计算机上所有共享服务功能都将关闭，其他用户在资源管理器中将看不到该用户计算机的共享资源。注意：如果在失效前，其他连接用户已经打开了该用户计算机上的资源，那么他仍然可以访问那些资源，直到断开了这次连接。建议在局域网中启用该功能，在互联网中关闭。

**3. 个人防火墙的安全记录**

当运行了个人防火墙并且想检测一下它的效果时，可以查看一下个人防火墙的安全记录。在安全记录中,个人防火墙会提供它所发现的所有进入计算机的数据流的源IP地址、使用的协议、端口、针对数据进行的操作、时间等基本信息。如果需要更为详尽的解释,可以双击相应的记录查看详细信息,从中可以获得大量的网络安全信息。

视频讲解

## 6.8　下一代防火墙

随着云计算、大数据、物联网、移动互联网、人工智能等新兴技术的不断发展,信息与通信技术网络环境持续变化。网络安全威胁的范围和内容不断扩大和演变,僵尸网络、钓鱼网站、DDoS攻击等网络安全威胁有增无减,勒索软件、高级可持续威胁(Advanced Persistent Threat,APT)攻击等新型网络攻击愈演愈烈,网络攻击趋向复杂化、系统化、高级化、规模化。下一代防火墙作为网络安全的第1道防线,可以积极适应这些变化,融合更多更有效的安全检测、防护能力,帮助用户更加有效地应对日益严峻的网络安全威胁。

下一代防火墙除具备应用识别、入侵防御、防病毒、URL过滤、数据过滤、文件过滤、流量管理、VPN等功能外,还增加了针对Web攻击、僵尸网络、木马、蠕虫、DDoS、HTTPS加密流量等安全威胁的防护能力,下一代防火墙的应用识别引擎可以综合运用单包特征识别、多包特征识别、统计特征识别等多种识别方式进行细粒度、深层次应用和协议识别,同时采用多层匹配模式与多级过滤架构和基于专利的加密流量识别方法,实现对应用层协议和应用程序的精准识别。同时还支持内容深度过滤,通过对多种网络协议的内容进行读取分析,从精确匹配的关键字到内容模糊查找,从基于文件内容到基于文件属性的检测,从被动的事件上报到主动拦截,全方位的数据安全防护措施能够真正地帮助企业实现网络数据安全。

下一代防火墙产品特点主要表现在以下几方面。

**1. 高性能处理架构**

需要采用自主研发的64位多核多平台并行安全操作系统,拥有优秀的模块化架构设计,在系统上层引擎的设计中,采用了特有的用户态协议栈,能够充分利用多核CPU的计算资源,完美支持多路多核的全功能并行业务处理。同时,安全操作系统通过采用基于多元组的一体化流检测机制,保证下一代防火墙在处理复杂网络流量和安全业务时能够具备快速高效的处理能力。

**2. IPv4/IPv6双栈**

支持完整的IPv4/IPv6协议栈,通过对IPv4/IPv6全面的协议特性的支持并且融合下一代安全防护能力,为各种IPv4/IPv6应用提供支撑,帮助客户轻松应对IPv4和IPv6环境下的多种威胁。同时,可提供全面的业务安全防护,包括基于IPv6的应用层检测(FTP/TFTP)、病毒过滤、URL过滤、ADS、IPS、WAF等功能模块。

**3. 深度识别管控**

应用识别引擎综合运用单包特征识别、多包特征识别、统计特征识别等多种识别方式进行细粒度、深层次应用和协议识别,同时采用多层匹配模式与多级过滤架构和基于专利的加密流量识别方法,实现对应用层协议和应用程序的精准识别。

**4. 全域感知协同防护**

通过协同机制,联动终端和网端,调动网内IDS、APT、EDR、DLP等安全产品的检测能力,实现全局预警、协同防护、自动处置,为客户构建由单点向全域,由静态到动态的主动化纵深防御体系。为了便于客户掌握网络中安全情况以及降低运维管理工作量，下一代防火墙还提供了智能运维管理的一系列工具，包括安全监控、数据中心、安全中心、安全策略管理、安全中心、集中管理、第三方管理接口等。

**5. Web应用保护**

内置完善的Web应用安全规则库，可提供Web应用攻击防护、支持XSS注入、SQL注入、网站防扫描等功能，能够有效抵御针对Web应用的攻击而导致的网站敏感信息泄露、网站服务器被控制等事件的发生。

**6. 未知威胁防御**

支持通过异常行为分析和APT联动实现未知威胁防御。异常行为分析模块利用内置的智能统计学习算法，基于业务数据统计分析，构建一定周期内的正常业务基线，通过与实时数据比对分析，发现异常并及时告警。同时，通过与APT设备进行联动，发现隐匿的高级威胁并及时阻断。

**7. 安全资源虚拟化**

支持1：$N$虚拟化，具备网络虚拟化、安全虚拟化、系统虚拟化、管理虚拟化特性，可以为每个虚系统分配独立的安全资源，包括对象资源、安全策略、应用识别、病毒防御、入侵防御、URL分类过滤、内容过滤、审计报表等，从而确保客户组网更弹性、策略更清晰、管理更明确。

**8. 异常流量防护**

内置流量检测防御引擎，支持基于IP，ICMP，TCP，UDP，DNS，HTTP，NTP等众多协议类型的防护策略，能够检测与防御流量型DDoS攻击、应用型DDoS攻击、非法协议攻击等拒绝服务攻击。采用多种防御机制，通过流量业务预警、比例抽样分析、源认证、源限速、协议分析、模式过滤、业务应用防护、强制保护等多种技术手段，精准、快速地阻断攻击流量，保障客户业务网络通畅。

**9. 安全可视化**

具有专门的监控和数据中心功能模块，管理员通过监控面板可以快速地查看设备的流量统计信息以及了解设备的运行情况。管理员可以查看设备、接口、应用、用户、服务器等网络对象的运行状态、流量统计信息、安全威胁信息等。

## 课后习题

**一、选择题**

1. 一个数据包过滤系统被设计成允许用户要求服务的数据包进入，而过滤掉不必要的服务，这属于(　　)基本原则。

A. 最小特权　　B. 阻塞点

C. 失效保护状态　　D. 防御多样化

2. 针对数据包过滤和应用网关技术存在的缺点而引入的防火墙技术是(　　)防火墙的特点。

A. 包过滤型　　B. 应用级网关型

C. 复合型防火墙　　D. 代理服务型

3. (　　)不属于传统防火墙的类型。

A. 包过滤　　B. 远程磁盘镜像技术

C. 电路层网关　　D. 应用层网关

4. 在防火墙技术中,内网这一概念通常指的是(　　)。

A. 受信网络　　B. 非受信网络

C. 防火墙内的网络　　D. 互联网

5. Internet 接入控制不能应对(　　)入侵者。

A. 伪装者　　B. 违法者　　C. 内部用户　　D. 外部用户

6. 对网络层数据包进行过滤和控制的信息安全技术机制是(　　)。

A. 防火墙　　B. IDS　　C. Sniffer　　D. IPSec

7. 下列不属于防火墙核心技术的是(　　)。

A. 包过滤技术　　B. NAT 技术

C. 应用代理技术　　D. 日志审计

8. 应用代理防火墙的主要优点是(　　)。

A. 加密强度更高　　B. 安全控制更细化、更灵活

C. 安全服务的透明性更好　　D. 服务对象更广泛

9. 防火墙主要部署在(　　)位置。

A. 网络边界　　B. 骨干线路　　C. 重要服务器　　D. 桌面终端

10. 下列关于防火墙的说法错误的是(　　)。

A. 防火墙工作在网络层　　B. 对 IP 数据包进行分析和过滤

C. 重要的边界保护机制　　D. 部署防火墙就解决了网络安全问题

11. 防火墙能够(　　)。

A. 防范恶意的知情者

B. 防范通过它的恶意连接

C. 防范新的网络安全问题

D. 完全防止传送已被病毒感染的软件和文件

12. 在一个企业网中,防火墙应该是(　　)的一部分,构建防火墙时首先要考虑其保护的范围。

A. 安全技术　　B. 安全设置

C. 局部安全策略　　D. 全局安全策略

13. 包过滤型防火墙原理上是基于(　　)进行分析的技术。

A. 物理层　　B. 数据链路层　　C. 网络层　　D. 应用层

14. 为了降低风险,不建议使用的 Internet 服务是(　　)。

A. Web 服务　　B. 外部访问内部系统

C. 内部访问 Internet　　D. FTP 服务

15. 关于 DMZ,下列正确的解释是(　　)。

A. DMZ 是一个真正可信的网络部分

B. DMZ 网络访问控制策略决定允许或禁止进入 DMZ 通信

C. 允许外部用户访问 DMZ 系统上合适的服务

D. 以上 3 项都是

16. 关于动态网络地址交换(NAT),下列不正确的说法是(　　)。

A. 将很多内部地址映射到单个真实地址

B. 外部网络地址和内部地址一对一的映射

C. 最多可有 64 000 个同时的动态 NAT 连接

D. 每个连接使用一个端口

17. 下列选项中(　　)不是包过滤防火墙主要过滤的信息。

A. 源 IP 地址　　　　B. 目的 IP 地址

C. TCP 源端口和目的端口　　　　D. 时间

18. 防火墙用于将 Internet 和内部网络隔离,是(　　)。

A. 防止 Internet 火灾的硬件设施

B. 网络安全和信息安全的软件和硬件设施

C. 保护线路不受破坏的软件和硬件设施

D. 起抗电磁干扰作用的硬件设施

19. 外部数据包经过过滤路由只能阻止(　　)的 IP 欺骗。

A. 内部主机伪装成外部主机 IP　　　　B. 内部主机伪装成内部主机 IP

C. 外部主机伪装成外部主机 IP　　　　D. 外部主机伪装成内部主机 IP

20. 下列关于 DMZ 的说法错误的是(　　)。

A. 通常 DMZ 包含允许来自互联网的通信可进入的设备,如 Web 服务器、FTP 服务器、SMTP 服务器、DNS 服务器等

B. 内部网络可以无限制地访问外部网络 DMZ

C. DMZ 可以访问内部网络

D. 有两个 DMZ 的防火墙环境的典型策略是主防火墙采用 NAT 方式工作,内部防火墙采用透明模式工作,以降低内部网络结构的复杂程度

21. 包过滤防火墙工作在 OSI 网络参考模型的(　　)。

A. 物理层　　B. 数据链路层　　C. 网络层　　D. 应用层

22. 防火墙提供的接入模式不包括(　　)。

A. 网关模式　　B. 透明模式　　C. 混合模式　　D. 旁路接入模式

**二、填空题**

1. 新型防火墙的设计目标是既有________的功能,又能在________进行代理,能从链路层到应用层进行全方位安全处理。

2. 防火墙只对符合安全策略的通信通过,也可以说具有________性。

3. DMZ(Demilitarized Zone)的中文名称为________,也称为________。

4. DMZ 在________和________之间构造了一个安全地带。

5. 第 1 代防火墙是基于________的防火墙;第 2 代防火墙是________的防火墙;第 3 代防火墙是________的防火墙;第 4 代防火墙是________的防火墙。

6. NAT 的实现方式有 3 种,即________、________和________。

7. ________防火墙彻底隔断内网与外网的直接通信,内网用户对外网的访问变成防火墙对外网的访问,然后再由防火墙转发给内网用户。

8. 网络边界保护中主要采用________,为了保证其有效发挥作用,应当避免在内网和外网之间存在不经过其控制的其他通信连接。

9. 防火墙虽然是网络层重要的安全机制,但是它对于________缺乏保护能力。

**三、简答题**

1. 防火墙的主要功能是什么?
2. 防火墙的基本特性有哪些?
3. 防火墙的主要缺点是什么?
4. DMZ 网络访问控制策略有哪些?
5. 防火墙的技术发展分为哪几代?
6. 防火墙的种类有哪些?
7. 包过滤防火墙的工作原理是什么?
8. 包过滤技术的优缺点有哪些?
9. 状态检测防火墙的优缺点有哪些?
10. 防火墙硬件平台有哪些种类?各自的特点是什么?
11. 你所知道的防火墙品牌有哪些?
12. 应用代理防火墙如何工作?
13. 访问控制的功能主要有哪些?
14. 个人防火墙的主要功能有哪些?
15. 个人防火墙的高级设置中可以禁用哪些功能?

# 第7章 无线网络安全

无线网络的应用和普及是人类历史上最为重要的科技成果。经历了100多年的发展，无线网络已经从初期的单一业务网络进化为当前涵盖各种无线通信技术、面向众多应用行业、提供多样化业务的智能化通信系统。利用它最终将实现任何人(Whoever)在任何时候(Whenever)、任何地点(Wherever)与任何人(Whomever)进行任何内容(Whatever)的通信。而在各种无线网络蓬勃发展的同时，它们所面临的安全与隐私问题也日益严峻，已经成为阻碍无线网络技术应用普及的关键问题。

视频讲解

## 7.1 无线网络安全概述

### 7.1.1 无线网络的分类

无线网络所采用的通信技术、覆盖规模和应用领域各不相同，因此存在多种分类方法。按照网络组织形式，可分为有结构网络和自组织网络。有结构网络具备固定的通信基础设施，负责无线终端的接入与认证，并提供网络服务，如无线蜂窝网和无线城域网等；自组织网络按照自发形式组网，不存在统一管理机制，各节点按照分布式策略协同提供服务，包括移动Ad Hoc网络和传感器网络。相比较而言，由于缺乏网络架构和统一管理机制的支持，自组织网络(尤其是传感器网络)面临着更大的安全与隐私风险。按照覆盖范围、传输速率和用途的不同，无线网络又可以分为无线广域网、无线城域网、无线局域网和无线个人区域网。

(1) 无线广域网(Wireless Wide Area Network，WWAN)主要是指覆盖区域较大的蜂窝通信网络或卫星通信网络，可以实现远距离通信。代表技术有传统的GSM网络、GPRS网络、3G网络及4G网络。

(2) 无线城域网(Wireless Metropolitan Area Network，WMAN)指在城市中通过移动电话或车载电台进行通信的无线网络。它的服务区范围高达50km。IEEE为无线城域网推出了802.16标准。

(3) 无线局域网(Wireless Local Area Networks，WLAN)是相当便利的数据传输系统，利用射频(Radio Frequency，RF)技术取代双绞铜线所构成的局域网络。

(4) 无线个人区域网(Wireless Personal Area Network，WPAN)是一种小范围无线网，主要技术有IEEE 802.11和蓝牙，最大传输距离为0.1～10m，最高数据传输速率为10Mb/s。

### 7.1.2 WLAN 技术

WLAN 即采用无线传输介质的局域网,其主要目的是弥补有线局域网不便布线的不足,提高网络覆盖面积。WLAN 工作于 2.5GHz 或 5GHz 频段,是很便利的数据传输系统,它利用射频技术取代原有比较碍手的双绞铜线所构成的局域有线网络,使 WLAN 能利用简单的存取架构让用户透过它。WLAN 是介于有线传输和移动数据通信网之间的一种技术,可提供给用户高速的无线数据通信。

WLAN 用户通过一个或多个无线接入器接入无线局域网。WLAN 最通用的标准是 IEEE 802.11 系列标准。由于 WLAN 是基于计算机网络与无线通信的技术,在计算机网络结构中,逻辑链路控制层(Logical Link Control,LLC)及其之上的应用层对不同物理层的要求可以相同,也可以不同,因此物理层和媒质访问控制层是 WLAN 标准的主要针对对象。在 WLAN 高速发展的同时,众多厂商和运营商非常关注的一个问题便是 WLAN 的标准,究竟 WLAN 最终会采取哪种技术作为主流标准直接影响到企业今后的决策走向。目前的 WLAN 产品所采用的技术标准主要有蓝牙、HomeRF、IrDA、IEEE 802.11 等。

**1. 蓝牙**

蓝牙(Bluetooth)是一个短距离的开放性无线通信标准,设计者的初衷是用隐形的连接线代替线缆。利用蓝牙技术能够有效地简化移动通信终端设备之间的通信,也能够成功地简化设备与 Internet 之间的通信,从而使数据传输变得更加迅速高效,为无线通信拓宽道路。蓝牙的目标和宗旨是保持联系,不靠电缆,拒绝插头,并以此重塑人们的生活方式。在发射带宽为 1MHz 时,其有效数据速率为 721kb/s,最高数据速度可达 1Mb/s。由于采用低功率时分复用方式工作发射,其有效传输距离约为 10m,加上功率放大器时,传输距离可扩大到 100m。蓝牙数据在某个载频的某个时隙内传输,不同类型数据占用不同的信道。蓝牙不仅采用了跳频扩谱的低功率传输,而且还使用鉴权和加密等方法提升通信的安全性。

蓝牙系统一般由天线单元、链路控制(固件)单元、链路管理(软件)单元和蓝牙软件单元 4 个功能单元组成。蓝牙技术支持两种连接方式:面向连接方式,主要用于话音传输;无连接方式,主要用于分组数据传输。

**2. HomeRF**

HomeRF 是专门为家庭用户设计的 WLAN 技术标准,是 IEEE 802.11 与 DECT 的结合,旨在降低语音数据成本。HomeRF 采用跳频扩频(Frequency Hopping Spread Spectrum,FHSS)方式,可以同时使 4 个高质量的语音信道通信,可以使用时分复用(Time Division Multiplexing,TDM)进行语音通信,也可以通过 CSMA/CA 协议进行数据通信业务。

目前,HomeRF 标准工作频段为 2.4GHz,跳频带宽为 1MHz,最大传输速率为 2Mb/s。HomeRF 是对现在的无线通信标准的聚合和提升,数据通信时,使用 IEEE 802.11 标准中的 TCP/IP 传输协议;语音通信时,使用数字增强型无线通信标准。但是,HomeRF 也存在一些问题,如该标准与 802.11b 相互不兼容,并且使用了 802.11b 与蓝牙相同的频率段,因此在使用范围上有较大的限制,常用于家庭网络。

**3. IrDA**

红外线数据标准协会(Infrared Data Association,IrDA)是研究无线传输连接标准的国际非营利性机构,红外数据组织提出了利用红外线进行点对点通信的技术。IrDA 具有体积小、功率低等特点，适应设备移动的需求，而且 IrDA 成本低，传输数据速度快。在其他无线传输技术快速发展的同时，IrDA 也没有裹足不前。

IrDA 的传输速率由原来 FIR(Fast Infrared)标准的 4Mb/s 提高到最新 VFIR 标准的 16Mb/s，接收角度也由传统的 30°扩展到 120°。然而，IrDA 也存在一些缺陷。首先，IrDA 是一种视距传输，传输过程中如果有障碍物阻挡，数据很容易传输失败。其次，红外线 LED 是红外数据组织设备的核心部件，然而它并不耐用，对于使用 IrDA 频率不高的设备而言并不会有太大影响，但是对于使用 IrDA 频率很高的设备来说就容易出现一些故障。

**4. IEEE 802.11**

IEEE 802.11 是在无线局域网领域内的第 1 个国际上被广泛认可的协议，其标准系列有 802.11a，802.11b，802.11d，一直到 802.11V。802.11 标准的不断完善推动着 WLAN 走向安全、高速、互联。

IEEE 802.11b 是无线局域网的一个标准，其载波的频率为 2.4GHz，传送速度为 11Mb/s。IEEE 802.11b 是所有无线局域网标准中最著名，也是普及最广的标准。它有时也被错误地标为 WiFi。实际上 WiFi 是无线局域网联盟的一个商标，该商标仅保障使用该商标的商品互相之间可以合作，与标准本身实际上没有关系。在 2.4-GHz-ISM 频段共有 14 个频宽为 22MHz 的频道可供使用。IEEE 802.11b 的后继标准是 IEEE 802.11g，其传输速度为 54Mb/s。

IEEE 802.11g 于 2003 年 7 月通过了第 3 种调变标准，其载波频率为 2.4GHz(与 802.11b 相同)，原始传输速度为 54Mb/s，净传输速度约为 24.7Mb/s(与 802.11a 相同)。802.11g 的设备与 802.11b 兼容。802.11g 是为了更高的传输速率而制定的标准，它采用 2.4GHz 频段，使用补码键控(Complementary Code Keying，CCK)技术与 802.11b 后向兼容，同时它又通过采用正交频分复用(Orthogonal Frequency Division Multiplexing，OFDM)技术支持高达 54Mb/s 的数据流，所提供的带宽是 802.11a 的 1.5 倍。从 802.11b 到 802.11g，可以发现 WLAN 标准不断发展的轨迹：802.11b 是所有 WLAN 标准演进的基石，未来许多的系统大都需要与 802.11b 后向兼容；802.11a 是一个非全球性的标准，与 802.11b 后向不兼容，但采用 OFDM 技术，支持的数据流高达 54Mb/s，提供几倍于 802.11b/g 的高速信道，如 802.11b/g 提供非重叠信道可达 8～12 个。可以看出，在 802.11g 和 802.11a 之间存在与 WiFi 兼容性上的差距，因此出现了一种桥接此差距的双频技术——双模(Dual Band)802.11a+g(=b)，它较好地融合了 802.11a/g 技术，工作在 2.4GHz 和 5GHz 两个频段，服从 802.11b/g/a 等标准，与 802.11b 后向兼容，使用户简单连接到现有或未来的 802.11 网络成为可能。

总的来讲，IEEE 802.11 系列标准比较适于办公室中的企业无线网络，HomeRF 较适用于家庭中移动数据/语音设备之间的通信，而蓝牙技术则可以应用于任何可以用无线方式替代线缆的场合。目前这些技术还处于并存状态，从长远看，随着产品与市场的不断发展，它们将走向融合。表 7.1 所示为以上几种技术的对比。

**表 7.1 常用无线技术对比**

| 技　术 | 最大数据速率/($Mb \cdot s^{-1}$) | 范围半径/m | 成本 | 话音网络 | 数据网络 |
| --- | --- | --- | --- | --- | --- |
| IEEE 802.11b | 11 | 100～300 | 高 | 支持 | 支持 |
| 蓝牙 | 1 | 10～100 | 一般 | 支持 | 支持 |
| HomeRF | 11 | 50 | 一般 | 支持 | 支持 |
| IrDA | 16 | 2 | 一般 | 不支持 | 支持 |

### 7.1.3 无线网络存在的安全隐患

随着计算机无线网络的普及,计算机无线网络的实际应用中存在着各式各样的安全隐患,这些安全隐患严重地影响了人们对无线网络的应用和信任,给人们的生活、学习带来阻碍。下面具体分析计算机无线网络中存在的安全隐患。

**1. 在无线网络具体应用中存在假冒攻击的隐患**

假冒攻击是计算机无线网络应用中存在的一大安全隐患。假冒攻击指的是某个实体假装变成无线网络供另一个实体进行访问。假冒攻击是用来对某个安全防线入侵最常用的方法,会导致在无线信道中进行传输的身份信息随时遭窃听的危险。

**2. 在无线网络具体应用中存在无线窃听的隐患**

由于人们所应用的计算机无线网络中所有的通信内容都是由无线信道传送出去的,便造成这样一个现象:只要具有正确的无线设备,所有具备相应设备的人都能从无线网络的无线信道所传送的信息中获取自己所需的信息,因此导致无线网络存在无线窃听的隐患。由于无线局域网是为全球统一公开的工业、医疗和科学行业服务的,因此无线局域网中的通信内容最容易被窃听。虽然无线局域网所具有的通信设备的发射功率并不是很高,但无线局域网所具备的通信距离却有限。

**3. 在无线网络具体应用中存在信息篡改的隐患**

信息篡改是无线网络应用中最主要的安全隐患。所谓信息篡改,指的是攻击者把自己所窃听到的全部信息或部分信息进行修改或删除等行为。另外,信息篡改者还会把篡改过的信息发送给原本该接收此信息的人。进行信息篡改只有两个目的:一是恶意破坏合法用户间的通信内容,阻止合法用户建立通信连接;二是攻击者把自己篡改过的信息发送给原本的信息接收者,从而致使接收者上当。

**4. 在无线网络具体应用中存在重传攻击的隐患**

重传攻击指的是计算机无线网络的攻击者在窃听到信息一段时间后才把窃听到的信息发送给原本该接收此信息的人。重传攻击的主要目的是对曾经的有效信息在失效的情况下加以利用,从而达到攻击的目的。

**5. 在无线网络具体应用中存在非法用户接入的隐患**

所有的Windows操作系统大多具备自动查找无线网络功能,因此对于那些安全级别低或是不设防的无线网络,只要黑客或未授权用户对无线网络有一般的基本认识,就能利用最普通的攻击或借助一些攻击工具发现和接入到无线网络。一旦有非法用户接入网络,不仅会占用其他合法用户的带宽,而且有些非法用户还会恶意更改无线网络的路由器设置,从而造成合法用户无法接入无线网络的现象,更有甚者还会入侵他人计算机窃取合法用户的相关信息。

**6. 在无线网络具体应用中存在非法接入点的隐患**

由于无线局域网具有配置简单和访问简便的特点,因此导致任何用户的计算机都能利用自己的AP不经授权地接入网络。例如,为了使用方便,有些企业员工常常会自己购买AP,不经允许就接入无线网络,这就是非法接入点,并且这些非法接入点只要是在无线信号覆盖的范围内,都能进入或连接企业网络,从而给企业带来巨大的安全风险。

### 7.1.4 无线网络安全的关键技术

为了解决上述无线网络存在的隐患问题，各国研究机构和公司等已经投入大量的人力物力到无线网络安全的研究中。作为当今信息领域的研究热点和难点，无线网络安全涉及多个学科的交叉，包括密钥管理、安全路由、入侵检测等许多技术都需要深入的研究。其中，机密性保护、安全重编程、用户认证、信任管理、网络安全通信架构是影响无线网络成功实施的最为关键的安全技术，是许多安全业务的基础。

**1. 机密性保护**

无线网络在实际应用过程中面临着严重的信息泄露或被篡改的危险。例如，在移动通信领域，手机通信信息可能被泄露；在军事领域，无线传感器被部署在重要区域进行监测，其收集的数据往往携带重要情报信息，如果数据被泄露或被篡改将带来严重威胁或造成决策失误；在医疗检测领域，使用无线传感器对病人的心率、血压等重要特征数据进行收集分析时，这些敏感信息可能被泄露。无线网络中数据泄露的威胁将严重影响无线网络的应用发展。因此，研究和解决机密性保护问题对无线网络的大规模应用具有重要意义。保证数据的机密性可以通过有线等效保密（Wired Equivalent Privacy，WEP）协议、临时密钥完整性协议（Temporal Key Integrity Protocol，TKIP）或 VPN 实现。WEP 提供了机密性，但是这种算法很容易被破解。而 TKIP 使用了更强的加密规则，可以提供更好的机密性。

**2. 安全重编程**

重编程指的是通过无线信道对整个网络进行代码镜像分发并完成代码安装，这是解决无线网络管理和维护的有效途径。因为无线网络通常布置在广阔并且环境恶劣的地方，如战场，攻击者可以利用重编程机制的漏洞发起一系列的攻击。例如，敌方可以通过注入伪造的代码镜像获取整个网络的控制权。安全重编程技术主要解决无线网络中代码更新的验证问题，其目的在于防止恶意代码的传播和安装。因此，安全重编程一直是一个研究热点。

**3. 用户认证**

为了让具有合法身份的用户加入网络并获取其预订的服务，同时能够阻止非法用户获取网络数据，确保无线网络的外部安全，要求网络必须采用用户认证机制检验用户身份的合法性。用户认证是一种最重要的安全业务，在某种程度上所有其他安全业务均依赖于它。

对于无线网络的认证可以是基于设备的，通过共享的 WEP 密钥来实现。它也可以是基于用户的，使用可扩展身份验证协议（Extensible Authentication Protocol，EAP）来实现。无线 EAP 认证可以通过多种方式来实现，如 EAP-TLS、EAP-TTLS、LEAP 和 PEAP。在无线网络中，设备认证和用户认证都应该实施，以确保最有效的网络安全性。用户认证信息应该通过安全隧道传输，从而保证用户认证信息交换是加密的。因此，对于所有的网络环境，如果设备支持，最好使用 EAP-TTLS 或 PEAP。

**4. 信任管理**

作为对基于密码技术的安全手段的重要补充，信任管理在抵御无线网络中的内部攻击，鉴别恶意节点和自私节点，提高系统安全性、公平性、可靠性等方面有着显著的优势。以信任计算模型为核心的信任管理，尤其对于没有构建网络基础设施的自组织网络，提供了一种新的、有效的安全解决方案。

**5. 网络安全通信架构**

网络通信架构包括网络接入协议及多种网络通信协议。无线网络应用领域多样性决定了其构成的复杂性。建设安全的无线网络离不开安全的网络通信架构。

视频讲解

# 7.2 WLAN安全

由于无线媒体的开放性,窃听是无线通信常见的问题,使无线网络的安全性比有线网络更受到关注。有线网络在一定程度上通过物理的方式限制对网络的访问。但是,如果没有慎重对待WLAN安全问题,入侵者便可以通过监听无线网络数据获得未授权的访问。大多数WiFi认证的802.11 a/b/g无线网络设备提供WEP,WPA/WPA2加密。随着WLAN技术的快速发展,无线局域网市场、服务和应用的增长速度非常惊人,各级组织在选用WLAN产品时如何使用安全技术手段保护WLAN中传输的数据,特别是重要数据的安全是非常值得考虑的问题,必须确保数据安全性。

网络的安全性主要体现在两个方面:数据加密,确保传送的数据只能被指定的用户所接收访问控制;保证敏感数据只能被授权用户访问。

## 7.2.1 WLAN的访问控制技术

无线局域网具有的诸多优势显而易见,但无线局域网以无线电波为介质传输数据,传输范围易控制,为窃听者提供了可乘之机。因此,应该充分考虑其安全性,采用各种可能的安全技术。

**1. SSID**

服务集标识符(Service Set Identifier,SSID)技术可将一个WLAN分为若干子网,这些子网必须经过独立的不同的身份验证,只有通过身份验证的用户才有接入目标子网的权限。SSID是相邻的AP(无线接入点)的区分标示,无线接入用户必须设定服务集标识符才能和AP通信。尝试连接到无线网络的系统在被允许进入之前必须提供SSID,这是唯一标识网络的字符串。如果出示的SSID与AP的SSID不同,则AP将拒绝其通过本服务器上网。因此,SSID是一个简单的口令,从而提供口令认证机制,实现一定的安全保障。但是,SSID对于网络中所有用户都是相同的字符串,可以从每个数据包的明文中窃取到它,因此存在一定的安全漏洞。

**2. MAC**

媒体访问控制(Media Access Control,MAC)用来标识网络中独一无二的物理地址。在WLAN中,可以把其当作客户访问控制的源地址来使用。因为每个网卡都有唯一的物理地址与其对应,使用媒体访问控制技术可在无线局域网的每个接入点加入一张有接入权限的用户的MAC地址列表,在请求接入目标网络时,如果MAC地址不属于列表清单,接入点将不允许其接入。虽然没有在802.11标准中得到定义,大多数无线设备制造商都给它们的产品增加了基于MAC地址的访问控制机制,以弥补802.11与生俱来的安全弱点。在使用这类机制的时候,网络管理员需要定义一个允许接入的客户MAC地址表,只有MAC地址被列在这个表中的客户系统才允许与相应的接入点建立连接。这对小型无线网络来说还算是一种灵活的访问控制机制,但因为它需要网络管理员追踪所有无线客户的MAC地址,在大型网络上就会是一种负担了。

MAC 地址并不能提供一种良好的安防机制,因为它很容易被探测和复制。攻击者只需简单地监控目标网络并等到某位合法用户成功地与接入点建立连接,就可以把他自己的 MAC 地址修改成与那位合法用户相匹配的 MAC 地址。

**3. 端口访问控制**

端口访问控制技术(802.1x)是由 IEEE 定义的,用于以太网和无线局域网中的端口访问与控制。802.1x 引入了点对点协议(Point-to-Point Protocol,PPP)定义的可扩展身份验证协议(EAP),这些协议增强了网络的安全性。当无线工作站与接入点关联后,802.1x 的认证结果决定了可否使用接入点提供的服务。如果认证通过,该用户可以接入网络;如果认证失败,则不允许用户接入网络。802.1x 不仅具有端口访问控制能力,还具有基于用户的计费和认证系统功能,比较适用于无线接入解决方案。但是,802.1x 只使用用户名和口令作为用户认证参考,而用户名和口令在使用或认证过程中可能会泄漏,具有不安全的因素,而且无线接入点与服务器中间采用共享密钥进行认证,这些共享密钥属于静态手工管理,这种情况使它的安全隐患更为严重。

### 7.2.2 WLAN 的数据加密技术

目前常用的加密方式有 WEP,WPA 和 WAPI。

**1. WEP**

有线等效保密(WEP)协议可以保护无线局域网链路层数据安全。WEP 使用 64 位或 128 位密钥,使用 RC4 对称加密算法对链路层数据进行加密,从而防止非授权用户的监听和非法用户的访问。有线等效保密协议加密时采用的密钥是静态的,各无线局域网终端接入网络时使用的密钥是一样的。有线等效保密协议具有认证功能,当 WEP 加密启用后,客户端要连接到 AP 时,AP 会发出一个 Challenge Packet 给客户端,客户端再利用共享密钥将此值加密后送回存取点以进行认证比对,只有正确无误才能获准存取网络的资源。无线对等保密是 802.11 标准下定义的一种安全机制,设计用于保护无线局域网接入点和网卡之间通过空气进行的传输。虽然 WEP 提供了 64 位或 128 位密钥,但是它仍然具有很多漏洞,因为用户共享密钥,当有一个用户泄露密钥,将对整个网络的安全性构成很大的威胁。而且由于 WEP 加密被发现有安全缺陷,可以在几分钟内被破解,因此现在的 WEP 已经不再是 WLAN 加密的主流方式。

**2. WPA**

WiFi 保护性接入(WiFi Protected Access,WPA)是继承了 WEP 基本原理而又克服了 WEP 缺点的一种新技术。WPA 的核心是 IEEE 802.1x 和 TKIP,它属于 IEEE 802.11i 的一个子集。WPA 协议使用新的加密算法和用户认证机制,强化了生成密钥的算法,即使有不法分子对采集到的分组信息深入分析也于事无补,WPA 协议在一定程度上解决了 WEP 破解容易的缺陷。而 WPA2 是 WiFi 联盟发布的第 2 代 WPA 标准。WPA2 与后来发布的 802.11i 具有类似的特性,它们最重要的共性是预验证,即在用户对延迟毫无察觉的情况下实现安全快速漫游,同时采用 CCMP 加密包代替 TKIP。WPA2 实现了完整的标准,但不能用在某些古老的网卡上。这两个协议都提供优良的安全能力,但也都有两个明显的问题。

(1) WPA 或 WPA2 一定要启动并且被选来代替 WEP 才有用,但是大部分的安装指引都把 WEP 列为第一选择。

(2) 在家中和小型办公室中选用"个人"模式时,为了安全的完整性,所需的密钥一定要比 6~8 个字符的密码还长。



WPA 加密方式目前有 4 种认证方式: WPA,WPA-PSK,WPA2 和 WPA2-PSK。采用的加密算法有两种: AES 和 TKIP。

- WPA: WPA 加强了生成加密密钥的算法,因此即便收集到分组信息并对其进行解析,也几乎无法计算出通用密钥。WPA 中还增加了防止数据中途被篡改的功能和认证功能。
- WPA-PSK: WPA-PSK 适用于个人或普通家庭网络,使用预先共享密钥,密钥设置的密码越长,安全性越高。WPA-PSK 只能使用 TKIP 加密方式。
- WPA2: WPA2 是 WPA 的增强型版本,与 WPA 相比,WPA2 新增了支持 AES 的加密方式取代了以往的 RC4 算法。
- WPA2-PSK: 与 WPA-PSK 类似,适用于个人或普通家庭网络,使用预先共享密钥,支持 TKIP 和 AES 两种加密方式。

一般在家庭无线路由器设置页面上选择使用 WPA-PSK 或 WPA2-PSK 认证类型即可,对应设置的共享密码尽可能长些,并且在经过一段时间之后更换共享密码,确保家庭无线网络的安全。

**3. WAPI**

无线局域网鉴别与保密基础结构(Wireless Authentication and Privacy Infrastructure,WAPI)是于 2003 年在我国 WLAN 国家标准 GB 15629.11—2003 中提出的针对有线等效保密协议安全问题的无线局域网安全处理方案。这个方案已经经过 IEEE 严格审核,并最终取得 IEEE 的认可,分配了用于 WAPI 协议的以太类型字段,这也是我国目前在该领域唯一获得批准的协议,同时也是中国无线局域网安全强制性标准。

与 WiFi 的单向加密认证不同,WAPI 双向均认证,从而保证传输的安全性。WAPI 安全系统采用公钥密码技术,鉴权服务器负责证书的颁发、验证与吊销等,无线客户端与无线接入点上都安装有 AS 颁发的公钥证书作为自己的数字身份凭证。当无线客户端登录至无线接入点时,在访问网络之前必须通过 AS 对双方进行身份验证。根据验证的结果,持有合法证书的移动终端才能接入持有合法证书的无线接入点。

2013 年,斯诺登曝光了美国棱镜门事件,同时也披露了美国包括国家安全局、国土安全部、联邦调查局、中央情报局在内的 10 余家情报机构,通过与美国标准制定机构长期合作,将有明显技术缺陷的密码算法和安全机制方案埋入其主导并参与的国际标准,从而实施全球网络监控计划的技术标准控制路径。这为各国的网络与信息安全敲响了警钟,各国都开始重新审视 WiFi 安全性和美国阻击 WAPI 的真实用心,这也成为 WAPI 重获新生的机遇。

对于个人用户,WAPI 的出现最大的好处就是让自己的笔记本电脑从此更加安全。我们知道,无线局域网传输速度快,覆盖范围广,因此它在安全方面非常脆弱。因为数据在传输的过程中都暴露在空中,很容易被别有用心的人截取数据包。虽然 3COM、安奈特等国外厂商都针对 802.11 制定了一系列的安全解决方案,但总的来说并不尽人意,而且其核心技术掌握在别国人手中,他们既然能制定就一定有办法破解,所以在安全方面成了政府和商业用户使用 WLAN 的一大隐患。WiFi 加密技术经历了 WEP、WPA、WPA2 的演化,每次都极大地提高了安全性和破解难度，然而由于其单向认证的缺陷，这些加密技术均已经被破解并公布。WPA 于 2008 年被破解，WPA2 则于 2010 年上半年被黑客破解并在网上公布。

而 WAPI 由于采用了更加合理的双向认证加密技术，比 802.11 更为先进，WAPI 采用国家密码管理委员会办公室批准的公开密钥体制的椭圆曲线密码算法和对称密钥体制的分组密码算法，实现了设备的身份鉴别、链路验证、访问控制和用户信息在无线传输状态下的加密保护。此外，WAPI 从应用模式上分为单点式和集中式两种，可以彻底扭转目前 WLAN 采用多种安全机制并存且互不兼容的现状，从根本上解决了安全问题和兼容性问题。所以我国强制性地要求相关商业机构执行 WAPI 标准能更有效地保护数据的安全。

### 7.2.3 WAPI 与 WiFi 的竞争

WAPI 是中国自主研发的拥有自主知识产权的无线局域网安全技术标准。相比于 WiFi，对于用户而言，WAPI 可以使笔记本电脑和其他终端产品更加安全。WAPI 的安全性虽然获得了包括美国在内的国际上的认可，但是一直都受到 WiFi 联盟商业上的封锁，一是宣称技术被中国掌握不安全，即所谓的“中国威胁论”；二是宣称 WAPI 与现有 WiFi 设备不兼容。由于美国的阻击，WiFi 已主导市场。

市面上单纯应用 WAPI 安全协议标准的产品很少，无线路由器暂时没有，笔记本电脑中只有联想、索尼和方正曾经推出过。在实际操作中，WAPI 一直处于未采用、边缘化的状态。实际上无线设备是可以同时支持 WiFi 和 WAPI 标准的，只需要软件上添加 WAPI 证书就可以了，不存在硬件成本或所谓的分裂整个无线世界的问题。而采用有严重缺陷的 WiFi 标准建设将使国家公共基础设施网络存在极大的安全隐患和公共信息安全问题。

早在 2006 年，著名电信专家、北京邮电大学教授阚凯力就表示，WAPI 与 WiFi 的唯一区别就是在认证保密方面，WAPI 比 WiFi 强。虽然 WiFi 与 WAPI 不兼容，但应用 WAPI 标准的笔记本电脑或其他终端产品可以自动切换并接收 WiFi 信号，拿到国外也一样。

WAPI 联盟的技术专家告诉记者，在国内全面推广 WAPI，并非需要购买单独网卡才可以使用 WAPI。“只要 Intel 愿意在网上公布迅驰笔记本的 WAPI 软件补丁或直接把驱动嵌入操作系统中安装，迅驰笔记本或采用 WiFi 标准的无线产品都可以应用 WAPI 标准的无线网络。”该专家表示，“这件事对于 Intel 来说是轻而易举的事情。问题的关键是 Intel 愿不愿意，而不是能不能。”

由于 WiFi 联盟的抵制，为了兼容他们生产的设备，即使支持 WAPI 的设备，事实上也仍然用的 WiFi 加密标准，因此 WAPI 也就成了摆设。例如，小米手机、iPhone 是支持 WAPI 加密信号的，但是真要用，需要无线路由器也按 WAPI 协议发射信号，否则在 WiFi 网络环境下，手机终端仍然执行 WiFi 协议，这也正是 WAPI 在国内没有存在感的原因。

WAPI 与 WiFi 的竞争早在 2004 年就开始了，2004 年中国曾宣布所有在华销售的国外厂商都要强制安装 WAPI，这一强制性的要求遭到 Intel 等公司乃至美国政府的强烈抵制，随后，中国宣布这一要求无限期推迟。2005 年，法兰克福会议上美国代表表示不会讨论 WAPI 问题(即 1N7506 提案)，中国代表愤然退场。2006 年，国际标准化组织(ISO)以压倒性的多数否决了 WAPI 成为国际标准的提议，IEEE 802.11i 完全胜出。不过，中国人并没有完全绝了念头，为了支持 WAPI，政府监管部门一直没有向任何一款带有 WiFi 的手机发放入网许可证，2009 年以前工信部明令禁止支持 WiFi 功能的手机在国内获得入网许可，外国品牌手机要想进入中国市场必须摘除 WiFi 模块或屏蔽该功能,成为被很多人戏称的"阉割版"手机,后来又采用了一种"市场扩张从而培育标准竞争力"的策略,要求以手机为主的设备生产商必须用"捆绑"的方式在接受 WiFi 的同时,也接受 WAPI。过去国外手机在中国销售(非水货)是不带 WiFi 功能的,以后带 WiFi 的话也要接纳 WAPI。2009 年 6 月,WAPI 首次获美、英、法等 10 余个国家成员的一致同意,将以独立文本形式推进为国际标准,同一时期 iPhone 手机顺利通过我国专门负责手机入网检测的泰尔实验室的检测,并报工信部电信管理局发放进网许可证。手机的 WiFi 功能在我国成为合法使用的标准。

在世界经济技术文化的综合竞争的大格局下,中国趁着自身影响力和国际地位上升的时候大力推行自己的标准,至少不用因专利等问题受制于人。WAPI 也好,WiFi 也罢,关键是尽快推广,让用户体验到它的好处和先进之处。

视频讲解

# 7.3 无线网络安全的防范措施

## 7.3.1 公共 WiFi 上网安全注意事项

在网上曾有人发帖声称"在星巴克、麦当劳,黑客只要用一台笔记本电脑、一套无线热点和一个叫作 Wireshark 的软件,最少只要 15min 就能获取通过临时无线网络上网者的账号和密码"。国内某知名安全机构的工程师承认,这个真可以做到。其实,无论使用计算机、iPad,还是手机,只要通过 WiFi 上网,数据都有可能被控制这部 WiFi 设备的黑客计算机截获,其实也未必一定是 Windows 系统,信息是有可能被窃取的,当然包括未经加密处理的用户名和密码信息。

一位荷兰记者讲述了亲身经历的黑客利用虚假接入点窃取用户个人信息的过程。整个获取信息过程的"简单"程度让人瞠目结舌。据这位记者讲述,Wouter 是一名专门在人流密集的咖啡厅窃取上网用户个人信息的黑客。Wouter 首先会连上咖啡厅的 WiFi,利用局域网 ARP 就可以连接上咖啡馆里正在上网的设备,并拦截所有发送到周围笔记本电脑、智能手机和平板电脑上的信号,随即设置出一个诱骗用户连接的虚假接入点名称,只等用户"蹭网"。对于不慎点进这个接入点的用户,他们的个人密码、身份信息、银行账户都能在短短几秒内被 Wouter 获取。不仅如此,Wouter 还可以用他手机上的 App 去改变任意网站上特定的字进行钓鱼攻击。

有新闻报道称余杭的周先生的银行卡在不到两天内竟交易 69 笔,6 万元不翼而飞。警方调查发现,这可能与他曾在公共场所连接 WiFi 有关。公共场所的 WiFi 按来源可分为两类:一类是商家提供的免费 WiFi;另一类是场内其他人搭建的 WiFi。商家的 WiFi 一般是用普通的无线路由器实现小范围的网络覆盖,并且公开网络验证密码,所有的顾客甚至周边的非顾客人群都能接入该网络。如果商家选择不设密码或设密码但是采用 WEP 认证,则这种网络传输的数据基本是透明的,用户传输的数据很容易被同网络的黑客监听窃取。如果商家使用 WPA 或 WPA2 协议进行认证,数据传输是加密的,且每个用户的密钥不同,这种网络就会相对比较安全。但对于普通用户,很难判断网络的加密类型,所以如果在公共场所使用 WiFi,应尽量避免传输私密数据。

此外,有些商用 WiFi 在连接网络之前会跳转到账号登录页,要求用户输入手机号码,并通过短信验证下发上网账号密码，这一过程商家会记录用户的手机号码，可能导致二次广告推销行为，存在一定的消息泄露风险。

黑客在公共场所搭建一个免费的 WiFi 也很容易实现，只需要一部带无线热点发射的笔记本电脑，或者是笔记本电脑和路由器，配合 3G/4G 上网卡就可以轻松实现。黑客可以搭建免费 WiFi，通过将 SSID 标识伪装成知名餐厅、咖啡厅类似的名称，并且不设密码来骗取用户连接。用户的数据在通过这种 WiFi 时会被监听和分析，账号密码若是明文传输则尽在黑客眼底。

更可怕的是，黑客还能通过 DNS 欺骗，让用户在访问网银、支付宝时跳转到虚假的钓鱼网站，通过网络钓鱼窃取到用户的支付账号和密码。黑客还可能利用手机系统漏洞、应用程序漏洞等直接获取用户的账号密码信息。

所以，当接入一个名为 Starbucks 的 WiFi 热点时，你无法完全认定这是星巴克提供的，还是“猩巴克”提供的，这也意味着公共场所的 WiFi 接入存在一定的安全隐患。

在接入公共 WiFi 前一定要注意以下事项。

**1. 谨慎使用 WiFi**

官方机构提供的而且有验证机制的 WiFi，可以找工作人员确认后连接使用。其他可以直接连接且不需要验证或密码的公共 WiFi 风险较高，背后有可能是钓鱼陷阱，尽量不使用。

**2. 避免使用网银**

除非能确认在一个非常安全的网络上，不然千万不要发送银行密码、信用卡号码、机密电子邮件或其他比较敏感的数据。如果在浏览器的状态栏右侧看到有一个“锁”的图标，以及地址栏中的 URL 是以 https 开头，这样就能确定这些站点已经加密。使用公共场合的 WiFi 热点时，尽量不要进行网络购物和网银的操作，避免重要的个人敏感信息遭到泄露，甚至被黑客攻击。

**3. 养成良好习惯**

手机会把使用过的 WiFi 热点都记录下来，如果 WiFi 开关处于打开状态，手机就会不断向周边进行搜寻，一旦遇到同名的热点就会自动进行连接，存在被钓鱼风险。因此，当进入公共区域后，尽量不要打开 WiFi 开关，或者把 WiFi 调成锁屏后不再自动连接，避免在自己不知道的情况下连接上恶意 WiFi。

**4. 警惕钓鱼网站**

不少账户被盗的案例其实是因为访问了钓鱼网站。它们伪装成正规的银行页面或支付页面，骗取用户输入的账户名和密码，而这未必一定需要通过 WiFi 热点这种方式来实现，任何上网的方式都有可能上当。不过，公共的 WiFi 确实提供了植入钓鱼网站的潜力，利用 ARP 欺骗可以在用户浏览网站时植入一段 HTML 代码，使其自动跳转到钓鱼网站。从这个角度说，公共 WiFi 网络提供了一个便利的钓鱼环境。

避免被钓要注意使用安全。一方面，需要对别人发来的网络地址多留心，因为这个地址可能非常接近如淘宝、网上银行的域名地址，打开的页面也几乎和真实的页面完全一致，但实际用户进入的是一个伪装的钓鱼网站；另一方面，尽量选择具有安全认证功能的浏览器，这些浏览器能够自动提示打开的页面是否安全，避免进入钓鱼网站。对于智能手机用户，在下载和交易有关的客户端软件时尽量选择官方渠道下载，不要安装来路不明的客户端。

**5. 安装安全软件**

不管在手机端还是计算机端都应安装安全软件。对于黑客常用的钓鱼网站等攻击手法,安全软件可以及时拦截提醒。例如金山毒霸正在内测的"路由管理大师"功能,能有效防止家用路由器遭到攻击者劫持,防止网民上网"裸奔"。

**6. 开启软件防火墙**

检查计算机的软件防火墙是否打开,以及 Windows 的文件共享特性是否已经关闭,在 Windows XP 的 SP2 中是默认关闭的。如果要检查这些设置,打开"控制面板",选择"Windows 防火墙"(如果是 XP 系统,首先要进入"安全中心")。在 XP 系统中,选择"例外"选项卡,然后在"程序和服务"列表框中取消对"文件和打印机共享"复选框的勾选。

### 7.3.2 提高无线网络安全的方法

提高无线网络安全的方法有多种,针对不同的情况采用不同的方法,也可以多种方法相结合。

**1. 使用高级的无线加密协议**

不要使用 WEP,大多数没有经验的黑客能够迅速和轻松地突破 WEP 的加密。若使用 WEP,则立即升级到具有 802.1x 身份识别功能的 802.11i 的 WPA2(WiFi 保护接入)协议,有不支持 WPA2 的老式设备和接入点,要设法进行固件升级,或者干脆更换设备。要破解 WPA2 协议需要很长的时间和复杂的配置,成功率也低很多。再结合其他的安全设置,可以提高网络的安全性。在设置加密方式时,可以使用 WPA2-PSK 加密。设置 PSK 可以降低拒绝服务攻击和防止外部探测。然而,传统的 PSK 是共享给每个用户的,没法跟踪或对单独的来宾取消跟踪。但有些产品提供动态 PSK 给每个用户,如 Ruckus DPSK 和 Aerohive PPSK 可以解决这类问题。

**2. 禁止非授权的用户联网**

无线网络和有线网络虽然都是计算机网络,但有很大的区别。无线网络是放射状的,不存在专有线路连接,比有线网络更容易识别和连接。因此,保证保障无线网络的安全比有线网络更加困难。保证无线连接安全的关键是禁止非授权用户访问无线网络,即安全的接入点对非授权用户是关闭的,非授权用户将无法接入网络。

**3. 禁用动态主机配置协议**

动态主机配置协议在很多网络中被普遍使用,给网络管理提供了便利条件,但会给网络带来安全风险,因此应该禁用动态主机配置协议。采用这个策略后,即使黑客能使用你的无线接入点,但不知道 IP 地址等信息,会增加黑客破解无线网络的难度。这样可以提高无线网络的安全性。

**4. 禁止使用或修改 SNMP 的默认设置**

SNMP 是简单网络管理协议,如果无线接入点支持这个协议,那么应该禁用这个协议或修改初始配置,否则黑客可以利用这个协议获取无线网络的重要信息并进行攻击。

**5. 尽量使用访问列表**

为了更好地保护无线网络,可以设置一个访问列表,使无线路由器只允许在规则内 MAC 地址的设备进行通信,或者禁止黑名单中的 MAC 地址访问。启用 MAC 地址过滤,无线路由器会拦截禁止访问的设备所发送的数据包,将这些数据包丢弃。因此,对于恶意攻击的主机,即使变换 IP 地址也无法进行访问。但这项功能并不是所有无线接入点都会支持，并且需要手动输入过滤的 MAC 地址，工作量很大。支持访问列表功能的接入点设备可以利用简单文件传输协议（TFTP）定期自动地下载更新访问列表，从而减少管理人员的工作量。

**6. 改变 SSID 号并且禁止 SSID 广播**

无线接入点的服务集标识符（SSID）是无线接入的身份标识，是无线网络用于无线服务连接的一项功能，用户通过它连接到无线网络。为了能够连接成功并进行通信，无线路由器和访问设备必须使用相同的 SSID。这个身份标识是由通信设备制造企业出厂时设置的，都有其默认值。在使用出厂设置的默认值的情况下，在设备使用中无线路由器广播其 SSID 号，任何在此设备覆盖范围内的无线访问设备都可以获得 SSID 信息，使用此 SSID 对接入设备进行配置后，可以实现与无线路由器进行通信。黑客可以未经授权轻松连接无线网络。虽然大部分无线路由器都有禁用 SSID 广播功能，但仍需要将每个无线接入点设置一个唯一且难以推测的 SSID，同时禁止 SSID 广播。这样，无线网络就可以限制未授权的连接，只有知道 SSID 的用户才能进行连接，而且功能使用正常，只是它不会出现在搜索到的名单中，需要手动设置来连接到无线网络。

**7. 修改无线网络的管理账户和密码**

有很多用户在使用无线网络的时候自己修改了相关的安全设置，但是忽略了管理账户和密码的修改，这给网络安全带来了隐患。因此，在对无线网络安全设置的时候就要先对管理账号和密码进行修改。

**8. 将 IP 地址和 MAC 地址绑定**

在设置安全策略时，可以使用静态 IP，并给 MAC 地址指定 IP 值，进行绑定，如果 IP 地址和 MAC 地址不完全相同，设备会禁止访问，可以降低安全风险。

**9. 修改接入点设备的接入 IP 地址**

路由器厂商在生产设备时会设置默认的 LAN 接入 IP 地址，很多设备的 LAN 接入 IP 为 192.168.1.1 或 192.168.0.1，这样的接入 IP 如果不进行修改很容易被攻击者利用，通过嗅探和扫描很容易发现网络的漏洞。因此，在设置无线网络安全时，可以将这个 IP 地址修改为其他值，攻击者无法获取接入 IP，攻击无线网络的难度增加。

**10. 保护网络组件的物理安全**

计算机安全并不仅仅是最新的技术和加密，保护网络组件的物理安全同样重要。要保证接入点放置在接触不到的地方，如假吊顶上面或考虑把接入点放置在一个保密的地方，然后在一个最佳地点使用一个天线。如果放置在不安全的地点，有人会轻松来到接入点，并且把接入点重新设置到厂商默认值以开放这个接入点。

有了以上策略，无线网络可以放心安全地提供网络给用户、合作伙伴、客户，以及其他授权的来宾，而不用过多担心安全问题。

## 课后习题

**一、选择题**

1. WLAN 利用（　　）技术取代原有比较碍手的双绞铜线所构成的局域有线网络。

   A. 射频　　B. GSM　　C. GPRS　　D. 蓝牙

2. 下列关于 SSID 的说法中不正确的是（　　）。

   A. 通过对多个无线接入点设置不同的 SSID，并要求无线工作站出示正确的 SSID

才能访问AP

B. 提供了40位和128位长度的密钥机制

C. 只有设置为名称相同SSID的计算机才能互相通信

D. SSID就是一个局域网的名称

3. WLAN不适合应用在(　　)。

A. 难以使用传统的布线网络的场所

B. 使用无线网络成本比较低的场所

C. 人员流动性大的场所

D. 保密性要求较高的网络

4. 无线个人局域网是一种小范围无线网,其最大传输距离为(　　)。

A. 0.1～10m　　B. 1～100m　　C. 10～1000m　　D. 0.01～1m

5. IEEE 802.11b是无线局域网的一个标准。其载波频率为2.4GHz,传输速度为(　　)。

A. 54Mb/s　　B. 10Mb/s　　C. 100Mb/s　　D. 11Mb/s

6. 以下不是目前常用的无线加密方式的是(　　)。

A. WEP　　B. WLAN　　C. WPA　　D. WAPI

**二、填空题**

1. 无线网络又可以分为无线广域网、无线城域网、________和________。

2. 无线网络按照网络组织形式可分为________和________。

3. WLAN工作于________或________频段。

4. Bluetooth(蓝牙)的目标和宗旨是:保持联系,________,________。

5. Bluetooth(蓝牙)在发射带宽为1MHz时,其有效数据速率为________ b/s,最高数据速度可达________ b/s。

6. IEEE 802.11b是无线局域网的一个标准。其载波频率为________ Hz,传输速度为________ b/s。

7. WLAN中常用的加密方式有WEP、________和________。

8. WEP使用________位或________位密钥,使用________对称加密算法对链路层数据进行加密,从而防止非授权用户的监听和非法用户的访问。

9. WPA加密方式目前有4种认证方式:WPA、________、WPA2、________。采用的加密算法有两种:________和________。

10. WAPI由于采用了更加合理的________加密技术,比802.11更为先进。WAPI采用国家密码管理委员会办公室批准的公开密钥体制的________密码算法和对称密钥体制的________密码算法。

**三、简答题**

1. 蓝牙系统一般由哪几个功能单元组成?

2. 无线网络存在哪些安全隐患?

3. 无线网络安全的关键技术有哪些?

4. 公共WiFi上网安全注意事项有哪些?

5. 提高无线网络安全的方法有哪些?

# 第8章 VPN技术

## 8.1 VPN概述

### 8.1.1 什么是VPN

互联网的普及和信息通信技术的发展推动了信息的交流和沟通。在全球化经济浪潮的推动下，企业的生产经营组织逐步实现区域化，越来越多的企业逐步应用信息通信技术改变业务模式和管理模式。随着企业网应用的不断扩大，企业网的范围也不断扩大，从本地到跨地区、跨城市，甚至是跨国家的网络。目前很多单位都面临着这样的挑战：分公司、经销商、合作伙伴、客户和外地出差人员要求随时经过公用网访问公司的资源，这些资源包括公司的内部资料、OA、ERP系统、CRM系统、项目管理系统等。但采用传统的广域网建立企业专网，往往需要租用昂贵的跨地区数字专线。同时Internet已遍布各地，物理上各地的Internet都是连通的，但Internet是对社会开放的，如果企业的信息要通过公众信息网进行传输，在安全性上存在着很多问题。那么，该如何利用现有的公众信息网建立安全的企业专有网络呢？为了解决上述问题，人们提出了虚拟专用网(VPN)的概念。

VPN利用隧道封装、信息加密、用户认证等访问控制技术在开放的公用网络传输信息。VPN连接允许用户无论在家或是在路途中都可以通过如Internet的公网的路由基础设施以一种安全的形式连接到远程的内网服务器。在用户看来，VPN连接就像是一个用户计算机与远程服务器的点到点的连接。网络间的介质对于用户来说是没有关系的，因为数据就像被传输在一个专用的连接上。VPN技术同样允许一个公司通过公网(如Internet)安全地连接分公司或是其他公司。通过Internet的VPN连接在逻辑上就像一个站点间的广域网(WAN)连接。在这些情况下，通过公网的安全连接对用户来说好像一个专用网络的通信，尽管通信实际上是在公网上进行的，这就是为什么叫作虚拟专用网络。

VPN允许用户或公司在保持安全通信的前提下，通过公网连接远程服务、分支结构或其他公司。传统的VPN业务单一，可以通过MPLS部署多种业务。MPLS-VPN是指采用MPLS(多协议标记转换)技术在骨干的宽带IP网络上构建企业IP专网，实现跨地域、安全、高速、可靠的数据、语音、图像多业务通信，并结合差别服务、流量工程等相关技术，将公众网可靠的性能、良好的扩展性、丰富的功能与专用网的安全、灵活、高效结合在一起。利用MPLS构造的VPN不仅可以实现各种增值业务，而且可以通过配置将单一接入点形成多种VPN，每种VPN代表不同的业务，使网络能以灵活方式传送不同类型的业务。在这些情况下，尽管通信是在公网上进行的，但是对于用户来说好像是在专用网络上进行通信。

VPN技术的目的是解决业务中日益增加的远程交换和广泛的全球分布式运营,在这些活动中,员工必须能够连接中央资源并互相联系。

### 8.1.2 VPN的发展历程

VPN是解决基于Internet的信息交流安全隐患的一种重要技术手段。VPN的发展经历了几个关键阶段,随着市场需求的变化,VPN技术也在逐步完善和扩展。传统的VPN组网主要采用专线VPN和基于客户端设备的加密VPN两种方式。

专线VPN是指用户租用数字数据网电路、ATM永久性虚拟电路、帧中继PVC等组建一个两层的VPN网络,骨干网络由电信运营商进行维护,客户负责管理自身的站点和路由。基于客户端设备的加密VPN是指VPN的功能全部由客户端设备来实现,VPN各成员之间通过公网实现互联。第1种方式的成本比较高,扩展性也不好;第2种方式对用户端设备及人员的要求较高。

随着IP数据通信技术的不断发展,IP VPN逐渐成为VPN市场的主流。IP VPN是基于IP网络基础设施(Internet)之上构建的专用虚拟通信网络,由IP网络承载,成本较低,能够提供令人满意的服务质量,并且具有较好的可扩展性和可管理性,因此越来越多的用户开始选择IP VPN,运营商也建设IP VPN以吸引更多的用户。

20世纪90年代初期,人们主要使用L2TP和PPTP构建VPN。PPTP和L2TP都是OSI较早期的VPN协议。前者是微软公司在1996年制定的,后者则由Cisco与微软公司在PPTP和L2F的基础上制定。20世纪90年代中后期开始,基于IPSec协议的VPN模式受到人们重视,逐步成为企业VPN的主流。IPSec是IETF完善的安全标准,而MPLS VPN也是由IETF制定的与IPSec互补的VPN标准。MPLS VPN广泛用于ISP直接向VPN客户提供专线VPN的服务。

进入21世纪,基于SSL协议的SSL VPN产品开始出现。然而,SSL用户仅限于运用Web浏览器接入,它限制了非Web应用访问,使一些文件操作功能难以实现,如文件共享、预定文件备份和自动文件传输。虽然用户可以通过升级、增加补丁、安装SSL网关或其他办法支持非Web应用,但实现成本高且复杂,难以实现。而IPSec VPN能顺利实现企业网资源访问,仍是目前应用广泛的主流VPN模式。

### 8.1.3 VPN的基本功能

虚拟专网的重点在于建立安全的数据通道,构造这条安全通道的协议必须具备以下功能。

(1) 保证数据的真实性。通信主机必须是经过授权的,要有抵抗地址冒认(IP Spoofing)的能力。

(2) 保证数据的完整性。接收到的数据必须与发送时的一致,要有抵抗不法分子篡改数据的能力。

(3) 保证通道的机密性。提供强有力的加密手段,必须使偷听者不能破解所拦截到的通道数据。

(4) 提供动态密钥交换功能。提供密钥中心管理服务器,必须具备防止数据重演的功能,保证通道不能被重演。

(5) 提供安全防护措施和访问控制。要有抵抗黑客通过 VPN 通道攻击企业网络的能力,并且可以对 VPN 通道进行访问控制。

### 8.1.4 VPN 特性

(1) 节省费用。由于使用 Internet 进行传输相对于租用专线来说费用极为低廉,因此 VPN 技术使企业通过 Internet 实现既安全又经济的传输私有的机密信息成为可能。

(2) 伸缩性。VPN 能够随着网络的扩张,很灵活地加以扩展。当增加新的用户或子网时,只要修改已有网络软件配置,在新增客户端或网关上安装相应软件并接入 Internet,新的 VPN 即可工作。

(3) 灵活性。除了能够方便地将新的子网扩充到企业的网络外,由于 Internet 的全球连通性,VPN 可以使企业随时安全地向全球的商贸伙伴和顾客传递信息。

(4) 易于管理。用专线将企业的各个子网连接起来时,随着子网数量的增加,需要的专线数以几何级数增长。而使用 VPN 时 Internet 的作用类似一个 Hub,只需要将各个子网接入 Internet 即可,不需要进行各个线路的管理。

(5) 安全性高。采用国际最先进的标准网络安全技术,通过在公用网络上建立逻辑隧道和网络层的加密,避免网络数据被修改和盗用,以保证数据仅被指定的发送者和接收者了解,从而保证了用户数据的私有性和安全性。

(6) 数据传输支持多种业务。可很好地支持新兴多媒体业务,VPN 服务能够支持多种类型的传输媒介;可以满足同时传输语音、图像和数据的需求,用户可根据需要加载各种应用软件,如办公自动化、财务、电子传真、数据报表等业务。VPN 可支持目前各种流行的高级应用,如 IP 语音、IP 视讯等。

## 8.2 常用 VPN 技术

视频讲解

常用 VPN 技术主要有 IPSec VPN、SSL VPN 和 MPLS VPN。这 3 种 VPN 技术各有特色,各有所长。下面分别对这 3 种技术进行介绍。

### 8.2.1 IPSec VPN

因特网安全协议(Internet Protocol Security,IPSec)是 VPN 的基本加密协议,它为数据通过公用网络(如 Internet)在网络层进行传输时提供安全保障。IPSec 产生于 IPv6 的制定之中。鉴于 IPv4 的应用仍然很广泛,所以后续在 IPSec 的制定中也增添了对 IPv4 的支持。最初的一组有关 IPSec 标准由 IETF 在 1995 年制定,但由于其中存在一些未解决的问题,从 1997 年开始 IETF 又开展了新一轮 IPSec 的制定工作,截至 1998 年 11 月,主要协议已经基本制定完成。IPSec VPN 是目前较为流行的 VPN 技术,它采用的 IPSec 是目前应用广泛、开放的安全协议簇。

**1. IPSec 的安全特性**

(1) 不可否认性。可以证实消息发送方是唯一可能的发送者,发送者不能否认发送过消息。"不可否认性"是采用公钥技术的一个特征,当使用公钥技术时,发送方用私钥产生一个数字签名随消息一起发送,接收方用发送者的公钥验证数字签名。由于在理论上只有发送者才唯一拥有私钥,也只有发送者才可能产生该数字签名,因此只要数字签名通过验证,发送者就不能否认曾发送过该消息。但"不可否认性"不是基于认证的共享密钥技术的特征,因为在基于认证的共享密钥技术中,发送方和接收方掌握相同的密钥。

(2) 反重播性。确保每个IP包的唯一性,保证信息万一被截取复制后,不能再被重新利用、重新传输回目的地址。该特性可以防止攻击者截取破译信息后,再用相同的信息包冒取非法访问权(即使这种冒取行为发生在数月之后)。

(3) 数据完整性。防止传输过程中数据被篡改,确保发出数据和接收数据的一致性。IPSec利用哈希函数为每个数据包产生一个加密校验和,接收方在打开包前先计算校验和,若包遭篡改导致校验和不相符,数据包即被丢弃。

(4) 数据可靠性(加密)。在传输前对数据进行加密,可以保证在传输过程中,即使数据包遭截取,信息也无法被读出。该特性在IPSec中为可选项,与IPSec策略的具体设置相关。认证数据源发送信任状态,由接收方验证信任状态的合法性,只有通过认证的系统才可以建立通信连接。

IPSec建立在终端到终端的模式上,这意味着只有识别IPSec的计算机才能作为发送和接收计算机。IPSec并不是一个单一的协议或算法,它是一系列加密实现中使用的加密标准定义的集合。IPSec的安全实现在IP层,因而它与任何上层应用或传输层的协议无关。上层不需要知道在IP层实现的安全,所以在IP层不需要做任何修改。

**2. IPSec体系结构**

IPSec体系结构的现用文档是RFC2401,体系结构文档系统地描述了IPSec的工作原理、系统组成及各个组件是如何协同工作提供上述安全服务的。IPSec安全体系包括3个基本协议:AH协议为IP数据包提供信息源验证和完整性保证;ESP协议提供加密机制;密钥管理协议(ISAKMP)提供双方交流时的共享安全信息。ESP和AH协议都有相关的一系列支持文件,规定了加密和认证的算法。最后,解释域(DOI)通过一系列命令、算法、属性和参数连接所有的IPSec组文件。

1) ESP(封装安全载荷)

ESP协议主要用来处理IP数据包的加密,对认证也提供某种程度的支持。ESP是与具体的加密算法相独立的,几乎可以支持各种对称密钥加密算法,如DES、3DES、RC5等。为了保证各种IPSec实现间的互操作性,目前ESP必须提供对56位DES算法的支持。

ESP协议数据单元格式由3部分组成,除了头部、加密数据部分外,在实施认证时还包含一个可选尾部。头部有两个域:安全策略索引和序列号。使用ESP进行安全通信之前,通信双方需要先协商好一组将要采用的加密策略,包括使用的算法、密钥和密钥的有效期等。安全策略索引是用来标识发送方使用哪组加密策略处理IP数据包的,接收方看到这个索引就知道了对收到的IP数据包应该如何处理。序列号用来区分使用同一组加密策略的不同数据包。加密数据部分除了包含原IP数据包的有效负载外,填充域(用来保证加密数据部分满足块加密的长度要求)包含的其余部分在传输时都是加密过的。其中"下一个头部"用来指出有效负载部分使用的协议,可能是传输层协议(TCP或UDP),也可能还是IPSec协议(ESP或AH)。

ESP协议有两种工作模式:传输模式和隧道模式。当ESP工作在传输模式时,采用当前的IP头部。而在隧道模式时,使整个IP数据包进行加密作为ESP的有效负载,并在

ESP 头部前增添以网关地址为源地址的新的 IP 头部，此时可以起到 NAT 的作用。

2）AH（认证头）

AH 协议为 IP 通信提供数据源认证、数据完整性和反重播保证，它能保护通信免受篡改，但不能防止窃听，适合传输非机密数据。AH 的工作原理是在每个数据包上添加一个身份验证报头。此报头包含一个带密钥的哈希值（可以将其当作数字签名，只是它不使用证书），此哈希值在整个数据包中计算，因此对数据的任何更改将致使散列无效——这样就提供了完整性保护。

AH 只涉及认证，不涉及加密。AH 虽然在功能上和 ESP 有些重复，但 AH 除了可以对 IP 的有效负载进行认证外，还可以对 IP 头部实施认证。主要是处理数据时可以对 IP 头部进行认证，而 ESP 的认证功能主要是面对 IP 的有效负载。为了提供最基本的功能并保证互操作性，AH 必须包含对 HMAC（一种 SHA 和 MD5 都支持的对称式认证系统）的支持。AH 既可以单独使用，也可以在隧道模式下或者和 ESP 联用。

3）IKE（Internet 密钥交换）

Internet 密钥交换（Internet Key Exchange，IKE）协议是 IPSec 默认的安全密钥协商方法。IKE 通过一系列报文交换为两个实体（如网络终端或网关）进行安全通信派生会话密钥。IKE 建立在 Internet 安全关联和密钥管理协议（ISAKMP）定义的一个框架之上。IKE 是 IPSec 目前正式确定的密钥交换协议，IKE 为 IPSec 的 AH 和 ESP 协议提供密钥交换管理和 SA 管理，同时也为 ISAKMP 提供密钥管理和安全管理。IKE 具有两种密钥管理协议的一部分功能，并综合了 OAKLEY 和 SKEME 的密钥交换方案，形成了自己独一无二的受鉴别保护的加密协议生成技术。IKE 协议主要是对密钥交换进行管理，它主要包括 3 个功能：对使用的协议、加密算法和密钥进行协商；方便的密钥交换机制；跟踪以上这些约定的实施。

4）DOI（解释域）

为了 IPSec 通信两端能相互交互，通信双方应该理解 AH 协议和 ESP 协议载荷中各字段的取值，因此通信双方必须保持对通信消息相同的解释规则，即应持有相同的解释域。IPSec 已经给出了两个解释域：IPSec DOI 和 ISAKMP DOI，它们各有不同的使用范围。解释域定义了协议用来确定安全服务的信息通信双方必须支持的安全策略，规定所采用的句法，命名相关安全服务信息时的方案，包括机密算法、密钥交换算法、安全策略特性和认证中心等。

5）加密算法和认证算法

ESP 涉及这两种算法，AH 涉及认证算法。加密算法和认证算法在协商过程中，通过使用共同的 DOI，具有相同的解释规则。ESP 和 AH 所使用的各种加密算法和认证算法由一系列 RFC 文档规定，而且随着密码技术的发展，不断有新的加密和认证算法可以用于 IPSec。因此，有关 IPSec 中的加密和认证算法的文档也在不断增加和发展。

IPSec 提供基于电子证书的公钥认证方式，一个架构良好的公钥体系在信任状态的传递中不造成任何信息外泄，能解决很多安全问题。IPSec 与特定的公钥体系相结合，可以提供基于电子证书的认证。公钥证书认证在 Windows 2003 中适用于对非 Windows 2003 主机、独立主机、非信任域成员的客户端或不运行 Kerberos v5 认证协议的主机进行身份认证。

IPSec 也可以使用预共享密钥进行认证。预共享意味着通信双方必须在 IPSec 策略设置中就共享的密钥达成一致。之后在安全协商过程中,信息在传输前使用共享密钥加密,接收端使用同样的密钥解密,如果接收方能够解密,即被认为可以通过认证。但在Windows 2003 IPSec策略中,这种认证方式被认为不够安全而一般不推荐使用。



6) 密钥管理

IPSec密钥管理主要是由IKE协议完成。IKE用于动态安全关联(SA)和提供所需要的经过认证的密钥材料。IKE的基础是ISAKMP,Oakley和SKEME这3个协议,它沿用了ISAIMP的基础、Oakley的模式和SKEME的共享和密钥更新技术。更要强调的是,虽然ISAKMP称为Internet安全关联和密钥管理协议,但它定义的是一个管理框架。ISAKMP定义了双方如何沟通,如何构建彼此间的沟通信息,还定义了保障通信安全所需要的状态交换。ISAKMP提供了对对方进行身份认证的方法、密钥交换时交换信息的方法,以及定义建立安全关联所需的属性。

IPSec策略使用动态密钥更新法决定在一次通信中新密钥产生的频率。动态密钥是指在通信过程中,数据流被划分成一个个数据块,每个数据块都使用不同的密钥加密,这可以保证万一攻击者中途截取了部分通信数据流和相应的密钥后,也不会危及所有其余的通信信息的安全。动态密钥更新服务由Internet密钥交换提供。

IPSec策略允许专家级用户自定义密钥生命周期。如果该值没有设置,则按默认时间间隔自动生成新密钥。

密钥长度每增加一位,可能的密钥数就会增加一倍,相应地,破解密钥的难度也会随之指数级上升。IPSec策略提供多种加密算法,可生成多种长度不等的密钥,用户可根据不同的安全需求加以选择。

要启动安全通信,通信两端必须首先得到相同的共享密钥(主密钥),但共享密钥不能通过网络相互发送,因为这种做法极易泄密。

Diffie-Hellman(DH)算法是用于密钥交换的最早、最安全的算法之一。DH算法的基本工作原理是通信双方公开或半公开交换一些准备用来生成密钥的"材料数据",在彼此交换过密钥生成"材料"后,两端可以各自生成完全一样的共享密钥。在任何时候双方都绝不交换真正的密钥。

通信双方交换的密钥生成"材料"长度不等,"材料"长度越长,所生成的密钥强度也就越高,密钥破译就越困难。除了进行密钥交换外,IPSec还使用DH算法生成所有其他加密密钥。

7) 策略

决定两个实体之间能否通信,以及如何通信。

**3. HMAC(哈希信息验证码)**

哈希信息验证码(Hash Message Authentication Codes,HMAC)验证接收消息和发送消息的完全一致性(完整性)。这在数据交换中非常关键,尤其当传输媒介(如公共网络中)不提供安全保证时更显示出其重要性。

HMAC结合哈希算法和共享密钥提供完整性。哈希算法通常也被当成是数字签名,但这种说法不够准确,两者的区别在于:哈希算法使用共享密钥,而数字签名基于公钥技术。哈希算法也称为消息摘要或单向转换。称它为单向转换是因为:

(1) 双方必须在通信的两个端头处各自执行哈希函数计算;

(2) 使用哈希函数很容易从消息计算出消息摘要，但其逆向反演过程以目前计算机的运算能力几乎不可能实现。

哈希算法本身就是所谓加密检查和消息完整性编码(Message Integrity Code，MIC)，通信双方必须各自执行函数计算来验证消息。例如，发送方首先使用HMAC算法和共享密钥计算消息校验和，然后将计算结果A封装进数据包中一起发送；接收方再对所接收的消息执行HMAC计算得出结果B，并将B与A进行比较。如果消息在传输中遭篡改致使B与A不一致，接收方丢弃该数据包。

两种最常用的哈希函数如下。

(1) HMAC-MD5。MD5(消息摘要5)基于RFC1321。MD5对MD4做了改进，计算速度比MD4稍慢，但安全性能得到了进一步改善。MD5在计算中使用了64个32位常数，最终生成一个128位的完整性校验和。

(2) HMAC-SHA。安全哈希算法定义在NIST FIPS 180-1，其算法以MD5为原型。SHA在计算中使用了79个32位常数，最终产生一个160位完整性校验和。SHA校验和长度比MD5更长，因此安全性也更高。

**4. IPSec基本工作原理**

IPSec的工作原理类似于包过滤防火墙，可以看作对包过滤防火墙的一种扩展。当接收到一个IP数据包时，包过滤防火墙使用其头部在一个规则表中进行匹配。当找到一个相匹配的规则时，包过滤防火墙就按照该规则制定的方法对接收到的IP数据包进行处理。这里的处理工作只有两种：丢弃或转发。

IPSec通过查询安全策略数据库(Security Policy Database，SPD)决定对接收到的IP数据包的处理。它采取两种处理方法：一种是丢弃IP数据包；另一种是进行IPSec处理。上述两种处理方法提供了比包过滤防火墙更进一步的网络安全性。

进行IPSec处理意味着对IP数据包进行加密和认证。包过滤防火墙只能控制来自或去往某个站点的IP数据包的通过，可以拒绝来自某个外部站点的IP数据包访问内部某些站点，也可以拒绝某个内部站点方对某些外部网站的访问。但是包过滤防火墙不能保证自内部网络出去的数据包不被截取，也不能保证进入内部网络的数据包未经过篡改。只有在对IP数据包实施了加密和认证后，才能保证在外部网络传输的数据包的机密性、真实性、完整性，通过Internet进行安全的通信才成为可能。

**5. IPSec VPN的优缺点**

1) IPSec VPN的优点

(1) IPSec是与应用无关的技术，因此IPSec VPN的客户端支持所有IP层协议。IPSec在传输层之下，对于应用程序来说是透明的。当在路由器或防火墙上安装IPSec时，无须更改用户或服务器系统中的软件设置。即使在终端系统中执行IPSec，应用程序一类的上层软件也不会被影响。

(2) IPSec技术中，客户端至站点(Client to Site)、站点至站点(Site to Site)、客户端至客户端(Client to Client)连接所使用的技术是完全相同的。

(3) IPSec VPN安全性能高。因为IPSec安全协议是工作在网络层的，不仅所有网络通道都是加密的，而且在用户访问所有企业资源时，就像采用专线方式与企业网络直接物理连接一样。IPSec不单单将正在通信的很少一部分通道加密，对所有通道都会进行加密。

另外,IPSec VPN 还要求在远程接入客户端适当安装和配置 IPSec 客户端软件和接入设备,这大大提高了安全级别,因为访问受到特定的接入设备、软件客户端、用户认证机制和预定义安全规则的限制。

2) IPSec VPN 的缺点

(1) IPSec VPN 通信性能低。由于 IPSec VPN 在安全性方面比较高,影响了它的通信性能。

(2) IPSec VPN 需要客户端软件。在 IPSec VPN 中需要为每个客户端安装特殊用途的客户端软件,用这些软件来替换或增加客户系统的 TCP/IP 堆栈。在许多系统中,这就可能带来了与其他系统软件之间兼容性问题的风险。解决 IPSec 协议的这一兼容性问题目前还缺乏一致的标准,几乎所有的 IPSec 客户端软件都是专有的,这些软件互不兼容。在另一些情形中,IPSec 安全协议运行在网络硬件应用中,在这种解决方案中大多数要求通信双方所采用的硬件是相同的,IPSec 协议在硬件应用中同样存在着兼容性方面的问题。并且,IPSec 客户端软件在桌面系统中的应用受到限制。其限制了用户使用的灵活性,在没有安装 IPSec 客户端的系统中,远程用户不能通过网络进行 VPN 连接。

(3) 安装和维护困难。采用 IPSec VPN 必须为每个需要接入的用户安装 VPN 客户端,因此支持费用很高。有些终端用户是移动的,不像 IPSec VPN 最初设计主要用于连接远程办公地点。今天的用户希望能在不同的台式机和网络上自由移动。如果采用 IPSec VPN 就不得不为每个台式机提供客户端。这些客户端因为环境和网络的不同而配置各异。那些要求从各个不同的地点访问公司的资源的用户需要时常修改配置,这无形中提高了支持费用。部署 IPSec VPN 后,如果用户没有预先在计算机上安装客户端,他将不能访问所需要的资源。这就意味着对于办公地点经常变动的员工,当他们想从家里的计算机、机场提供的计算机或任何其他非本人的计算机上访问公司的资源时,或者无法成功,或者需要致电向公司寻求帮助。

(4) 实际全面支持的系统比较少。虽然已有许多开发的操作系统提出对 IPSec 协议的支持,但是在实际应用中 IPSec 安全协议客户的计算机通常只运行于 Windows 系统,很少有能运行在其他 PC 系统平台的,如 Mac、Linux、Solaris 等。

(5) 不易解决网络地址转换和穿越防火墙的问题。IPSec VPN 产品并不能很好地解决包括网络地址转换、防火墙穿越和宽带接入在内的复杂的远程访问问题。例如,如果一个用户已经安装了 IPSec 客户端,但他仍然不能在其他公司的网络内接入互联网,IPSec 会被那个公司的防火墙阻止,除非该用户和这个公司的网络管理员协商,在防火墙上打开另一个端口。同样的困难也出现在无线接入点。由于许多的无线接入点使用 NAT,非专业的 IPSec 使用者如果不寻求公司技术人员的支持,不去更改一些配置,常常不能建立连接。

## 8.2.2 SSL VPN

**1. SSL**

SSL 是 Netscape 研发的,用来保障在 Internet 上数据传输的安全。利用数据加密技术可确保数据在网络上传输的过程中不会被截取和窃听。目前一般通用规格为 40 位的安全标准,美国则已推出 128 位的更高安全标准,但限制出境。只要 3.0 版本以上的 IE 或 Netscape 浏览器即可支持 SSL。它已被广泛地用于 Web 浏览器与服务器之间的身份认证和加密数据传输。

SSL 协议位于 TCP/IP 协议与各种应用层协议之间，为数据通信提供安全支持。SSL 协议可分为两层：SSL 记录协议，建立在可靠的传输协议（如 TCP）之上，为高层协议提供数据封装、压缩、加密等基本功能的支持；SSL 握手协议，建立在 SSL 记录协议之上，用于在实际的数据传输开始前，通信双方进行身份认证、协商加密算法、交换加密密钥等。

SSL 协议提供的服务主要如下。

（1）认证用户和服务器，确保数据发送到正确的客户端和服务器。

（2）加密数据以防止数据中途被窃取。

（3）维护数据的完整性，确保数据在传输过程中不被改变。

SSL 协议的工作流程如下。

（1）客户端向服务器发送一个开始信息 Hello 以便开始一个新的会话连接。

（2）服务器根据客户端的信息确定是否需要生成新的主密钥，如需要，则服务器在响应客户端的 Hello 信息时将包含生成主密钥所需的信息。

（3）客户端根据收到的服务器响应信息产生一个主密钥，并用服务器的公开密钥加密后传给服务器。

（4）服务器恢复该主密钥，并返回给客户端一个用主密钥认证的信息，以此让客户端认证服务器。

（5）经认证的服务器发送一个提问给客户，客户端则返回（数字）签名后的提问和其公开密钥，从而向服务器提供认证。

从 SSL 协议所提供的服务及其工作流程可以看出，SSL 协议运行的基础是商家对消费者信息保密的承诺，这就有利于商家而不利于消费者。在电子商务初级阶段，由于运作电子商务的企业大多是信誉较高的大公司，因此这个问题还没有充分暴露出来。但随着电子商务的发展，各中小型公司也参与进来，这样在电子支付过程中的单一认证问题就越来越突出。虽然在 SSL 3.0 中通过数字签名和数字证书可实现浏览器和 Web 服务器双方的身份验证，但是 SSL 协议仍存在一些问题，如只能提供交易中客户端与服务器间的双方认证，在涉及多方的电子交易中，SSL 协议并不能协调各方间的安全传输和信任关系。在这种情况下，Visa 和 MasterCard 两大信用卡公司组织制定了 SET 协议，为网上信用卡支付提供了全球性的标准。

**2. HTTPS**

超文本传输安全协议（HTTPS）由 Netscape 开发并内置于其浏览器中，用于对数据进行压缩和解压操作，并返回网络上传送回的结果，它提供了身份验证与加密通信方法。现在它被广泛应用于万维网上安全敏感的通信，如交易支付方面。HTTPS 实际上应用了 Netscape 的完全套接字层（SSL）作为 HTTP 应用层的子层（HTTPS 默认使用端口 443）。SSL 使用 40 位关键字作为 RC4 流加密算法，这对于商业信息的加密是合适的。HTTPS 和 SSL 支持使用 X.509 数字认证，如果需要的话用户可以确认发送者是谁。

HTTPS 是以安全为目标的 HTTP 通道，简单来讲是 HTTP 的安全版，即 HTTP 下加入 SSL 层。HTTPS 的安全基础是 SSL。也就是说，它的主要作用可以分为两种：一种是建立一个信息安全通道保证数据传输的安全；另一种就是确认网站的真实性。凡是使用了 HTTPS 的网站都可以通过单击浏览器地址栏的锁头标志来查看网站认证之后的真实信息,也可以通过CA颁发的安全签章查询。

由于HTTPS和HTTP是不同的协议,因此必须使用不同的端口。众所周知,HTTP端口是80,而HTTPS端口是443。

**3. SSL VPN的特性**

到目前为止,SSL VPN是解决远程用户访问敏感公司数据最简单、最安全的解决技术。与复杂的IPSec VPN相比,SSL通过简单易用的方法实现信息远程连通。任何安装浏览器的机器都可以使用SSL VPN,这是因为SSL内嵌在浏览器中,它不需要像传统IPSec VPN一样必须为每台客户端安装客户端软件。这一点对于拥有大量机器(包括家用机、工作机和客户机等)需要与公司机密信息相连接的用户至关重要。人们普遍认为它将成为安全远程访问的新生代。

一般而言,SSL VPN具备两个最基本的特性。

(1) 使用SSL协议进行认证和加密。由于SSL协议本身就是一种安全技术,因此SSL VPN就具有防止信息泄露、拒绝非法访问、保护信息的完整性、防止用户假冒、保证系统的可用性的特点,能够进一步保障访问安全,从而扩充了安全功能设施。SSL VPN可以实现128位数据加密,保证数据在传输过程中不被窃取,确保ERP数据传输的安全性。多种认证和授权方式的使用能够只让“正确”的用户访问内部网络,从而保护了企业内部网络的安全性。没有采用SSL协议的VPN产品自然不能称为SSL VPN,其安全性也需要进一步考证。

(2) 直接使用浏览器完成操作,无须安装独立的客户端。SSL VPN不需要安装客户端软件。远程用户只须借助标准的浏览器连接Internet即可访问企业的网络资源。这样,尽管购买软件和硬件的费用不一定低,但是SSL VPN的部署成本却很低。只要安装了SSL VPN,基本上就不需要IT部门的支持了,所以维护成本可以忽略不计。对于那些只需进入企业内部网站或进行E-mail通信的远程用户,SSL VPN显然是一个物美价廉的选择。如果使用了SSL协议,但仍然需要分发和安装独立的VPN客户端(如Open VPN),不能称为SSL VPN,否则就失去了SSL VPN易于部署、免维护的优点。

此外,SSL VPN连接要比IPSec VPN更稳定,这是因为IPSec VPN是网络层连接,容易中断。除此之外,在管理维护和操作性方面,SSL VPN方案可以做到基于应用的精细控制,基于用户和组赋予不同的应用访问权限,并对相关访问操作进行审计。此外,SSL VPN还提高了平台的灵活性,方便扩展应用和增强性能,尤其是在降低使用成本、最有效地保护用户投资这一敏感话题上,SSL VPN赢得了用户最终的好感。

更值得一提的是,当今Web成为标准平台已势不可挡,越来越多的企业开始将系统移植到Web上。而SSL VPN通过特殊的加密通信协议,被认为是实现远程安全访问Web应用的最佳手段,能够让用户随时随地甚至在移动中接入企业内网,将给企业带来很高的利益和方便。无疑,伴随企业信息化程度的加深,远程安全访问、协同工作的需求会日益明显,SSL VPN技术拥有更加全方位的优势。

**4. SSL VPN的优缺点**

1) SSL VPN的主要优点

(1) 无须安装客户端软件。大多数执行基于SSL协议的远程访问是不需要在远程客户端设备上安装软件的。只需通过标准的Web浏览器连接Internet,即可以通过网页访问企业总部的网络资源。这样，无论是从软件协议购买成本上，还是从维护、管理成本上都可以节省一大笔资金，特别是对于大、中型企业和网络服务提供商。

(2) 适用于大多数设备。基于 Web 访问的开放体系可以在运行标准的浏览器下访问任何设备，包括非传统设备，如可以上网的电话和 PDA 通信产品。这些产品目前正在逐渐普及，因为它们在不进行远程访问时也是一种非常理想的现代时尚产品。

(3) 适用于大多数操作系统。可以运行标准的 Internet 浏览器的大多数操作系统都可以用来进行基于 Web 的远程访问，不管操作系统是 Windows、Macintosh、UNIX 还是 Linux。可以对企业内部网站和 Web 站点进行全面的访问。用户可以非常容易地得到基于企业内部网站的资源并进行应用。

(4) 支持网络驱动器访问。用户通过 SSL VPN 通信可以访问在网络驱动器上的资源。

(5) 良好的安全性。用户通过基于 SSL 的 Web 访问并不是网络的真实节点，就像 IPSec 安全协议一样，而且还可代理访问公司内部资源。因此，这种方法非常安全，特别是对于外部用户的访问。

(6) 较强的资源控制能力。基于 Web 的代理访问允许公司为远程访问用户进行详尽的资源访问控制。

(7) 减少费用。基于 SSL 的 VPN 可以非常经济地为那些简单远程访问用户(仅需进入公司内部网站或进行 E-mail 通信)提供远程访问服务。

(8) 可以绕过防火墙和代理服务器进行访问。基于 SSL 的远程访问方案中，使用 NAT(网络地址转换)服务的远程用户或 Internet 代理服务的用户可以从中受益，因为这种方案可以绕过防火墙和代理服务器访问公司资源，这是采用基于 IPSec 安全协议的远程访问很难或根本做不到的。

2) SSL VPN 的缺点

(1) 必须依靠 Internet 进行访问。为了通过 SSL VPN 进行远程工作，当前必须与 Internet 保持连通性。因为此时 Web 浏览器实质上是扮演客户端的角色，远程用户的 Web 浏览器依靠公司的服务器进行所有进程。正因如此，如果 Internet 没有连通，远程用户就不能与总部网络进行连接，只能单独工作。

(2) 对新的或复杂的 Web 技术提供有限支持。基于 SSL 的 VPN 方案是依赖反代理技术访问公司网络的。因为远程用户是从公用 Internet 访问公司网络的，而公司内部网络信息通常不仅是处于防火墙后面，而且是处于没有内部网 IP 地址路由表的空间中。反代理的工作就是翻译出远程用户 Web 浏览器的需求，通常使用常见的 URL 地址重写方法。例如，内部网站也许使用内部 DNS 服务器地址链接到其他的内部网链接，而 URL 地址重写必须完全正确地读出以上链接信息，并且重写这些 URL 地址，以便这些链接可以通过反代理技术获得路由。当有需要时，远程用户可以轻松地通过点击路由进入公司内部网络。对于 URL 地址重写器，完全正确理解所传输的网页结构是极其重要的，只有这样才可正确显示重写后的网页，并在远程用户计算机浏览器上进行正确的操作。

(3) 只能有限地支持 Windows 应用或其他非 Web 系统。因为大多数基于 SSL 的 VPN 都是基于 Web 浏览器工作的，远程用户不能在 Windows、UNIX、Linux、AS400 或大型系统上进行非基于 Web 界面的应用。虽然有些 SSL 提供商已经开始合并终端服务提供上述非 Web 应用，但不管如何，目前 SSL VPN 还未对其进行全面支持。

(4) 只能为访问资源提供有限安全保障。当使用基于SSL协议通过Web浏览器进行VPN通信时,对用户来说外部环境并不是完全安全、可达到无缝连接的。因为SSL VPN只对通信双方的某个应用通道进行加密,而不是对在通信双方的主机之间的整个通道进行加密。在通信时,在Web页面中呈现的文件很难也基本上无法保证只出现类似于上传的文件和邮件附件等简单的文件,这样就很难保证其他文件不被暴露在外部,存在一定的安全隐患。

## 8.2.3 MPLS VPN

MPLS(Multi-Protocol Label Switch)是Internet核心多层交换计算的最新发展。MPLS将转发部分的标记交换和控制部分的IP路由组合在一起,加快了转发速度。而且,MPLS可以运行在任何链接层技术之上,从而简化了向基于SONET/WDM和IP/WDM结构的下一代Internet的转化。

MPLS VPN是一种基于MPLS技术的IP VPN,是在网络路由和交换设备上应用MPLS技术,简化核心路由器的路由选择方式,利用结合传统路由技术的标记交换实现的IP VPN,可用来构造宽带的Intranet和Extranet,满足多种灵活的业务需求。

**1. MPLS VPN接入技术**

MPLS VPN主要由CE,PE和P 3部分组成。

- CE(Customer Edge)为用户网络边缘路由器设备,直接与服务提供商网络相连,它“感知”不到VPN的存在。
- PE(Provider Edge)为服务提供商边缘路由器设备,与用户的CE直接相连,负责VPN业务接入,处理VPN-IPv4路由,是MPLS 3层VPN的主要实现者。
- P(Provider)为服务提供商核心路由器设备,负责快速转发数据,不与CE直接相连。

在整个MPLS VPN中,P和PE设备需要支持MPLS的基本功能,CE设备不必支持MPLS。MPLS VPN的网络采用标签交换,一个标签对应一个用户数据流,非常易于用户间数据的隔离,利用区分服务体系可以轻易地解决困扰传统IP网络的QoS/CoS问题。MPLS自身提供流量工程的能力,可以最大限度地优化配置网络资源,自动快速修复网络故障,提供高可用性和高可靠性。MPLS提供了电信、计算机、有线电视网络三网融合的基础,是可以提供高质量的数据、语音和视频相融合的多业务传送、包交换的网络平台。因此,基于MPLS技术的MPLS VPN在灵活性、扩展性、安全性等各个方面是当前技术最先进的VPN。此外,MPLS VPN提供灵活的策略控制,可以满足不同用户的特殊要求,快速实现增值服务(VAS),在带宽价格比、性能价格比上,相比其他广域VPN也具有较大的优势。

就未来的发展趋势来看,MPLS在光网络的扩展(Generalized MPLS,GMPLS)已经成为自动交换光网络ASON的基本控制协议组,从而使未来运营可以考虑架构在GMPLS基础上的一层或零层的OVPN(Optical VPN)。

**2. MPLS VPN的应用**

采用MPLS VPN技术可以把现有IP网络分解成逻辑上隔离的网络,这种逻辑上隔离的网络的应用可以是千变万化的:可以用于解决企业互联、政府相同/不同部门的互联,也可以用来提供新的业务,如为IP电话业务专门开通一个VPN。

例如,用MPLS VPN构建运营支撑网,利用MPLS VPN技术可以在一个统一的物理网络上实现多个逻辑上相互独立的 VPN 专网。该特性非常适合于构建运营支撑网。例如,目前国内很多省市的 DCN 网就采用华为的设备,在一个统一的物理网络上构建网管、OA、计费等多个业务专网。

1) MPLS VPN 在与运营商城域网的应用

作为运营商的基础网络,宽带城域网需同时服务多种不同的用户,承载多种不同的业务,存在多种接入方式,这一特点决定城域网需同时支持 MPLS L3VPN,MPLS L2VPN 和其他 VPN 服务。根据网络实际情况及用户需求开通相应的 VPN 业务,如为用户提供 MPLS L2VPN 服务以满足用户节约专线租用费用的要求。

2) MPLS VPN 在企业网络的应用

MPLS VPN 在企业网中同样有广泛应用。例如,在电子政务网中,不同的政府部门有着不同的业务系统,各系统之间的数据多数是要求相互隔离的,同时各业务系统之间又存在着互访的需求,因此大量采用 MPLS VPN 技术实现这种隔离及互访需求。

MPLS VPN 引起了全球运营商的普遍关注。国外大的运营商,如 AT&T,Sprint,Verizon,BellSouth,NTT,都已经开始应用 MPLS 网络。我国运营商中最早推出 MPLS VPN 业务的是中国网通,推出时间为 2002 年 6 月。随着市场前景的日益看好,中国电信、中国铁通也开始提供这项服务,后来国家对电信业重组改制,工信部批准了南凌科技、第一线通信、中企通信、天维信通等民营企业进入通信市场,引入竞争机制,使国内的 IP VPN 业务得到了良性的发展。此外,一些跨国运营商也开始关注中国市场,围绕 MPLS VPN 业务的竞争正在中国市场上逐渐升温。

2002 年,中国网通(现已并入联通)成为中国首个在全国范围内提供全程全网、端到端的宽带 MPLS VPN 业务的电信运营商。统计数据表明,MPLS VPN 接入技术如今是其所有国际产品中增长最快的业务。

### 8.2.4 SSL VPN,IPSec VPN,MPLS VPN 的比较

**1. 协议层次不同**

IPSec 协议是网络层协议,是为保障 IP 通信而提供的一系列协议簇。SSL 是套接层协议,它是保障在 Internet 上基于 Web 的通信安全而提供的协议。MPLS VPN 是以标签交换作为底层转发机制的协议。

**2. 加密方式不同**

IPSec 针对数据在通过公共网络时的数据完整性、安全性和合法性等问题设计了一整套隧道加密和认证方案。IPSec 为 IPv4/IPv6 网络提供能共同操作、使用的、高品质的、基于加密的安全机制,提供包括存取控制、无连接数据的完整性、数据源认证、防止重发攻击、基于加密的数据机密性和受限数据流的机密性服务。

SSL 用公钥加密通过 SSL 连接传输的数据。SSL 是一种高层安全协议,建立在应用层上。SSL VPN 使用 SSL 协议和代理为终端用户提供客户端/服务器和共享的文件资源的访问认证和访问安全。SSL VPN 传递用户层的认证,确保只有通过安全策略认证的用户可以访问指定的资源。

MPLS 是一个可以在多种第 2 层媒质上进行标记交换的网络技术。不论什么格式的数据均可以第 3 层的路由在网络的边缘实施,而在 MPLS 的网络核心采用第 2 层交换,因此

可以用一句话概括MPLS的特点:“边缘路由,核心交换”。由于所有支持TCP/IP的主机进行通信时都要经过IP层的处理,因此提供了IP层的安全性就相当于为整个网络提供了安全通信的基础。

视频讲解

# 8.3 VPN采用的安全技术

VPN主要采用4项技术保证安全,这4项技术分别为隧道技术、加密技术、密钥管理技术和使用者与设备身份认证技术。

## 8.3.1 隧道技术

隧道技术的早期使用与互联网络有关,但与VPN几乎没有关联。隧道概念最早在1981年9月的RFC791中提出,其应用场景是针对互联网络中制定路由设备的多点数据包传输加密设计。1994年10月,RFC1700发布它的分配编号——STD2。设计者定义一个IP到IP隧道方法。同月,作者进一步拓展RFC1700到RFC1701,发布通用路由选择封装(Generic Routing Encapsulation,GRE)。VPN的隧道协议簇由一系列的协议组成。

隧道技术是一种通过使用互联网络的基础设施在网络之间传递数据的方式。使用隧道传递的数据(或负载)可以是不同协议的数据帧或包。隧道协议将其他协议的数据帧或包重新封装,然后通过隧道发送。新的帧头提供路由信息,以便通过互联网传递被封装的负载数据。

这里所说的隧道类似于点到点的连接。这种方式能够使来自许多信息源的网络业务在同一个基础设施中通过不同的隧道进行传输。隧道技术使用点对点通信协议代替了交换连接,通过路由网络连接数据地址。隧道技术允许授权移动用户或已授权的用户在任何时间、任何地点访问企业网络。

通过隧道的建立可实现:

(1) 将数据流强制送到特定的地址;

(2) 隐藏私有的网络地址;

(3) 在IP网上传递非IP数据包;

(4) 提供数据安全支持。

近来出现了一些新的隧道技术,并在不同的系统中得到运用和拓展。为创建隧道,隧道的客户端和服务器双方必须使用相同的隧道协议。隧道技术可分别以第2层或第3层隧道协议为基础。第2层隧道协议对应于OSI模型的数据链路层,使用帧作为数据交换单位。PPTP(点对点隧道协议)、L2TP(第2层隧道协议)和L2F(第2层转发协议)都属于第2层隧道协议,是将用户数据封装在点对点协议(PPP)帧中通过互联网发送。第3层隧道协议对应于OSI模型的网络层,使用包作为数据交换单位。IPIP(IP over IP)和IPSec隧道模式属于第3层隧道协议,是将IP包封装在附加的IP包头中,通过IP网络传送。无论哪种隧道协议都是由传输的载体、不同的封装格式和用户数据包组成的。它们的本质区别在于用户的数据是被封装在哪种数据包中再在隧道中传输。下面分别介绍这几种常用的隧道协议。

**1. PPTP**

点对点隧道协议(Point to Point Tunneling Protocol,PPTP)提供PPTP客户端和

PPTP 服务器之间的加密通信。PPTP 是 PPP 协议的一种扩展，它提供了一种在互联网上建立多协议的安全虚拟专用网(VPN)的通信方式。远端用户能够透过任何支持 PPTP 的 ISP 访问公司的专用网。

通过 PPTP，客户可采用拨号方式接入公用 IP 网。拨号用户首先按常规方式拨到 ISP 的接入服务器(NAS)，建立 PPP 连接；在此基础上，用户进行二次拨号建立到 PPTP 服务器的连接，该连接称为 PPTP 隧道，实质上是基于 IP 协议的另一个 PPP 连接，其中的 IP 包可以封装多种协议数据，包括 TCP/IP，IPX 和 NetBEUI。PPTP 采用了基于 RSA 公司 RC4 的数据加密方法，保证了虚拟连接通道的安全。对于直接连到互联网的用户则不需要 PPP 的拨号连接，可以直接与 PPTP 服务器建立虚拟通道。PPTP 把建立隧道的主动权交给了用户，但用户需要在其 PC 上配置 PPTP，这样做既增加了用户的工作量，又会给网络带来隐患。另外，PPTP 只支持 IP 作为传输协议。

**2. L2F**

第 2 层转发协议(Layer Two Forwarding Protocol，L2F)是由 Cisco 公司提出的，可以在多种介质(如 ATM、帧中继、IP 网)建立多协议的安全虚拟专用网的通信。远端用户能通过任何拨号方式接入公用 IP 网，首先按常规方式拨号到 ISP 的接入服务器(NAS)，建立 PPP 连接；NAS 根据用户名等信息建立直达 HGW 服务器的第 2 重连接。在这种情况下，隧道的配置和建立对用户是完全透明的。

**3. L2TP**

第 2 层隧道协议(Layer Two Tunneling Protocol，L2TP)结合了 L2F 和 PPTP 的优点，允许用户从客户端或访问服务器端建立 VPN 连接。L2TP 是把链路层的 PPP 帧装入公用网络设施，如 IP、ATM、帧中继中进行隧道传输的封装协议。

Cisco、Ascend、Microsoft 和 RedBack 公司的专家们在修改了十几个版本后，终于在 1999 年 8 月公布了 L2TP 的标准 RFC2661。目前用户拨号访问 Internet 时必须使用 IP 协议，并且其动态得到的 IP 地址也是合法的。L2TP 的优点在于支持多种协议，用户可以保留原有的 IPX、Appletalk 等协议或公司原有的 IP 地址。L2TP 还解决了多个 PPP 链路的捆绑问题，PPP 链路捆绑要求其成员均指向同一个 NAS，L2TP 则允许在物理上连接到不同 NAS 的 PPP 链路，在逻辑上的终点为同一个物理设备。L2TP 扩展了 PPP 连接，在传统的方式中用户通过模拟电话线或 ISDN/ADSL 与网络访问服务器建立一个第 2 层的连接，并在其上运行 PPP，第 2 层连接的终点和 PPP 会话的终点均设在同一个设备上(如 NAS)。L2TP 作为 PPP 的扩充提供了更强大的功能，包括允许第 2 层连接的终点和 PPP 会话的终点分别设在不同的设备上。

L2TP 主要由 LAC(L2TP Access Concentrator)和 LNS(L2TP Network Server)构成。LAC 支持客户端的 L2TP，发起呼叫，接收呼叫和建立隧道；LNS 是所有隧道的终点。在传统的 PPP 连接中，用户拨号连接的终点是 LAC，而 L2TP 能把 PPP 协议的终点延伸到 LNS。

用户通过公用电话网或 ISDN 拨号呼叫 LAC。LAC 接受呼叫并进行基本的识别过程，这一过程可以采用几种标准，如域名、呼叫线路识别或拨号 ID 业务等。

L2TP 方式给服务提供商和用户带来了许多方便。用户不需要在 PC 上安装专门的客户端软件，企业网可以使用未注册的 IP 地址，并在本地管理认证数据库，从而降低了应用成本和培训维护费用。

与PPTP和L2F相比，L2TP的优点在于提供了差错和流量控制；L2TP使用UDP封装和传送PPP帧。面向无连接的UDP无法保证网络数据的可靠传输，L2TP使用Nr(下一个希望接收的信息序列号)和Ns(当前发送的数据包序列号)字段进行流量和差错控制。双方通过序列号确定数据包的顺序和缓冲区，一旦丢失数据，根据序列号可以进行重发。

作为PPP的扩展协议，L2TP支持标准的安全特性CHAP和PAP，可以进行用户身份认证。L2TP定义了控制包的加密传输，每个被建立的隧道分别生成一个独一无二的随机钥匙，以便应对欺骗性的攻击，但是它对传输中的数据并不加密。

**4. GRE**

通用路由封装(Generic Routing Encapsulation，GRE)在RFC1701/RFC1702中定义，它规定了怎样用一种网络层协议去封装另一种网络层协议的方法。GRE的隧道由两端的源IP地址和目的IP地址来定义，它允许用户使用IP封装IP，IPX，AppleTalk，并支持全部的路由协议，如RIP，OSPF，IGRP，EIGRP。通过GRE，用户可以利用公用IP网络连接IPX网络和AppleTalk网络，还可以使用保留地址进行网络互联，或对公网隐藏企业网的IP地址。

GRE报文载荷如图8.1所示。

| 0 | 1 | 2 | 3 | 4 | 5 | 6 | 7 | 8 | 9 | 10 | 11 | 12 | 13 | 14 | 15 | 16～23 | 24～31 |
|---|---|---|---|---|---|---|---|---|---|---|---|---|---|---|---|---|---|
| C | R | K | S | s | 递归控制 | | | 标识位 | | | | | 版本 | | | 协议类型 | |
| 校验和(可选) | | | | | | | | | | | | | | | | 偏离(可选) | |
| 密钥(可选) | | | | | | | | | | | | | | | | | |
| 序列号(可选) | | | | | | | | | | | | | | | | | |
| 路由(可选) | | | | | | | | | | | | | | | | | |

图8.1 CRE报文载荷

(1) C：校验和标识位。若配置了校验和，则该位置为1，同时校验和(可选)、偏离(可选)部分的共4B出现在GRE头部；若不配置校验和，则该位置为0，同时校验和(可选)、偏离(可选)部分不出现在GRE头部。

(2) R：路由标识位。若R为1，校验和(可选)、偏离(可选)、路由(可选)部分的共8 B出现在GRE头部；若R为0，校验和(可选)、偏离(可选)、路由(可选)部分不出现在GRE头部。

(3) K：密钥标识位。若配置了密钥，则该位置为1，密钥(可选)部分出现在GRE头部；若不配置密钥，则该位置为0，密钥(可选)部分不出现在GRE头部。

(4) S：序列号同步标识位。若配置了序列号，则该位置为1，同时序列号(可选)部分的共4 B出现在GRE头部；若不配置序列号，则该位置为0，同时序列号(可选)部分不出现在GRE头部。

(5) s：严格源路由标识位。所有的路由都符合严格源路由，该位为1；通常为0。

(6) 递归控制：置0。

(7) 标识位：未定义，置0。

(8) 版本：置0。

(9) 协议类型：常用的协议，如 IP 协议为 0800。

GRE 只提供了数据包的封装，它没有防止网络侦听和攻击的加密功能。所以在实际环境中它常和 IPSec 一起使用，由 IPSec 为用户数据加密，给用户提供更好的安全服务。

## 8.3.2 加密技术

加密技术是数据通信中一项比较成熟的技术，IPSec 通过 ISAKMP/IKE/Oakley 协商确定几种可选的数据加密算法，如 DES、3DES 等。DES 密钥长度为 56 位，容易被破译，3DES 使用三重加密增加了安全性。当然，国外还有更好的加密算法，但国外禁止出口高位加密算法。基于同样理由，国内也禁止重要部门使用国外算法。国内算法不对外公开，被破解的可能性极小。图 8.2 展示了隧道和加密技术在 VPN 中是如何应用的。

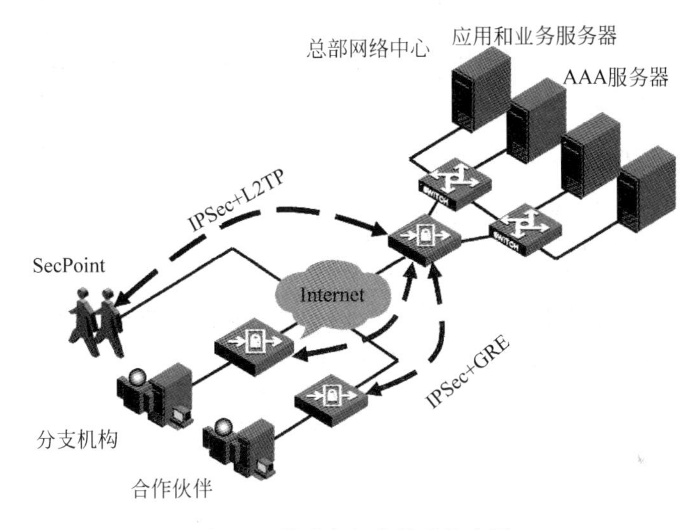


图 8.2　隧道与加密技术的应用

加密技术在 VPN 上的应用类型主要有以下几种。

(1) 无客户端 SSL。SSL 的原始应用，在这种应用中，一台主机在加密的链路上直接连接到一个来源(如 Web 服务器、邮件服务器、目录等)。

(2) 配置 VPN 设备的无客户端 SSL。这种使用 SSL 的方法对于主机来说与第 1 种类似。但是，加密通信的工作是由 VPN 设备完成的，而不是由在线资源完成的(如 Web 或邮件服务器)。

(3) 主机至网络。在上述两个方案中，主机在一个加密的频道直接连接到一个资源。在这种方式中，主机运行客户端软件(SSL 或 IPSec 客户端软件)连接到一台 VPN 设备并且成为包含这个主机目标资源的那个网络的一部分。

(4) 网络至网络。有许多方法能够创建这种类型加密的隧道 VPN。但是，要使用的技术几乎总是 IPSec。

## 8.3.3 密钥管理技术

密钥管理技术因加解密技术而存在，不可或缺，它的主要任务是如何在开放网络环境中安全地传递密钥而不被窃取。VPN 中密钥的分发与管理非常重要。密钥的分发有两种方法：一种是通过手工配置的方式；另一种是采用密钥交换协议动态分发。手工配置的方法由于密钥更新困难,只适合于简单网络的情况。密钥交换协议采用软件方式动态生成密钥,适合于复杂网络的情况且密钥可快速更新,可以显著提高VPN的安全性。目前主要的密钥交换与管理标准有IKE(互联网密钥交换)和SKIP(互联网简单密钥管理)。

### 8.3.4 使用者与设备身份认证技术

可分为单因素认证和双因素认证两种,目前最常用的是用户名与密码或口令简单认证方式,复杂度强、安全性高的身份认证技术有硬件数字证书(如USBKey)、动态密码(如令牌、密码卡、刮刮卡、短消息等)、生物识别技术(如虹膜、指纹、声音等)。VPN一般结合使用简单认证和扩展认证的双因素身份认证技术确保VPN用户级和设备级的安全可信。认证技术防止数据的伪造和被篡改,它采用一种称为摘要的技术。摘要技术主要采用哈希函数将一段长的报文通过函数变换,映射为一段短的报文即摘要。由于哈希函数的特性,两个不同的报文具有相同的摘要几乎不可能。该特性使摘要技术在VPN中有两个用途：验证数据的完整性和用户认证。

视频讲解

## 8.4 VPN的分类

根据不同的需要,可以构造不同类型的VPN。不同商业环境对VPN的要求和VPN所起的作用不同。下面分3种情况说明VPN的用途。

**1. 内部网VPN**

内部网VPN是指在公司总部和其分支机构之间建立的VPN。内部网是通过公共网络将某个组织的各个分支机构的LAN连接而成的网络。这种类型的LAN到LAN的连接所带来的风险最小,因为公司通常认为他们的分支机构是可信的,这种方式连接而成的网络称为Intranet,可看作公司网络的扩展。内部网VPN拓扑如图8.3所示。

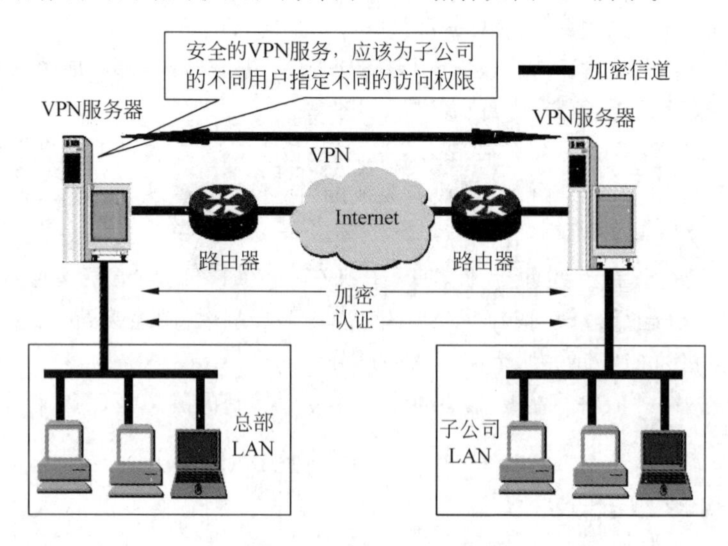


图8.3 内部网VPN拓扑

当一个数据传输通道的两个端点被认为是可信的时候，可以选择内部网 VPN 解决方案。安全性主要在于加强两个 VPN 服务器之间加密和认证的手段。

**2. 远程访问 VPN**

远程访问 VPN 是指在公司总部和远地雇员之间建立的 VPN。典型的远程访问 VPN 是用户通过本地的信息提供商(ISP)登录到 Internet 上，并在现在的办公室和公司内部网之间建立一条加密通道。有较高安全性的远程访问 VPN 应能截获特定主机的信息流，有加密、身份认证、过滤等功能。远程访问 VPN 拓扑如图 8.4 所示。

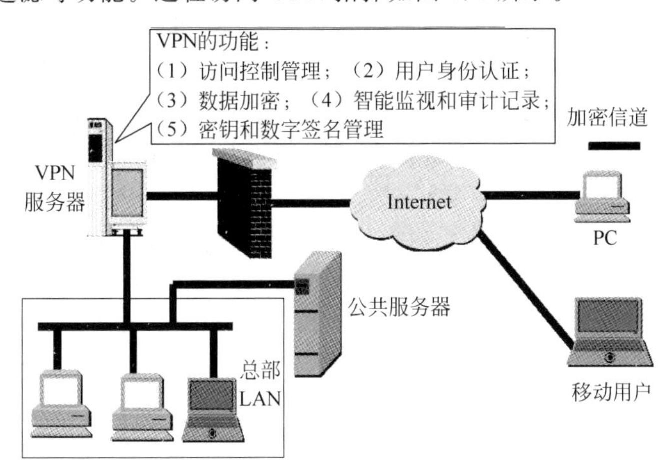


图 8.4　远程访问 VPN 拓扑

**3. 外联网 VPN**

外联网 VPN 是指公司与商业伙伴、客户之间建立的 VPN。外联网 VPN 为公司商业伙伴、客户和在远地的雇员提供安全性。外联网 VPN 的主要目标是保证数据在传输过程中不被修改，保护网络资源不受外部威胁。外联网 VPN 应是一个由加密、认证和访问控制功能组成的集成系统。通常将公司的 VPN 代理服务器放在一个不能穿透的防火墙之后，防火墙阻止来历不明的信息传输。所有经过过滤后的数据通过唯一的入口传到 VPN 服务器，VPN 再根据安全策略进一步过滤。外联网 VPN 拓扑如图 8.5 所示。

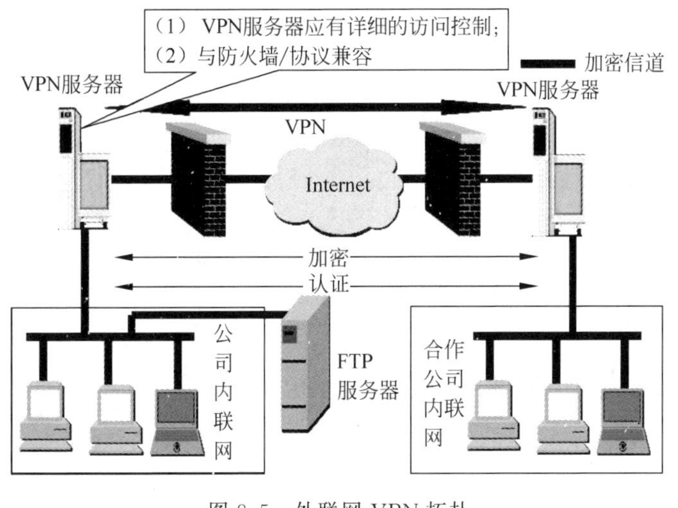


图 8.5　外联网 VPN 拓扑

# 8.5 VPN技术应用

## 8.5.1 大学校园网VPN技术要求

视频讲解

随着社会对高等教育的迫切要求和高校建设规模的不断扩展,大学的二级单位越来越多,校园之间及对外信息传递越来越多。这就存在一个问题:不同校区之间和学院之间如何安全地进行校园网的信息共享和交流?VPN可以很好地解决这一问题。大学对VPN的应用一般具有以下方面的技术要求。

(1) 身份验证。由于已经有了自己的统一身份认证系统,故在VPN方案中对用户的身份认证必须使用已经存在的用户信息数据,或是直接与该校统一身份认证系统对接进行认证。

(2) 加密保护。要求能对VPN隧道建立和用户通信都进行加密,支持预共享密钥、数字证书的身份认证,提供动态密钥交换功能,支持IPSec隧道模式封装和传输模式封装,支持多种加密认证算法。加密速度快,能达到千兆通信,VPN转发能达到200Mb/s以上。

(3) 方便安全的管理。要求在管理上能有多种方式,提供本地网络管理、Telnet管理、远程管理等多种管理方式。在上述管理方式中能对VPN安全策略、访问控制策略等进行调整。

(4) DHCP支持。要求能给每个接入VPN的用户动态分配一个校内IP地址,地址池中能有2000个以上IP,并且该动态地址可以与校内资源进行通信。

(5) 多种用户环境支持。支持专线宽带接入、小区宽带接入、ADSL宽带接入、Cable Modem宽带接入、ISDN拨号接入、普通电话拨号接入、GPRS接入、CDMA接入等多种Internet接入方式。

(6) VPN星形互联。由于许多大学有多个校区,且各校区可能有自己的VPN(或者一个校区内构建不止一个VPN),在VPN建设中希望能将各VPN互联,用户通过接入一个VPN而共享并控制访问其他校区资源。

(7) 本地网络和VPN网络智能判断。能根据客户端的访问请求自动选择使用客户本地连接还是使用VPN连接。同时,学校有部分资源实际上放在校外,但必须是以该校IP地址才能访问。

(8) 联通性要求。VPN接入用户之间、VPN接入用户和远程网络中的用户间都可以通过虚拟得到的IP地址互相通信。

(9) 应用范围广。可在VPN用户与远程局域网之间应用多种业务,如语音、图像和数据库、游戏等应用,也可通过共享等方式访问其他计算机资源。

(10) 符合国家相关法律、标准和安全要求。各VPN设备必须符合我国的技术标准和安全标准。

(11) 系统可升级性。可以通过对VPN系统升级适应新的网络应用或VPN上相关协议/标准的升级。

## 8.5.2 某理工大学校园网VPN使用指南

首先登录VPN服务网站http:// melon. dlut. edu. cn/,使用本人学校邮箱(以@dlut. edu. cn后缀结尾)用户名及密码,获取当日VPN密码。密码只在当天有效,如忘记可到

VPN 服务网站按照上述方法操作，将提示当日密码。第 2 天(以零点为准)需重新生成当日密码，用新密码连接。登录界面如图 8.6 所示。

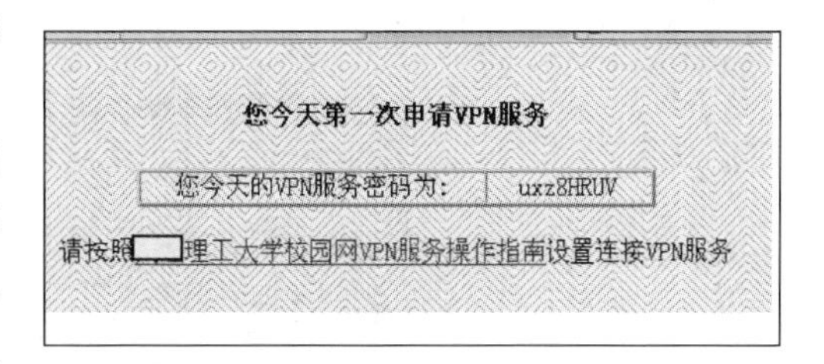


图 8.6 VPN 服务界面

当需要访问校内资源时，就可以使用当日密码连接校园网 VPN 了。在连接之前要确认自己的主机可以正常接入 Internet 中，如果主机不能正常上网是无法使用 VPN 的。第 1 次使用校园网 VPN 需要建立 VPN 连接，方法如下：右击"网上邻居"图标，从弹出的快捷菜单中选择"属性"命令，将打开"网络连接"对话框。在该对话框左侧的"网络任务"面板中单击"创建一个新的连接"链接，启动"新建连接向导"对话框，如图 8.7 所示。

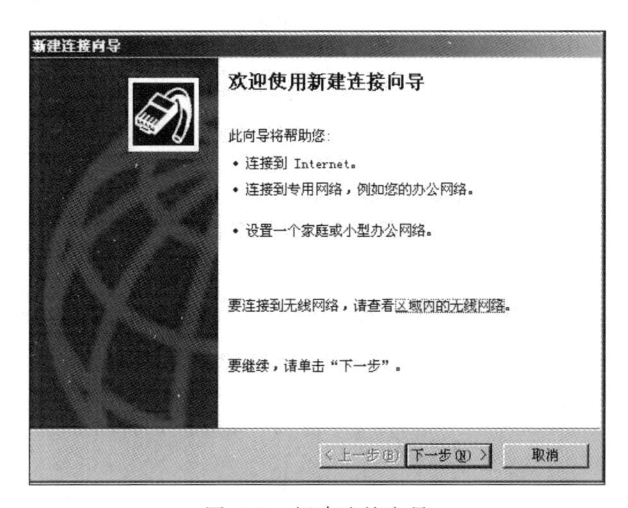


图 8.7 新建连接向导

单击"下一步"按钮，选择网络连接类型，这里需要选中"连接到我的工作场所的网络"单选按钮，连接到一个商业网络(拨号或 VPN)，如图 8.8 所示。

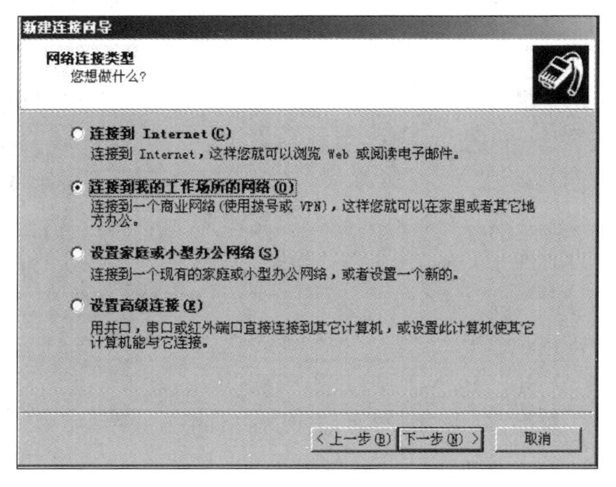


图 8.8 选择网络连接类型

单击“下一步”按钮，选中“虚拟专用网络连接”单选按钮，即使用 VPN 通过 Internet 连接到网络，如图 8.9 所示。

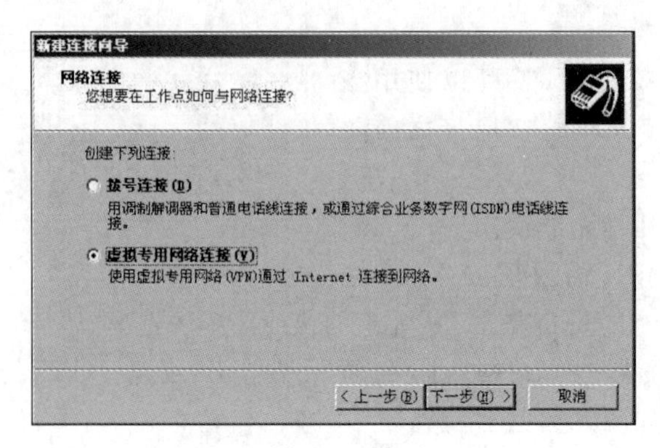


图 8.9　虚拟专用网络连接

单击“下一步”按钮，要求输入连接名，输入方便自己记忆的名字即可，这里命名为 dlut VPN。单击“下一步”按钮，设置共用网络，选中“不拨初始连接”单选按钮，单击“下一步”按钮，输入 VPN 服务器地址，校园网 VPN 服务器的地址为 vpn.dlut.edu.cn，如图 8.10 所示。

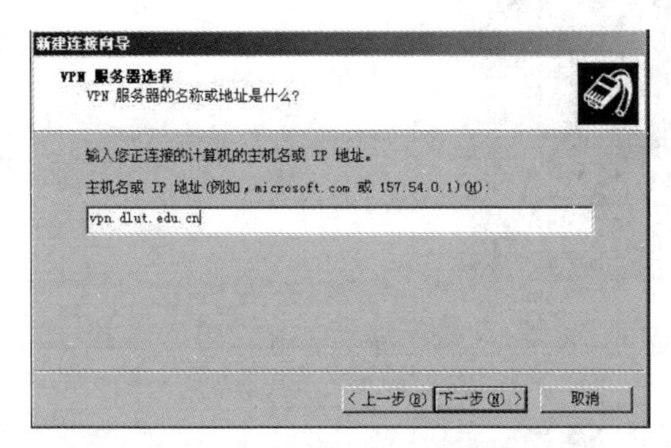


图 8.10　输入 VPN 服务器地址

单击“下一步”按钮，显示“正在完成新建连接向导”，勾选“在我的桌面上添加一个到此连接的快捷方式”复选框，然后单击“完成”按钮，这样就完成了 VPN 连接的建立。这时会弹出“连接 dlut vpn”对话框，输入用户名和从 VPN 服务网页上获得的当日密码，如图 8.11 所示。然后单击“连接”按钮即可连接到校园网 VPN 服务器，这时就可以访问校内资源。因为每天 VPN 的当日密码都要重新生成，所以不要勾选“为下面用户保存用户名和密码”复选框。

图 8.11　输入用户名和当日密码

在第 1 次建立完 VPN 连接后，以后不需要再建立连接，只要双击桌面上的 dlut VPN 快捷方式图标就可以打开连接窗口。或者右击“网上邻居”图标，从弹出的快捷菜单中选择“属性”命令，打开“网络连接”窗口，双击其中“虚拟专用网络”区域下的“dlut VPN 连接”，打开连接窗口，输入用户名和当日密码就可以再次连接。

当不再访问校园网资源时则双击任务栏中的"dlut VPN 连接"图标，弹出"dlut VPN 状态"对话框，单击"断开"按钮，断开校园网 VPN 的连接。

如果不及时断开，可能会影响其他的网络访问。并且由于目前校园网 VPN 负载能力有限，因此对每个用户每天使用的时间限定在两小时，不及时断开将一直记录使用时间。如果当天需要再访问校内资源时，可能已经超出了时间限定而无法访问。在 VPN 服务网站生成当日密码处可以查看当日使用时间，当日使用时间超出两小时将无法连接 VPN，请不要再做过多的连接尝试。

## 课后习题

**一、选择题**

1. VPN 是(　　)的简称。

   A. Visual Private Network　　B. Virtual Private Network

   C. Virtual Public Network　　D. Visual Public Network

2. 部署 VPN 产品不能实现对(　　)属性的需求。

   A. 完整性　　B. 真实性　　C. 可用性　　D. 保密性

3. IPSec 是网络层典型的安全协议，但不能为 IP 数据包提供(　　)服务。

   A. 保密性　　B. 完整性　　C. 不可否认性　　D. 真实性

4. 网络安全协议包括(　　)。

   A. SSL 和 IPSec　　B. POP3 和 IMAP4

   C. SMTP　　D. TCP/IP

5. 属于第 2 层的 VPN 隧道协议有(　　)。

   A. IPSec　　B. PPTP　　C. GRE　　D. 以上皆不是

6. VPN 的加密手段为(　　)。

   A. 具有加密功能的防火墙

   B. 具有加密功能的路由器

   C. VPN 内的各台主机对各自的信息进行相应的加密

   D. 单独的加密设备

7. 将公司与外部供应商、客户和其他利益相关群体相连接的是(　　)。

   A. 内部网 VPN　　B. 外联网 VPN　　C. 远程接入 VPN　　D. 无线 VPN

8. PPTP、L2TP 和 L2F 隧道协议属于(　　)协议。

   A. 第 1 层隧道　　B. 第 2 层隧道　　C. 第 3 层隧道　　D. 第 4 层隧道

9. 下列不属于隧道协议的是(　　)。

   A. PPTP　　B. L2TP　　C. TCP/IP　　D. IPSec

10. 下列不属于 VPN 的核心技术是(　　)。

    A. 隧道技术　　B. 身份认证　　C. 日志记录　　D. 访问控制

11. 目前，VPN 使用了(　　)技术保证通信的安全性。

    A. 隧道协议、身份认证和数据加密　　B. 身份认证、数据加密

C. 隧道协议、身份认证　　D. 隧道协议、数据加密

12. L2TP隧道在两端的VPN服务器之间采用(　　)验证对方的身份。

A. 口令握手协议CHAP　　B. SSL

C. Kerberos　　D. 数字证书

**二、填空题**

1. VPN利用隧道封装、________、________等访问控制技术在开放的公用网络传输信息。

2. VPN允许用户或公司在保持安全通信的前提下,通过公网连接远程服务、________或________。

3. 传统的VPN组网主要采用________VPN和基于客户端设备的________VPN两种方式。

4. VPN常用技术主要有IPSec VPN、________和________。

5. IPSec安全体系包括3个基本协议:AH协议、________和________。

6. AH协议为IP通信提供数据源认证、________和________,它能保护通信免受篡改,但不能防止窃听,适用于传输________数据。

7. 在IPSec VPN中,两种最常用的哈希函数为________和________。

8. SSL记录协议建立在可靠的传输协议(如TCP)之上,为高层协议提供数据________、________、加密等基本功能的支持。

9. SSL握手协议建立在SSL记录协议之上,用于在实际的数据传输开始前,通信双方进行身份认证、________、________等。

**三、简答题**

1. VPN的发展过程中出现了哪些类型?

2. VPN的基本功能有哪些?

3. VPN特性有哪些?

4. IPSec的安全特性有哪些?

5. IPSec安全体系包括哪几个基本协议?

6. IPSec的基本工作原理是什么?

7. IPSec VPN的优点有哪些?

8. IPSec VPN的缺点有哪些?

9. SSL协议提供的服务主要有什么?

10. SSL协议的工作流程有哪些步骤?

11. SSL VPN具备哪些特性?

12. SSL VPN的优点有哪些?

13. SSL VPN的缺点有哪些?

14. VPN主要采用哪些技术保证安全?

15. 通过隧道的建立可实现哪些功能?

16. 常用的隧道协议有哪些?

17. 加密技术在VPN上的应用类型有哪几种?

18. VPN的用途有哪些?

19. 校园网VPN技术要求有哪些?

# 第9章 电子商务安全

## 9.1 互联网安全概述

随着电子商务技术的快速发展,信息安全的问题变得更加严重。竞争者未经授权而访问公司的信息所带来的后果是前所未有的。电子商务的出现则使安全成为所有人都关心的问题。网上购物的顾客最担心的问题就是信用卡号在网络上传输时可能会被上百万人看到。最近的一次问卷调查显示,80%以上的互联网用户都担心在电子商务交易时出现各种安全隐患。这个担心和多年前对在电话购物过程中申报信用卡号时的担心是一样的。现在人们对在电话中把自己的信用卡号告诉陌生人已不太在意,但还是有很多消费者不放心用计算机传输信用卡号。人们担心通过互联网向公司传递隐私信息,而且越来越怀疑这些公司保护客户隐私信息的意愿和能力。本章将从电子商务角度详细介绍计算机安全方面的问题,讲述一些比较重要的安全问题和目前的解决方法。

### 9.1.1 风险管理

安全措施是指识别、降低或消除安全威胁的物理或逻辑步骤的总称。不同资产的重要性不同,相应的安全措施也有多种。如果保护资产免受安全威胁的成本超过所保护资产的价值,就可以认为这种资产的安全风险很低或不可能发生。

这种风险管理模型应用在保护互联网或电子商务资产免受物理或逻辑的安全威胁的领域。这类安全威胁的例子有欺诈、窃听和盗窃,这里的窃听者是指能听到并复制互联网上传输内容的人或设备。

正如前面的章节提到的,网络攻击者是指利用自己的技术和知识非法入侵计算机或网络系统的人,他们可能会窃取信息,或者破坏信息、系统软件甚至硬件。而黑客以前是指喜欢编写复杂的程序挑战技术极限的专业程序员。现在计算机人士仍然正面使用"黑客"这个词,但媒体和公众都用这个词描述利用自己的技能从事非法勾当的人。有些 IT 人士用白帽黑客和黑帽黑客区分好黑客和网络攻击者。

要实施安全计划,必须识别出风险,确定对受到安全威胁的资产的保护方式并算出保护资产的成本。本章的重点不是保护的成本或资产的价值,而是识别安全威胁并保护资产免受威胁的方法。

### 9.1.2 电子商务安全分类

安全专家通常把电子商务安全分成 3 类,即保密、完整和即需(也称为拒绝服务)。保密是指防止未授权的数据暴露并确保数据源是可靠的;完整是防止未经授权的数据修改;即需是防止延迟或拒绝服务。电子商务安全中最重要的部分是保密。新闻媒体经常有非法进入政府或企业的计算机或用偷来的信用卡号订购商品的报道。相对来说,完整性安全威胁不那么频繁地被人提及,因此大众对此领域比较陌生。例如,一个电子邮件的内容被篡改成完全相反的意思,就可以说发生了对完整性的破坏。即需性破坏的案例很多,而且频繁发生。延迟一个消息或出现拒绝服务往往会带来灾难性的后果。例如,某用户在上午10点向一家网上股票经纪商发一个电子邮件委托购买1000股股票。如果这封邮件被人延迟,股票经纪商在下午两点半才收到该邮件,这时股票已涨了3元,这个消息的延迟就使用户损失了3000元。

### 9.1.3 安全策略和综合安全

要保护自己的电子商务资产,所有的组织都要有一个明确的安全策略。安全策略是明确描述对所需保护的资产、保护的原因、谁负责保护、哪些行为可接受、哪些行为不可接受等的书面描述。安全策略一般要陈述物理安全、网络安全、访问授权、病毒保护、灾难恢复等内容,该策略会随时间变化而变化,公司负责安全的人员必须定期修改安全策略。

无论军事还是商务都要求组织必须保护自己的资产不受窃取、修改或破坏的威胁。军事安全策略不同于商务安全策略之处在于军事应用强调多级别的安全。公司的信息一般分为“公开”和“机密”,设计公司机密信息的安全策略很简单——不要将机密信息透露给所有无关的人员。

制定安全策略时,首先要确定保护的资产,如存储客户信用卡号的公司会要求这些资产不被窃听者获取。其次是明确谁有权访问系统的哪些部分,不能访问哪些部分。再次是确定有哪些资源可用来保护这些资产。安全小组了解了上述信息后,制定出书面的安全策略。最后是要提供资源保证来开发或购买实现企业安全策略所需的软硬件和物理防护措施。例如,如果安全策略要求不允许未经授权的访问顾客信息,这时就要开发或采购为电子商务客户提供端到端安全保证的软件。

全面的安全策略应当保护系统的保密、完整和即需,并能确认用户的身份。具体到电子商务领域,这些要求是对大多数电子商务企业的最低安全要求。

视频讲解

## 9.2 客户端的安全

客户端(一般指PC)必须实现一定的安全保护,不受来自某些软件和数据的安全威胁。本节将介绍以动态页面形式从网上传来的活动内容所带来的安全威胁。客户端面临的另一种威胁是伪装成合法网站的服务器。用户和客户端受骗向非法网站提供敏感信息的案例很多。本节解释这些威胁及其原理,讨论防止或减少客户端安全威胁的保护机制。

### 9.2.1 Cookie

在WWW客户端与服务器之间的互联网连接是采用无状态连接。在无状态连接下,每次信息传输都是独立的。由于在客户端与服务器之间没有连续的连接,因此这个时候将使用到一种叫Cookie的文本文件来识别再次访问的客户身份。Cookie使WWW服务器可以同WWW客户端进行连续的公开会话,从而完成对网上业务活动很重要的一些任务。例如,购物车与结算处理软件都离不开公开会话。在WWW出现的早期,为了解决无状态连接下公开会话的需求,就设计出 Cookie,用户从一组服务器—客户端切换到另一组保存用户信息,从而解决了无状态连接的问题。

Cookie 有两种分类方式,即按时间和来源进行分类。按时间分类有两类 Cookie: 会话 Cookie(Session Cookie)在关闭浏览器后即被删除; 永久 Cookie(Persistent Cookie)则可以永远存在。在电子商务网站上,两类 Cookie 都可以使用。例如,使用会话 Cookie 保存某个购物会话的信息,使用永久 Cookie 存储识别用户身份的信息。浏览器每次转入商家网站的不同栏目时,商家的服务器都会要求客户端返回服务器上次在客户端存储的 Cookie。

第 2 种 Cookie 分类方式是按来源划分。由 WWW 服务器放在客户端上的 Cookie 叫作第一方 Cookie,由不是客户端访问的其他网站放在客户端上的 Cookie 叫第三方 Cookie。第三方 Cookie 通常是由在客户端所访问网站上发布广告的第三方网站生成。这些网站希望跟踪看到广告访问者的反应。如果这些网站在很多网站上发布广告,它会用第三方 Cookie 跟踪不同网站的访问者。

最彻底的保护隐私,避免被 Cookie 跟踪的办法就是完全禁止 Cookie。这种方法的问题在于有用的 Cookie 也被禁用,访问者在每次访问同一个网站时需要不厌其烦地输入很多同样的信息。如果访问者禁用 Cookie,可能看不到有些网站的全部内容。例如,很多学校所用的远程教育软件在禁用 Cookie 时就可能无法使用。

访问者在网上浏览时会积累大量的 Cookie。另外,由于 Cookie 要反馈出客户端的信息给网站的服务器,然后服务器再决定是否开启相关权限给上网用户的 PC,如果 Cookie 为网络攻击者使用,则客户端中的私人信息和重要的数据就可能被盗窃。因此,同样要限制 Cookie 的权限。多数 Web 浏览器允许用户拒绝第三方 Cookie 或转载接受前查看每个 Cookie。IE 等浏览器都有复杂的 Cookie 管理功能。进入 IE 浏览器的"Internet 选项"对话框,在"隐私"选项卡中通过滚动条设置 Cookie 的隐私设置,从高到低划分为"阻止所有 Cookie""高""中高""中""低""接受所有 Cookie"6 个级别,如图 9.1 所示。

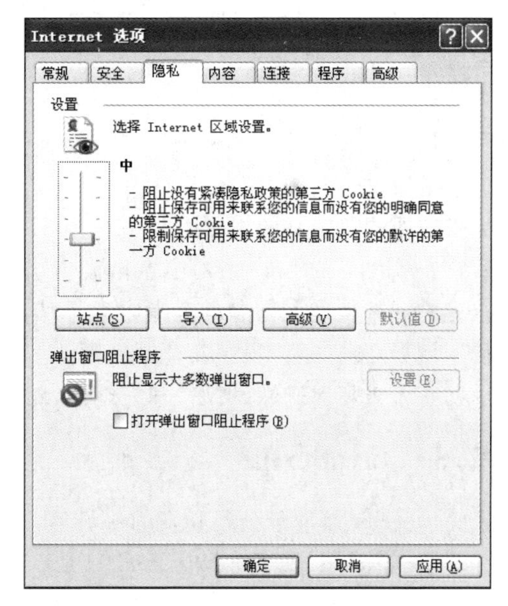


图 9.1 IE 浏览器限制 Cookie 的设置

一个更好的办法是使用第三方选择性阻止 Cookie 的软件,这种软件叫作 Cookie 封锁软件(Cookie Blockers)。有些软件(如 WebWasher)是浏览器插件,可以禁止横幅广告的 Cookie; 有些软件(如 Cookie Pal)可以按照 IP 地址对 Cookie 进行过滤,放过"好"的 Cookie,禁用其他 Cookie; Cookie Crusher 则可以在 Cookie 存储在客户主机前控制 Cookie。

## 9.2.2 Java 小程序

Java 是美国 Sun 公司开发的一种高级程序设计语言,现在广泛用于开发提供活动内容的网页。WWW 服务器将 Java 小程序随客户端所请求的页面一起发出。多数情况下,网站访问者可以看到Java小程序的运行。但是,Java小程序也可以执行网站访问者无法识别的功能,这时客户端就在浏览器中运行这些程序。Java也可以在浏览器之外运行。Java是与平台无关的,可在任何计算机上运行。因为对所有计算机都只需维护一种源代码,所以这种“一次开发多处使用”的特点降低了开发成本。

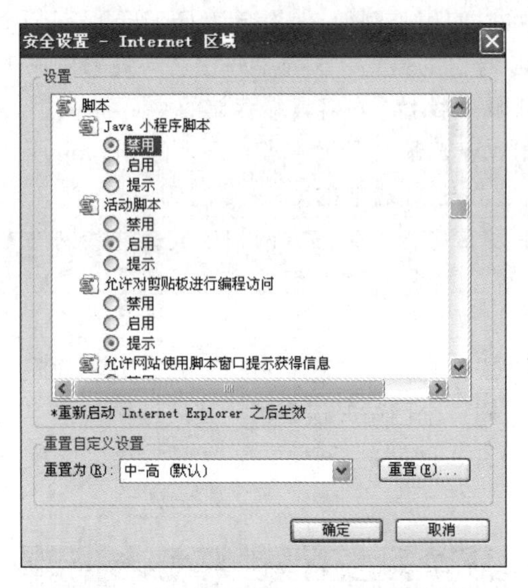


图9.2 IE浏览器限制Java小程序的设置

Java小程序在为用户浏览网站时提供服务的同时,一些网络攻击者在网页源文件中加入恶意的Java小程序,这样就给用户的上网造成了信息被非法窃取和上网的安全隐患。IE等浏览器限制Java小程序的设置方法如下:在IE菜单栏中执行“工具”→“Internet选项”命令,在弹出的“Internet属性”对话框中选择“安全”选项卡,在Internet区域的安全级别中单击“自定义级别”按钮,然后对“Java小程序脚本”进行相关的设置。在这里可以对Java小程序安全选项进行选择性设置,如“启用”“禁用”或“提示”,如图9.2所示。

Java增强了应用程序的功能,可在客户端处理交易并完成各种各样的操作,解放了非常繁忙的服务器,使服务器不必同时处理成千上万种应用。但嵌入的Java代码一旦下载就可在客户端上运行,这可能发生破坏安全的问题。为解决这个问题,提出了称为Java运行程序安全区的安全模式。Java运行程序安全区根据安全模式所定义的规则限制Java小程序的活动。这些规则适用于所有不可信的Java小程序。不可信的Java小程序意指尚未被证明是安全的Java小程序。当Java小程序在Java运行程序安全区限制的范围内运行时,它们不会访问系统中安全规定范围之外的程序代码。例如,遵守运行程序安全区规则的Java小程序不能执行文件输入、输出或删除操作,这就防止了破坏保密性(泄密)和完整性(删除或修改)。

### 9.2.3 JavaScript

JavaScript是网景公司开发的一种客户端脚本语言,它支持页面设计人员创建活动内容。尽管名称与Java类似,但Java只是JavaScript的基础之一。各种流行浏览器都支持JavaScript,它与Java语言具有同样的结构。当下载一个嵌有JavaScript代码的页面时,该代码就在用户的客户端上运行。

和其他活动内容的载体一样,JavaScript会侵犯保密性和完整性,会破坏硬盘、把电子邮件的内容泄密、将敏感信息发给某个WWW服务器。另外,还可能记录用户所访问页面的URL并捕捉填入表中的任何信息。如果在租车时输入了信用卡号,有恶意的JavaScript程序就可能把信用卡号复制下来。JavaScript程序和Java小程序的区别在于前者不在Java运行程序安全区的安全模式限制下运行。

与Java小程序不同,JavaScript程序不能自行启动。恶意的JavaScript程序只有在用户亲手启动后才会运行。例如,为了诱导某用户启动这个程序,网络攻击者会把程序假扮成退休金计算程序，在用户单击按钮查看自己的退休金收入时，JavaScript 程序就会启动，完成它的破坏任务。

IE 等浏览器限制 JavaScript 程序设置方法如下：在 IE 菜单栏中执行“工具”→“Internet 选项”命令，在弹出的“Internet 属性”对话框中选择“安全”选项卡，在 Internet 区域的安全级别中单击“自定义级别”按钮，然后对“活动脚本”选项进行相关的设置。在这里可以对 JavaScript 程序安全选项进行选择性设置，如“启用”“禁用”或“提示”。

## 9.2.4 ActiveX 控件

ActiveX 控件是一个对象，包含页面设计人员放在页面中执行特定任务的程序和属性。ActiveX 控件可用各种程序设计语言构建，最常用的是 C++ 和 Visual Basic。和 Java 或 JavaScript 代码不同的是，ActiveX 控件只能在安装 Windows 计算机上运行。

当基于 Windows 的浏览器下载了嵌有 ActiveX 控件的页面时，它就可以在客户端上运行。控件的其他例子有 WWW 支持的日历控件及各种各样的 WWW 游戏。

ActiveX 控件的安全威胁是一旦下载，它就能像计算机上的其他程序一样执行，能访问包括操作系统代码在内的所有系统资源，这是非常危险的。一个有恶意的 ActiveX 控件可格式化硬盘，向邮件通讯簿中的所有人发送电子邮件或关闭计算机。ActiveX 控制启动后不能终止，但可被管理。如果浏览器安全特性设置正确，当下载 ActiveX 控件时浏览器就会提醒用户。IE 等浏览器限制 ActiveX 控件的设置方法如下：在 IE 菜单栏中执行“工具”→“Internet 选项”命令，在弹出的“Internet 属性”对话框中选择“安全”选项卡，在 Internet 区域的安全级别中单击“自定义级别”按钮，然后对“ActiveX 控件和插件”选项进行相关的设置。在这里可以对“ActiveX 控件”选项进行选择性设置，如“启用”“禁用”或“提示”，如图 9.3 所示。

但是这样设置后会影响我们对某正常站点的访问，因为很多站点采用了 JavaScript，针对这种情况可以将自己经常访问的站点添加到“可信任的站点”中。在 IE 菜单栏中执行“工具”→“Internet 选项”命令，在弹出的“Internet 属性”对话框中选择“安全”选项卡，选中“可信任的站点”，单击“站点”按钮，取消“对该区域中的所有站点要求服务器验证”复选框的勾选，然后在“将该网站添加到区域中”文本框中输入站点网址，单击“添加”按钮即可，如图 9.4 所示。

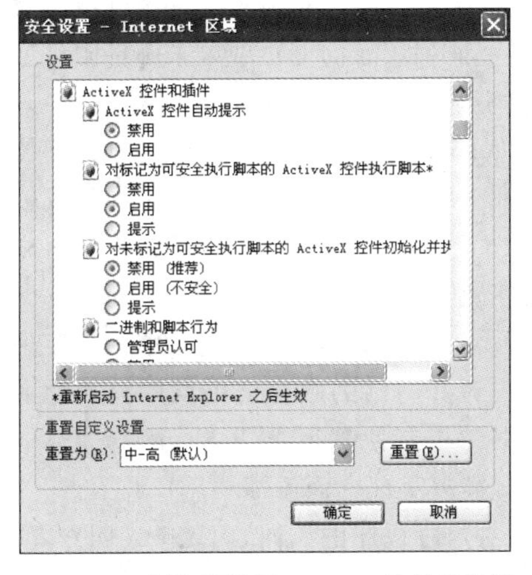


图 9.3 IE 浏览器限制 ActiveX 控件的设置

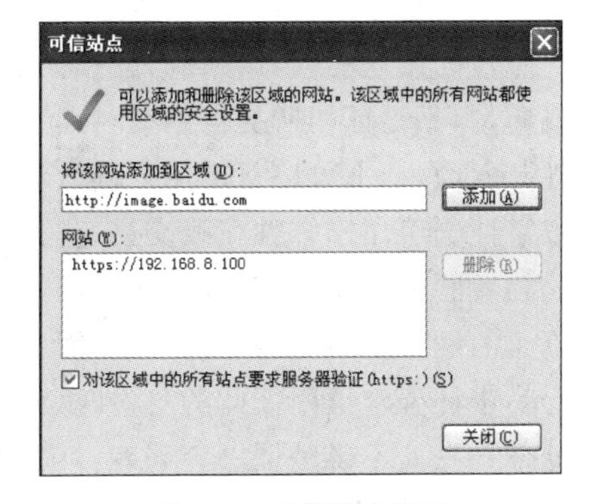


图 9.4 可信站点设置

### 9.2.5 图像文件与插件

图像文件、浏览器插件和电子邮件附件都是可存储、可执行的内容。有些图像文件的格式经过专门设计,包含确定图像显示方式的指令。这就意味着带这种图像的任何页面都是潜在的安全威胁,因为嵌入在图像中的代码可能会破坏计算机。同样,浏览器插件(Plug-In)是增强浏览器功能的程序,即完成浏览器不能处理的页面内容。插件通常都是有益的,用于执行一些特殊的任务,如播放音乐片段、电影片段或动画。例如,苹果公司的QuickTime可下载并播放特殊格式的电影片段。

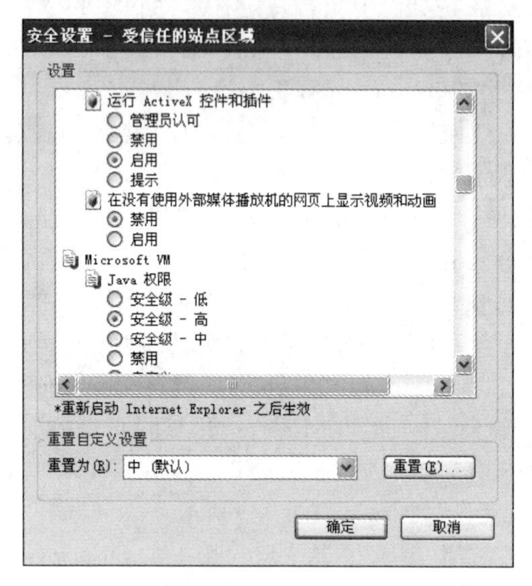


图9.5 IE浏览器限制ActiveX插件的设置

用于显示特殊内容的浏览器插件程序也给客户端带来了安全威胁。用户可下载这些插件程序并安装,这些浏览器就可以显示无法以HTML标注的内容。最常用的插件有Macromedia公司的Flash Player和Shockwave Player、苹果公司的QuickTime Player、RealNetworks公司的Real Player。

许多插件都是通过执行相应媒体的指令完成其职责的。这就为某些有企图破坏的人打开了方便之门,他们可在看起来无害的视频或音频片断上嵌入一些指令。这些隐藏在插件程序所要解释对象的恶意指令,可通过删除若干或全部文件实施破坏活动。IE浏览器限制ActiveX控件的设置方法如图9.5所示。

### 9.2.6 数字证书

数字证书是控制活动内容威胁的方法之一。数字证书可以是电子邮件附件或网页上所嵌的程序,用来验证用户或网站的身份。另外,数字证书还有向网页或电子邮件附件原发送者发送加密信息的功能。如果下载的程序内有数字证书,就可识别出软件出版商并确认证书是否有效。数字证书是签名(Signed)的消息或代码。签名消息或签名代码与驾驶执照或护照上照片的用途相同,用来验证持有人是否为证书指定人。证书并不保证所下载软件的功能或质量,只是证明所提供的软件是真实而非伪造的。使用证书意味着:如果用户相信某软件开发商,证书可以帮助用户确认签名的软件确实来自该开发商。

数字证书可用于多种在线交易,包括电子商务、电子邮件和电子资金转账。数字证书可以为购物者验证网站,有时也用于为网站验证购物者。网站的数字证书可以向购物者保证它是真正的网站而不是伪装的网站,因为数字证书的机制使其很难伪造。浏览器或电子邮件在交易中被要求证明彼此的身份时,可以自动交换数字证书而不需要用户介入。

软件开发商不必是证书签署者。证书只表明对这段程序的认同,而无须表明作者是谁。签署软件的公司需要从若干一级或二级的认证中心处得到软件出版商证书。认证中心(CA)可向组织或个人发行数字证书。申请数字证书的实体要向认证中心提供相应的身份证明。如果符合条件，认证中心就会签署一个证书。认证中心以私钥的方式签署证明，收到软件出版商程序上所附证书的人可用公钥打开这个程序。

数字签名很难伪造。数字证书包括以下 6 项主要内容。

(1) 证书所有者的身份信息，如姓名、组织、地址等。

(2) 证书所有者的公钥。

(3) 证书的有效期。

(4) 证书编号。

(5) 证书发行机构的名称。

(6) 证书发行机构的电子签名。

通过 IE 浏览器查看数字证书的过程如下：在 IE 浏览器菜单栏中执行“工具”→“Internet 选项”命令，在弹出的“Internet 属性”对话框中选择“内容”选项卡，在“证书”选项区域中单击“证书”按钮，弹出“证书”对话框，如图 9.6 所示。

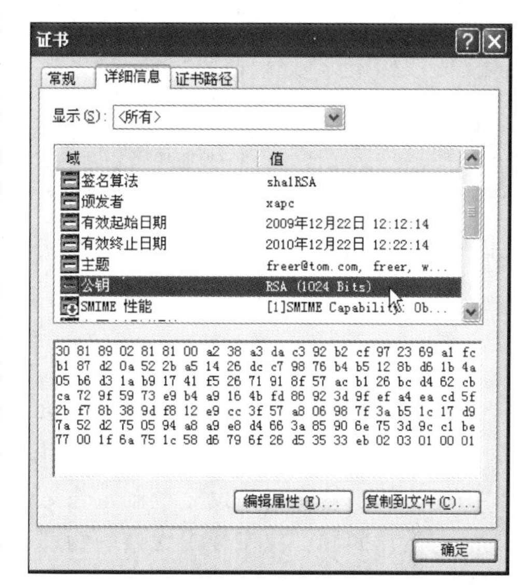


图 9.6　数字证书的详细信息

密钥就是一个简单的数字，通常是一个很大的二进制数字，它和特定的加密算法一起使用就可把想保护的字符串“锁”起来，让别人无法看到其内容。加密密钥越长，保护效果越好。实际上，认证中心就是保证提交证书的个人或组织与其声明的身份相符。

各认证中心对证件的要求都不一样。某家认证中心可能要求个人申请者提供驾驶执照，而另一家认证中心则可能要求提供公证书或指纹。认证中心通常会公布对证件的要求，这样就让各认证中心申请证书的人了解到该认证中心的验证手续的严格程度。认证中心数量不多，在国内客户最多的两家认证中心是上海数字证书认证中心和中国金融认证中心。

与身份证一样，数字证书也有有效期(一般为一年)。这种限制既保护了用户，又保护了企业。对期限的要求迫使企业或个人必须定期提交自己的证明以供重新评估。在证书上或有证书的网页打开的对话框中显示有效期。过了有效期的数字证书可以废弃。如果认证中心发现公司曾经发送过恶意的代码，就可以单方面拒绝发放新证书或撤销现在的证书。

### 9.2.7　信息隐蔽

信息隐蔽(Steganography)是指隐藏在另一片信息中的信息(如命令)，其目的可能是恶意的。一般情况下，计算机文件中都有冗余的或能为其他信息所替代的无关信息。后者一般驻留在背景中无法看到。信息隐蔽提供将加密的文件隐藏在另一个文件中的保护方式，粗心的观察者看不到后者中含有重要的信息。在这个两步处理中，加密文件是让其不能被阅读，而信息隐藏是使信息不被人看到。

很多安全专家认为网络攻击者采用信息隐蔽技术将攻击指令和其他信息藏在图片中。

采用信息隐蔽技术隐藏起来的信息很难被发现。

## 9.3 通信的安全

视频讲解

互联网是买方(通常是客户端)和卖方(通常是服务器)之间的电子连接。在学习通信安全时,要时刻注意的是互联网的设计目标并未考虑安全。虽然互联网起源于军事网络,但是建造网络的主要目的不是安全传输,而是提供冗余传输,即为防止一个或多个通信线路被切断。换句话说,它最初的设计目的是提供多条路径以传输关键的军事信息。军方计划以加密形式传送敏感信息,保证在网络上传输的任何信息都是在保密状态。但在网络上所传输信息的保密性是通过将信息转化为不可识别字符串(称作密文)的软件实现的。在互联网发展演变的过程中也没有特别增加安全机制。

目前互联网的不安全状态与最初相比并没有太大变化。在互联网上传输的信息,从起始节点到目标节点之间发送信息时,每次所用的路径都可以不同。由于用户无法控制传输路径,也不知道数据包经过的节点,因此某个中间节点就可能会读取信息、加以篡改或删除。在互联网上传输的信息都会受到对安全、完整和即需的侵犯。

### 9.3.1 对保密性的安全威胁

保密是网络使用者经常提及的一种安全威胁。和保密紧密相关的问题是隐私,隐私也很受大众关注。人们每天都会读到侵犯隐私的消息。保密和隐私虽然很相似,却是不同的问题。保密是防止未经授权的信息泄露,而隐私是保护个人不被曝光的权利。某些有关隐私保护的组织机构专门帮助企业制定隐私保护策略,其网站上有大量隐私保护资料,涉及企业策略与法律问题。保密要求繁杂的物理和逻辑安全技术,隐私则需要法律的保护。阐述保密与隐私的区别的一个经典例子就是电子邮件。

公司的电子邮件可通过加密技术防护对保密性的破坏。在加密时将信息编码为不可识别的形式,只有指定的接收者才能把它还原成原来的消息。保密措施是用来保护向外发送的消息。电子邮件的隐私问题则涉及是否允许公司主管阅读员工的消息,争端集中在电子邮件的所有权属于谁,是公司还是发电子邮件的员工。本节讨论保密问题,即不让未经授权的人阅读不想让他们阅读的信息。

开展电子商务的一个很大的安全威胁就是敏感信息或个人信息(包括信用卡号、名字、地址或个人喜好方面的信息等)被窃。这种事会发生在某人在网上填表提交信用卡信息的时候,有恶意的人想从互联网上记录数据包(即破坏安全性)并不困难。在电子邮件传输时也会发生同样的问题。Sniffer软件能够入侵互联网并记录通过某台计算机或路由器的信息。Sniffer软件类似于在电话线上搭线并录下一段对话,既可以阅读电子邮件信息,也可以记录电子商务信息,如用户注册名、口令和信用卡号。

安全专家经常会发现电子商务软件上的漏洞,也叫作"后门"。这些漏洞是软件开发人员有意或无意留下来的。知道"后门"存在的网络攻击者可以利用它窥视交易、删除数据或窃取数据。

窃取信用卡号是大家很关心的问题,但发给分公司的关于公司专利产品的信息或不公开的数据也可以被轻易地中途截取,而公司的保密信息可能比信用卡更有价值。因为信用卡往往有消费额度限制,而公司被窃取的信息可能是难以估计价值。

下面举一个窃听者截取机密信息的例子。假定某用户登录一个网站,该网站上有一个表要用户填写姓名、地址和电子邮件地址。当用户填完这些表格后单击 Submit 按钮,这时信息就会被发送给 WWW 服务器去处理。有些 WWW 服务器获取数据的办法是收集用户在编辑框中的回答信息,把它放在目标服务器 URL 地址的末端,这个加长的 URL 地址就会加入客户与该网站的服务器来回传输的所有 HTTP 请求与应答的消息中。

如果该用户临时改变主意,决定不再等待该网站服务器的反应,跳到另一个网站,那么第 2 个网站的服务器可能会收集 WWW 的使用统计,并记录用户刚才访问的 URL。使用这种记录 URL 技术识别客户访问是完全合法的。但是,第 2 个网站的管理员就可以读取此 URL,他记录了用户在第 1 个网站的文本框中输入的信息,包括保密的信息。

在使用 WWW 的同时,用户也在不断地暴露自己的信息,其中包括 IP 地址和所用的浏览器,这也是破坏保密性的例子。很多网站提供一种"匿名浏览"的服务,可使用户所访问的网站看不到用户的个人信息。其中之一是美国的 Anonymizer 网站将自己的地址放在用户要访问的 URL 地址前,这就使其他网站只能看到 Anonymizer 网站的信息而不是用户的信息,也就实现了匿名浏览。但是这样做比较麻烦,因为每次都需要在 Anonymizer 主页的文本框中输入要访问网站的 URL。为了方便访问,Anonymizer 和类似的公司都提供浏览器插件供消费者下载,但是需要一定的费用。

### 9.3.2 对完整性的安全威胁

对完整性的安全威胁也叫主动搭线窃听,当未经授权就更改了信息流时就构成了对完整性的安全威胁。未受保护的银行交易(如在互联网上进行转账)很容易受到针对完整性的攻击。当然,破坏了完整性也就意味着破坏了保密性,能改变信息的网络攻击者肯定能阅读此信息。完整性和保密性之间的差别在于:对保密性的安全威胁是指某人看到了其不该看到的信息,而对完整性的安全威胁是指某人改动了关键的传输。

破坏他人网站就是破坏完整性的例子。破坏他人网站是指以电子方式破坏某个网站的网页,这种行为相当于破坏他人财产或在公共场所涂鸦。当某人用自己的网页替换某个网站的正常内容时,即发生了破坏他人网站的行为。近来媒体有多起破坏网页的报道,如某些商业网站的内容被他人用黄色内容或其他不堪入目的内容替代。

电子伪装也是破坏网站的例子。电子伪装是指某人伪装成他人或将某个网站伪装成另一个网站。这些破坏利用了域名服务器的一个安全漏洞,将一个真实网站的地址替换成虚假网站的地址,欺骗这些网站的访问者。

例如,网络攻击者用 DNS 的安全漏洞将某电子商务公司的 IP 地址用自己的 IP 地址替换,这就将网站的访问者引到一个虚假网站。这样网络攻击者就可以改变订单中的订购量,并改变送货地址。这种对完整性侵犯的订单被发给一家公司的电子商务网站,这家电子商务网站并不知道已经发生了对完整性的破坏,它只简单验证顾客的信用卡后就开始履行订单。近年来很多著名的电子商务网站都曾遭受电子伪装的攻击,其中包括 Amazon、eBay 和 PayPal 等。有些攻击还将垃圾邮件和电子伪装结合起来。诈骗犯发出数百万封电子邮件,这些电子邮件看起来像是著名公司发出的,在这些电子邮件中链接所指向的网页非常类似著名公司的网站,然后诱导受害人输入用户名、口令甚至信用卡号码。这种诈取客户机密信息的行为称为钓鱼攻击。钓鱼攻击的受害人往往都是网上银行或结算系统等网站。

### 9.3.3 对即需性的安全威胁

对即需性的安全威胁也称为延迟服务安全威胁或拒绝服务(DoS)安全威胁,其目的是破坏正常的计算机处理或完全拒绝处理。破坏即需性后,计算机的处理速度会非常慢。如果一台自动取款机的交易处理速度从一两秒慢到30s,用户就可能会放弃自动取款机交易。同样,降低互联网服务的速度会把顾客赶到竞争者的网站,再也不会回来。换句话说,降低处理速度会导致服务无法使用或没有吸引力。

拒绝攻击会将一个交易或文件中的信息全部删除。媒体曾报道过一次拒绝攻击,受到攻击的PC上的理财软件将钱都汇到别的银行账户,这就使合法所有者无法提取这些钱。另一次有名的拒绝攻击的受害者是Amazon和Yahoo等知名的电子商务网站。攻击者从被控制的计算机上发出大量数据包,淹没了这些电子商务网站,使合法用户根本无法登录这些网站。在攻击前,攻击者先寻找到一些安全措施比较差的计算机,将发起攻击的软件上传到这些计算机上,使这些计算机成为僵尸主机,通过这些僵尸主机发起攻击。

### 9.3.4 对互联网通信信道物理安全的威胁

互联网设计的初衷是抵御对物理通信连接的威胁。导致互联网出现的美国政府研究项目的目的就是协调军事行动的抗攻击技术。因此,基于包的网络设计使互联网不会受到网上一条线路攻击的影响。

但是,个人上网服务会受到对此人接入互联网的线路进行破坏的影响。没有人上网是与ISP进行多路连接的。然而,大公司和ISP自己一般都有多条连接,而且每条连接来自多个ISP。如一条连接断开,服务商可将访问转到另一个访问服务商的连接,以保证组织、企业或ISP能够接入互联网。

### 9.3.5 对无线网的威胁

网络可用无线访问点(WAP)向数百米范围内的计算机和移动设备提供网络连接。如果不加保护,无线网覆盖范围内的任何人都可以登录、访问网上的资源,包括连接到网上的计算机所存储的数据、网络打印机、网上发送的信息,甚至免费接入互联网。这种连接的安全依赖WiFi保护性接入协议(WPA),即在无线设备与WAP之间传输加密信息的规则集。

有大型无线网络的公司必须启动设备的WPA,小公司或家里安装了无线网络的个人一般也需要启动WPA安全功能。许多WAP出厂时就设置了默认的账户与口令,公司在安装时往往不修改,结果就留下了一个新的入侵路径。

在无线网使用率很高的城市里,攻击者驾车用计算机上网搜索可访问的网络,这种攻击者称为攻击驾驶员。他们一旦发现一个开放的网络(或使用默认账户与口令的WAP),就向其他网络攻击者提供容易进入的无线网络。有些人甚至建了网站,公布世界各大城市无线访问地点的地图。所以要求公司启动访问点设备上的WPA并修改默认的账户与口令,以避免成为目标。

### 9.3.6 加密

在前面的章节曾经提到过加密的相关问题，而且已经知道数据加密方法包括对称加密与非对称加密两种。与对称密钥系统相比，非对称系统有若干优点。首先，在多人之间进行保密信息传输所需的密钥组合数量很小。在 $n$ 个人彼此之间传输保密信息，只需要 $n$ 对公开密钥，远远小于私有密钥加密系统要求的数量。其次，密钥的发布不成问题。最后，公开密钥系统可实现数字签名。这就意味着将电子文档签名后再发给别人，而签名者无法否认。也就是说，采用公开密钥技术，除签名者外他人无法以电子方式进行签名，而且签名者事后也不能否认曾以电子方式签过文档。

非对称加密系统也有若干缺点，其中之一是加密和解密过程比对称加密系统的速度慢得多。如果用户和顾客在互联网上进行商务活动，加密和解密需要的时间会很多。公开密钥系统并不是要取代私有密钥系统，相反，它们相互补充。因此，可用公开密钥在互联网上传输私有密钥，从而实现更有效的安全网络传输。安全商务服务器可用多种加密算法。很多国家规定某些加密算法只能在本国境内使用，而有些功能较差的算法可以流传到境外。由于安全商务服务器必须同浏览器进行通信，因此通常要采用多种不同的加密算法适应不同浏览器的不同版本。

第 2 个和加密相关的安全技术是安全套接层协议（SSL）和安全超文本传输协议（S-HTTP）。安全套接层协议由网景公司提出，安全超文本传输协议由 CommerceNet 协会指定，这是用互联网进行安全信息传输的两个协议。SSL 和 S-HTTP 支持客户端和服务器对彼此在安全 WWW 会话过程中的加密和解密活动的管理。

SSL 和 S-HTTP 有不同的目标。SSL 是支持两台计算机间的安全连接，而 S-HTTP 则是为了安全地传输信息。SSL 和 S-HTTP 都是透明地自动完成发出信息的加密和收到信息的解密工作。

在电子商务过程中，SSL 在客户端和服务器开始交换一个简短信息时提供一个安全的"握手"信号。在开始交换的信息中，双方确定将用的安全级别并交换数字证书。每台计算机都要正确识别对方。确认完成后，SSL 对在这两台计算机之间传输的信息进行加密和解密。这意味着对 HTTP 请求和 HTTP 响应都进行加密，所加密的信息包括客户端所请求的 URL、用户所填的各种表（如信用卡号）和 HTTP 访问授权数据（如用户名和口令）等。简而言之，SSL 支持的客户端和服务器间的所有通信都加密了。在 SSL 对所有通信都加密后，窃听者得到的是无法识别的信息。

除了 HTTP 外，SSL 还对计算机之间的各种通信提供安全保护。例如，SSL 可为 FTP 会话提供安全保护，支持敏感的文档、电子报表和其他数据的安全上传和下载。SSL 能保证 Telnet 会话的安全。在此会话中，远程计算机用户要登录公司主机并传输口令和用户名。实现 SSL 的协议是 HTTP 的安全版，名为 HTTPS。在 URL 前用 HTTPS 协议就意味着要和服务器之间建立一个安全的连接。

SSL 有多种安全级别：40 位、56 位、128 位和 168 位。这是指每个加密交易所生成的私有会话密钥的长度。会话密钥是加密算法为在安全会话过程中将明文转成密文所用的密钥。密钥越长，加密对攻击的抵抗就越强。进入 SSL 会话的浏览器会有指示（很多浏览器的状态栏中会有一个图标）。一旦会话结束，会话密钥将被永远抛弃，不再使用。

下面了解一下客户端和电子商务服务器之间在信息交换时SSL的工作方式。SSL需要认证服务器,并对两台计算机之间所有的传输进行加密。客户端的浏览器在登录服务器的安全网站时,服务器将要求发给浏览器(客户端),浏览器以客户端来回应。这些握手交换使两台计算机确定它们支持的压缩和加密标准。

接着,浏览器要求服务器提供数字证书。作为响应,服务器发给浏览器一个认证中心签名的证书。浏览器检查服务器证书的数字签名与浏览器所存储的认证中心的公开密钥是否一致。一旦认证中心的公开密钥得到验证,签名也就证实了。此动作完成了对商务服务器的认证。

由于客户端和服务器需要在互联网上传输信用卡号、发票和验证代码等,因此双方都同意对所交换的信息进行安全保护。使用非对称加密和对称加密实现信息的保密。虽然公开密钥非常方便,但速度较慢,这也就是SSL对几乎所有的安全通信都使用对称密钥加密的原因。由于使用对称密钥加密,SSL需要让客户端和服务器共享一个对称密钥,而同时不让窃听者得到。实现的方法是在浏览器为双方生成一个对称密钥,然后由浏览器用服务器的公开密钥对此对称密钥进行加密。私有密钥存储在服务器上。对对称密钥加密后,浏览器把它发给服务器,服务器用其私有密钥对它解密,得到双方共用的对称密钥。

所以就不再使用公开密钥了,只需用对称密钥加密。现在,在客户端和服务器之间传输的所有消息都用共享的对称密钥进行加密,此密钥也叫会话密钥。会话结束后,此密钥就被丢弃。客户端和安全服务器重新建立连接时,从浏览器和服务器握手开始的整个过程将重复一遍。根据客户端和服务器间的协议,可使用40位或128位的加密,以确定所用的加密算法。

安全HTTP(S-HTTP)是HTTP的扩展,它提供了多种安全功能,包括客户端与服务器认证、加密、请求/响应的不可否认等。S-HTTP提供了用于安全通信的对称加密、用于客户端与服务器认证的公开密钥加密。客户端和服务器能单独使用S-HTTP技术。也就是说,客户端的浏览器可用对称密钥得到安全保证,而服务器可用公开密钥技术请求对客户端的认证。

在客户端和服务器开始的握手会话中完成S-HTTP安全的细节设置。客户端和服务器都可指定某个安全功能为必需(Required)、可选(Optional)还是拒绝(Refused)。当其中一方确定了某个安全特性为“必需”时,只有另一个(客户端或服务器)同意执行同样的安全功能时才能开始连接,否则就不能建立安全通信。假定客户端的浏览器要求用加密实现所有通信的保密,这就好比一个流行时装设计师从某纺织厂所采购的所有丝绸交易都是保密的,让竞争者无法探听到下一季会流行什么样的纺织品。另外,这家纺织厂可能会要求保护信息的完整性,保证向采购者提供的数量和价格是完整的。而且,纺织厂还会要求能够确认采购者身份,以确认不是假冒者。所谓“不可否认”的安全属性提供了客户端发出消息的正面确认。也就是说,该客户端无法否认它曾提供此消息。

S-HTTP与SSL的不同之处在于S-HTTP建立了一个安全会话。SSL通过客户端与服务器的“握手”建立了一个安全通信,而S-HTTP则通过在S-HTTP交换包的特殊头标识建立安全通信。头标识定义了安全技术的类型,包括使用私有密码加密、服务器认证、客户端认证和消息的完整性。头标识的交换也确定了各方所支持的加密算法,不论客户端或服务器(或双方)是否支持这种算法,也不论是必需、可选还是拒绝此安全技术(如保密性)。一且客户端和服务器同意彼此之间安全措施的实现，那么在此会话中的所有信息将封装在安全信封中。安全信封(Secure Envelope)是通过将一个消息封装起来以提供保密性、完整性和客户端与服务器认证。换句话说，安全信封是一个完整的包。在网络或互联网上传输的所有信息都可用它进行加密以防止他人阅读。信息被改变会立即察觉，因为完整性机制提供了能标示消息是否被改变的探测码。客户端和服务器认证是通过认证中心所签发的数字证书来实现的，安全信封组合所有这些安全功能。现在很多网站不再使用 S-HTTP，SSL 已成为客户端与服务器之间安全通信的事实标准。

我们已经了解了如何用加密保证消息的保密性，也了解了数字证书如何实现向客户端认证服务器以及向服务器认证客户端，但还不知道如何实现消息的完整性。下面介绍如何防止更改传输过程中的消息。

### 9.3.7 用哈希函数保证交易的完整性

电子商务最终都要涉及客户端浏览器向商务服务器发出结算信息、订单信息，然后结算指令人及商务服务器需向客户端返回订单确认信息。如果入侵者改变了所传输订单的任何内容，就会带来灾难性的后果。例如，入侵者可能会改变收货地址或订购数量，这样就能够收到客户订购的产品。这是一个破坏完整性的例子，消息在发送者和接收者之间传输时被改变了。

虽然要防止罪犯改变消息非常困难，而且成本也很高，但有很多技术能够让接收者检测消息是否被破坏。接收者如果发现消息被破坏了，只需要求发送者重发此信息。除了消息被改变使双方操作出现麻烦外，这个被破坏的消息并没有带来任何实际的破坏后果。只有当信息的接收者没有发现这种未经授权的消息变更时才会发生实际的破坏。

可用多种技术的组合创建能防止被修改同时能认证的消息。另外，这些技术还提供了不可否认的功能，即消息的发出者无法声称此消息不是由他发出的。为消除因消息被更改而导致的欺诈和滥用行为，可将两个算法同时应用到消息上。首先用哈希算法，哈希算法是单向函数，即无法根据哈希值得到原消息。这一点很重要，因为一个哈希值只能用于与另一个哈希值的比较。

加密程序将文本转换成消息摘要，哈希算法不需要密钥，所生成的消息摘要无法还原成原始信息，其算法和信息都是公开的，而且哈希冲突也很少发生。由哈希函数计算出哈希值后，就将此值附加到这条消息上。假定此消息是内有客户地址和结算信息的采购订单，当商家收到采购订单及附加的消息摘要后，就用此消息(不含附加的消息摘要)计算出一个消息摘要。如果商家所计算出的消息摘要与消息所附的消息摘要匹配，商家就知道此消息没有被篡改，即入侵者未曾更改商品数量和送货地址。如果入侵者更改了消息，商家计算出的消息摘要就会与客户计算并随订单发来的消息摘要不同。

### 9.3.8 用数字签名保证交易的完整性

单靠哈希算法还不行。哈希算法是公开的，任何人都可中途拦截采购订单，更改送货地址和商品数量后重新生成消息摘要，然后将新生成的消息摘要和消息发给商家。商家收到后计算消息摘要，会发现这两个消息摘要相匹配，这时商家就受到了欺骗，以为此消息是真实的。为防止这种欺诈，发送者要用自己的私有密钥对消息摘要加密。

加密以后的消息摘要称为数字签名。带数字签名的采购订单就可让商家确认发送者的身份并确定此消息是否被更改过。由于要对消息摘要用公开密钥加密,这就意味着只有公开/私有密钥的所有者才能对消息摘要进行加密。这时商家就用客户的公开密钥对消息进行解密并计算出消息摘要,如果结果匹配,就说明消息发送者的身份真实。另外,哈希值匹配说明的确是发送者制作了此消息(不可否认),因为只有他的私有密钥所生成的加密消息才能用其公开密钥解开。这样就解决了欺骗问题。

如果需要的话,除数字签名所提供的消息完整性和认证之外,交易双方还可要求保证交易的保密性。只要对整个字符串(数字签名和消息)进行加密,就可保证消息的保密性。同时使用公开密钥加密、消息摘要和数字签名能够为互联网交易提供可靠的安全性。

### 9.3.9 保证交易传输

本章前面已经提到过,拒绝或延迟服务攻击会删除或占用资源。加密和数字签名都无法保护数据包不被盗取或速度降低。TCP/IP 中的 TCP 负责对信息包的端到端控制。当 TCP 在接收端以正确次序重组包时,还会处理包丢失问题。TCP/IP 的职责会要求客户端重新发来丢失的数据。也就是说,在 TCP/IP 之上不再需要其他安全协议处理拒绝服务的问题,TCP 在数据中加入校验位,这样就能知道数据包是否改变、丢失或出现其他问题。

视频讲解

## 9.4 服务器的安全

客户端、互联网和服务器的电子商务链上的第 3 个环节是服务器。对企图破坏或非法获取消息的人来说,服务器有很多弱点可被利用。其中一个入口是 WWW 服务器及其软件,其他入口包括任何有数据的后台程序,如数据库和数据库服务器。尽管没有系统能够实现绝对的安全,但电子商务服务器管理员的工作就是制定出安全措施,并考虑电子商务系统每个部分的安全措施。

### 9.4.1 对 WWW 服务器的安全威胁

WWW 服务器软件可响应 HTTP 请求进行页面传输。虽然 WWW 服务器软件本身并没有内在的高风险性,但其主要涉及目标是支持 WWW 服务和方便其使用,所以软件越复杂,包含错误代码的概率就越高,安全漏洞的出现概率也越高。安全漏洞是指破坏者可因其进入系统的安全方面的缺陷。

如果 WWW 服务器允许自动显示目录,其保密性就会大打折扣。如果一个服务器的文件夹名称让浏览器看到,其保密性就会被破坏。例如,当用户为查看 FAQ 子目录的默认页面而输入 http://www.somecompany.com/FAQ/时就可能发生这种情况。通常服务器显示的默认页面为 index.htm 或 index.html,如果目录中没有这样的文件,WWW 服务器就会显示出此目录下所有的文件夹名称。这时用户就可随便输入其中一个文件夹名称,从而访问到本应是限制访问的某些文件夹。细心的网站管理员会将文件夹名显示功能关闭,当某人试图浏览这种文件夹时,WWW 服务器就会警告此目录不能访问。

当 WWW 服务器要求用户输入用户名和口令时,其安全性也会大打折扣。输入用户名来获得进入 WWW 特定区域的允许,其行为本身并不会破坏保密性或隐私性。但当用户访问同一 WWW 服务器上受保护区域的多个页面时,用户名和口令就可能被泄露。引起这种情况的原因之一是某些服务器要求用户在访问安全区域中的每个页面时都要输入用户名和口令。因为 WWW 是无状态的,记录用户名和口令的最方便方式就是将用户的保密信息存在计算机上的 Cookie 中,这样服务器就能以请求计算机发出 Cookie 的方式得到确认。虽然 Cookie 本身并非不安全,但 WWW 服务器无法要求不加保护地传输 Cookie 中的信息。

WWW 服务器上最敏感的文件之一就是存放用户名和口令的文件。如果此文件没有得到保护,任何人都能以他人身份进入敏感区域。如果没有对用户信息加密,入侵者就能得到用户名和口令信息。大多数 WWW 服务器都会把用户认证信息放在安全区中。

用户所选的口令也会构成安全威胁。有时用户所选的口令很容易被猜出,因为口令可能是父母或孩子的名字、电话号码或身份证等很容易想到的内容。所谓字典攻击程序,就是按电子字典的每个单词验证口令。一旦用户口令泄露,就会给非法进入服务器打开方便之门,这种非法侵入可能长时间不被发现。为了应对这种字典攻击,许多企业在口令分配软件中采取字典检查措施。当用户选择一个新口令时,口令分配软件会在字典中查找,如果找到的话,就不同意用户使用这个口令。企业口令分配软件所用的字典内有常见单词、姓名(包括宠物名)、常用的缩略语、对用户有特定意义的单词或字符/数字,如企业会禁止员工以员工号作为口令。

### 9.4.2 对数据库的安全威胁

电子商务系统以数据库存储用户数据,并可从 WWW 服务器所连的数据库中搜索产品信息。数据库除了存储产品信息外,还可能保存有价值的信息或隐私信息,一旦被更改或泄露,会给公司带来无法弥补的损失。现在大多数大型数据库都使用基于用户名和口令的安全措施,一旦用户获准访问数据库,就可查看数据库中的相关内容。数据库安全是通过权限实施的,而有些数据库没有以安全方式存储用户名与口令,或没有对数据库进行安全保护,仅依赖 WWW 服务器的安全措施。如果有人得到用户的认证信息,他就能伪装成合法的数据库用户下载保密的信息。隐藏在数据库系统中的特洛伊木马程序可通过将数据权限降级泄露信息,甚至可以改变数据权限,使所有用户都可以访问这些信息,其中当然包括那些潜在的入侵者。

### 9.4.3 对其他程序的安全威胁

另一个对 WWW 服务器的攻击可能来自服务器上所运行的程序。通过客户端传输给 WWW 服务器或直接驻留在服务器上的 Java 或 C++程序需要经常使用缓存。缓存是指定存放从文件或数据库中读取数据的单独的内存区域。在需要处理输入和输出操作时就需要缓存,因为计算机处理文件信息的速度比从输入设备上读取信息或将信息写到输出设备上的速度快得多,缓存就用作数据进出的临时存放区。把即将处理的数据库信息放在缓存中,等所有信息都进入计算机内存后,处理器操作和分析所需的数据就准备完毕。缓存的问题在于向缓存发送数据的程序可能会出错,导致缓存溢出,即溢出的数据进入指定区域之外。通常情况下,这是由程序中的错误引起的,但有时这种错误是有意的。1988 年的互联网蠕虫病毒就是这样的程序,它引起的溢出会消耗掉所有资源,直到被感染的计算机停机。

另一种影响力更大的溢出攻击就是将指令写在关键的内存位置上,入侵程序占有并完成覆盖缓存内容后，WWW服务器通过载入记录攻击程序地址的内部寄存器恢复执行。这会使WWW服务器遭受严重破坏，因为恢复运行的程序是攻击程序，它会获得很高的超级用户权限，让每个程序都可能被入侵的程序泄密或破坏，完善的编程可以降低缓存溢出带来的问题。有些计算机还用硬件辅助操作系统限制恶意破坏的缓存溢出所导致的问题。

还有一种类似的攻击是将多余的数据发给一个服务器，一般是邮件服务器。这种攻击叫作邮件炸弹(Mail Bomb)，即数以千计的人将同一消息发给一个电子邮件地址。攻击可能是由一群组织严密的黑客发起，也可能只是一个黑客用特洛伊木马或类似程序控制了别人的计算机，然后发起攻击。邮件炸弹的目标电子邮件地址会收到大量的邮件，超出了所允许的邮件数量限制。

### 9.4.4 对WWW服务器物理安全的威胁

WWW服务器及所连的计算机(如用于向电子商务网站提供内容和交易处理的数据库服务器和应用服务器等)必须保护，使其不受物理破坏。很多公司都用这些计算机存储了重要数据，如客户、产品、销售、采购、结算等信息，它们已成为公司业务的重要组成部分。作为关键的物理资源，这些计算机和相关设备需要严格保护不受物理安全的威胁。

许多公司自己有服务器和服务器维护人员，有的大公司也将计算机托管给ISP。多数情况下，ISP对这些物理设施的维护要强于公司在自己办公场所提供的安全措施。

公司可以采取额外措施保护自己的WWW服务器。许多公司在远程备份服务器的内容。如果WWW服务器对业务非常关键，公司可以在远程备份整个WWW服务器。一旦发生自然灾害或恐怖袭击，网站的运作在几秒钟之内就可切换到备份服务器上。这种要保证物理安全的关键业务的WWW服务器的例子有民航订票系统、证券经纪公司的交易系统和银行账户清算系统等。

### 9.4.5 访问控制和认证

访问控制和认证是指控制访问商务服务器的人及其所访问的内容。想要在电子商务环境下访问WWW服务器，多数人都不可能直接使用这台服务器的键盘，而要通过客户端。前面讲过认证就是验证期望访问计算机的人的身份。就像用户可认证其所交互的服务器一样，服务器也能够认证各个用户。当服务器要求识别客户端和其用户时，它会要求客户端发出一个证书。

服务器可用多种方式对用户进行认证。首先，证书是用户的许可证。如果服务器使用用户的公开密钥无法对证书的数字签名进行解密，就知道此证书不是来自真正的所有者；反之，服务器就可确认证书来自所有者。此过程防止了为进入安全服务器而伪造的证书。其次，服务器检查证书上的时间标记以确认证书未过期，并拒绝为过期证书提供服务。最后，服务器可使用回叫系统，即根据用户名和为其制定的客户端地址清单核对用户名和客户端地址。这种方法对那些客户端地址得到严格控制和系统管理的内部网非常有用。而对互联网进行系统管理是非常困难的，因为用户可能在不同的地点上网。不过无论如何，可信的认证中心所颁发的证书对客户端及其用户进行身份确认时起到非常关键的作用。证书的不可否认特性对安全问题也有好处。

用户名和口令的方法也提供了一定程度的保护。服务器要采用用户名与口令对用户进行认证的话，就必须维护合法用户的用户名与口令的数据库。许多 WWW 服务器系统都用文件存储用户名和口令。对于大的商务网站，一般会用独立的数据库存储用户名和口令，并对此数据库严加保护。

最常见也是最安全的存储方法是以明文形式保存用户名，用加密方式保存口令。在明文的用户名和加密的口令方式下，当用户登录时，系统根据数据库中所存储的用户名清单检查用户名以验证用户的合法身份。登录系统时用户所输入的口令已进行加密，系统将用户口令的加密结果通过数据库中所存储的加密口令进行比较。如果指定用户的两种加密口令相互匹配，就接受登录。这就是为什么在大多数系统下，即使用户忘记口令，系统管理员也无法找到被遗忘的口令。这时管理员会给用户一个临时口令，然后用户可改成自己选定的口令。

# 9.5 电子商务安全实例

当了解数据加解密技术和身份认证技术以后，下面体会一下在互联网上诸如网络银行这类电子商务应用是通过什么过程保证数据安全的。如图 9.7 所示，用户 A 要把数据安全地传递给用户 B。整个过程既需要保证数据的保密性，又要求对发送方的身份进行认证。用户 A 和用户 B 首先由自己或通过第三方认证机构生成一个密钥对，这个密钥对又称为证书。

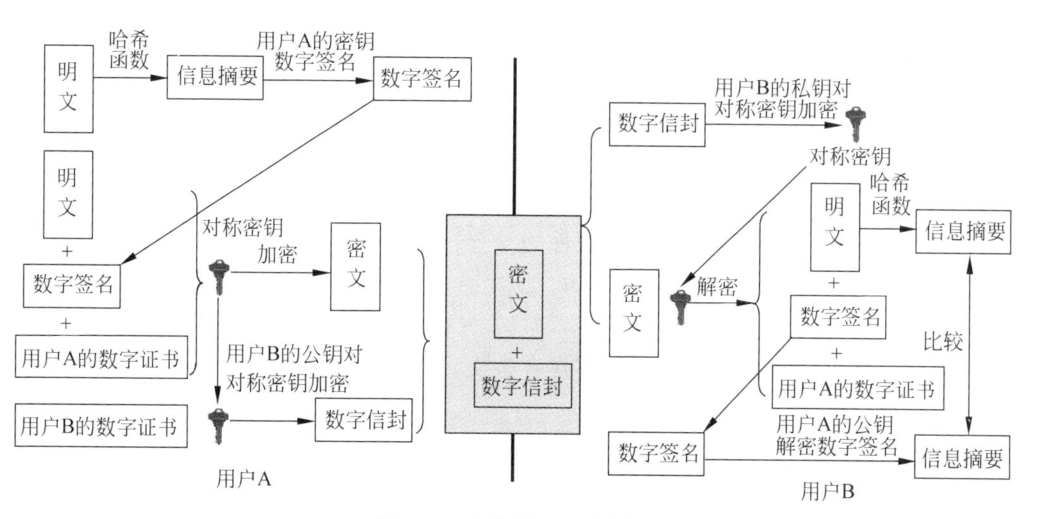


图 9.7　电子商务安全实例

用户传出的数据初始为明文的形式，接着该明文通过哈希函数快速地生成一个明文的摘要，哈希函数的单向性使任何人都无法通过摘要反向推出该明文。然后系统将使用用户 A 的私钥对摘要进行数字签名。

当数字签名的操作结束后，发送方将要传递的明文、数字签名和发送方用户 A 的公钥做成一个整体，由系统随机选择某个对称加密算法进行数据的加密，也就是说迅速地把明文转成了密文。这里有两点要说明：第一，用户 A 的公钥是以用户 A 数字证书的形式出现；第二，在绝大多数情况下，这个步骤中所做的操作对一般的用户是透明的，不需要用户的参与,由系统自动选定算法和密钥。

如果想保证上述的加密操作成功,关键就是要保护好加密时用的对称密钥。可以使用接收方用户B的公钥对该对称密钥再进行加密。注意:用户B的公钥以用户B数字证书的形式出现。这样通过用户B的公钥完成了一次非对称加密,最终形成了数字信封。

将密文放入数字信封后利用网络进行通信。在通信过程中如果网络攻击者对该数据进行监听,并且监听到了之后想破解该数据的内容,就必须拆开该数据的电子信封。这其实就等于与强大的非对称加密进行对抗。

接收方用户B正确收到该数据后,首先要做的事情是拆开信封。因此,用户B用自己的私钥对数字信封进行解密并还原对称密钥。用户B的私钥保存在用户B的计算机上,并没有出现在网络通信中,由此可以看到非对称密钥体系的安全性是比较好的。

使用对称密钥对密文进行解密,还原明文、数字签名和用户A的数字证书。到此为止,用户B可以看到用户A传过来的明文。但是新的问题是用户B能否信任这个明文,这个明文在传输过程中有没有错误或被恶意篡改。所以用户B用哈希函数生成一个信息摘要,然后用用户A的公钥对数字签名进行解密。若整个通信的环节没有出现任何问题,那么解密的结果就是用户A发出数据的时候所做的信息摘要。如果这两个摘要完全一致,那么就说明数据通信的过程是一个安全的过程。

## 课后习题

### 一、选择题

1. 下列选项中属于非对称密钥体制特点的是(　　)。

A. 算法速度快　　B. 适合大量数据的加密

C. 适合密钥的分配与管理　　D. 算法的效率高

2. 硬件安全是指保护计算机系统硬件的安全,保证其自身的(　　)和为系统提供基本安全机制。

A. 安全性　　B. 可靠性　　C. 实用性　　D. 方便性

3. 身份认证的主要目标包括确保交易者是交易者本人、避免与超过权限的交易者进行交易和(　　)。

A. 可信性　　B. 访问控制　　C. 完整性　　D. 保密性

4. 网络交易的信息风险主要来自(　　)。

A. 冒名偷窃　　B. 篡改数据　　C. 信息丢失　　D. 虚假信息

5. SSL产生会话密钥的方式是(　　)。

A. 从密钥管理数据库中请求获得

B. 每台客户端分配一个密钥

C. 随机由客户端产生并加密后通知服务器

D. 由服务器产生并分配给客户端

6. (　　)属于Web中使用的安全协议。

A. PEM、SSL　　B. S-HTTP、S/MIME

C. SSL、S-HTTP　　D. S/MIME、SSL

7. 传输层保护的网络采用的主要技术是建立在(　　)基础上的(　　)。

A. 可靠的传输服务,SSL 协议

B. 不可靠的传输服务,S-HTTP 协议

C. 可靠的传输服务,S-HTTP 协议

D. 不可靠的传输服务,SSL 协议

**二、填空题**

1. 电子商务安全可分为________、________和________ 3 方面。

2. Cookie 文本文件的主要作用是________。

3. 客户端受到来自________、________、________、________、________、________和________等多方面的安全威胁。

4. 数字证书可用于________、________和________多种在线交易。

5. 网络攻击者利用安全漏洞针对电子商务进行________、________和________等非法操作。

6. 网络攻击者利用探测程序(Sniffer)可以实现________的目标。

7. SSL 由________公司提出,S-HTTP 是________协会指定,这是用________进行安全信息传输的两个协议。SSL 和 S-HTTP 支持客户端和服务器对彼此在安全 WWW 会话过程中的________活动的管理。

**三、简答题**

1. 数字证书包括的主要内容有哪些?

2. 简述利用电子伪装攻击电子商务网站的实施过程。

3. 简述商家和消费者之间进行数据传输时进行信息摘要的过程。

4. 网络攻击者给电子商务带来的安全隐患和安全问题有哪些?

# 第10章 漏洞扫描技术

视频讲解

## 10.1 漏洞的概念

### 10.1.1 漏洞的定义

漏洞是一个比较宽泛的概念，在日常生活中也经常被提到。例如，说话有漏洞，做事有漏洞，物品有漏洞，设备有漏洞，等等。因此，从广义上来说，漏洞就是一种缺陷、弱点或不足。

在本书中所说的漏洞，专门是指信息系统安全漏洞。信息系统安全漏洞最早由美国计算机专家D. Denning博士提出，他将漏洞定义为：导致操作系统执行的操作和访问控制矩阵所定义的安全策略之间相冲突的所有因素。事实上，关于漏洞，在业界也没有形成统一的、标准的定义。从宏观上来说，信息系统安全漏洞包括以下几方面的含义。

(1) 计算机系统的脆弱性：表现为系统的一组特性，恶意主体或非法用户利用这些特性，通过已授权的或未授权的手段，对系统资源进行非授权访问，窃取有用数据，设置后门，破坏系统软硬件等。

(2) 硬件的脆弱性：系统硬件设计和制造上存在的缺陷，在硬件部署或硬件设置上存在缺陷，都会给系统带来漏洞，给不法分子提供可乘之机。

(3) 软件的脆弱性：在软件设计逻辑、算法实现、编程调试上，都可能存在Bug，这些也会成为软件漏洞，被黑客用来入侵系统，获取非授权访问的资源，给用户带来损失。

(4) 协议的脆弱性：计算机通信协议被设计为在通信双方间共同遵守的一些约定。为避免协议的复杂性，在协议安全方面可能存在考虑不周，或者通信一方不正确使用协议，都会给协议的实现带来缺陷，给系统带来漏洞。例如，IP欺骗、ARP欺骗、DoS攻击等，都是不法之徒不正确使用协议，利用协议的脆弱性或漏洞从事破坏活动。

(5) 网络的脆弱性：网络规模越来越大，复杂度越来越高，网络和主机系统结构越来越多元，越来越复杂，计算机向公共网络开放的端口越来越多，由此不可避免地产生了更多种类的系统漏洞。

结合上述几点，漏洞是在系统硬件、系统软件、应用软件、通信协议的具体实现或系统安全策略上，以及系统部署、系统设置、参数配置等方面存在的缺陷或不足，使攻击者能够在未经授权的情况下访问资源、破坏系统或留下后门等。

### 10.1.2 漏洞的分类

人们通过大量的研究发现，不同的漏洞在某些属性上有着共同的特征，从多角度、多维度分析各种漏洞，寻找其特征，提取其共性的部分，并以此进行分类，有助于人们进一步认识漏洞，防范漏洞，修补漏洞，提高系统安全性。对漏洞进行分类的目的就是以一种层次化、模块化的手段，对各种漏洞进行分类整理，便于人们认识漏洞，掌握漏洞特征，并提出针对性的解决方案。漏洞分类也能为网络侦查和网络防御提供详细的漏洞信息、漏洞利用和预防措施。

为了保证分类的科学性，漏洞分类要求满足以下几个基本的分类原则。

(1) 互斥性：在一个分类中的元素不会再次被分到另一个分类中，即分类不允许重叠。

(2) 彻底性：一个分类会包括所有符合该分类的元素，确保无遗漏。

(3) 明确性：无论何人做分类工作，只要遵循分类规则，都可以清楚而正确地进行分类。

(4) 可重复性：无论何人做分类工作，只要遵循分类规则，不论重复多少次，结果总是相同的。

(5) 可接受性：合乎逻辑和直觉，便于接受。

(6) 有用性：支持方便、快捷的查询。

(7) 灵活性：分类方案必须满足不同的需求、环境和系统。

(8) 可扩展性：分类方案必须适应可能会引入的新的漏洞类别以及以新方式出现的旧漏洞。

对于漏洞的分类，国外已经有一些成熟的方法，如 RISOS 分类法、PA 分类法、Aslam 分类法、Eric Knight 分类法、Neumann 分类法、Landwehr 分类法、Krsul 分类法等。国内学者也提出了一些不同的分类方法，如星状网模型分类法、多角度多维度分类法。下面简单介绍其中几种分类法。

**1. RISOS 分类法**

RISOS(Research Into Secure Operating Systems)分类法主要基于 3 种操作系统：IBM 的 OS/MV 系统、UNIVAC 的 1100 系列操作系统、Bolt 和 Newman 的 TENEX 系统。RISOS 是在充分研究各个操作系统安全性缺陷的基础上提出来的一种安全性缺陷分类方法，该方法一共包括 7 个主要大类别，如表 10.1 所示。

**表 10.1　RISOS 分类法**

| 类　　别 | 描　　述 |
| --- | --- |
| 不完全的参数验证 | 用户程序依靠多种参数的传递请求控制程序所提供的服务，而控制程序对这些参数的验证(如参数是否默认、参数的类型和格式、个数和顺序、取值范围等)不完全所造成的安全缺陷 |
| 不一致的参数验证 | 不同的系统程序对相同的实体的验证准则不一致所导致的安全缺陷 |
| 隐式共享私有/敏感数据 | 操作系统没有成功地将每个用户和其他用户或控制程序相隔离，私有或敏感的数据被非授权进程或用户所共享导致的安全缺陷 |
| 异步验证/不适当的串行化 | 无法保证合作的进程之间或控制程序的指令序列之间信息的完整性，这些竞争条件相关的缺陷 |
| 不适当的鉴别/认证/授权 | 缺乏完善的访问控制机制或没有遵循相应的访问控制要求而引发的安全缺陷 |
| 可被违反的禁令/限制 | 操作系统是由文件说明和计算机指令实现这两种形式来诠释的，如果文件所说明的资源的边界条件或程序上的禁令没有在实际运行的系统中被保证，就会产生这种类型的缺陷 |
| 可被利用的逻辑错误 | 由操作系统设计和实现上的逻辑错误所引起的安全缺陷 |

**2. PA分类法**

PA(Protection Analysis)分类法也是基于操作系统的,通过仔细研究操作系统中与安全保护相关的缺陷而提出来的一种分类方法。其最终目标是希望能够让缺乏计算机安全领域知识的人员可以利用模式指导的方法发现计算机安全问题。PA分类法研究了6个操作系统(GCOS、MULTICS、UNIX、OS/MVT、UNIVAC 1000 Series和TENEX)中的100多种缺陷,分为4个主要类别,其中两个类别还进一步划分出子类,如表10.2所示。

**表10.2 PA分类法**

| 类别 | 子类名称 |
|---|---|
| 不正确的保护 | 1. 初始保护域的选择错误 |
| | 2. 没有正确的隔离实现细节 |
| | 3. 变换错误——TOCTTOU(Time of Check to Time of Use) |
| | 4. 命名错误 |
| | 5. 内存清空或重分配错误 |
| 不正确的验证:与参数、数据和条件等的验证相关的缺陷 | |
| 不正确的同步 | 1. 原子性相关错误 |
| | 2. 顺序错误 |
| 操作或操作数错误 | |

**3. Aslam分类法**

1995年,COAST实验室的Aslam针对UNIX操作系统中的安全故障,从软件生命周期的角度将其分为编码故障和突发故障两大类。其中,编码故障是由编程逻辑、需求分析或软件设计中的错误所引起,在软件开发过程中被引入;而突发故障则是指在软件使用过程中,由于不恰当的安装、管理或兼容性问题而引发的故障。编码故障又分为同步错误和条件验证错误;突发故障又分为配置错误和环境故障。为了实现分类过程的自动化和无歧义化,Aslam为每个特定的类别设计了一系列的问题,构成了判断相应类别的决策树。

**4. Eric Knight分类法**

Eric Knight分类法打破了传统的分类逻辑,从系统设计、协议实现、脆弱性以及人为因素等各个方面对漏洞进行了分类,使各种类型的漏洞都能找到相应的类别。同时还给出了漏洞的基本属性。按照这种分类法,可将漏洞分为四大类。

1) 逻辑错误

逻辑错误是直接威胁系统安全的捷径,通常认为这种类型的漏洞是由于特定的应用程序本身的缺陷或操作系统、通信协议等设计上的疏忽导致入侵者可以获得未授权的权限。

这种类型的缺陷通常来自以下4个方面。

(1) 特定的应用程序。

(2) 操作系统。

(3) 网络协议设计。

(4) 基于信任的暴力攻击。

2) 脆弱性

脆弱性看上去和逻辑错误相似,但本质上它们是不同的。通常逻辑错误有解决方案,而脆弱性可能没有。脆弱性可能并不是由于编程的疏忽或系统的缺陷造成,而是某些算法或硬件上的先天不足所致。例如,在对数据进行加密时,可能是加密算法本身的安全级别不够而造成漏洞,而不是用户编程上的错误。

这种类型的缺陷通常来自以下3方面。

(1) 过时的硬件或软件。

(2) 脆弱的口令。

(3) 加密算法。

3) 社会工程学

社会工程学是一种利用受害者心理弱点、本能反应、好奇心、信任、贪婪等心理陷阱而进行的网络攻击或欺骗,它具有极大的危害性。

这种类型的缺陷通常来自以下4方面。

(1) 破坏活动。

(2) 制造垃圾。

(3) 探听消息。

(4) 网络诈骗。

4) 策略忽视

一个公司或一个团体在管理上对网络安全的重视程度,以及个人本身是否有保密和信息安全的意识,都对组织的网络和信息安全有极大的影响。

这种类型的缺陷通常来自以下3方面。

(1) 物理保护策略。

(2) 数据保护策略。

(3) 职员保护策略。

**5. Bishop 分类法**

Matt Bishop 在信息安全领域的分类法方面做出了很多贡献。在信息安全领域的研究中,Bishop 描述了一种针对 UNIX 和网络相关脆弱性的分类方法。与以往常用的层次式或树形结构不同,Bishop 分类法使用6个轴线对脆弱性进行分类。

(1) 脆弱性的性质:采用 PA 分类法描述脆弱性的性质。

(2) 引入的时间:脆弱性被引入的时间,采用修改过的 Landwehr 关于引入时间的分类来描述。

(3) 利用域:要利用该脆弱性所必须具备的相关权限和资源。

(4) 影响域:该脆弱性被利用后所影响的保护域和资源。

(5) 最小数量:利用该脆弱性所必需的组件的最小个数。

(6) 来源:该脆弱性信息的来源。

**6. IBM 软件缺陷分类法**

IBM Research Division 的 Webber 以 Landwehr 分类法作为分类框架的基础,以新出现的安全缺陷对其进行扩充和改进,以适应脆弱性的新变化。该分类法采用多层次的分类,面向脆弱性检测工具的开发人员,并融合了前人关于脆弱性、安全威胁、攻击以及检测方法等研究成果。第1层分类基于 Landwehr 分类法中关于缺陷起因的分类标准(有意的和无意的),对于每个类别还进行了多个层次的细分,如表10.3所示。该分类法尽量避免在分类中用“否定式”的定义以使分类标准尽量明确。

**表 10.3　IBM 软件缺陷分类法**

| 缺陷名称 | 起因 | 错误类型 | 细分类别 | 方式 |
| --- | --- | --- | --- | --- |
| 软件缺陷 | 有意的 | 恶意的 | 陷门 | |
| | | | 逻辑/时间炸弹 | |
| | | 非恶意的 | 隐蔽信道 | 存储隐蔽信道 |
| | | | | 时间隐蔽信道 |
| | | | 不一致的访问控制路径 | |
| | 无意的 | 验证错误 | 寻址错误 | |
| | | | 不充分的参数值验证 | |
| | | | 不正确的检测位置 | |
| | | | 不充分的鉴别/认证 | |
| | | 抽象错误 | 对象重用缺陷 | |
| | | | 内部表示暴露 | |
| | | 异步缺陷 | 并发(包括 TOCTTOU) | |
| | | | 别名 | |
| | | 子组件误用/失败 | 资源泄露 | |
| | | | 功能的错误理解 | |
| | | 功能性错误 | 错误处理故障 | |
| | | | 其他安全缺陷 | |

**7. 星形网模型分类法**

国内学者李昀、李伟华在《计算机工程与应用》期刊上发表文章,提出了一种基于星形网模型的安全漏洞分类法。该分类法利用星形网的特点,将所有漏洞构造成一个 7 维数据空间,每一维都有具体的粒度划分,可以利用多维数据模型上的数据挖掘对漏洞进行较全面的多维度的数据分析与知识发现。

星形网模型是由从中心发出的一组射线组成,其中每条射线代表一个维概念分层。概念分层上的每个“抽象级”称为一个脚印,代表上卷、下钻等数据挖掘可用的粒度。这里构造的星形网模型共有 7 维,分别是漏洞起源、威胁类型、威胁程度、引入时间、漏洞位置、所属系统、漏洞利用的复杂度。每一维存在多个子类,概述如下。

(1) 漏洞起源:共 18 个子类,包括编码错误、意外错误等。

(2) 威胁类型:共 13 个子类,包括完整性和认证威胁、机密性威胁等。

(3) 威胁程度:共 12 个子类,包括系统管理员权限、普通用户权限、读取受限文件等。

(4) 引入时间:共 5 个子类,包括开发期、维护期、操作期等。

(5) 漏洞位置:共 11 个子类,包括操作系统、应用软件、支持工具等。

(6) 所属系统:共 23 个子类,包括 SUN、UNIX、Linux、Windows 等。

(7) 漏洞利用的复杂度:共 5 个子类,包括使用简单命令、有可用工具包、需要专门技术等。

**8. 多角度分类方法介绍**

随着计算机技术的飞速发展,随之而来的软硬件漏洞也越来越多,而且漏洞的起因、漏洞的种类、漏洞的位置、漏洞的利用方式等也越来越多样化、复杂化。既有的漏洞分类方式已经难以适应新型漏洞分类的需要。为此,业界又提出了一种新的分类方法,该分类方法从漏洞可能造成的直接威胁、漏洞的成因、漏洞的严重性以及漏洞的利用方式等几方面对漏洞进行分类。具体分类方法简要介绍如下。

1）按漏洞可能对系统造成的直接威胁分类

按漏洞可能对系统造成的直接威胁来进行分类,可以包括以下几类。

(1) 远程管理员权限。

攻击者无须一个账号登录到本地,直接获得远程系统的管理员权限,通常通过攻击以root身份执行的有缺陷的系统守护进程来进行。漏洞的绝大部分来源于缓冲区溢出,少部分来源于守护进程本身的逻辑错误。

(2) 本地管理员权限。

攻击者在已有一个本地账号且能够登录到本地系统的情况下,通过攻击本地某些有缺陷的SUID程序等手段得到系统管理员权限,进而入侵系统。

(3) 普通用户访问权限。

攻击者利用服务器漏洞,取得系统的普通用户存取权限,对UNIX系统而言,通常是shell访问权限;对Windows系统而言,通常是cmd.exe的访问权限,从而能够以一般用户的身份执行程序、存取文件。攻击者通常攻击以非root身份运行的守护进程、有缺陷的CGI程序等手段来获得这种访问权限。

(4) 权限提升。

攻击者在本地通过攻击某些有缺陷的SGID程序,把自己的权限提升到某个非root用户的水平。获得管理员权限可以看作一种特殊的权限提升,只是因为威胁的大小不同而把它独立出来。

(5) 远程拒绝服务。

攻击者利用这种漏洞,无须登录即可对系统发起拒绝服务攻击,使系统或相关的应用程序崩溃或失去响应能力。这类漏洞通常是系统本身或其他守护进程有缺陷或设置不正确造成的。

(6) 本地拒绝服务。

在攻击者登录到系统后,利用这类漏洞,可以使系统本身或应用程序崩溃。这类漏洞主要是由程序对意外情况的处理失误造成的,如写临时文件之前不检查文件是否存在,盲目跟随链接等。例如,BSDI 3.x存在漏洞可以使一个本地用户用一些垃圾数据覆盖系统文件从而让系统瘫痪;RedHat 6.1的tmpwatch命令存在缺陷,可以使系统利用fork()函数派生出许多进程,从而使系统失去响应能力,造成拒绝服务。

(7) 远程非授权文件存取。

利用这类漏洞,攻击者可以不经授权地从远程存取系统的某些文件。这类漏洞主要是由一些有缺陷的CGI程序引起的,它们对用户输入没有做适当的合法性检查,使攻击者通过构造特别的输入而获得对文件的存取。

(8) 服务器信息泄露。

利用这类漏洞,攻击者可以收集到对于进一步攻击系统有用的信息。这类漏洞的产生主要是因为系统程序有缺陷,一般是对错误的不正确处理所产生的。

2）按漏洞的成因分类

按漏洞的成因分类相对来说比较困难,因为漏洞研究的不同抽象层次,会对同一个漏洞做出不同的分类。对于同一个漏洞,从低层次来看是参数验证错误,从高层次来看可能是同步或竞争条件错误,而从更高层次来看则是逻辑错误。因而,至今也没有一个比较完美的分类方案,对各种漏洞进行准确的划分。在 SecurityFocus 上大致分为以下几类。

(1) 边界条件错误。

以下几种情况会造成边界条件错误的发生:当一个进程读或写超出有效地址边界的数据;系统资源耗尽;固定结果长度的数据溢出等。

(2) 访问验证错误。

以下几种情况会造成访问验证错误的发生:一个对象的调用操作在其访问域之外;一个对象的读写文件和设备操作在其访问域之外;当一个对象接收了另一个未授权对象的输入;系统没有正确地进行授权操作等。

(3) 输入验证错误。

以下几种情况会造成输入验证错误的发生:程序没有正确识别输入错误;模块接收了无关的输入数据;模块无法处理空输入域;阈值关联错误等。

(4) 起源验证错误。

系统在执行权限操作前没有正确地鉴别对象身份会造成起源验证错误。

(5) 意外情况处理错误。

系统没有正确地处理由功能模块、设备或用户输入造成的异常条件。

(6) 竞争条件错误。

两个操作在一个时间窗口中发生造成的错误。

(7) 顺序化操作错误。

不正确的顺序化操作造成的错误。

(8) 原子操作错误。

以下情况会造成原子操作错误:部分修改的数据结构影响到另一个进程;应该进行原子操作的数据只对其进行了部分操作。

(9) 环境错误。

以下情况会造成环境错误:在特定的环境中模块之间的交互造成错误;一个程序在特定的机器或特定的配置下出现的错误;操作环境与软件设计时假设不同造成的错误。

(10) 配置错误。

以下情况会造成配置错误:系统以不正确的设置参数进行安装;系统安装在不正确的地方或位置。

3) 按漏洞的严重性分类

一般来说,漏洞的威胁类型基本上决定了它的严重性,通常可以把严重性分成高、中、低3个级别。远程和本地管理员权限大致对应为高级别;普通用户权限、权限提升、读取受限文件、远程和本地拒绝服务等大致对应中级别;远程非授权文件存取、口令恢复、欺骗、服务器信息泄露等大致对应低级别。

4) 按漏洞被利用的方式分类

如果按漏洞被利用的方式来分类,大致可以分成以下几类。

(1) 物理接触。

攻击者需要能够物理地接触目标系统才能利用这类漏洞,对系统的安全构成威胁。

(2) 主机模式。

攻击方为客户机,被攻击方为目标主机。如攻击者发现目标主机的某个守护进程存在一个远程溢出漏洞,攻击者可能因此而取得目标主机的额外访问权。

(3) 客户机模式。

当一个用户访问网络上的一台主机,他就可能遭到主机发送给他的恶意命令的攻击。客户机不应该过度信任主机。例如,IE浏览器存在不少漏洞,可以使一些恶意的网站用<html>标记通过那些漏洞在浏览器的客户机中执行程序或读写文件。

(4) 中间人方式。

当攻击者位于一个可以观察或截获两台机器之间通信的位置时,就可以认为攻击者处于中间人方式。因为很多时候主机之间以明文方式传输有价值的信息,因此攻击者可以很容易地攻入其他机器。

以上介绍的都是以已知漏洞为基础的分类方法,随着新的漏洞不断出现,漏洞分类方法也在不断地发展完善当中。

### 10.1.3 漏洞与环境和时间的关系

**1. 漏洞与环境的关系**

漏洞是与所在的软硬件环境息息相关的,漏洞会影响到很大范围的软硬件设备,包括操作系统本身及其支撑软件、网络客户端和服务器软件、网络路由器和安全防火墙等。换言之,在这些不同的软硬件设备中都可能存在不同的安全漏洞问题。在不同种类的软硬件设备、同种设备的不同版本之间、由不同设备构成的不同系统之间,以及同种系统在不同的设置条件下,都会存在各自不同的安全漏洞问题。因此,漏洞扫描及分析必须依赖于具体的运行环境,环境发生变化了,漏洞可能就不存在了。

**2. 漏洞与时间的关系**

漏洞问题是与时间紧密相关的。一个系统软件从其发布的那一天起,随着用户的深入使用,系统中存在的漏洞会被不断暴露出来,这些早先被发现的漏洞也会不断被系统供应商发布的补丁软件修补,或在以后发布的新版系统中得以纠正。而在新版系统纠正了旧版本中具有漏洞的同时,也会引入一些新的漏洞和错误。因而随着时间的推移,旧的漏洞会不断消失,新的漏洞会不断出现,漏洞问题也会长期存在。

因此,脱离具体的时间和具体的系统环境来讨论漏洞问题是毫无意义的。只能针对目标系统的系统版本、其上运行的软件版本以及服务运行设置等实际环境具体谈论其中可能存在的漏洞及其可行的解决办法。

同时应当看到,对漏洞问题的研究必须要跟踪当前最新的计算机系统及其安全问题的最新发展动态。这一点与对计算机病毒发展问题的研究相似,必须在工作中保持对新技术的跟踪,才能及时了解最新出现的安全漏洞问题,迅速更新系统,避免造成危害。

### 10.1.4 漏洞信息发布

中国信息安全测评中心作为国家级安全部门,负责建立国家信息安全漏洞库(China National Vulnerability Database of Information Security,CNNVD),并定期发布漏洞信息。中国信息安全测评中心为切实履行漏洞分析和风险评估的职能,负责建设运维的国家信息安全漏洞库,面向国家、行业和公众提供灵活多样的信息安全数据服务,为我国信息安全保障提供基础服务。

信息安全测评中心通过自主挖掘、社会提交、协作共享、网络搜集以及技术检测等方式,联合政府部门、行业用户、安全厂商、高校和科研机构等社会力量,对涉及国内外主流应用软件、操作系统和网络设备等软硬件系统的信息安全漏洞开展采集收录、分析验证、预警通报和修复消控工作,建立了规范的漏洞研判处置流程、通畅的信息共享通报机制以及完善的技术协作体系。处置漏洞涉及国内外各大厂商上千家,涵盖政府、金融、交通、工控、卫生医疗等多个行业,为我国重要行业和关键基础设施安全保障工作提供了重要的技术支撑和数据支持,对提升全行业信息安全分析预警能力,提高我国网络和信息安全保障工作发挥了重要作用。

信息安全测评中心每周发布一份《信息安全漏洞周报》,公布一周以来信息安全测评中心采集到的安全漏洞数量以及接报的漏洞数量。例如,2020年11月08日的周报显示,最近一周新增安全漏洞361个,漏洞新增数量与上一周相比有所上升。从厂商分布来看,Cisco公司新增漏洞最多,有37个;从漏洞类型来看,跨站脚本类的安全漏洞占比最大,达到7.76%。新增漏洞中,超危漏洞30个,高危漏洞119个,中危漏洞199个,低危漏洞13个。相应修复率分别为86.67%、90.76%、94.47%和100.00%。根据补丁信息统计,合计335个漏洞已有修复补丁发布,整体修复率为92.80%。本周信息安全测评中心接报漏洞2011个,其中信息技术产品漏洞(通用型漏洞)49个,网络信息系统漏洞(事件型漏洞)1962个。

而根据国家信息安全漏洞库(CNNVD)2020年11月1日发布的周报,新增安全漏洞265个,漏洞新增数量有所下降。从厂商分布来看,苹果公司新增漏洞最多,有56个;从漏洞类型来看,跨站脚本类的安全漏洞占比最大,达到9.81%。新增漏洞中,超危漏洞28个,高危漏洞107个,中危漏洞122个,低危漏洞8个。相应修复率分别为89.29%、92.52%、82.79%和87.50%。根据补丁信息统计,合计232个漏洞已有修复补丁发布,整体修复率为87.55%。本周CNNVD接报漏洞10605个,其中信息技术产品漏洞(通用型漏洞)89个,网络信息系统漏洞(事件型漏洞)10516个。

通过信息安全测评中心发布的周报,能获得最新的漏洞信息以及补丁信息,对于各个组织及时修补漏洞,提高系统安全性有重要意义。

在国际上,主要的安全漏洞更新来自CVE。CVE是国际著名的安全漏洞库,也是对已知漏洞和安全缺陷标准化名称的列表,它是由企业界、政府界和学术界综合参与的国际性组织,采取一种非营利的组织形式,其使命是为了能更加快速而有效地鉴别、发现和修复软件产品的安全漏洞。CVE会不断更新在全球各地发现的各种漏洞,以便大家可以及时更新自己的安全库,防止漏洞被黑客或不法分子利用,很多安全设备厂商都要参考CVE上通告的最新安全漏洞,及时更新自己的漏洞特征库。

视频讲解

## 10.2 漏洞扫描

### 10.2.1 漏洞扫描原理

漏洞扫描的目的是发现漏洞,堵住漏洞,提高系统的安全性。漏洞扫描是基于扫描工具的,扫描工具多种多样,如端口扫描工具、Web扫描工具、Android扫描工具等,面向不同的应用环境。没有一种扫描工具是全能的，扫描工具大多数要依赖于漏洞特征库，也就是说，扫描工具扫描的漏洞是已知漏洞，有其明确的特征。对于未知漏洞，需要专门的知识，建立安全模型，进行各种测试、分析，才能发现漏洞。例如，寻找软件 Bug 就是一个比较复杂的过程。对于软件安全漏洞，它是软件 Bug 的一个子集，一切软件测试的手段都能用来挖掘安全漏洞。现在黑客用的各种漏洞挖掘手段中，比较常规的、有模式可循的大致有以下几种。

1）Fuzz 测试（黑盒测试）

通过构造可能导致程序出现问题的方式构造输入数据进行自动测试，以发现软件 Bug。

2）源码审计（白盒测试）

现在有了一系列的工具都能协助发现程序中的安全 Bug，最简单的就是使用最新版本的 C 语言编译器。

3）IDA 反汇编审计（灰盒测试）

与上面的源码审计非常类似，IDA（Interactive Disassembler）是一个非常强大的反汇编平台，可以基于汇编代码（其实也是源码的等价物）进行安全审计，同样也可以发现软件 Bug。

4）动态跟踪分析

记录程序在不同条件下执行的全部和安全问题相关的操作（如文件操作），然后分析这些操作序列是否存在问题，这是竞争条件类漏洞发现的主要途径之一，其他的污点传播跟踪也属于这类。

5）补丁比较

厂商的软件出了问题通常都会在补丁中解决，通过对比补丁前后文件的源码（或反汇编代码）就能了解到漏洞的具体细节。

以上手段中无论是用哪种都涉及一个关键点：需要通过人工分析找到全面的流程覆盖路径。分析手法多种多样，有分析设计文档、分析源码、分析反汇编代码、动态调试程序等。通过以上方法，就可以发现大部分的软件 Bug，堵住可能出现的各种漏洞。

不同的扫描工具，其扫描过程、扫描方式和扫描内容是不同的。部分网络漏洞扫描器对目标系统进行漏洞检测时，首先探测目标系统的存活主机，对存活主机进行端口扫描，确定系统处于监听开放的端口，同时根据协议指纹技术识别出主机的操作系统类型等。然后，扫描器对开放的端口进行网络服务类型的识别，确定其提供的网络服务。漏洞扫描器根据目标系统的操作系统平台和提供的网络服务，调用漏洞特征库中已知的各种漏洞进行逐一检测，通过对探测响应数据包的分析判断是否存在漏洞。

现有的网络漏洞扫描器主要是利用特征匹配的原理识别各种已知的漏洞。扫描器发送含有某一漏洞特征探测码的数据包，根据返回数据包中是否含有该漏洞的响应特征码判断是否存在漏洞。只要认真研究各种漏洞，知道它们的探测特征码和响应特征码，就可以利用软件实现对各种已知漏洞的扫描。

漏洞扫描技术大多是建立在端口扫描技术的基础之上的，从对黑客的攻击行为的分析和收集的漏洞来看，绝大多数都是针对某个特定的端口的，所以漏洞扫描技术是以与端口扫描技术同样的思路开展扫描的。常规的漏洞扫描方法通常有以下几种。

**1. 基于漏洞特征匹配的方法**

这种方法的扫描过程是在端口扫描后得知目标主机开启的端口以及端口上的网络服务,将这些相关信息与网络漏洞扫描系统提供的漏洞特征库进行匹配,查看是否有满足匹配条件的漏洞存在。基于网络系统漏洞特征库的漏洞扫描的关键部分就是它所使用的漏洞特征库。通过采用基于规则的匹配技术,即根据安全专家对网络系统安全漏洞、黑客攻击案例的分析和系统管理员对网络系统的安全配置的实际经验,可以形成一套标准的网络系统漏洞特征库,然后在此基础上构成相应的匹配规则,由扫描程序自动进行漏洞扫描。

基本工作过程为:扫描客户端对扫描目标的范围、方法等进行设置,向扫描引擎(服务器端)发出扫描命令,服务器根据客户端的选项进行安全检查,并调用规则匹配库检测主机,在获得目标主机TCP/IP端口和其对应的网络访问服务的相关信息后,与系统漏洞特征库进行匹配,如果满足条件,则视为存在漏洞;服务器检测完成后将结果返回到客户端,并生成直观的检测报告。在服务器端的规则匹配库是许多共享程序的集合,存储各种扫描攻击方法。漏洞数据从扫描代码中分离,使用户能自行对扫描引擎进行更新。因此,漏洞特征库信息的完整性和有效性决定了漏洞扫描的性能。

**2. 功能模块(插件)技术法**

插件是由脚本语言编写的子程序,扫描程序可以通过调用它执行漏洞扫描,检测出系统中存在的一个或多个漏洞。添加新的插件可以使漏洞扫描软件增加新的功能,扫描出更多的漏洞。插件编写规范化后,基于用户自己都能以Perl、C语言或自行设计的脚本语言编写的插件扩充漏洞扫描软件的功能,这种技术使漏洞扫描软件的升级维护变得相对简单。而专用脚本语言的使用也简化了编写新插件的编程工作,使漏洞扫描软件具有强的扩展性。

它的前端工作原理基本和基于漏洞特征库的漏洞扫描工作原理相同,不同的就是将系统漏洞库和规则匹配库换成了扫描插件库和脆弱性数据库。扫描插件库包含各种脆弱性扫描插件,每个插件对一个或多个脆弱点进行检查和测试。插件之间相对独立,这部分应该随着新脆弱性的发现而及时更新。脆弱性数据库收集了国际上公开发布的脆弱性数据,用于检查检测的完备性。它与扫描插件库之间是一对一或者一对多的关系,即一个插件可以进行一个或多个脆弱点的检测。因此,扫描插件库和脆弱性数据库可以及时更新,具有很强的扩展性。

**3. 模拟黑客攻击法**

这种是通过模拟黑客的攻击手法,通常也是利用现有的漏洞知识,使用专门的手段,针对各种漏洞,逐个对目标主机系统进行攻击,若某个漏洞模拟攻击成功,则表明目标主机系统存在安全漏洞。

### 10.2.2 漏洞扫描过程

前面说过,漏洞扫描是基于软件扫描工具的,不同的工具有不同的工作方式。下面简单介绍一下TCP扫描工具的端口扫描原理和扫描过程。通过连接目标主机的TCP端口,根据端口是否“打开”或是否处于“监听”状态,确定哪些服务正在运行或处于监听状态,找出主机上所有开放的网络服务。

大家知道,TCP是面向连接的协议,一个成功的TCP连接一般都会首先完成完整的“3次握手”过程,而几乎所有的TCP扫描都是在3次握手过程中做文章。一般的网络编程接口都会对 TCP 连接过程进行封装,所以,如果直接调用封装后的函数,则实现起来也就比较容易。这种方式下的端口扫描,隐蔽性差一些,目标主机能够检测到正在被扫描,且在日志中也会留下记录,通过反向追查,很容易发现是谁在扫描。

而高级 TCP 扫描则是通过非正常的 3 次握手,或者不完整的 3 次握手,然后从这一过程中的异常反应判断出某个端口是否处于"打开"的状态。由于是不正常、不完整的连接,一般不会被对方日志记录,也就无从反向追查了。下面分别介绍几种 TCP 扫描原理。

**1. TCP 连接扫描**

这是最基本的 TCP 扫描方式,其原理是直接使用系统提供的连接函数完成完整的 3 次握手,数据流如图 10.1 所示。连接函数在几乎具有支持网络编程的编程语言中都能找到,在 Windows Socket2 中是 connect()函数,在 CSocket 类中是该类的 connect()方法。

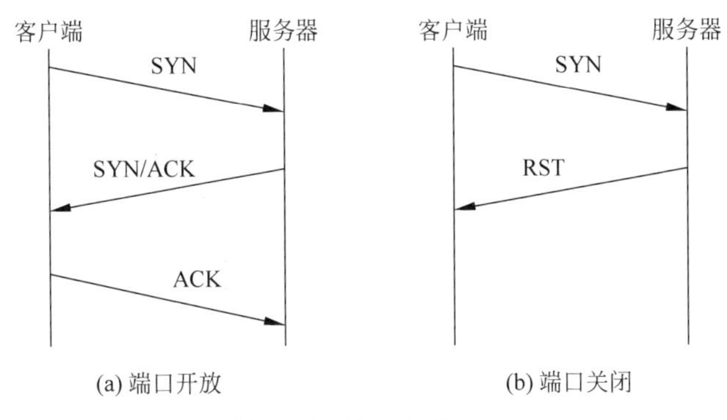


图 10.1 TCP 连接扫描

这项扫描技术的优点是:不需要关注 3 次握手的细节,并且该函数对于使用用户的权限没有太多的限制。它的缺点是安全性差,很容易被对方发觉,或者被对方的防火墙过滤掉。目标主机的日志文件也会记录下这一连串的连接和连接出错的服务消息,并被反向查出来。但是,作为网络管理员,可以名正言顺地对所管理的网络进行正常的扫描,所以不需要考虑安全因素,因而这个方法对网络管理员来说是一个不错的选择。

**2. TCP SYN 扫描**

TCP SYN 扫描又称为"半开扫描"。回顾一下 TCP 连接的 3 次握手过程,客户端首先发送一个 SYN 数据包,服务器在接到这个 SYN 数据包后,如果该端口处于侦听状态,则会回复一个 SYN/ACK 数据包;如果该端口没有处于侦听状态,则会回复一个 RST 数据包。而此时如果对方处于侦听状态,客户端还需要再向对方回复一个 ACK 数据包以示建立连接。此时对方就认为连接建立,并记入日志。

无论服务器回复 SYN/ACK 数据包,还是回复 RST 数据包,客户端其实已经能够判断对方端口是否为"打开"的状态。之后的 ACK 数据包发送则被对方监视,如果此时不发送 ACK 数据包,而是发一个 RST 数据包,则不仅关闭了这个未完成的连接过程,并且也会因为连接未建立而不会被对方记录。这种扫描方式因为使用了 SYN 标识位,所以称为 TCP SYN 扫描。这种扫描技术的优点在于一般不会在目标计算机上留下记录,有时即使用 netstat 命令也显示不出来。但这种方法的一个缺点是必须要有管理员权限才能建立自己的 SYN 数据包。

**3. TCP ACK 扫描**

TCP ACK 扫描和 TCP SYN 扫描原理差不多,是利用了 TCP 协议的规定,当客户端主机向目标主机一个端口发送一个只有 ACK 标识的 TCP 数据包时,如果目标主机该端口是"打开"状态,则返回一个 TCP RST 数据包;否则不回复。根据这一原理可以判断对方端口是处于"打开"还是"关闭"状态。

**4. TCP NULL 扫描**

TCP NULL 扫描和 TCP SYN 扫描原理差不多,也是利用 TCP 协议的规定,当客户端主机向目标主机一个端口发送的 TCP 数据包所有标识位都为空(NULL)时,如果目标主机该端口是"关闭"状态,则返回一个 TCP RST 数据包;否则不回复。根据这一原理可以判断对方端口是处于"打开"还是"关闭"状态。

**5. TCP FIN+URG+PSH 扫描**

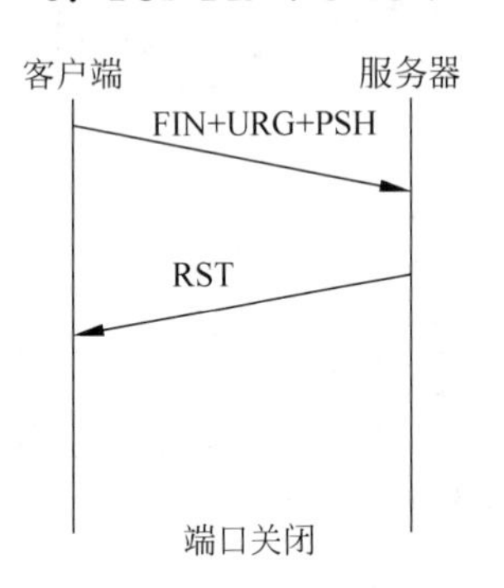


图 10.2　TCP FIN+URG+PSH 扫描

TCP FIN+URG+PSH 扫描和 TCP SYN 扫描原理差不多,根据 TCP 协议规定,当客户端主机向目标主机一个端口发送的 TCP 数据包中的 FIN,URG 和 PSH 标识位都置位时,如果目标主机该端口是"关闭"状态,则返回一个 TCP RST 数据包;否则不回复,数据流如图 10.2 所示。根据这一原理可以判断对方端口是处于"打开"还是"关闭"状态。

**6. TCP FIN 扫描**

TCP FIN 扫描也和 TCP SYN 扫描原理差不多,当客户端主机向目标主机一个端口发送的 TCP 标识位的 FIN 置位的数据包时,如果目标主机该端口是"关闭"状态,则返回一个 TCP RST 数据包;否则不回复。

根据这一原理可以判断对方端口是处于"打开"还是"关闭"状态。这种方法的缺点是,该原理不是协议规定,因而与具体的协议系统实现有一定的关系,因为有些系统在实现的时候,不管端口是处于"打开"还是"关闭"状态,都会回复 RST 数据包,从而导致此方法失效。不过,也正因为这一特性,该方法可以用于判断对方是 UNIX 操作系统还是 Windows 操作系统。

**7. TCP 反向 Ident 扫描**

标识协议(Identification Protocol,Ident)提供了一种方法,可以对建立 TCP 连接的用户身份进行标识,该协议使用 113 端口,一旦建立连接,该服务就会读取指定 TCP 连接的查询数据,将拥有指定 TCP 连接的用户信息反馈给对方。即 Ident 协议(RFC1413)允许通过 TCP 连接查询对方的任何进程的用户名,即使这个连接不是由该进程开始的。根据这一原理,扫描程序可以通过 TCP 连接到对方的 WWW 端口(默认为 80),然后通过 Ident 判断对方是否正以管理员权限运行。这种方法的缺点是只能在和目标端口建立了一个完整的 TCP 连接后才能看到。

视频讲解

## 10.3　漏洞扫描工具

漏洞扫描工具种类繁多,国内国外都有大量的产品,有开源免费的,也有收费的,好用的产品基本上都要收费。以下介绍几种漏洞扫描工具,供参考选用。

### 10.3.1 国外常用漏洞扫描工具简介

**1. OpenVAS**

OpenVAS是开放式漏洞评估系统,也可以说它是一个包含着相关工具的网络扫描器。其核心部件是一个服务器,包括一套网络漏洞测试程序,可以检测远程系统和应用程序中的安全问题。OpenVAS包括一个中央服务器和一个图形化的前端。中央服务器准许用户运行几种不同的网络漏洞测试(以 Nessus 攻击脚本语言编写),而且 OpenVAS 可以经常对其进行更新。OpenVAS扫描任务可使用 OpenVAS CLI 可执行文件 OMP 命令行界面控制程序,也可使用 MetasploitV4 简化的 OpenVAS 插件或使用图形化界面的 GSD。

OpenVAS漏洞扫描器作为一种漏洞分析工具,由于其全面的特性,IT 部门可以使用它扫描服务器和网络设备。这些扫描器将通过扫描现有设施中的开放端口、错误配置和漏洞查找 IP 地址并检查任何开放服务。扫描完成后,将自动生成报告并以电子邮件形式发送,以供进一步研究和更正。OpenVAS也可以从外部服务器进行操作,从黑客的角度出发,从而确定暴露的端口或服务并及时进行处理。如果企业已经拥有一个内部事件响应或检测系统,则 OpenVAS 还能帮助网管人员使用网络渗透测试工具和警报系统改进网络监控环境。

**2. Tripwire IP360**

Tripwire IP360 作为漏洞和安全风险管理系统,能够帮助企业经济实惠地测量并管理网络的安全风险。IP360 帮助企业全方位地查看内部网络,其中包括所有联网设备及相关操作系统、应用程序和漏洞。这种理想的基本控制有助于实现有效的安全风险管理。Tripwire 拥有业内领先的漏洞研究团队,使用准确的非入侵性发现功能,检测与大型企业相关的最新(漏洞)特征,始终将 IP360 保持在最新状态。IP360 使用高级的分析功能以及十分独特的基于若干因素(包括漏洞评分、与业务相关的资产价值等)的定量评分算法,区分待修复漏洞的优先级。这些极有价值的数据帮助 IT 安全团队以最少的资源,专注于能够快速有效降低全网络风险的任务。

Tripwire IP360 安全风险管理解决方案提供:

(1) 全面发现并分析所有网络资产,无须任何代理程序;

(2) 可以高度扩展的架构,而且对于网络和系统的影响极小;

(3) 高级的区分优先级衡量指标,结合资产价值与漏洞评分;

(4) 极有价值的报告专为所有企业受众群而设计。

Tripwire IP360 是市场上领先的漏洞管理解决方案之一,它使用户能够识别其网络上的所有内容,包括内部部署、云和容器资产。Tripwire 将允许企业的 IT 部门使用代理访问他们的资产,并减少代理扫描。它还与漏洞管理和风险管理集成在一起,使网络管理员和安全专业人员可以对安全管理采取更全面的方法。

**3. Nessus**

Tenable 的 Nessus Professional 是一款面向安全专业人士的工具,负责修补程序、软件问题、恶意软件和广告软件删除工具,以及各种操作系统和应用程序的错误配置。Nessus 提供了一个主动的安全程序,在黑客利用漏洞入侵网络之前及时识别漏洞,同时还处理远程代码执行漏洞。它关注大多数网络设备,包括虚拟、物理和云基础架构。

Nessus 面向个人用户是免费的,只需在官方网站上填上姓名、邮箱,就能收到注册号码

(激活码)。不过,现在个人用户要通过代理注册,不然注册页面经常自动跳转,导致不能注册和下载。而 Nessus 面向商业用户则是收费的。

Nessus 不仅扫描 Web 网站漏洞,同时还会发现 Web 服务器、服务器操作系统等漏洞,它是一款 Web 网站形式的漏洞扫描工具,极易使用。

**4. Comodo HackerProof**

Comodo HackerProof 是另一款优秀的漏洞扫描程序,它具有强大的功能,可让 IT 部门每天扫描其漏洞,发现漏洞,及时修复。Comodo HackerProof 附带有支付卡产业(Payment Card Industry,PCI)扫描选项,防止驱动攻击和站点检查器技术,这有助于下一代网站扫描,并提供更高的安全性。除了这些特征,Comodo 还提供了一个信任指标,让用户在与其互动时感到更加安全。

Comodo 的 HackerProof 是一个有价值的信任标记,可以显示在网站上以建立对用户的信任和信心。Comodo HackerProof Trust Mark with Daily Vulnerability Scan 是一款功能强大的扫描服务,可确保 HackerProof 网站符合 Comodo 的全面安全标准。互动式信任标记为访问者提供最新的扫描信息,以确保他们每天都在检查此网站。但功能并不止于此,强大的工具组合可确保网站的安全性保持最新状态,甚至有助于验证季度 PCI 合规性。此外,创新的新工具,如 Site Inspector,将确保组织的网站处于安全的前沿,并领先于黑客。可以说,没有任何其他安全标记提供了与 Comodo HackerProof 相同的强大功能和价值。

HackerProof 是一种革命性的网站监测新方法,它利用 Comodo 发明的先进的"信任之角"技术测试网站的安全性。通过使用 HackerProof 持续测试安全漏洞,可以增加电子商务网站的安全保护,同时为访问者提供更高的安全性,并在每个页面上用 HackerProof 信任标记向用户宣布,让访客安心。

HackerProof 包含 HackerGuardian PCI 扫描工具,可帮助企业满足季度 PCI 合规性要求。

**5. NeXpose Community**

NeXpose Community 是由 Rapid7 开发的漏洞扫描工具,它是涵盖大多数网络检查的开源解决方案。这个解决方案的多功能性是面向 IT 管理员的一个优势,它可以被整合到一个 Metaspoit 框架中,能够在任何新设备访问网络时检测和扫描设备。它还可以监控真实世界中的漏洞暴露,最重要的是,它可以进行相应的修复。此外,漏洞扫描程序还可以对威胁进行风险评分,范围为 1~1000,从而为安全专家在漏洞被利用之前进行修复提供了便利。

一旦 NeXpose Community 安装后,它可以执行多达 32 个 IP 地址的扫描。它能全方位扫描,以便检测到任何潜在的入侵。NeXpose Community 主要是为小型企业以及使用多台计算机连接到本地网络的个人而设计的,允许评估现代网络的安全性。此外,用户可以自由设定自定义参数,以获得更高的安全级别。还有特定功能用以考虑威胁驱动的风险或衡量控制的有效性。NeXpose Community 是一个功能强大且高效的漏洞管理解决方案,易于使用且免费。

**6. Vulnerability Manager Plus**

Vulnerability Manager Plus 是由 Manage Engine 开发的针对目前市场的新解决方案。它提供基于攻击者的分析,使网络管理员可以从黑客的角度检查现有漏洞。除此之外,还可以进行自动扫描、影响评估、软件风险评估、安全性配置错误、修补程序、0day 漏洞缓解扫描程序,Web 服务器渗透测试和强化是 Vulnerability Manager Plus 的亮点。

Vulnerability Manager Plus 是一个集成的威胁和漏洞管理软件，可从一个集中式控制台跨网络中的所有终端提供全面的漏洞扫描、评估和修复。其功能和优点概述如下。

1）漏洞评估

能从众多漏洞中识别出真正的风险。根据可利用性、严重性、时间、受影响的系统数量以及修复程序的可用性评估漏洞并确定优先级。

2）补丁管理

自定义、编排和自动化整个补丁过程。一个完整的补丁模块，自动下载、测试和部署补丁到 Windows、OS X、Linux 和 250 多个第三方应用程序，而无须支付额外费用。

3）安全配置管理

优化系统的安全性。确保企业组织的网络系统使用复杂的密码、最小的权限和内存保护，并确保它们符合 CIS 和 STIG 安全准则。

4）Web 服务器强化

不让用户错过面向互联网的设备。获取有关 Web 服务器安全漏洞的原因、影响和补救措施的详细信息。此信息有助于建立和维护可抵御多种攻击方式的服务器。

5）高风险软件审核

处理未经授权和不受支持的软件。确定被认为不安全的软件，如远程桌面共享和 P2P 软件，并立即从终端上将其卸载。

6）0day 漏洞缓解

不再等待补丁。部署预先构建，经过测试的脚本，而无须等待补丁以保护网络免受 0day 漏洞的侵害。

目前，Vulnerability Manager Plus 共有 3 个版本。免费版可管理至多 25 台计算机，适用于中小型企业，功能齐全，使用灵活；专业版适用于局域网中的计算机，具有漏洞扫描和评估、系统配置错误检测、高风险软件检测、检测和解决服务器错误配置、漏洞报表等功能，没有计算机数量限制；企业版适用于 WAN 中的计算机，具有专业版全部功能，此外还有安全配置部署、自动化补丁部署、测试和批准补丁、高风险软件卸载、0day 漏洞缓解等功能。

每个版本都可以免费下载，免费试用。

**7. Nikto**

Nikto 是另一个免费的在线漏洞扫描工具，与 NeXpose Community 一样，Nikto 可帮助 IT 人员了解服务器功能，检查其版本，在网络服务器上进行测试以识别威胁和恶意软件的存在，并扫描不同的协议，如 HTTPS，httpd，HTTP 等。还有助于在短时间内扫描服务器的多个端口。Nikto 因其效率和服务器强化功能而受到青睐。

Nikto 是由 Perl 语言开发的开源 Web 安全扫描器，能够识别网站软件版本，搜索存在安全隐患的文件，检查服务器配置漏洞，检查 Web Application 层面的安全隐患，避免 404 误判等。

Nikto 是一款开源的(GPL)网页服务器扫描器，它可以对网页服务器进行全面的多种扫描，包含超过 3300 种有潜在危险的文件；超过 625 种服务器版本；超过 230 种特定服务器问题。扫描项和插件可以自动更新(如果需要)。基于 Whisker/LibWhisker 完成其底层功能。这是一款非常棒的工具，但其软件本身并不经常更新，最新和最危险的漏洞可能检测不到。

Nikto 常用来检查网页服务器和其他多个范畴内的项目，如错误的配置、默认文件和脚本、不安全的文件和脚本、过时软件等。

Nikto使用Rain Forest Puppy的LibWhisker实现HTTP功能,并且可以检查HTTP和HTTPS。同时支持基本的端口扫描以判定网页服务器是否运行在其他开放端口。Nikto可以使用update选项从主版本站点自动更新,以应对新的弱点。

Nikto可以在启动时加载用户自定义的检测规则,当然前提是自定义检测规则已经放在了user_scan_database.db文件中(这个文件在插件目录下);即使使用update选项升级,自定义的检测规则也不会被覆盖。

Nikto也具有反入侵探测功能,适用的操作系统有Linux、FreeBSD、UNIX。

需要注意的是,Nikto是一个用来发现默认网页文件、检查网页服务器和通用网关接口(Common Gateway Interface,CGI)安全问题的工具。它对远程主机使用大量请求,这些过量的请求可能会导致远程主机宕机。因此,Nikto可能会损害主机、远程主机和网络,某些选项可能对目标产生超过70 000个HTTP请求。同样,从网站更新的插件也不能保证绝对系统无害,选择权在用户手中,请谨慎使用。

**8. Aircrack-ng**

Aircrack-ng帮助IT部门处理WiFi网络安全问题。它主要被用于网络审计,并提供WiFi安全和控制。通过捕获数据包处理丢失的密钥。支持的操作系统包括NetBSD、Windows、OS X、Linux和Solaris。

Aircrack-ng也是一款用于破解无线802.11WEP及WPA-PSK加密的工具,该工具在2005年11月之前的名字是Aircrack,在其2.41版本之后才改名为Aircrack-ng。

Aircrack-ng主要使用了两种攻击方式进行WEP破解:一种是FMS攻击,该攻击方式是以发现该WEP漏洞的研究人员名字(Scott Fluhrer、Itsik Mantin和Adi Shamir)所命名;另一种是KoreK攻击,经统计,该攻击方式的攻击效率要远高于FMS攻击。当然,最新的版本又集成了更多种类型的攻击方式。对于无线黑客,Aircrack-ng是一款必不可少的无线攻击工具,可以说很大一部分无线攻击都依赖于它来完成;而对于无线安全人员,Aircrack-ng也是一款必备的无线安全检测工具,它可以帮助管理员进行无线网络密码的脆弱性检查以及了解无线网络信号的分布情况,非常适合对企业进行无线安全审计时使用。

Aircrack-ng是一个包含了多款工具的无线攻击审计套装,其中很多工具在后面的内容中都会用到,具体如表10.4所示。

**表10.4 Aircrack-ng组件工具列表**

| 组件名称 | 描述 |
| --- | --- |
| aircrack-ng | 主要用于WEP和WPA-PSK密码的恢复,只要airodump-ng收集到足够数量的数据包,aircrack-ng就可以自动检测数据包并判断是否可以破解 |
| airmon-ng | 用于改变无线网卡工作模式,以便其他工具的顺利使用 |
| airodump-ng | 用于捕获802.11数据报文,以便aircrack-ng破解 |
| aireplay-ng | 在进行WEP和WPA-PSK密码恢复时,可以根据需要创建特殊的无线网络数据报文和流量 |
| airserv-ng | 可以将无线网卡连接至某一特定端口,为攻击时灵活调用做准备 |
| airolib-ng | 进行WPA Rainbow Table攻击时使用,用于建立特定数据库文件 |
| airdecap-ng | 用于解开处于加密状态的数据包 |
| tools | 其他辅助工具,如airdriver-ng、packetforge-ng等 |

Aircrack-ng 在 BackTrack4 R2 中已经内置，具体调用方法：通过依次选择菜单栏中的 Backtrack→Radio Network Analysis→80211→Cracking→Aircrack-ng，即可打开 Aircrack-ng 的主程序界面。或者直接打开一个 Shell，输入 aircrack-ng 命令，按 Enter 键，也能看到 Aircrack-ng 的使用参数帮助。

**9. Retina**

Retina 就像 Nessus 工具一样，用于监视和扫描某个网络上的所有主机，并报告发现的任何漏洞。Retina 漏洞扫描工具是基于 Web 的开源软件，从中心位置负责漏洞管理。它的功能包括修补、合规性、配置和报告，负责数据库、工作站、服务器分析和 Web 应用程序分析。它完全支持 VCenter 集成和应用程序扫描虚拟环境。它能够覆盖多个平台，提供完整的跨平台漏洞评估和安全性报告。

Retina 是一个符合行业和政府应用标准的多平台漏洞管理系统，它将帮助政府和企业客户极大地减少在物理的、虚拟的以及移动的环境中的安全隐患。它集成了安全漏洞的发现、漏洞等级划分、修复和报告功能。2012 年，Retina 被 Information Security 评为年度最佳漏洞管理产品金奖。

Retina 具有以下特点。

1）集中安全管理

对组织内所有连接到网络上的外部设备进行识别、扫描和评估，不受设备所处的办公地点及设备所使用的操作系统的限制，能为所有资产提供安全风险信息的单一视图。

2）移动设备的漏洞评估

采用与其他关键资产相同的漏洞管理和评估过程对 Android 等移动设备及其应用进行管理。

3）内置补丁管理

基于目前许多企业使用的微软 WSUS 引擎，集成了无代理的补丁管理工具，用于为微软以及一些第三方应用程序（如 Adobe（包括 Distiller、Elements、Reader、Flash、Shockwave）和 Mozilla（Firefox）等）提供补丁服务。

4）完善的技术报告

提供企业安全报告，报告采用易于阅读的表达方式，包括可视化的图表和图形，便于企业迅速地进行评估、减灾和保护。

5）灵活的风险评估

基于通用漏洞评分系统（Common Vulnerability Scoring System，CVSS）对资产和风险承受能力进行评估。

6）集成了攻击和恶意软件信息

通过查看恶意软件和攻击数据（包括第三方解决方案中的攻击）提升资产风险的等级。

7）丰富的漏洞情报收集

通过识别某漏洞是否与 CoreImpact、Metasploit、Exploit-db. com 已公布的漏洞有关联提升风险的等级。

Retina 基于目标的已发现特性，能够动态填充资产组，也包括安装软件和运行程序的过程，为 Web 服务器和操作系统等常见角色提供预定义组等。除此之外，它还能对资产所发现的任何结果设置综合警报，包括漏洞、恶意设备和其他主机的变化。因此，Retina 是一款非常不错的网络漏洞评估工具,所以是很多企业梦寐以求的产品,当然它的价格也高得惊人,好在国际上出现了很多开源的网络安全评估产品,如OpenVas等,能够减轻企业负担。



### 10.3.2 国内常用漏洞扫描工具简介

**1. 华为云漏洞扫描服务**

华为云漏洞扫描服务(Vulnerability Scan Service,VSS)具有Web漏洞扫描、资产内容合规检测、弱密码检测三大核心功能,自动发现网站或服务器在网络中的安全风险,为云上业务提供多维度的安全检测服务,满足合规要求,让安全弱点无所遁形。

华为云VSS主要技术特点如下。

(1) 扫描全面。涵盖多种类型资产扫描,支持云内外网站扫描,支持内网扫描;智能关联各资产之间的联系,自动发现资产指纹信息,避免扫描盲区。

(2) 简单易用。配置简单,一键全网扫描。可自定义扫描事件,分类管理资产安全,让运维工作更简单,风险状况更清晰了然。

(3) 高效精准。采用Web 2.0智能爬虫技术,内部验证机制不断自测和优化,提高检测准确率;时刻关注业界紧急CVE爆发漏洞情况,自动扫描,快速了解资产安全风险。

(4) 报告全面。清晰简洁的扫描报告,多角度分析资产安全风险;多元化数据呈现,将安全数据智能分析和整合,使安全现状清晰明了。

华为云VSS主要应用场景如下。

1) Web漏洞扫描

网站的漏洞与弱点易于被黑客利用,形成攻击,带来不良影响,造成经济损失。VSS能够做到常规漏洞扫描,提供丰富的漏洞规则库,可针对各种类型的网站进行全面深入的漏洞扫描,并提供专业全面的扫描报告。此外,还可以执行最新紧急漏洞扫描,针对最新紧急爆发的CVE漏洞,安全专家第一时间分析漏洞、更新规则,提供最快速专业的CVE漏洞扫描。

华为建议VSS搭配以下几款产品使用:Web应用防火墙(WAF)、数据库安全服务(DBSS)、管理检测与响应(MDR)、企业主机安全(HSS)。

2) 弱口令扫描

主机或中间件等资产一般使用密码进行远程登录,攻击者往往使用扫描技术探测其用户名和弱口令。VSS能够做到多场景可用,实现全方位的操作系统连接,涵盖90%的中间件,支持标准Web业务弱口令检测,操作系统、数据库弱口令检测等。并且还提供丰富的弱口令库,异常丰富的弱口令匹配库,用于模拟黑客对各场景进行弱口令检测,同时支持自定义字典进行密码检测。

3) 中间件扫描

中间件可帮助用户灵活、高效地开发和集成复杂的应用软件,一旦被黑客发现漏洞并利用,将影响上下层安全。VSS能够适应丰富的扫描场景,支持主流Web容器、前台开发框架、后台微服务技术栈的版本漏洞和配置合规扫描。并且多扫描方式可选,支持通过标准包或自定义安装等多种方式识别服务器中的中间件及其版本,全方位发现服务器中的漏洞风险。

4) 内容合规检查

当网站被发现有不合规内容时,会给企业造成品牌和经济上的多重损失。为此,VSS

能够做到精准识别违规内容，能同步更新时政热点和舆情事件的样本数据，准确定位各种涉黄、涉暴、涉恐、涉政等敏感内容。并且智能、高效地对文本、图片内容进行上下文语义分析，智能识别复杂变种文本。

华为云 VSS 主要功能包括以下 4 方面。

(1) 多元漏洞检测。对企业与个人的多种资产进行专业的漏洞扫描，包括但不限于 Web 应用、中间件、弱口令。

(2) 智能监测扫描。安全专家 7×24 小时监控网络最新漏洞，第一时间更新漏洞扫描规则，对重点资产进行一键快速排查。

(3) 综合报告。生成全面的扫描报告，对检测到的漏洞进行分类，并提供建议的措施以改善站点防御。

**2. 腾讯云漏洞扫描服务**

腾讯云漏洞扫描服务(VSS)是一款自动探测企业网络资产并识别其风险的产品。依托腾讯 20 年累积的安全能力，漏洞扫描服务能够对企业的网络设备和应用服务的可用性、安全性、合规性等进行定期的安全扫描、持续性风险预警和漏洞检测，并且为企业提供专业的修复建议，降低企业安全风险。

腾讯云 VSS 通过资产发现、风险扫描、站点监控等多个方面对企业网络风险进行探测，一旦发现问题，立即通知管理员进行相应的修复工作，确保企业能够有健壮的防护体系来面对已知的威胁。在资产发现方面，使用了全球最先进的发现引擎，首先通过无感知的半连接快速地获取资产存活状况，然后通过高并发的访问获取目标设备指纹，与系统指纹库进行匹配以获取设备详细信息。

企业维护人员只需进行简单的配置即可满足日常安全运维的需要，真正实现"一个人的信息安全部"。腾讯云 VSS 的特性包括以下几方面。

1) 全面漏洞扫描

多年的安全能力建设积累了丰富而全面的漏洞规则库，覆盖 OWASP Top 10 的 Web 漏洞，如 SQL 注入、跨站脚本攻击(XSS)、跨站请求伪造(CSRF)、弱口令等。同时，系统还具备专业高效的 0day/1day/*n*day 漏洞检测能力。

2) 敏感内容检测

基于多个内容安全风险监测引擎和持续运营样本库，能够快速、准确地发现网站异常，如涉黄、涉恐、涉政、赌博等敏感图片、文字信息，帮助企业及时自检，避免因不当内容导致网站被监管机构要求整改，影响企业形象和业务发展。

3) 篡改挂马检测

结合及时准确的威胁情报和高精准的智能鉴定模型，针对网站进行挂马、暗链、垃圾广告、矿池等风险的多维度智能检测，避免企业网站被他人长期恶意利用。

4) 全面资产支持

支持多种网络资产的全面风险扫描，涵盖主机、网站、小程序、公众号、物联网等资产类型，基于丰富的指纹库，精准识别客户网络资产，并进行实时监测，帮助客户及时发现影子资产，感知资产变动，有效管理资产。

5) 威胁情报联动

依托腾讯安全积累近 20 年的威胁情报大数据，由安全专家实时跟进网络最新风险动态,第一时间提供威胁情报和专业处置建议,大幅缩短风险潜伏期,预防大规模入侵,降低安全风险。



6) 智能风险报警

支持在客户网络资产出现安全风险时,通过多种方式实时报警并提供专业处置建议,帮助客户及时感知风险和快速处置。

腾讯云 VSS 主要功能总结如下。

(1) 资产自动发现。对设备操作系统、端口、服务、组件等企业资产进行高效识别,有效帮助企业发现未知资产、管控现有资产。

(2) Web 漏洞检测。支持 SQL 注入、命令注入、代码注入、文件包含、XSS 攻击、CSRF 等常见的数十种漏洞类型,为网站安全保驾护航。

(3) 0day/1day/*n*day 漏洞检测。VSS 系统内置了数千条经过腾讯安全工程师严格测试和专业审计的无伤检测(Proof of Concept,PoC)。Poc 的类型包括:

- Web 应用漏洞;
- Web 中间件漏洞;
- 数据库漏洞;
- 操作系统漏洞;
- 软件服务漏洞;
- 物联网设备漏洞;
- 路由器漏洞;
- 摄像头漏洞;
- 工控设备漏洞。

(4) 违规敏感内容检测。基于腾讯全体系内容鉴定平台与资深专业的审核团队,使用行业最丰富的训练数据资源与业界最先进的算法模型,快速、准确地发现网站涉黄、涉恐、赌博、涉政等敏感图片、文字等信息,防止品牌形象遭受损失,提高网站内容的安全性,保障网站符合政策要求。

(5) 篡改、挂马、挖矿检测。基于腾讯全球领先的用户 URL 检测体系以及实时监测系统,利用多种模型融合技术从多维度对网站进行实时监控,及时发现页面异常篡改、挂马以及挖矿行为,并第一时间进行报警和通知应急处理。

(6) 弱口令检测。对资产组件进行弱口令扫描,包括 FTP、SSH、RDP、MySQL、ORACLE、IMAP、MEMCACHE、Redis 等数十项内容。

(7) 风险评估报表。针对扫描结果形成全面多维的风险扫描报告,涵盖漏洞检测和内容风险,并可提供专业修复建议。

此外,腾讯云 VSS 适应多种应用场景,为各类企业用户带来效益。应用场景主要包括以下类型。

(1) 网站风险扫描。VSS 能全方位检测客户网站风险,支持对 Web 漏洞、0day/1day/*n*day 漏洞、可用性、弱口令、内容安全风险、挂马、篡改等威胁进行扫描,为网站安全保驾护航。

(2) 主机风险扫描。VSS 支持云上云下主机资产梳理,并对主机进行脆弱性扫描,包括漏洞风险、主机服务可用性、端口风险等,帮助企业发现影子资产、影子端口,为客户输出全面的资产分析报告和脆弱性报告,并提供专业的修复建议。

(3) 小程序安全。VSS针对微信小程序安全提供自动化风险检测与防护，包括通用Web服务风险检测、API安全检测、内容安全监测和JavaScript源码虚拟机加固混淆服务，有效防止核心业务逻辑被破解、滥用，降低小程序安全风险。

(4) API安全。VSS对API进行Web层漏洞、配置合规、数据泄露、功能可用性等方面检测，帮助客户构建基于OpenAPI等行业规范的积极安全模型与API的统一安全解决方案。

(5) 物联网安全。VSS具有多种类型物联网(Internet of Things，IoT)设备指纹、漏洞PoC，具有IoT设备发现、漏洞检测以及IoT固件安全扫描能力，同时提供基于ARM等多种平台的代码混淆和指令级二进制混淆方案。

(6) 等保合规。VSS支持为各行业网络资产提供全方位的防护解决方案，满足《信息安全技术网络安全等级保护基本要求》中漏洞和风险管理的要求，帮助用户定期对系统进行漏洞扫描，及时、准确地发现系统安全隐患，第一时间进行告警通知和应急处理，并提供处置建议及应对方案，满足监管机构的合规性要求。

# 10.4 网络漏洞扫描

视频讲解

## 10.4.1 网络漏洞扫描的意义

2016年11月，国家正式颁布了《中华人民共和国网络安全法》，将网络安全提高到了立法的高度。可见网络安全已成为国家安全的重要组成，提高网络安全就是保障国民的信息安全和财产安全。网络安全漏洞扫描是确保网络安全的关键步骤，通过网络安全漏洞扫描可以及时发现网络主机或网络服务器运行中存在的各种安全问题或漏洞。同时，对网络安全的风险等级进行评估，根据漏洞提出相应的解决方案。

进入信息化时代，以互联网为核心的信息通信技术及其应用正在发生日新月异的变化，人们的日常生活与互联网息息相关。人类社会的信息化、网络化达到前所未有的程度，信息网络成了每个国家和社会的“中枢神经”。然而，信息化、网络化却带来了两个矛盾：一是基于网络的攻击技术永远领先于防御技术；二是信息技术和应用越复杂，功能越全面，其脆弱性、漏洞和安全隐患就越大。从技术发展趋势看，这两个矛盾会越来越突出，因此，网络与信息安全形势不容乐观。

保障网络信息安全非常重要的一项措施就是消除信息系统中已知的安全隐患。通过对信息网络及其相关设施设备的安全风险进行检测评估，及时发现安全隐患，提出防护措施，对确保信息网络安全运行具有重要作用。研究网络安全漏洞检测技术，开发和使用漏洞扫描器，及时发现所维护的系统开放的各种TCP端口、提供的服务、软件版本和这些服务及软件呈现在网络和信息系统中的安全漏洞，从而在计算机网络系统安全保卫战中做到“有的放矢”，及时修补漏洞，是网络安全保障工作的关键步骤之一，为网络安全保障工作提供技术支撑，具有现实意义。

## 10.4.2 网络漏洞扫描技术分析

漏洞扫描器大致分为主机漏洞扫描器和网络漏洞扫描器。主机漏洞扫描器基于主机，通过在主机系统本地运行代理程序检测系统漏洞，如操作系统扫描器和数据库扫描器等。

网络漏洞扫描器基于网络,通过请求/应答方式远程检测目标网络中所有主机系统和服务器系统的安全漏洞。

针对检测对象的不同,漏洞扫描器还可分为网络扫描器、操作系统扫描器、Web服务器扫描器、数据库扫描器和无线网络扫描器等。漏洞扫描器通常有3种形式。

(1) 单一的扫描软件,安装在计算机上,如ISS Internet Scanner。

(2) 基于客户端(管理端)/服务器(扫描引擎)模式或浏览器/服务器模式,通常为软件,安装在不同的计算机上。

(3) 其他安全产品的组件,如防御安全评估就是防火墙的一个组件。

基于网络的漏洞扫描有ARP扫描、ICMP扫描、端口扫描、OS探测、脆弱点探测等。按照TCP/IP协议分层模型,ARP扫描工作在数据链路层,可以基于ARP协议在局域网内对目标主机进行扫描,判断目标主机是否启用。ICMP(ping)扫描工作在网络层;端口扫描工作在传输层;OS探测、脆弱点探测工作在网络层、传输层和应用层。通过ARP扫描、ICMP扫描可以确定目标主机的IP地址,利用ICMP扫描可以探测是否有防火墙或其他过滤设备存在。

端口扫描分为TCP扫描和UDP扫描,通过远程检测目标主机不同端口的服务,记录目标给予的应答,搜集目标主机上的各种信息。基于端口扫描的结果,可以进行OS探测,然后根据系统的漏洞库进行分析和匹配,进行脆弱点探测,如果满足匹配条件,则认为安全漏洞存在;或者通过模拟黑客的攻击手法对目标主机进行攻击,如果模拟攻击成功,则认为安全漏洞存在。

在匹配原理上,目前漏洞扫描器大都采用基于规则的匹配技术,即通过对网络系统安全漏洞、黑客攻击案例和网络系统安全配置的分析,形成一套标准安全漏洞的特征库,在此基础上进一步形成相应的匹配规则,由扫描器自动完成扫描分析工作。

目前,漏洞扫描器多数采用基于特征的匹配技术,与基于误用检测技术的入侵检测系统类似。扫描器首先通过请求/应答或执行检测脚本,搜集目标主机上的信息,然后在获取的信息中寻找漏洞特征库定义的安全漏洞,如果有,则认为安全漏洞存在。

可以看出,能否发现安全漏洞很大程度上取决于漏洞特征的定义。漏洞特征库条目的多少决定了漏洞扫描器能够发现安全漏洞的数量,所以这是衡量一个漏洞扫描产品功能强弱的重要因素。由于每天都有可能出现新的安全漏洞,而基于特征匹配的漏洞扫描技术不可能发现未知的安全漏洞,所以特征库的及时升级就显得尤为重要。国际上CVE组织建立的CVE列表以及国内的CNNVD记录的信息,就能很好地解决这个问题。

### 10.4.3 传统的网络安全扫描技术

网络安全扫描是一种主动的防御技术,主要是利用扫描器对网络服务器中的端口和软件信息进行查找,根据各种信息判断是否存在安全漏洞。传统的网络安全扫描技术主要有以下4种。

**1. 弱口令扫描技术**

弱口令扫描技术主要是利用用户口令强度对口令的安全性能进行评估,如果评估结果显示用户口令的强度不高,则发出警告至网络管理员或是系统的用户,提示及时对口令强度进行修改以满足网络安全的需求。在进行弱口令扫描时,主要技术是运行暴力破解程序。

暴力破解是黑客攻击时通过口令猜测程序对口令进行破解，如果用户的密码复杂程度较高，则破解时比较困难，这样可以在一定程度上提高网络系统的安全性。

**2. 漏洞扫描技术**

漏洞扫描技术是对网络系统的软件和硬件基础设施或网络安全策略所造成的网络安全隐患进行扫描，扫描目标为网络参数配置、网络安全协议、应用系统缺陷。在漏洞扫描过程中若存在网络安全威胁，如未经授权的访问、破坏网络安全的行为等，则会发出警报。网络安全漏洞扫描过程中，采用插件技术方法（利用脚本语言对扫描漏洞程序进行编写）和漏洞特征匹配方法（扫描程序根据漏洞类型进行匹配与检测）。

**3. 端口扫描技术**

端口扫描技术主要是扫描网络中潜在的通信通道。扫描的方式主要有两种：一种是将扫描探测数据包发送至被检测的目标对象的 TCP/IP 服务端口，并记录相关的反馈信息，对反馈的信息进行分析判断以掌握端口运行的数据信息；另一种是通过接收网络主机/服务器的数据实现主机运行情况的监视，在数据分析过程中及时发现网络中存在的安全威胁。端口扫描的方式包括 TCP 全连接扫描和 TCP 半连接扫描。

TCP 全连接扫描主要包括 3 个阶段，涉及 3 种报文：发送主机的 SYN 发送报文、目标主机的 SYN/ACK 反馈报文、发送主机的 ACK 确认报文。如果出现上述 3 种报文，则目标主机的相应端口是打开的。

TCP 半连接扫描只需开放相关的权限就可以实现，不一定实现完全连接，主要流程是通过扫描程序向目标端口发送 SYN 报文，通过反馈回来的信息对端口的状态（如侦听、关闭等）进行反馈。端口如果是关闭的状态，则会回复 RST；如果是未关闭的状态，则会回复 SYN/ACK。TCP 扫描的优点是实现比较简单，系统中的任何用户都可以调用 TCP 扫描，扫描的速度很快，可以打开多个套接字实现端口的调用而加速扫描。TCP 扫描的缺点是容易被发现，在目标主机的日志记录中留下痕迹，关闭的速度快。

**4. 操作系统探测技术**

操作系统探测是对操作系统进行检查的一种手段，通过提高操作系统的安全性来提高网络安全性。随着操作系统的更新换代以及功能的不断强大，结构也越来越复杂，导致操作系统存在的安全隐患越来越多。就像微软的操作系统，差不多每周要打一次补丁。很多黑客在对网络进行攻击时，首先要对操作系统进行攻击，收集和分析操作系统的相关信息。

因此，需要对操作系统进行安全探测，寻找其漏洞，及时修复。传统的探测技术主要包括 TCP/IP 协议栈指纹探测（判定操作系统实现过程中 TCP/IP 协议栈差别）和应用层探测（通过主机记录访问或发送服务连接的方式判定操作系统的相关信息）两类。TCP/IP 协议栈指纹探测在应用过程中包括 3 个步骤：建立连接、数据传输、终止连接。

## 10.4.4 非入侵式网络安全扫描技术

随着计算机技术的发展，搜索引擎的功能不断强大，其类型也呈现出多样化的发展趋势。非入侵式扫描技术基于搜索引擎的实现主要有以下两种方法。

**1. 基于通用搜索引擎的非入侵式扫描**

Google 的搜索引擎的索引总页面数已经超过万亿个，Google 黑客技术就是利用搜索引擎进行安全漏洞的扫描及敏感信息的分析,同时形成了 Google 黑客索引查询数据库(Google Hacking Database,GHDB)。此外,还有很多学者对 Google 搜索引擎的网络安全扫描技术进行了分析,有人在研究中利用 GHDB 对 Web 安全漏洞进行扫描,通过 Google 的缓存机制和 Alert 服务自动跟踪搜索结果,如果存在 SQL 注入漏洞,则可以利用搜索引擎对服务端页面和 Web 应用程序中的漏洞进行检查。利用端口信息也可以实现搜索引号和服务关键词搜索,获得相应的搜索结果之后与 GHDB 中的相关数据进行对比,以判断是否存在安全威胁。利用 Google 搜索引擎对网络安全进行非入侵式扫描具有操作简单、扫描隐蔽、扫描目标广泛等优点,但只是对已知的 Web 漏洞检测效果好,对于其他类型漏洞的扫描准确性还有必要进一步提升。

**2. 基于专用搜索引擎的非入侵式扫描**

网络安全搜索引擎的发展也十分迅速,包括谛听、Censys、Shodan 等,下面以 Shodan 为例进行分析。Shodan 由美国人于 2009 年创建,该搜索引擎最多可以获得 50 个搜索结果,同时支持多种格式的搜索结果输出。Shodan 是一种基于拦截器的搜索引擎,通过端口拦截相应的信息建立搜索索引得到相应的结果。基于 Shodan 的非入侵式网络安全漏洞扫描在应用过程中获得结果之后需要对漏洞知识和相应的信息进行关联分析,从而得到被检测的目标系统的脆弱信息,以确定是否存在安全威胁。

基于 Shodan 的非入侵式网络安全漏洞扫描主要包括两个步骤:首先,通过 ShodanAPI 或 Shodan 搜索引擎查询数据库中的相关资产信息或服务信息,获得信息之后根据相应的格式进行整理,提高资产发现的准确性,同时结合 IP 归属信息数据库实现数据库信息的验证;然后,获得查询的资产信息或服务信息,通过与漏洞知识库中的相关信息进行对比,以判定被检测的目标系统是否存在漏洞,查询之后发布相应的结果。对于涉及漏洞的信息进行汇总和处理,预测存在的安全漏洞。如果存在安全漏洞,则需要提出相应的网络安全防护意见,进行漏洞修复。常用来比对的漏洞信息库包括 CVE、CNNVD 以及国外的漏洞数据库 OSVDB 等。

视频讲解

## 10.5 数据库漏洞扫描

### 10.5.1 概述

数据库漏洞扫描系统是对数据库系统进行自动化安全评估的数据库安全产品,能够充分扫描出数据库系统的安全漏洞和威胁并提出智能的修复建议,对数据库进行全自动化的扫描,从而帮助用户保持数据库的安全健康状态,实现"防患于未然"。

数据库安全是指以保护数据库系统、数据库服务器和数据库中的数据、应用、存储,以及相关网络连接为目的,防止数据库系统及其数据遭到泄露、篡改或破坏的安全技术。

数据库往往是企业最为核心的数据保护对象,与传统的网络安全防护体系不同,数据库安全技术更加注重从客户内部的角度做安全。其内涵包括了保密性、完整性和可用性,即所谓的 CIA(Confidentiality,Integrity,Availability)3 方面。

**1. 保密性**

保密性的意思是不允许未经授权的用户存取信息。

**2. 完整性**

完整性是指只允许被授权的用户修改数据。

**3. 可用性**

可用性是指不应拒绝已授权的用户对数据进行存取。

数据库安全技术，从最早的数据库审计到数据库防火墙、数据库漏洞扫描、数据库加密、数据脱敏、数据梳理，发展至今，已经有众多的国内外厂商从事这一行业，并推出了多款数据库安全防护产品。

### 10.5.2 数据库安全产品分类

目前，各个厂商推出的数据库安全产品包括以下几类。

**1. 敏感数据梳理**

敏感数据梳理是在组织网络内自动探测未知数据库，自动识别数据库中的敏感数据、数据库账户权限、敏感数据使用的一种数据库资产梳理产品。

**2. 数据库漏洞扫描**

数据库漏洞扫描是专门对数据库系统进行自动化安全评估的专业技术，通过数据库漏洞扫描能够有效地评估数据库系统的安全漏洞和威胁并提出修复建议。

**3. 数据库防火墙**

数据库防火墙系统是一款针对应用侧异常数据访问的数据库安全防护产品。一般采用主动防御机制，通过学习期行为建模，预定义风险策略；并结合数据库虚拟补丁、注入规则和应用关联防护机制，实现数据库的访问行为控制、高危风险阻断和可疑行为审计。

**4. 数据库安全运维**

数据库安全运维产品是面向数据库运维人员的数据库安全加固与访问管控产品，能够有效提升数据库日常运维管理工作的精细度和安全性。可以对运维行为进行流程化管理，提供事前审批、事中控制、事后审计、定期报表等功能，将审批、控制和追责有效结合，避免内部运维人员的恶意操作和误操作行为，解决运维账号共享带来的身份不清问题，确保运维行为在受控的范畴内安全、高效地执行。

**5. 数据库加密**

数据库加密产品目前从技术角度一般可以分为列加密和表加密两种。其能够实现对数据库中的敏感数据加密存储、访问控制增强、应用访问安全、密文访问审计和三权分立等功能。通过数据加密能够有效防止明文存储引起的数据内部泄密、高权限用户的数据窃取，从根源上防止敏感数据泄露。

**6. 数据库脱敏**

数据库脱敏是一种采用专门的脱敏算法对敏感数据进行变形、屏蔽、替换、随机化、加密，并将敏感数据转化为虚构数据的技术。按照作用位置、实现原理不同，数据脱敏可以分为静态数据脱敏（Static Data Masking，SDM）和动态数据脱敏（Dynamic Data Masking，DDM）。

**7. 数据库审计**

数据库审计能够实时记录网络上的数据库活动，对数据库操作进行细粒度审计。除此之外，数据库审计还能对数据库遭受到的风险行为进行告警，如数据库漏洞攻击、SQL 注入攻击、高危风险操作等。数据库审计技术一般采用旁路部署,通过镜像流量或探针的方式采集流量,并基于语法语义的解析技术提取出SQL中相关的要素(用户、SQL操作、表、字段等),进而实时记录来自各个层面的所有数据库活动,包括普通用户和超级用户的访问行为请求,以及使用数据库客户端工具执行的操作等。

### 10.5.3 数据库扫描系统特性

一个好的数据库漏洞扫描系统必须具备以下主要特性。

**1. 漏洞库支持**

拥有全面的漏洞库,全面支持CVE、CNNVD披露的数据库安全漏洞,并按高、中、低、信息4个级别进行不同层级的漏洞威胁排列。

**2. 配置管理**

内置数据库安全配置基线,定期扫描,周期性监控数据库配置偏差,反映当前安全状况相对于基线的变化,并生成扫描报告。

**3. 扫描策略**

提供全面扫描、基本扫描、配置缺陷扫描等多种扫描策略,可根据不同的应用场景灵活使用。

**4. 合规性要求**

支持PCI/DSS、网络安全等级保护等安全认证标准合规扫描,协助用户实现PCI/DSS合规性评估、网络安全等级保护自测评等要求。

**5. 弱口令检测**

基于各种主流数据库口令生成规则实现口令匹配扫描,规避基于数据库登录的用户锁定问题和检查效率问题。提供基于字典库、基于规则、基于穷举等多种模式下的弱口令检测;提供弱口令字典库,兼容CSDN口令库。

**6. 丰富的报表管理**

扫描结果通过丰富直观的报表呈现给用户,并提供弱点分级、漏洞类型、漏洞描述、修复方法、加固建议方案等多项内容,支持Word、PDF、HTML等多种格式输出。

**7. 完备的数据库类型支持**

支持业界主流数据库扫描,包括Oracle、MSSQL、MySql、DB2、SyBase、达梦等。

**8. 全面的扫描能力**

具备服务发现、数据库漏洞扫描、风险扫描功能,支持近千个数据库安全漏洞检测,能够帮助企业了解数据库服务器的安全状况以及当前数据库面临的安全风险。

**9. 多样的扫描方式**

支持自动化扫描和手动扫描,支持深度扫描和快速扫描,支持多种数据库检查技术,能够对弱口令、配置风险、账号风险等进行检测。

### 10.5.4 数据库扫描系统介绍

目前市场上用于数据库扫描的产品很多,但是功能大同小异,在这里仅介绍其中几种供参考学习。

**1. DBScan**

DBScan是北京安华金和公司的数据库漏洞扫描系统，是一款帮助用户对当前的数据库系统进行自动化安全评估的专业软件，能有效暴露当前数据库系统的安全问题，对数据库的安全状况进行持续化监控，帮助用户保持数据库的安全健康状态。据称，DBScan是国内首款支持7种国际主流数据库和4种国产数据库的漏洞扫描产品，是检测项达到4000+的数据库安全检测产品，检测项目统计如图10.3所示。而且还可以成为等保专用数据库风险等级评估检测工具。

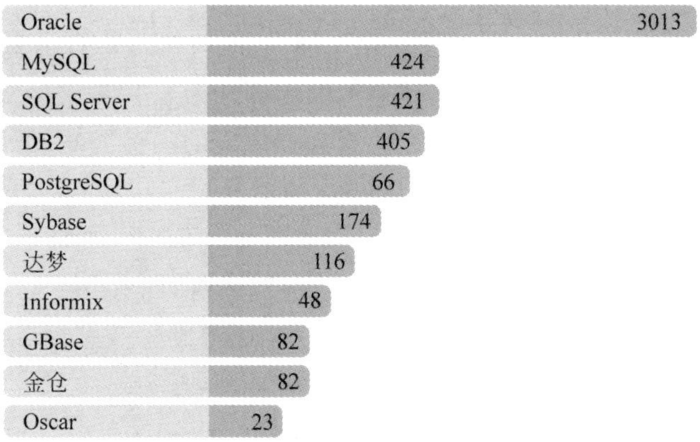

| 数据库 | 检测项 |
| --- | --- |
| Oracle | 3013 |
| MySQL | 424 |
| SQL Server | 421 |
| DB2 | 405 |
| PostgreSQL | 66 |
| Sybase | 174 |
| 达梦 | 116 |
| Informix | 48 |
| GBase | 82 |
| 金仓 | 82 |
| Oscar | 23 |

支持数据库类型及检测项

图10.3　DBScan检测项目统计

企业部署DBScan后能够大大提升数据库使用安全系数，为企业赢得利益。目前，主流数据库的自身漏洞逐步暴露，数量庞大；仅CVE公布的Oracle漏洞数已达590多个。DBScan可以检测出数据库的DBMS漏洞、默认配置、权限提升漏洞、缓冲区溢出、补丁未升级等自身漏洞。对检测出的漏洞提供漏洞产生原因分析，有针对性地给出修复建议，以及修复漏洞所需的命令、脚本、执行步骤等。同时，还能降低数据库黑客攻击风险，保持数据库的健壮性。据了解，一半以上的生产业务数据库中都存在默认用户名/默认口令的情况，而多数黑客典型攻击手段，仅是利用最常规的数据库安全漏洞。事实上，这些攻击都可通过基本的安全配置增强而完成防护。DBScan可以检测出数据库使用过程中由于人为疏忽造成的诸多安全隐患，如低安全配置、弱口令、高危程序代码、权限宽泛等。此外，DBScan还能满足行业安全检测规范，支持能源、运营商等行业性数据库安全检测规范，可用于单位的行业检测以及用户单位的自检。DBScan也是一个等保检查工具箱集成产品，能提供等级保护专业检测报告，实现数据库安全合规。

DBScan的检测能力包括以下几方面。

1）漏洞检测能力

DBScan提供传统数据库漏扫产品所覆盖的DBMS漏洞项检测、弱安全配置检测、补丁检测、默认用户名/口令检测，总计超过1300项。

另外，DBScan还具备危险程序漏洞、敏感数据发现、渗透测试等高端检测能力。

2）弱口令

DBScan基于各种主流数据库口令生成规则实现口令匹配扫描，规避基于数据库登录的用户锁定问题和检查效率问题。提供基于字典库、基于规则、基于穷举等多种模式下的弱口令检测；提供200万弱口令字典库，兼容CSDN口令库。

3）敏感数据发现

DBScan提供对存储密码的表、列等对象扫描；提供对标识信息、信用卡账户等个人敏感信息的表和列进行扫描；支持对用户自定义敏感对象的关键字搜索。

4）危险程序扫描

数据库中同样会存在恶意性代码，这比操作系统上的恶意代码更容易被人忽略。

5）渗透测试

DBScan提供对数据库的渗透模拟攻击，以帮助用户进一步发现数据库的安全缺陷。渗透测试覆盖缓冲区溢出、提权漏洞、拒绝服务漏洞等。

在扫描策略定义方面，DBScan包含了一系列预定义的扫描策略，帮助用户快速完成常规性扫描任务，包括：

（1）全面扫描，能针对漏洞库中的所有检测项进行扫描；

（2）基本扫描，针对数据库使用缺陷、DBMS系统缺陷进行扫描；

（3）快速扫描，针对数据库使用缺陷和DBMS系统缺陷中的风险等级为高风险和中风险的检测项进行扫描；

（4）CVE漏洞扫描，针对CVE公布的漏洞进行扫描；

（5）CNNVD漏洞扫描，针对CNNVD公布的漏洞进行扫描；

（6）配置缺陷扫描，针对配置缺陷、未更改的默认口令进行扫描；

（7）系统缺陷扫描，针对数据库自身的缺陷进行扫描；

（8）敏感数据扫描，扫描数据库中存在的易于导致敏感数据暴露的数据库对象，以供安全管理员进行安全加固；

（9）危险程序扫描，针对数据库中可编程对象和可调用对象进行扫描，确定其中是否包含危险代码和后门程序。

此外，用户可以根据自己的行业特征和关心的安全点，有针对性地建立检测项集合。根据行业的安全标准定义检测规则，如密码的长度和复杂性、登录失败次数、敏感数据的关键词等。

**2. AAS-VS**

昂楷数据库漏洞扫描系统（简称AAS-VS）是国内昂楷科技对数据库系统进行自动化安全评估的数据库安全产品，能够充分扫描出数据库系统的安全漏洞和威胁并提供智能的修复建议，对数据库进行全自动化的扫描，从而帮助用户保持数据库的安全健康状态，实现“防患于未然”。

AAS-VS部署方式灵活，如图10.4所示，可以部署在网络当中的任意节点，只需要与数据库之间路由可达即可。

**3. Scuba**

Scuba是一款高效的数据库扫描工具，可扫描世界领先的企业数据库，以查找安全漏洞和配置缺陷（包括修补级别）。可以对个人数据库扫描，也可以对企业数据库扫描，让管理人员及时发现漏洞，及时维护数据库。扫描前选择要扫描的数据库种类，填写完基本信息后单击Go按钮即可扫描。

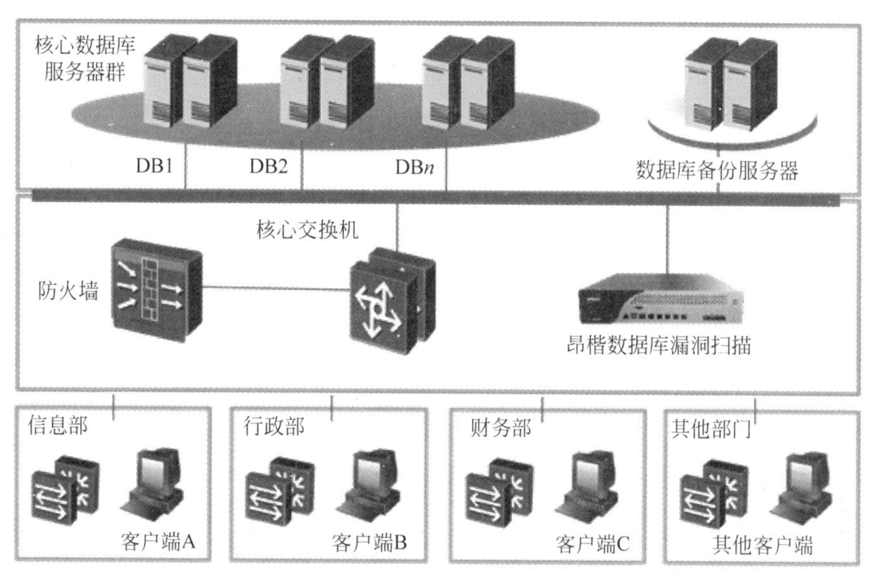


图 10.4　AAS-VS 部署参考

Scuba 针对 Oracle Database、Microsoft SQL Server、SAP Sybase、IBM DB2、Informix 和 MySQL 提供了接近 1200 种评估测试。

Scuba 软件具有以下功能。

(1) 在维护数据库的时候可以通过 Scuba 软件查看是否存在漏洞。

(2) Scuba 软件是免费的，登录到自己的数据库就可以执行扫描。

(3) 提供超过 2000 种参数扫描，全面分析数据库各模块存在的缺陷。

(4) 可以对个人数据库扫描，也可以对企业数据库扫描。

(5) 让管理人员及时发现漏洞，及时维护数据库。

(6) 支持提供领先的技术，拥有非常专业的扫描技术。

(7) 针对不同类型的数据库扫描。

(8) 支持 8 种数据库，包括 MSSQL，Oracle，MySQL，DB2、SYBASE、SYBASEIO、POSTGRESOL、INFORMIX。

此外，从应用的角度看，Scuba 软件也为用户提供以下便利。

(1) Scuba 扫描数据库非常简单，启动软件就可以显示相关的说明。

(2) 可以在软件找到需要扫描的数据库类型，如选择 MSSQL。

(3) 提示一个登录界面，可以使用准确的数据库账号登录。

(4) 支持自动分析。

(5) 分析可以显示报告，可以显示详细的漏洞见解。

(6) 通过 Scuba 软件，可以知道被扫描的数据库是否安全。

(7) 可以让维护人员立即知道哪里存在风险。

(8) 可以及时发现漏洞，从而保证企业组织的数据安全。

(9) 一些错误的配置数据也可以在软件中查看。

(10) 提供有关如何缓解已识别问题的建议。

Scuba在运行扫描之前,需要下载并运行Scuba应用程序。可以根据本地主机的操作系统,执行相应的程序:

- Windows: Scuba.exe;
- Mac: Scuba.command;
- Linux: Scuba.sh。

开始扫描前需要完成相关信息输入,包括:

- 主机/IP;
- 端口(或使用默认值);
- 用户名;
- 密码;
- 数据库/实例/SID(取决于所选数据库)。

然后开始扫描。扫描结束时,应用程序将关闭,扫描结果报告将在默认浏览器中打开。

**注意**:*Microsoft SQL Server 支持 Windows 身份验证。默认情况下启用此选项。也可以禁用它,通过单击“身份验证”按钮,手动配置用户名和密码。*

扫描摘要显示在一个易于阅读的仪表板上。最上面的部分是一个执行摘要,显示被扫描的数据库是否易受攻击以及是否满足众所周知的行业标准,第2部分显示有关测试的统计信息。

视频讲解

## 10.6 Web漏洞扫描

### 10.6.1 基本概念

Web应用是指采用B/S架构、通过HTTP/HTTPS协议提供服务的统称。随着互联网的广泛使用,Web应用已经融入日常生活中的各个方面:网上购物、网络银行应用、证券股票交易、政府行政审批等。在这些Web访问中,大多数应用不是静态的网页浏览,而是涉及服务器侧的动态处理。此时,如果Java,PHP,ASP等程序语言的编程人员的安全意识不足,对程序参数输入等检查不严格等,会导致Web应用安全问题层出不穷。

Web漏洞通常是指网站程序上的漏洞,可能是由于代码编写者在编写代码时考虑不周全等原因而造成的漏洞,也可能是攻击者对协议的误用。常见的Web漏洞有SQL注入、XSS漏洞、上传漏洞、缓冲区溢出等。Web漏洞危害网站的正常运行,同时也会给网站的访问者造成损失。如果网站存在Web漏洞并被黑客攻击者利用,那么攻击者可以轻易控制整个网站,并可进一步提权获取网站服务器权限,控制整个网站服务器。Web应用攻击是攻击者通过浏览器或攻击工具,在URL或其他输入区域(如表单等)向Web服务器发送特殊请求,从中发现Web应用程序存在的漏洞,从而进一步操纵和控制网站,查看、修改未授权的信息。网络黑客主要有以下几种攻击方法。

- SQL注入;
- XSS跨站点脚本;
- 跨目录访问;
- 缓冲区溢出;

- Cookie 修改；
- HTTP 方法篡改；
- 跨站请求伪造(Cross-Site Request Forgery,CSRF)；
- CRLF 注入；
- 命令行注入。

## 10.6.2 十大常见 Web 漏洞

**1. SQL 注入漏洞**

SQL 注入(SQL Injection)攻击，简称注入攻击、SQL 注入，被广泛用于非法获取网站控制权，是发生在应用程序的数据库层上的安全漏洞。在设计程序时，由于忽略了对输入字符串中夹带的 SQL 指令的检查，被数据库误认为是正常的 SQL 指令而运行，从而使数据库受到攻击，可能导致数据被窃取、更改、删除，以及进一步导致网站被嵌入恶意代码、被植入后门程序等危害。通常情况下，SQL 注入的位置如下。

(1) 表单提交，主要是 POST 请求，也包括 GET 请求。

(2) URL 参数提交，主要为 GET 请求参数。

(3) Cookie 参数提交，为 Cookie 配置参数。

(4) HTTP 头部，请求头部的一些可修改的值，如 Referer、User_Agent 等。

(5) 一些边缘的输入点，如.mp3 文件的一些文件信息等。

SQL 注入攻击的常用防范方法如下。

(1) 所有的查询语句都使用数据库提供的参数化查询接口，参数化的语句使用参数而不是将用户输入变量嵌入 SQL 语句中。当前几乎所有的数据库系统都提供了参数化 SQL 语句执行接口，使用此接口可以非常有效地防止 SQL 注入攻击。

(2) 对进入数据库的特殊字符(',",＜,＞,&.,*,;等)进行转义处理或编码转换。

(3) 确认每种数据的类型，如数字型的数据就必须是数字；数据库中的存储字段必须对应为 int 型。

(4) 数据长度应该严格规定，能在一定程度上防止比较长的 SQL 注入语句无法正确执行。

(5) 网站每个数据层的编码统一，建议全部使用 UTF-8 编码，上下层编码不一致有可能导致一些过滤模型被绕过。

(6) 严格限制网站用户的数据库的操作权限，给此用户提供仅能够满足其工作的权限，从而最大限度地减少注入攻击对数据库的危害。

(7) 避免网站显示 SQL 错误信息，如类型错误、字段不匹配等，防止攻击者利用这些错误信息进行一些判断。

(8) 在网站发布之前建议使用一些专业的 SQL 注入检测工具进行检测，及时修补这些 SQL 注入漏洞。

**2. 跨站脚本漏洞**

跨站脚本(Cross-Site Scripting，通常简称为 XSS)攻击发生在客户端，可被用于进行窃取隐私、钓鱼欺骗、窃取密码、传播恶意代码等攻击。

XSS 攻击使用到的技术主要为 HTML 和 JavaScript，也包括 VBScript 和 ActionScript

等。XSS攻击对Web服务器虽无直接危害,但是它借助网站进行传播,使网站的使用用户受到攻击,导致网站用户账号被窃取,从而对网站也产生了较严重的危害。XSS有以下类型。

(1) 非持久型跨站。即反射型跨站脚本漏洞,是目前最普遍的跨站类型。跨站代码一般存在于链接中,请求这样的链接时,跨站代码经过服务端反射回来,这类跨站的代码不存储到服务端(如数据库中)。

(2) 持久型跨站。这是危害最直接的跨站类型,跨站代码存储于服务端(如数据库中)。常见情况是某用户在论坛发帖,如果论坛没有过滤用户输入的JavaScript代码数据,就会导致其他浏览此帖的用户的浏览器会执行发帖人所嵌入的JavaScript代码。

(3) DOM跨站(DOM XSS)。这是一种发生在客户端文档对象模型(Document Object Model,DOM)中的跨站漏洞,很大原因是客户端脚本处理逻辑导致的安全问题。

跨站脚本攻击对电子商务、电子政务、网络购物、网上娱乐等活动会造成极大的危害,常用的防止XSS技术如下。

(1) 与SQL注入防护的建议一样,假定所有输入都是可疑的,必须对所有输入中的script、iframe等字样进行严格的检查。这里的输入不仅仅是用户可以直接交互的输入接口,也包括HTTP请求中的Cookie中的变量、HTTP请求头部中的变量等。

(2) 不仅要验证数据的类型,还要验证其格式、长度、范围和内容。

(3) 不要仅在客户端做数据的验证与过滤,关键的过滤步骤在服务端进行。

(4) 对输出的数据也要检查,数据库中的值有可能会在一个大网站的多处都有输出,即使在输入做了编码等操作,在各处的输出点时也要进行安全检查。

(5) 在发布应用程序之前测试所有已知的威胁。

**3. 弱口令漏洞**

弱口令(Weak Password)没有严格和准确的定义,通常认为容易被别人(他们有可能对你很了解)猜测到或被破解工具破解的口令均为弱口令。设置口令(密码)通常遵循以下原则。

(1) 不使用空口令或系统默认的口令,这些口令众所周知,为典型的弱口令。

(2) 口令长度不小于8个字符。

(3) 口令不应该为连续的某个字符(如AAAAAAAA)或重复某些字符的组合(如tzf.tzf.)。

(4) 口令应该为以下4类字符的组合:大写字母(A~Z)、小写字母(a~z)、数字(0~9)和特殊字符。每类字符至少包含一个。如果某类字符只包含一个,那么该字符不应为首字符或尾字符。

(5) 口令中不应包含本人、父母、子女和配偶的姓名和出生日期、纪念日期、登录名、E-mail地址等与本人有关的信息,以及字典中的单词。

(6) 不应该用数字或符号代替某些字母的单词。

(7) 口令应该易记且可以快速输入,防止他人从身后很容易看到你的输入。

(8) 至少90天内更换一次口令,防止未被发现的入侵者继续使用该口令。

**4. HTTP报头追踪漏洞**

HTTP/1.1(RFC2616)规范定义了HTTP TRACE方法,主要是用于客户端通过向

Web 服务器提交 TRACE 请求进行测试或获得诊断信息。当 Web 服务器启用 TRACE 时，提交的请求头(Head)会在服务器响应的内容(Body)中完整地返回，其中 HTTP 头很可能包括 Session Token、Cookie 或其他认证信息。攻击者可以利用此漏洞欺骗合法用户并得到他们的私人信息。该漏洞往往与其他方式配合进行有效攻击，由于 HTTP TRACE 请求可以通过客户浏览器脚本发起(如 XML HTTP Request)，并可以通过 DOM 接口访问，因此很容易被攻击者利用。

防御 HTTP 报头追踪漏洞的方法通常是禁用 HTTP TRACE 方法。

**5. Struts2 远程命令执行漏洞**

Apache Struts 是一款建立 Java Web 应用程序的开放源代码架构。Apache Struts 存在一个输入过滤错误，如果遇到转换错误可被利用注入和执行任意 Java 代码。

网站存在远程代码执行漏洞的大部分原因是网站采用了 Apache Struts Xwork 作为网站应用框架，由于该软件存在远程代码执高危漏洞，导致网站面临安全风险。CNVD 处置过诸多此类漏洞，如“GPS 车载卫星定位系统”网站存在远程命令执行漏洞(CNVD-2012-13934)、Aspcms 留言本远程代码执行漏洞(CNVD-2012-11590)等。

修复此类漏洞，只需到 Apache 官网升级 Apache Struts 到最新版本即可。官方升级网站链接为 http://struts.apache.org。

**6. 文件上传漏洞**

文件上传漏洞通常由于网页代码中的文件上传路径变量过滤不严造成，如果文件上传功能实现代码没有严格限制用户上传的文件类型，攻击者可通过 Web 访问的目录上传任意文件，包括网站后门文件(webshell)，进而远程控制网站服务器。

因此，在开发网站和应用程序过程中，要严格限制和校验上传的文件，禁止上传恶意代码文件。同时限制相关目录的执行权限，防范 webshell 攻击。

**7. 私有 IP 地址泄露漏洞**

IP 地址是网络用户的重要标识，是攻击者进行攻击前需要了解的。获取 IP 地址的方法较多，攻击者也会因不同的网络情况采取不同的方法，如：在局域网内使用 ping 指令，ping 对方在网络中的名称而获得 IP；在 Internet 上使用 IP 版的 QQ 直接显示。最有效的办法是截获并分析对方的网络数据包。攻击者可以找到并直接通过软件解析截获后的数据包的 IP 包头信息，再根据这些信息了解具体的 IP。

针对最有效的“数据包分析方法”，就可以安装能够自动去掉发送数据包包头 IP 信息的一些软件。不过使用这些软件有些缺点，如：耗费资源严重，降低计算机性能；访问一些论坛或网站时会受影响；不适合网吧用户使用等。现在的个人用户采用最多的隐藏 IP 的方法应该是使用代理，由于使用代理服务器后，“转址服务”会对发送出去的数据包有所修改，致使“数据包分析”的方法失效。一些容易泄露用户 IP 的网络软件(QQ、MSN、IE 等)都支持使用代理方式连接 Internet，特别是使用 ezProxy 等代理软件连接后，IP 版的 QQ 都无法显示该 IP 地址。虽然代理可以有效地隐藏用户 IP，但攻击者也可以绕过代理，查找到对方的真实 IP 地址，用户在何种情况下使用何种方法隐藏 IP，也要因情况而论。

**8. 未加密登录请求**

由于 Web 配置不安全，登录请求把诸如用户名和密码等敏感字段未加密进行传输，攻击者可以窃听网络以劫获这些敏感信息。建议进行 SSH 等加密后再传输。

**9. 敏感信息泄露漏洞**

SQL注入、XSS、目录遍历、弱口令等均可导致敏感信息泄露，攻击者可以通过漏洞获得敏感信息。针对不同成因，防御方式不同。

**10. CSRF**

CSRF也称为One Click Attack/Session Riding。CSRF攻击方式为攻击者盗用了别人的身份发送恶意请求。CSRF能够做的事情包括：以被盗用人的名义发送邮件，发消息，盗取别人的账号，甚至以盗用的身份购买商品，虚拟货币转账，等等。造成的问题包括个人隐私泄露以及财产损失。

CSRF这种攻击方式在2000年已经被国外的安全人员提出，但在国内，直到2006年才开始被关注，2008年，国内外的多个大型社区和交互网站分别爆出CSRF漏洞，如NYTimes.com(纽约时报)、Metafilter(一个大型的Blog网站)、YouTube和百度等。而现在，互联网上的许多站点仍对此毫无防备，以至于安全业界称CSRF为"沉睡的巨人"。

要完成一次CSRF攻击，受害者必须依次完成以下两个步骤。

(1) 登录受信任网站A，并在本地生成Cookie。

(2) 在不登出A的情况下，访问危险网站B。

看到这里，也许有人会说："如果我不满足以上两个条件中的一个，我就不会受到CSRF的攻击。"是的，确实如此，但是也不能保证以下情况不会发生。

(1) 不能保证登录了一个网站后，不再打开一个Tab页面并访问另外的网站。

(2) 不能保证关闭浏览器了后，本地的Cookie立刻过期，上次的会话已经结束。事实上，关闭浏览器不能结束一个会话，但大多数人都会错误地认为关闭浏览器就等于退出登录或结束会话了。

所以，CSRF的防御仍然是很有必要的。CSRF的防御可以从服务端和客户端两方面着手，防御从服务端着手效果比较好，现在一般的CSRF防御也都在服务端进行。服务端的CSRF防御方式方法多种多样，但总的思想都是一致的，就是在客户端页面增加伪随机数。通常有以下几种方法。

1) Cookie Hashing(所有表单都包含同一个伪随机值)

这可能是最简单的解决方案了，因为攻击者不能获得第三方的Cookie(理论上)，所以表单中的数据也就构造失败了。在表单中增加哈希值，以认证这确实是用户发送的请求。然后在服务器端进行哈希值验证。这个方法基本上可以杜绝99%的CSRF攻击了，但是，由于用户的Cookie很容易因网站的XSS漏洞而被盗取，仍然有风险。不过，一般的攻击者看到需要算哈希值，基本都会放弃了。因此，这个方法还是比较可行的。

2) 验证码

这个方法的思路是：每次的用户提交都需要用户在表单中填写一个图片上的随机字符串，这个方案可以完全解决CSRF，但在易用性方面似乎不是太好，还有就是验证码图片的使用涉及了一个称为MHTML的Bug，可能在某些版本的IE中受影响。

3) One-Time Tokens(不同的表单包含一个不同的伪随机值)

在实现One-Time Tokens时，需要注意一点，就是并行会话的兼容。如果用户在一个站点上同时打开了两个不同的表单，CSRF保护措施不应该影响到他对任何表单的提交。考虑一下如果每次表单被装入时站点生成一个伪随机值来覆盖以前的伪随机值将会发生什么情况：用户只能成功地提交他最后打开的表单，因为所有其他的表单都含有非法的伪随机值。必须小心操作以确保 CSRF 保护措施不会影响选项卡式的浏览或利用多个浏览器窗口浏览一个站点。

### 10.6.3 常用 Web 漏洞扫描工具

前面介绍过的华为云 VSS 和腾讯云 VSS 漏洞扫描工具都具备 Web 漏洞扫描功能。下面再介绍几种专门针对 Web 漏洞的扫描工具。

**1. WebPecker**

WebPecker 也称为网站啄木鸟，是北京智恒科技专门针对 Web 应用程序安全性而开发的专业的漏洞检测系统，支持多种认证扫描方式、漏洞验证、扫描结果报表分析等功能，全面支持 OWASP Top 10 和 WAS，适用于政府、电信、能源、教育、医疗企事业单位等各个领域。

WebPecker 是智恒科技针对 Web 应用安全自主研发的，具有独立知识产权的安全检测与安全评估系统，也是国内商业用途第 1 款专业级 Web 漏洞扫描与安全检测产品。该系统为用户提供 7×24 小时的安全检测、安全评估、安全监控服务，是大型组织或机构最有效的安全检测与安全评估方案。它是国内最早公开免费版本的厂家，累计下载量达到 60 多万。

WebPecker 具有 0day 漏洞检测能力、网站捕获技术、认证扫描技术，在 XSS 漏洞深度检测方面具备较高的准确度和较强的漏洞验证能力、高安全性和高并发性能。

WebPecker 包括扫描管理子系统和扫描分析子系统，其功能具体如下。

扫描管理子系统主要包括扫描管理、配置管理、扫描结果分析处理、任务调度器、安全管理、用户管理、日志管理和升级管理等模块。扫描管理模块的功能和接口主要有：启动扫描、停止扫描、报告扫描进度、报告扫描状态；配置管理的功能和接口主要有：创建项目、编辑扫描配置；扫描结果分析处理模块功能和接口功能有：目录树、漏洞列表、漏洞 URL 列表、扫描快照、漏洞验证、报告管理；任务调度器通过轮询的方式读取任务队列，并根据指令来启动扫描还是停止扫描，同时更新扫描状态；安全管理模块的功能和接口主要有：开启/关闭用户对前台的访问、修改安全策略；用户管理模块的功能和接口主要有：标识与鉴别、登录前台、用户在前台修改密码、管理员登录后台等；日志管理模块的功能和接口主要有：日志生成、日志备份、日志清空、日志查询；升级能力主要由升级管理模块来实现。

扫描分析子系统主要包括智能引擎、智能 HTTP/HTTPS 代理、智能爬虫和漏洞检测引擎。智能引擎主要功能是对响应页面进行静态和动态分析；智能代理负责为漏洞检测引擎发送负载请求、接收响应，并依赖于智能引擎强大分析能力分析响应特征，然后将响应数据和分析结果返回给漏洞检测引擎；智能爬虫通过发送 HTTP 请求、接收 HTTP 响应、同时依赖于智能引擎的强大分析能力爬行网站(提取链接和表单)，为漏洞检测引擎提供测试数据；漏洞检测引擎以插件的方式支持漏洞检测，可通过增加新的插件的方式进行扩展，支持更多种类的漏洞检测。

WebPecker 的主要功能特点如下。

1) 0day 漏洞检测能力

这是判别 Web 扫描器价值最关键的标准。在 Web 安全(网站安全)上，通常涉及 3 个层次的漏洞：操作系统漏洞、Web 服务组件或 Web 框架漏洞、Web 应用漏洞。传统市面上大多数 Web 扫描器主要依赖公开漏洞库，检测前两个层次的漏洞，属于第三方已知漏洞，实际上可以不用关注如何发现这类漏洞,而只需要关注安全公告或及时升级、打补丁即可。而WebPecker不依赖公开漏洞库,检测的是未知的Web应用漏洞(即Web 0day漏洞),不能通过关注安全公告或升级、打补丁方式来解决,只能通过专业的Web应用漏洞扫描工具发现漏洞并根据建议进行整改加固。经过与国内、国际同类知名产品在漏报、误报、重报等几方面进行严格比对,WebPecker的Web 0day漏洞检测能力处于领先地位。

2)网站捕获技术

网站捕获技术通常指网站爬行能力,这是衡量Web扫描器能力重要指标之一。卓越的网站爬行能力是防止漏报的基本保障。wivet是用来评估网站爬行能力的国际基准。国际知名、在国内拥有最广泛客户群体的Acunetix WVS和IBM AppScan针对wivet的爬行覆盖率是92%,国内传统Web扫描器覆盖率通常不足75%,而WebPecker针对wivet爬行覆盖率达到了94%。

3)认证扫描技术

认证扫描是深度全面挖掘Web应用漏报的根本保障,鉴于网站认证功能实现技术的多样性和复杂性,强大的认证扫描能力需要支持多种认证方式,传统Web扫描器通常不支持认证扫描或认证扫描能力较弱。通常重要的功能通常都是隐藏在登录页面之后,因此非认证扫描并不能对Web系统进行全面的安全评估。WebPecker的认证扫描能力是一款真正支持登录表单自动化识别与登录的网站漏洞扫描系统;另外,在基于Session认证扫描方面,也是一款真正支持自动化捕获Session的产品。

4)XSS漏洞深度检测

WebPecker在XSS漏洞深度检测方面具备较高的准确度和超强的漏洞验证能力,XSS漏洞是OWASP排名第2的漏洞,危害性较大。它包括反射型XSS、DOM XSS和存储型XSS漏洞等多个类型。多年来,业内同类产品普遍采用传统的基于模式匹配的检测算法,该算法存在严重的误报。在反射型XSS、DOM XSS检测方面,WebPecker实现了业界独有的零误报率算法;WebPecker针对XSS漏洞检测能力主要体现在是国内唯一能真正深度识别存储型XSS检测的产品,不仅有很好的检出率,而且误报率为0。

XSS漏洞验证通常需要具备较强的专业知识,这种专业人员通常较少,在漏洞验证方面WebPecker是国际和国内目前唯一能够通过弹框快照等方式证实漏洞确实存在的产品,漏洞验证操作简单易用,这也大大降低了报告噪声。

5)安全性和并发性能

WebPecker基于Linux系统架构,因此具有Linux系统先天的安全性、性能和高并发优势。传统大多数扫描器基于Windows平台,稳定性较低,更不具备高并发能力,检测能力较弱,容易宕机。在自主可控方面,WebPecker支持定制国产化的平台,也是目前市面上唯一支持国产化的Web扫描器。WebPecker的部署方式如图10.5所示。

**2. Arachni**

Arachni是一个全面的、模块化的Ruby框架,它能够帮助渗透人员和网络管理人员测试Web应用的安全性。Arachni是非常智能的,在安全审计过程中,它能够从每个HTTP响应中训练提升自己的检测能力。与其他扫描工具不同的是,它能够发现很多隐蔽较深的漏洞。

Arachni是一款基于Ruby框架搭建的高性能安全扫描程序,适用于现代Web应用程

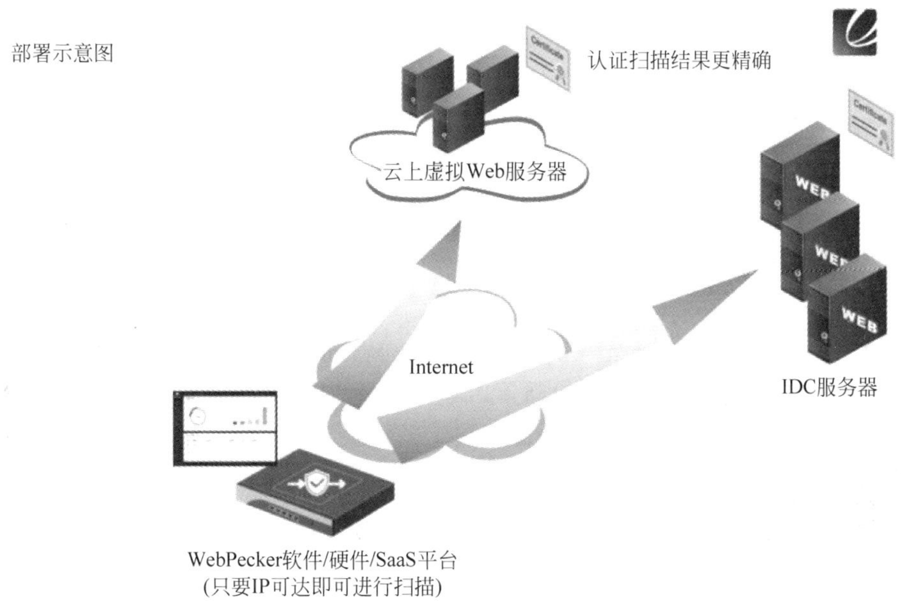

图 10.5　WebPecker 的部署方式

序，可用于 Mac、Windows 和 Linux 系统的可移植二进制文件。Arachni 不仅能对基本的静态或 CMS 网站进行扫描，还能够做到对以下平台指纹信息（硬盘序列号和网卡物理地址）的识别，且同时支持主动检查和被动检查，并且可导出评估报告：Windows、Solaris、Linux、BSD、UnixNginx、Apache、Tomcat、IIS、JettyJava、Ruby、Python、ASP、PHPDjango、Rails、CherryPy、CakePHP、ASP. NET MVC、Symfony。

Arachni 检测的漏洞类型如下。

- NoSQL/Blind/SQL/Code/LDAP/Command/XPath 注入；
- 跨站请求伪造；
- 路径遍历；
- 本地/远程文件包含；
- 应答拆分（Response Splitting）；
- 跨站脚本；
- 未验证的 DOM 重定向；
- 源代码披露。

另外，可以选择输出 HTML、XML、Text、JSON、YAML 等格式的审计报告。Arachni 帮助维护人员以插件的形式将扫描范围扩展到更深层的级别。

**3. XssPy**

据称，微软、摩托罗拉、Informatica 等很多大型企业机构都在用这款基于 Python 的 XSS（跨站脚本）漏洞扫描器。它的编写者 Faizan Ahmad 才华出众，XssPy 是一个非常智能的工具，不仅能检查主页或给定页面，还能够检查网站上的所有链接以及子域。因此，XssPy 的扫描非常细致且范围广泛，使用者众多。

XssPy 是一个扫描网站是否存在跨站点脚本漏洞的工具，它集合了许多优秀工具的特点，XssPy 不仅仅检查一个页面，它可以遍历网站以及子域名，然后开始扫描每个页面，发现可能存在的跨站点脚本漏洞。XssPy采用了许多小而有效的payload,可以有效扫描网站存在的XSS漏洞。不过,它需要第三方库的支持,第1次使用前需要运行pip install mechanize命令安装第三方库。



# 10.7 Android漏洞扫描

视频讲解

## 10.7.1 Android常见漏洞

Android常见漏洞种类较多,主要包括WebView组件远程代码执行漏洞、WebView跨域访问漏洞、WebView组件忽略SSL证书验证错误漏洞、WebView密码明文保存漏洞、Content Provider目录遍历漏洞、随机数使用不当漏洞、SharedPreference全局读写漏洞、数据库全局读写漏洞等几大类,每类漏洞里包含了多种漏洞或风险。Android常见漏洞及修复建议如表10.5所示。

表10.5 Android常见漏洞

| 漏洞名称 | 漏洞描述 | 修复建议 |
| --- | --- | --- |
| 日志敏感信息泄露 | 程序运行期间打印了用户的敏感信息,造成泄露 | 建议禁止隐私信息的日志 |
| 建议禁止隐私信息的日志 | 漏洞可导致中间人攻击 | 建议不要忽略SSL认证错误 |
| SQL注入漏洞 | 漏洞可能导致用户数据库中的信息泄露或篡改 | 建议使用安全SQLite,如SQLcipher |
| HTTPS空校验漏洞 | 漏洞可导致中间人攻击 | setHostnameVerifier接口设置安全选项级别 |
| Provider组件暴露漏洞 | 没有权限限制的导出组件可以使其他App访问本程序的数据,导致数据泄露 | 建议增加权限限制 |
| Fragment注入漏洞 | 漏洞导致通过Intent输入适当的Extra就可以调用其内部的任意Fragment | 不要导出PreferenceActivity |
| WebView远程代码执行(CVE-2014-1939) | 在4.0至4.2版本的Android系统上,WebView会增加searchBoxJavaBredge_,导致远程代码执行。攻击者可以向页面植入JavaScript,通过反射在客户端中执行任意恶意代码 | 在WebView中调用removeJavascriptInterface("searchBoxJavaBredge_") |
| ContentResolver暴露漏洞 | 通过暴露的ContentResolver可以绕过Provider的权限限制 | 对使用ContentResolver的组件不导出或添加权限限制 |
| HTTPS通信没有校验服务器证书 | 应用没有校验服务器证书,可导致中间人攻击,泄露通信内容 | 不要重写TrustManager类,或者实现checkServerTrusted,增加对服务器证书的校验 |
| HTTPS通信允许所有的服务器证书 | 应用没有校验服务器证书,可导致中间人攻击,泄露通信内容 | 不要调用setHostnameVerifier设置ALLOW_ALL_HOSTNAME_VERIFY标识位 |
| Activity安全漏洞 | Activity存在崩溃或异常,任意其他应用可导致存在此漏洞的应用崩溃或功能调用 | 对传给Activity的Intent中的参数进行严格检测,如无必要不要导出这个Activity |

续表

| 漏洞名称 | 漏洞描述 | 修复建议 |
| --- | --- | --- |
| WebView 远程代码执行(CVE-2012-6636) | JavascriptInterface 允许攻击者向页面植入 JavaScript,通过反射在客户端中执行任意恶意代码。所有应用在 4.2 版本以下的应用会受影响,编译 API Level 小于 17 的应用在全部系统中都受影响 | 若应用编译时 API Level 小于 17,需要提升 SDK 版本。如果希望 4.2 以下版本的手机不受影响,可以参考替代方案 https://github.com/pedant/safe-java-js-webview-bridge |
| Service 安全漏洞 | Service 存在崩溃或异常,任意其他应用可导致存在此漏洞的应用崩溃或功能调用 | 对传给 Service 的 Intent 中的参数进行严格的检测,如无必要不要导出这个 Service |
| 使用不安全的加密模式 | 使用 AES 或 DES 加密时,使用的默认加密模式或显式指定使用 ECB 模式。容易受到选择明文攻击(CPA),造成信息泄露 | 显式指定使用 CBC 模式加密 |
| Receiver 安全漏洞 | BroadcastReceiver 存在崩溃或异常,任意其他应用可导致存在此漏洞的应用崩溃或功能调用 | 对传给 BroadcastReceiver 的 Intent 中的参数进行严格的检测,如无必要不要导出这个 Receiver |
| 加密时不能指定 IV | CBC 加密时,使用了常量作为 IV,可被进行 BEAST 攻击,造成信息泄露 | 动态生成 IV 的数值 |
| 存在外部可访问的表单 | 应用中存在外部可访问的表单,造成信息泄露 | 审核这些表单的访问权限,如果非必要不要导出 |
| 私有文件遍历漏洞 | 通过存在漏洞的 URI,可以遍历读取应用的私有数据文件,造成信息泄露 | 修改存在文件遍历漏洞的 URI 的 ContentProvider 的实现,对输入进行严格的检测和过滤 |
| Selection SQL 注入漏洞 | 应用存在 Selection SQL 注入漏洞,会导致存储在 ContentProvider 中的数据被泄漏和篡改 | 修改存在注入漏洞的 URI 的 ContentProvider 的实现,对输入进行严格的检测和过滤 |
| Projection SQL 注入漏洞 | 应用存在 Projection SQL 注入漏洞,会导致存储在 ContentProvider 中的数据被泄漏和篡改 | 修改存在注入漏洞的 URI 的 ContentProvider 的实现,对输入进行严格的检测和过滤 |
| 存在可被恶意访问的表单 | 存在可以利用 SQL 注入方式访问的表单,造成信息泄露 | 修复相关的 SQL 注入漏洞 |
| 同源绕过漏洞 | Activity 接收使用 file://路径的协议,却没有禁用 JavaScript 的执行,通过此漏洞可以读取应用的任意内部私有文件,造成信息泄露 | 禁用 FILE 协议或禁止 FILE 协议加载的文件执行 JavaScript |
| 本地代码执行漏洞 | Activity 接收外部传入的 URL 参数,且存在 WebView 远程代码。攻击者可从本地或远程对客户端进行注入,执行任意恶意代码 | 不要导出此 Activity,或者对接收的 URL 参数进行严格判断 |

## 10.7.2 Android 常见风险及预防

**1. App 备份风险**

该风险允许程序备份,可能导致用户信息泄露。修改建议:如果不需要备份,则添加 allowBackup=false,或者实现加密备份。

**2. 日志信息泄露**

该风险使程序运行期间的日志数据可能泄露。修改建议：建议发布版去掉日志信息。

**3. Intent 泄露用户敏感信息**

该风险是指 Intent 数据包含用户的敏感信息有可能导致泄露。修改建议：将敏感信息加密，采用权限限制 Intent 的范围。

**4. Receiver 组件暴露风险**

该风险指 Receiver 组件可被外部调用导致敏感信息泄露。修改建议：无须暴露的组件设置为 exported=false；若需要外部调用，建议添加自定义 signature 或 signatureOrSystem 级别的私有权限保护；需要暴露的组件请严格检查输入参数，避免应用出现拒绝服务。进程内动态广播注册建议使用 LocalBroadcastManager；或者使用 registerReceiver(BroadcastReceiver，IntentFilter，broadcastPermission，Handler)替代 registerReceiver(BroadcastReceiver，IntentFilter)。

**5. 广播信息泄露风险**

广播可以被其他恶意程序进行接收，导致用户信息泄露或终止广播。修改建议：使用显式调用方式发送 Intent；进程内发送消息使用 LocalBroadcastManager；或者使用权限限制接收范围，如使用 sendBoardcast(Intent，receiverPermission)替代 sendBoardcast(Intent)。

**6. 外部存储使用风险**

存储在外部空间的数据可能造成信息泄露。修改建议：敏感数据不要采用外部存储，外部存储做好权限限制和加密处理。

**7. App 调试风险**

如果允许 App 程序被调试，则有可能带来风险。修改建议：将 debugable 的值修改为 false。

**8. 私有配置文件读风险**

私有配置文件如果允许读，则有可能暴露私人信息，建议禁用全局读操作，改为 MODE_PRIVATE。

**9. 用户自定义权限滥用风险**

权限为 normal，可能导致敏感信息泄露。修改建议：修改为 signature 或 signatureOrSystem。

**10. 私有配置文件读写风险**

建议禁用全局写操作 改为 MODE_PRIVATE。

**11. 私有文件泄露风险**

私人敏感文件存在泄露风险。修改建议：禁用 MODE_WORLD_READABLE 和 MODE_WORLD_READABLE 选项打开文件。

**12. Activity 组件暴露风险**

Activity 接口可被其他应用调用，用于执行特定的敏感操作或钓鱼欺骗。修改建议：无须暴露的组件请设置 exported=false；若需要外部调用，建议添加自定义 signature 或 signatureOrSystem 级别的私有权限保护；需要暴露的组件请严格检查输入参数，避免应用出现拒绝服务。

**13. 局部可读文件**

如果存在其他任何应用都可以读取的私有文件，可能造成信息泄露。修改建议：文件属性修改为只有所属用户或同组用户可以读取。

**14. 局部可写文件**

如果存在其他任何应用都可以修改的私有文件，可能造成应用行为被修改甚至是代码注入。修改建议：文件属性修改为只有所属用户或同组用户可以修改。

**15. URI 用户敏感信息泄露**

URI 中包含用户敏感信息，导致逆向分析者很容易获得相关信息。修改建议：对 URI 路径做转换。

**16. 尝试使用 root 权限**

如果程序具有 root 权限，且没有对调用做限制的话，可能被恶意利用。修改建议：不使用不必要的高权限，并对关键权限加上校验限制。

**17. URL 用户敏感信息泄露**

URL 中包含用户敏感信息，可能导致信息泄露。修改建议：数据加密处理。

**18. 外部 URL 可控的 WebView**

Activity 可被其他应用程序调用并加载一个外部传入的链接，可用来进行钓鱼攻击，或者进一步进行漏洞利用。修改建议：减少不必要的 Activity 导出。

**19. KeyStore 风险**

Android 系统 KeyStore 密钥存储组件存在敏感信息泄露漏洞。修改建议：禁用 android. security. KeyStore。

### 10.7.3 Android 漏洞扫描工具

Android 漏洞扫描工具比较多，有网络爱好者对常用扫描工具进行了总结，如下所示。

**1. 测试工具集**

Appie：轻量级的软件包，可以用来进行基于 Android 的渗透测试，不想使用 VM 的时候可以尝试一下。

Android Tamer：可以实时监控的虚拟环境，可以用来进行一系列的安全测试、恶意软件检测、渗透测试和逆向分析等。

AppUse：AppSec Labs 开发的 Android 虚拟环境。

Mobisec：移动安全的测试环境，同样支持实时监控。

Santoku：基于 Linux 的小型操作系统，提供一套完整的移动设备司法取证环境，集成大量 Android 的调试工具、移动设备取证工具、渗透测试工具和网络分析工具等。

**2. 逆向工程和静态分析**

APKInspector：带有 GUI 的 Android 应用分析工具。

APKTool：一个反编译 APK 的工具，能够将其代码反编译成 smali 或 Java 代码，并且能对反编译后的代码重新打包。

Dex2jar：Dex2jar 可以将. dex 文件转换成. class 文件或是将. apt 文件转换成. jar 文件。

Oat2dex：用来将. oat 文件转化为. dex 文件。

JD-GUI：用来反编译并分析. class 和. jar 文件。

FindBugs+FindSecurityBugs：FindSecurityBugs是FindBugs的拓展，可以对指定应用加载各种检测策略来针对不同的漏洞进行安全检查。

Mobile Security Framework：Mobile Security Framework（移动安全框架）是一款智能一体化的开源移动应用(Android/iOS)自动渗透测试框架，它能进行静态、动态的分析。

QARK：LinkedIn发布的开源静态分析工具QARK用于分析那些用Java语言开发的Android应用中的潜在安全缺陷。

AndroBugs：AndroBugs Framework是一个免费的Android漏洞分析系统，帮助开发人员或渗透测试人员发现潜在的安全漏洞。AndroBugs框架已经在多家公司开发的Android应用或SDK发现安全漏洞，如Facebook、推特、雅虎、Google、华为、Evernote、阿里巴巴、AT&T和新浪等。

Simplify：Simplify可以用来去掉一些Android代码的混淆并还原成Classes.dex文件，得到.dex文件后可以配合Dex2jar或JD-GUI进行后续还原。

ClassNameDeobfuscator：可以通过简单的脚本解析smali文件。

**3. 动态调试和实时分析**

Introspy：Android是一款可以追踪分析移动应用的黑盒测试工具并且可以发现安全问题。这个工具支持很多密码库的Hook，还支持自定义Hook。

Cydia Substrate：Cydia Substrate是一个代码修改平台，它可以修改任何主进程的代码，不管是用Java还是C/C++语言(native代码)编写的，是一款强大而实用的Hook工具。

Xposed Framework：Xposed Framework是一款可以在不修改APK的情况下影响程序运行(修改系统)的框架服务，基于它可以制作出许多功能强大的模块，且在功能不冲突的情况下同时运作。

CatLog：Android日志查看工具，带有图形界面。

Droidbox：一个动态分析Android代码的分析工具。

Frida：Frida是一款基于Python+JavaScript的Hook与调试框架，适合Android，iOS，Linux，Windows，OS X等平台，相比Xposed和Substrace Cydia更加便捷。

Drozer：Drozer是一个强大的App检测工具，可以检测App存在的漏洞和对App进行调试。

**4. 网络状态分析和服务端测试**

TCPDump：基于命令行的数据包捕获实用工具。

Wireshark：一个网络封包分析软件，功能是截取网络封包，并尽可能显示出最为详细的网络封包资料。

Canape：可以对任何网络协议进行测试的工具。

Mallory：中间人(MiTM)攻击工具，可以用来监视和篡改网络内的移动设备和应用的网络流量数据。

Burp Suite：Burp Suite是用于攻击Web应用程序的集成平台。它包含了许多工具，并为这些工具设计了许多接口，以加快攻击应用程序的过程。所有的工具都共享一个强大的能处理并显示HTTP消息、持久性、认证、代理、日志、警报的可扩展的框架。

Proxydroid：Android ProxyDroid可以帮助用户设置Android设备上的全局代理(HTTP/SOCKS4/SOCKS5)。

**5. 绕过 root 检测和 SSL 的证书锁定**

Android SSL Trust Killer：一个用来绕过 SSL 加密通信防御的黑盒工具，支持大部分移动端的软件。

Android-ssl-bypass：命令行下的交互式 Android 调试工具，可以绕过 SSL 的加密通信，甚至是存在证书锁定的情况下。

RootCoak Plus：RootCoak Plus 是一款可以对指定的 App 隐藏系统的 root 权限信息，并绕过已知常见的 root 识别机制的工具。

## 课 后 习 题

**一、单选题**

1. 使用漏洞库匹配的扫描方法，能发现(　　)。

A. 未知的漏洞　　B. 已知的漏洞
C. 自行设计的软件中的漏洞　　D. 所有的漏洞

2. 下列不属于常见的网络攻击手段的是(　　)。

A. 逆向工程　　B. 端口扫描与信息采集
C. 社会工程　　D. 邮箱注册

3. 从信息安全角度来看，以下做法中不合适的是(　　)。

A. 对任意互联网网站进行漏洞扫描　　B. 经常对本公司网站进行漏洞扫描
C. 及时跟进操作系统官方发布的补丁　　D. 不在公共网吧登录个人银行账号

4. 黑客攻击预备阶段需要做的工作顺序是(　　)。

A. 踩点、信息收集、漏洞扫描、Web 入侵
B. 踩点、信息收集、Web 入侵、漏洞扫描
C. 踩点、漏洞扫描，信息收集、Web 入侵
D. 漏洞扫描、踩点、Web 入侵、信息收集

5. 网络漏洞扫描系统通过远程检测(　　)TCP/IP 不同端口的服务，记录目标给予的回答。

A. 源主机　　B. 路由器　　C. 目标主机　　D. 以上都不对

6. (　　)系统是一种自动检测远程或本地主机安全性弱点的程序。

A. 入侵检测　　B. 防火墙　　C. 漏洞扫描　　D. 入侵防护

7. 下列选项中(　　)不属于 CGI 漏洞的危害。

A. 缓冲区溢出攻击　　B. 数据验证型溢出攻击
C. 脚本语言错误　　D. 信息泄露

8. 基于网络低层协议，利用协议或操作系统实现时的漏洞来达到攻击目的，这种攻击方式称为(　　)。

A. 木马攻击　　B. 拒绝服务攻击
C. 被动攻击　　D. 跨站脚本攻击

9. 特洛伊木马攻击的威胁类型属于(　　)。

A. 授权侵犯威胁　　B. 植入威胁

C. 渗入威胁　　D. 旁路控制威胁

10. 下列不属于漏洞产生原因的是(　　)。

A. 小作坊式软件开发　　B. 不重视软件安全测试

C. 淡薄的安全思想　　D. 日常安全维护不及时

11. 以下对计算机漏洞的描述错误的是(　　)。

A. 漏洞是可以修补的

B. 只要设计严密就不会出现漏洞

C. 任何系统都不可能避免出现漏洞

D. 漏洞容易被黑客发现及利用

12. 为了保证漏洞分类的科学性,下列选项中错误的是(　　)。

A. 互斥性　　B. 明确性　　C. 重叠性　　D. 可重复性

13. 下列不属于计算机漏洞的是(　　)。

A. 缓冲区溢出　　B. 特洛伊木马

C. SQL 注入　　D. 计算机来宾账户

14. 中国国家信息安全漏洞库的英文缩写为(　　)。

A. CVE　　B. NVD　　C. CNNVD　　D. CNVD

15. 下列不属于黑客常用的漏洞挖掘手段的是(　　)。

A. 黑盒测试(Fuzz 测试)　　B. 白盒测试(源码审计)

C. 灰盒测试(反汇编审计)　　D. 红盒测试(日志审计)

16. TCP SYN 扫描可以实现(　　)。

A. 溢出漏洞发现　　B. 网络服务发现

C. XSS 漏洞发现　　D. 木马程序发现

17. 数据库安全不包括(　　)。

A. 完整性　　B. 保密性　　C. 封闭性　　D. 可用性

18. 数据库脱敏算法不包括(　　)。

A. 变形　　B. 替换　　C. 复制　　D. 加密

19. 下列(　　)漏洞扫描工具是专门针对数据库扫描的。

A. OpenVAS　　B. Nikto　　C. DBScan　　D. Retina

20. 下列(　　)漏洞是 Android 系统独有的漏洞。

A. 弱口令　　B. Activity 安全漏洞

C. XSS　　D. SQL 注入

**二、填空题**

1. 美国计算机专家 D. Denning 博士对漏洞的定义为:导致操作系统执行的________和访问控制矩阵所定义的________之间相冲突的所有因素。

2. 漏洞分类的目的就是以一种________、________的手段,对各种漏洞进行分类整理,便于人们认识漏洞,掌握漏洞特征,并提出针对性的解决方案。

3. 中国信息安全测评中心简称为________,负责建立的国家信息安全漏洞库简称为________。

4. TCP 连接扫描是最基本的 TCP 扫描方式,其原理是直接使用系统提供的连接函数完成完整的3次握手，3次握手发送的数据包标识位分别是________、________、________。

5. 针对检测对象的不同，漏洞扫描器还可分为网络扫描器、________、Web服务扫描器、________以及无线网络扫描器等。

6. 数据库安全技术内涵包括了________、完整性和________，即所谓的CIA(Confidentiality，Integrity，Availability)3方面。

7. 跨站脚本攻击XSS一般发生在________，可被用于进行窃取隐私、钓鱼欺骗、窃取密码、________等攻击。

8. 防御HTTP报头追踪漏洞的方法通常是通过禁用________方法来实现。

9. 要完成一次CSRF攻击，受害者必须依次完成两个步骤：

(1) 登录受信任网站A，并在本地生成________；

(2) 在不登出A的情况下，访问________。

10. Android常见漏洞种类较多，主要包括WebView组件远程代码执行漏洞、WebView跨域________、WebView组件忽略SSL证书验证错误漏洞、WebView密码明文________、Content Provider目录遍历漏洞、随机数使用不当漏洞、SharedPreference全局读写漏洞、数据库全局读写漏洞等几大类。

**三、简答题**

1. 计算机漏洞的定义是什么？

2. 软件后门漏洞是怎么产生的？

3. 计算机漏洞分类应该遵循哪些基本原则？

4. 如何理解社会工程学带来的威胁？

5. TCP端口扫描能起到什么作用？

6. 漏洞与时间有什么关系？

7. 漏洞扫描通常有哪些方式？

8. 基于漏洞特征库的扫描原理是什么？

9. 什么是SQL注入漏洞？

10. 什么是跨站脚本漏洞？

11. 十大常见Web漏洞包括哪些？

12. Android常见漏洞有哪些？

13. 如何防范Activity安全漏洞？

14. 如何防范日志信息泄露？

15. 如何选择漏洞扫描工具？

# 第11章 入侵检测与防御

视频讲解

## 11.1 基本概念

### 11.1.1 入侵检测系统

入侵检测系统的起源，最早可以追溯到1980年，当时一位名叫 James P. Anderson 的科学家为美国军方写了一份题为《计算机安全威胁监控与监视》的技术报告，在该报告中他首次提出了威胁、非法访问等术语。其中，"威胁"与"入侵"的含义基本相同，可以将入侵或威胁定义为潜在的、有预谋的、未经授权的访问，企图致使系统不可靠或无法使用。1984年至1986年，在美国海军的资助下，乔治敦大学的 Dorothy E. Denning 和 SRI 公司计算机科学实验室的 Peter Neumann 研究出了一个抽象的实时入侵检测系统模型，即入侵检测专家系统(Intrusion Detection Expert Systems，IDES)。这是世界上首次在一个应用中运用了统计和基于规则两种技术的系统，是入侵检测研究中最有影响的一个系统，并将入侵检测作为一个新的安全防御措施提出。Dorothy E. Denning 于 1987 年发表了一篇划时代的论文 *An intrusion-detection model*(《一个入侵检测模型》)，首次提出了入侵检测理论模型。1989年，加州大学戴维斯分校的 Todd Heberlein 写了一篇题为 *A network security monitor* 的论文，提出了监控器用于捕获 TCP/IP 分组，第1次直接将网络数据流作为审计数据来源，因而可以在不将审计数据转换成统一格式的情况下监控异种主机，网络入侵检测从此诞生。

入侵检测系统(Intrusion Detection System，IDS)是一套软件系统或硬件组成的网络安全设备，可以作为防病毒软件和防火墙的补充。它从计算机网络系统中的若干关键点收集信息，并分析这些信息，查找网络中是否有违反安全策略的行为和遭到袭击的迹象。入侵检测被认为是防火墙之后的第2道安全闸门，在不影响网络性能的情况下能对网络进行监测，从而提供对内部攻击、外部攻击和误操作的实时预警。

入侵检测系统面对的是各种各样的入侵行为，包括合法用户的误用和滥用、非法用户利用系统脆弱性或漏洞以及通过攻击等一切手段获取合法用户的权限后所实施的一切破坏行为，以及恶意代码所造成的各种破坏行为等。

通常而言，IDS 是一种旁路部署的设备，仅对网络进出口流量进行监控与报警，不对网络流量进行任何干预。

### 11.1.2 入侵防御系统

早期的入侵检测系统重在检测与预警，作用于事后，即入侵攻击行为已发生，系统才能发现，滞后情况严重。有些情况下，滞后的反应可能给系统带来毁灭性影响。

在企业网络中一般都会部署一台防火墙于内部网络与外部网络的接口处，以便于过滤不符合安全规则的进出口流量。然而，串行部署的防火墙虽然可以拦截低层攻击行为，但对应用层的深层攻击行为无能为力，这就是传统防火墙的不足了。为了发现穿过防火墙的入侵行为，IT 技术人员开发出了 IDS，有助于及时发现那些穿透防火墙的深层攻击行为，作为防火墙的有益补充。但很可惜的是，由于 IDS 的部署方式为旁路监听模式，无法实时阻断入侵的网络流量，因而，IDS 无法实现防御功能。那么，能否让 IDS 和防火墙联动起来呢？例如，通过 IDS 来发现，通过防火墙来阻断。但由于迄今为止没有统一的接口规范，加上越来越频发的"瞬间攻击"（一个会话就可以达成攻击效果，如 SQL 注入、溢出攻击等），使 IDS 与防火墙联动在实际应用中的效果不显著。

鉴于上述情况，这就使得人们思考，是否可以设计出一种能防御深层入侵威胁且串行部署的安全设备。这样既能发现威胁，又能阻断该威胁。这就导致了入侵防御系统（Intrusion Prevention System，IPS）设备的出现。目前的 IPS 已进一步发展到了事中或事前即可发现或预测，这就是新一代 IPS 的功能。

IPS 是指一台能够监视进出网络数据流的网络安全设备及其上面安装的软件系统，它能够即时地中断、调整或隔离一些不正常或具有伤害性的网络数据流。

Network ICE 公司在 2000 年 9 月 18 日推出了业界第 1 款 IPS 设备 BlackICE Guard，它第 1 次把基于旁路检测的 IDS 技术用于在线模式，直接分析网络流量，并把恶意包丢弃。紧接着很多公司加入了 IPS 技术研发行列，IPS 得到了快速发展。当时随着设备的不断发展和市场的认可，欧美一些安全大公司通过收购小公司的方式获得 IPS 技术，从而推出自己的 IPS 设备。例如，ISS 公司收购 Network ICE 公司，发布了 Proventia 产品；NetScreen 公司收购 OneSecure 公司，推出 NetScreen-IDP 产品；McAfee 公司收购 Intruvert 公司，推出 IntruShield 产品。还有 Cisco、Symantec、TippingPoint 等公司也发布了各自的 IPS 设备。

2005 年 9 月，绿盟科技公司发布了国内第 1 款拥有完全自主知识产权的 IPS 设备。紧接着，2007 年，联想网御、启明星辰、天融信、深信服、网神信息等国内安全公司分别通过技术合作、OEM 等多种方式相继发布了各自的 IPS 设备。目前，经过不断的技术迭代，国内已经出现了很多包含最新技术的 IPS 设备。

综合来看，入侵检测系统（IDS）对那些异常的、可能是入侵行为的数据进行检测和报警，告知使用者网络中的实时状况，并提供相应的解决、处理方法，是一种侧重于风险管理的安全设备。而入侵防御系统（IPS）则是对那些被明确判断为攻击行为，会对网络、数据造成危害的恶意行为进行检测和防御，降低或减少使用者对异常状况的处理资源开销，是一种侧重于风险控制的安全设备。这也解释了 IDS 和 IPS 的关系，它们之间并非取代和互斥，而是相互协作：没有部署 IDS 的时候，只能是凭感觉判断，应该在什么地方部署什么样的安全设备，通过 IDS 的广泛部署，了解了网络的当前实时状况，据此状况可进一步判断应该在何处部署何类安全设备（防火墙，IDS，IPS 等）。当然，将 IDS 的功能全部集成到 IPS 中，在网络中部署一台 IPS 就可以实现入侵检测与防御的全部功能。

### 11.1.3 入侵防御系统的作用

在 ISO/OSI 网络层次模型中，防火墙主要在第 2～4 层起作用，在第 4～7 层的作用一般很微弱。而防病毒软件主要在第 5～7 层起作用。为了弥补防火墙和防病毒软件二者在第4和第5层之间留下的空档,人们就开发出了入侵检测系统。入侵检测系统在发现异常情况后会及时向网络安全管理人员或防火墙系统发出警报。应当看到,在发现入侵时,灾害往往已经形成,后果难以预料。理论上,防卫机制最好是在危害形成之前先期起作用。因而就出现了入侵响应系统(Intrusion Response Systems,IRS)作为对入侵检测系统的补充,它能够在发现入侵时,迅速作出反应,并自动采取阻止措施。将两者功能结合,就产生了入侵防御系统IPS。显然,IPS则作为二者的进一步发展,既汲取了二者的长处,又在功能上做了扩展,形成了功能更加完善的入侵检测与防御系统。

从工作原理上来看,入侵防御系统也像入侵检测系统一样,专门深入网络数据内部,查找它所认识的攻击代码特征,发现问题,即时报警。比IDS更进一步的是,IPS能过滤有害数据流,丢弃有害数据包,并进行记载,以便事后分析。除此之外,更重要的是,大多数入侵防御系统同时结合考虑应用程序或网络传输中的异常情况辅助识别入侵和攻击。例如,用户或用户程序违反安全条例、数据包在不应该出现的时段出现、作业系统或应用程序弱点的空子正在被利用等。入侵检测系统虽然也考虑已知病毒特征,但是它并不仅依赖于已知病毒特征,管理员可以制定更加细化的规则。

应用入侵防御系统的目的在于及时识别攻击程序或有害代码及其变种,采取预防措施,先期阻止入侵,防患于未然。或者至少使其危害性充分降低。入侵防御系统一般作为防火墙和防病毒软件的补充投入使用。在必要时,它还可以为追究攻击者的刑事责任而提供法律上有效的证据。

我们知道,入侵是指有害代码首先到达目的地,然后干坏事。然而,即使它侥幸突破防火墙等各种防线,得以到达目的地,但是由于有了入侵防御系统,有害代码最终还是无法起到它的作用,不能达到它要达到的目的,这就是企业部署IPS系统的目的所在。

视频讲解

# 11.2 入侵检测系统

## 11.2.1 系统功能

大多数的IDS程序可以提供关于网络流量非常详尽的分析,它们可以监视任何定义好的流量。大多数的程序对FTP、HTTP和Telnet流量都有默认的设置,还有其他的流量,如NetBus、本地和远程登录失败等,用户也可以自己定制策略。IDS通常可以应用于以下几方面。

**1. 网络流量管理**

像eTrust Intrusion Detection(以前是Session Wall)、Axent Intruder Alert和ISS RealSecure等IDS程序,允许记录、报告和禁止几乎所有形式的网络访问。还可以用这些程序监视某台主机的网络流量,eTrust Intrusion Detection可以读取这台主机上用户最后访问的Web页面。

如果定义了策略和规则,便可以获得FTP、SMTP、Telnet和任何其他的流量。这种规则有助于追查该连接和确定网络上发生过什么,以及现在正在发生什么。这些程序在需要确定网络中策略实施的一致性情况时,是非常有效的工具。

虽然IDS是对安全管理人员或审计人员非常有价值的工具,但公司的员工同样可以安装 eTrust Intrusion Detection 或 Intrude Alert 等程序访问重要的信息。攻击者不仅可以读取未加密的邮件，还可以嗅探密码和收集重要的协议方面的信息。所以，首要的工作是要检查在网络中是否有类似的程序在运行。

**2. 系统扫描**

前面讲到如何应用不同的策略加强有效的安全，这项任务需要在网络中不同的部分实施控制，从操作系统到扫描器、IDS 程序和防火墙。许多安全专家将这些程序和 IDS 结合起来，系统完整性检查、记录日志、黑客"监狱"和引诱程序都是可以与 IDS 前后配合的有效工具。

**3. 追踪**

IDS 所能做到的不仅仅是记录事件，它还可以确定事件发生的位置，这是许多安全专家购买 IDS 的主要原因。通过追踪来源，可以更多地了解攻击者。这些经验不仅可以记录下攻击过程，同时也有助于确定解决方案。

### 11.2.2 入侵检测系统评价

不同厂家生产的入侵检测系统存在质量参差不齐的情况，投入使用带来的效益会有很大的不同。评价不同种类的入侵检测系统，可从以下几方面入手。

**1. 准确性**

准确性是指入侵检测系统能够准确识别正常行为与异常行为，不会出现将正常行为识别为异常行为的情况，也不会出现将异常行为识别为正常行为的情况。

**2. 性能**

入侵检测系统良好的性能主要体现在强大的处理分析能力，能保证网络的性能，不会给网络正常通信造成影响。

**3. 完整性**

完整性是指入侵检测系统能够检测出所有的异常行为或攻击，不会出现漏报的情况。

**4. 及时性**

及时性是指入侵检测系统能够迅速处理各类入侵流量，及时发现问题，即时报警并将分析结果发送给管理人员和响应系统，以便响应系统在网络系统被造成严重危害之前作出反应，阻止危害的进一步扩大。

**5. 抵抗力**

抵抗力是指入侵检测系统本身抵抗外部攻击的能力，尤其是抵抗类似"拒绝服务"攻击这样的能力。

**6. 部署方式**

入侵检测系统应该支持分级部署或分布式部署，并能集中管理，满足不同规模网络的使用和管理需求。

**7. 扩展性**

扩展性是指入侵检测系统具有多点多链路检测能力，在保证性能的情况下，尽可能多地处理各类流量，避免不必要的重复安全投资。

### 11.2.3 入侵检测系统分类

常用入侵检测系统依据功能、检测方法、部署方式等,有不同的分类方法。

**1. 按检测功能分类**

入侵检测系统按检测功能可以分为以下3类。

1) 基于主机的检测

对于这一类检测,通常是通过主机系统的日志文件、系统调用、应用程序日志、系统资源、网络通信、用户使用记录、管理员的设置等进行检测。在系统的日志中记录了进入系统的ID、时间和行为等。这些可通过打印机打印出来,以便进一步分析。管理员的设置包括用户权限、工作组、所使用的权限等。如果这些与管理员的设置有不同之处,说明系统有可能被入侵。还可以依据CPU利用率、内存利用率、磁盘空间、端口使用、注册表、文件完整性、进程信息、系统调用等判断入侵行为。可以检测的行为包括主机端口、漏洞扫描、重复登录失败、口令破解、账户添加、服务启停、系统重启、注册表修改、文件许可变化、异常调用、拒绝服务等。

基于主机的入侵检测典型软件有SWATCH、Tripwire、网页防篡改系统等。这类检测系统具有以下优点。

(1) 可检测网络型入侵检测系统不能检测的攻击。

(2) 可运行在加密系统网络上(信息检测前解密即可)。

(3) 可运行在交换网络中。

(4) 可以实时告警。

(5) 可以实时响应。

基于主机的入侵检也有着明显的不足,如下所示。

(1) 每个监控主机上需安装和维护信息收集模块。

(2) 系统本身的安全性不足的话,也可以被攻击。

(3) 占用主机系统资源,降低性能。

(4) 不能监测网络扫描。

(5) 系统离线时不能分析数据。

(6) 仅能使用监控主机资源。

2) 基于网络的检测

网络入侵者通常利用网络的漏洞进入系统,如TCP/IP协议的3次握手,就给入侵者提供入侵系统的途径。因此,网络的出入口就成为检测重点。

我们知道,任何一个网络适配器都具有收听其他数据包的功能,也就是网卡的混杂模式。正常工作时,它首先检查每个数据包目的地址,只要符合本机地址的包就向上一层传输,这样,通过对适配器适当的配置,就可以捕获同一个子网上的所有数据包。所以,通常将入侵检测系统放置在网关或防火墙后,用来捕获所有进出的数据包,实现对所有的数据包进行监视。

基于网络的入侵检测原理是:侦听网络系统,捕获网络数据包,依据网络包是否包含攻击特征或网络通信流是否异常来识别入侵行为。系统组成包括探测器和管理控制器。可以检测的入侵行为包括同步风暴(SYN Flood)、DDoS、网络扫描、缓冲区溢出、协议攻击、流量异常、非法网络访问等。

常用的基于网络的 IDS 国外设备有 Session Wall，ISS RealSecure，Cisco Secure IDS。国内设备厂商有东软、天融信、绿盟、华为、网神信息、深信服等。还有开源软件 Snort，Bro，OSSEC 等。

基于网络的 IDS 的优点如下。

(1) 适当配置可监控大型网络。

(2) 只监听不干扰，属于被动性设备。

(3) 对攻击者不可见。

基于网络的 IDS 也有其不足，如下所示。

(1) 有可能漏检。

(2) 受限于虚拟网络划分和交换机支持。

(3) 对分组重组影响性能。

(4) 对加密流量检测不足。

3) 基于内核的检测

基于内核的检测是从操作系统的内核收集数据，作为检测入侵或异常行为的依据。这种检测策略的特点是具有良好的检测效率和数据源的可信度。对于这种检测，要求操作系统具有开放性和原码公开性。基于这种检测的主要是针对开源的 Linux 系统。

**2. 按检测方法分类**

入侵检测系统按照检测方法可分为以下两种。

1) 基于行为的检测

基于行为的检测是根据使用者的行为或资源使用状况的正常程度判断是否入侵，而不依赖于具体行为是否出现，所以又称为异常检测。它首先总结正常操作应该具有的特征(用户轮廓)，当用户活动与正常行为有重大偏离时即被认为是入侵。因为不需要对每种入侵行为进行定义，所以能有效检测未知的入侵，漏报率低，误报率高。

2) 基于知识的检测

基于知识的检测是指运用已知的方法，根据定义好的入侵模式，通过判断这些入侵模式是否出现进行检测。因为有很大一部分的入侵是利用系统的脆弱性，所以通过分析入侵的特征、条件、排列以及相关事件就能描述入侵行为的迹象。这种方法是依据具体的特征库进行判断，所以检测准确度很高，误报率低，漏报率高。对于已知的攻击，它可以详细、准确地报告出攻击类型，但是对未知攻击却效果有限，而且特征库必须不断更新。

## 11.2.4 检测原理

入侵检测的目的，是从一组数据中检测出符合某一特点的数据，从而判定该数据是合法还是非法。判定方式有两种：异常入侵判定和误用入侵判定。检测判断的工作原理如下。

**1. 异常入侵检测**

首先要建立系统或用户的正常行为模式库，不属于该库的行为被视为异常行为。它的检测原理是根据一些正常的行为判断非正常行为，一旦发现，就判定为非法入侵。但是，入侵性活动并不总是与异常活动相符合，而是存在以下 4 种可能性：入侵性非异常、非入侵性且异常、非入侵性非异常、入侵性且异常。

另外,异常的阈值设置不当,往往会导致IDS许多误报警或漏检的现象。IDS给安全管理员造成了系统安全假象,漏检对于重要的安全系统来说是相当危险的。

**2. 误用入侵检测**

误用入侵检测依赖于模式库,或称为入侵行为特征库,它的检测原理是以当前行为匹配特征库,一旦匹配成功,就判定为非法入侵。误用入侵检测能直接检测出模式库中已涵盖的入侵行为或不可接受的行为,而异常入侵检测是发现与正常行为相违背的行为。误用入侵检测的主要假设是具有能够被精确地按某种方式编码的攻击。通过捕获攻击和重新整理,可确认入侵活动是基于同一弱点进行攻击的入侵方法的变种。

误用入侵检测主要的局限性是仅能检测已知的弱点和已知的入侵行为,对检测未知的入侵可能用处不大。

比较入侵检测系统的两种模式:异常检测和误用检测。前者先要建立一个系统访问正常行为的模型,凡是访问者不符合这个模型的行为将被断定为入侵;后者则相反,先要将所有可能发生的不利的不可接受的行为归纳建立一个模型,凡是访问者符合这个模型的行为将被断定为入侵。

这两种模式的安全策略是完全不同的,而且,它们各有长处和短处:异常检测的漏报率很低,但是不符合正常行为模式的行为并不见得就是恶意攻击,因此这种策略误报率较高;误用检测由于直接匹配比对异常的不可接受的行为模式,因此误报率较低。但恶意行为千变万化,可能没有被收集在行为模式库中,因此漏报率就很高。这就要求用户必须根据本系统的特点和安全要求制定策略,选择行为检测模式。现在用户大多都采取两种模式相结合的策略。

## 11.2.5 入侵检测模型

**1. Denning模型**

D. E. Denning在1986年首次提出了入侵检测的基础模型,该模型主要由主体、客体、审计记录、行为轮廓、异常记录、活动规则6部分组成。如图11.1所示,此模型主要是依据审计数据形成系统的行为轮廓,并依据轮廓变动的差距发觉入侵。

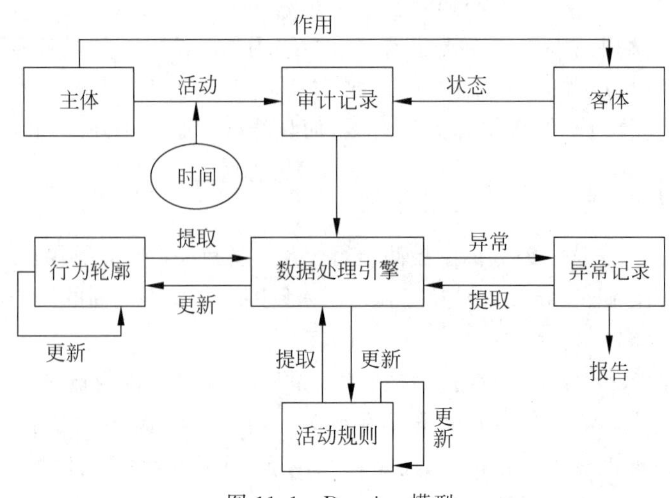


图11.1 Denning模型

1）主体

主体是作用在目标系统中活动的实体，如用户。

2）客体

客体是目标系统中的系统资源，如文件、设备、命令等。

3）审计记录

审计记录主要记录主体的一些活动行为。其内容包括主体、客体、活动、异常行为记录、资源使用、时间戳等。活动是主体对目标的操作，例如，对操作系统而言，这些操作可能是读、写、登录、退出等；异常行为记录是系统对主体的该活动的异常报告，如违反系统读写权限等；资源使用状况是系统的资源消耗情况，如 CPU、内存使用率等；时间戳是活动发生的时间。

4）行为轮廓

行为轮廓用以保存正常活动的有关信息，具体实现依赖于检测方法，在统计方法中从事件数量、频度、资源消耗等方面度量，可以使用方差、马尔可夫模型等方法实现。

5）异常记录

异常记录由事件、时间戳、文档构成，用以表示异常事件的发生情况。

6）活动规则

活动规则是检测入侵是否发生的处理依据，结合行为轮廓，用专家系统或统计方法等分析接收到的审计记录，调整内部规则或统计信息，在判断有入侵发生时采取相应的措施，如记录异常行为、发出报告等。

**2. CIDF 模型**

早期的入侵检测系统可以说是百花齐放，百家争鸣，相互之间互不兼容，缺乏互操作性，设备标准和协议标准各自为政。这种情况既不利于行业发展，也不利于网络系统集成。为了规范入侵检测技术的发展，解决入侵检测设备之间的互操作性和系统集成问题，以及入侵检测系统与防火墙等其他信息安全设备之间的互动等问题，1997 年，由美国国防高级研究计划局（DARPA）和互联网工程任务组（IETF）发起制定了通用入侵检测框架（Common Intrusion Detection Framework，CIDF）标准。CIDF 标准后来也被称为 CIDF 通用模型。CIDF 标准规范包括体系结构、规范语言、通信机制和 API 4 部分。

1）体系结构

CIDF 体系结构包括 4 个模块：事件产生器、事件分析器、响应单元和事件数据库，其逻辑关系如图 11.2 所示。

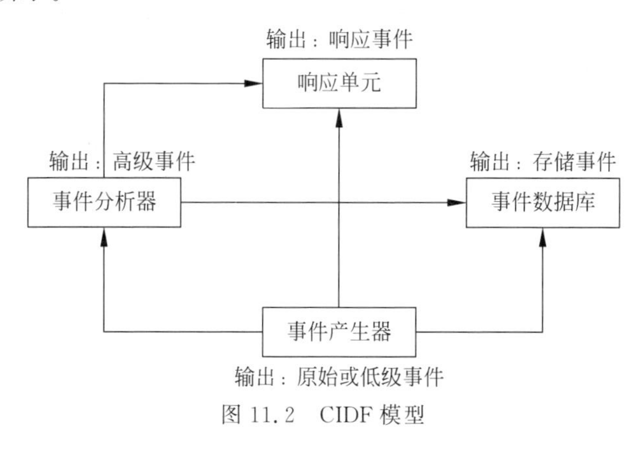


图 11.2　CIDF 模型

(1) 事件产生器(E-boxes)。

事件是入侵检测系统需要分析的数据,可以使网络数据流或从系统日志等其他途径得到的系统审计数据。事件产生器也称为数据采集器,其作用是从整个计算机环境中获得事件,并向系统的其他部分提供此事件。

(2) 事件分析器(A-boxes)。

事件分析器分析来自事件产生器发来的事件,产生分析结果,实现检测功能,并将结果传入系统其他部分。

(3) 响应单元(R-boxes)。

响应单元的作用是对事件分析器的分析结果作出反应,它可以仅用来发出警报,也可以实现切断连接、改变文件属性等。

(4) 事件数据库(D-boxes)。

事件数据库是存放各种中间和最终数据的地方,它可以是复杂的数据库,也可以是简单的文本文件。

上述4个模块之间交换数据时采用标准格式,称为统一的入侵检测对象(Generalized Intrusion Detection Object,GIDO),格式定义也是CIDF规范的内容之一。

2) 规范语言

CIDF标准体系中专门设计了一种通用入侵规范语言(Common Intrusion Specification Language,CISL),用于描述原始事件、分析结果和相关结果。该语言风格非常类似于LISP语言。CISL语言具有以下特征。

(1) 表达能力充分。语言中有足够的词汇和语法表示事件的因果关系、事件的对象角色、对象的属性、对象之间的关系、响应命令和脚本等。

(2) 精确性。使事件的发送方和接收方均能准确理解命令的含义,不会出现歧义。

(3) 层次化。语言中提供嵌套、递归等机制,用以表达不同层面的概念。

(4) 自定义。语言还提供自定义机制,允许消息的发生方与接收方协商,自我解释消息的含义。

(5) 效率。语言的执行及消息的解释均能高效执行,满足网络对性能的要求。

(6) 扩展性。语言还提供额外的机制,允许用户扩展CIDF语法,以适应CIDF规范的进一步完善。

3) 通信机制

CIDF规范的通信机制包括基于中间件的Matchmaker机制和通信协议两大部分。CIDF的Matchmaker是一个中间件,起中心登记作用,所有CIDF模块需要在其上面登记注册,表明自己的存在。任何模块如果需要与另外的模块通信,则在通信之前需要前往中心登记处查询,确保通信双方都在中心登记处注册在案,才能保证后续的通信有效畅通。CIDF规范还提供通信协议交换信息,通信协议包括3个层次:GIDO层、消息层和传输层。其中,GIDO层定义事件表示方法,即对传输信息的格式化要求,保证各组件能正确理解相互之间传输的各种数据的语义;消息层负责将数据进行加密认证,从发送方传递到接收方,不携带任何语义信息,它只负责建立一个可靠的传输通道;传输层定义各个组件间的传输机制,可以使用目前现有的多种传输机制。有关协议的具体细节可参考相关文档,这里不再细述。

4) API

CIDF 标准规范文本中,规定了以下几种接口规范。

(1) GIDO 的编码与解码 API。

(2) 消息层 API。

(3) GIDO 动态追加 API。

(4) 签名 API。

(5) 顶层 API。

### 11.2.6 入侵检测步骤

IDS 的检测大致包括以下几个步骤。

**1. 信息收集**

入侵检测的第 1 步是信息收集,内容包括系统、网络、数据及用户活动的状态和行为,以及网络的拓扑结构,系统提供的服务,操作系统的类型、版本和可能存在的弱点等。而且,需要在计算机网络系统中的若干不同关键点(不同网段和不同主机)收集信息,这除了尽可能扩大检测范围的因素外,还有一个重要的因素就是从一个源来的信息有可能看不出疑点,但从几个源来的信息的不一致性却是可疑行为或入侵的最好标识。

当然,入侵检测很大程度上依赖于收集信息的可靠性和正确性。因此,很有必要只采用所知道的真正的和精确的软件报告这些信息。因为黑客经常替换软件以搞混和移走这些信息,如替换被程序调用的子程序、库和其他工具。黑客对系统的修改可能使系统功能失常并看起来与正常的一样,而实际上不是。例如,UNIX 系统的 PS 指令可以被替换为一个不显示侵入过程的指令,或者是编辑器被替换成一个读取不同于指定文件的文件(黑客隐藏了初始文件并用另一版本代替)。这需要保证用来检测网络系统的软件的完整性,特别是入侵检测系统软件本身应具有相当强的坚固性,防止被篡改而收集到错误的信息。

**2. 数据分析**

对上述收集到的信息,一般通过 3 种技术手段进行分析:模式匹配、统计分析和完整性分析。其中前两种方法用于实时的入侵检测,而完整性分析则用于事后分析。通过仔细分析,可以识别出系统中的关键弱点、异常行为等。

**3. 作出响应**

根据分析结果作出响应,或者发出警报,或者记录信息,或者切断数据流等。

### 11.2.7 入侵检测系统与防火墙

早期的 IDS 仅仅作为防火墙的补充,用于检测穿过防火墙进入网络系统内部的攻击以及来自内部网络的未授权活动。它们完全是独立的两套设备,互不影响,互不干涉,各自独立完成自己的功能。IDS 只监测不控制的做法使系统发现入侵时危害已经造成。

如果能够让入侵检测系统与防火墙互动运行,就可以实现有效的安全防护体系。一般而言,一套有效的安全防护体系应该至少包括 3 部分:防护、检测、响应。防护系统处于最前端,抵御一切来犯的攻击。一旦防护系统被攻破,则检测系统应该马上能发现,即时通知响应系统作出响应,如立即切断数据流、关闭必要的服务或端口等,防止进一步的危害。

入侵检测系统与防火墙之间的互动一般有以下两种方式。

**1. 紧密结合**

把入侵检测系统嵌入防火墙,即入侵检测系统的数据来源不再是数据包,而是流经防火墙的数据流。所有通过的数据包不仅要接受防火墙的规则验证,还要判定是否是攻击数据,以达到真正的实时阻断。如果入侵检测系统本身也是个比较庞大复杂的系统,则完全嵌入防火墙中会严重影响防火墙的性能,极有可能使防火墙成为网络进出口流量的瓶颈。为此,可以采用下面第2种结合方式。

**2. 通过开放接口实现互动**

入侵检测系统和防火墙系统各自开放一个接口供对方接入,双方按照固定的协议进行通信,实现安全事件的相互传输。这种方式比较灵活,不影响入侵检测系统和防火墙系统各自的性能。当入侵检测系统和防火墙互动时,所有数据通信必须通过认证和加密确保传输信息的可靠性和保密性。通信双方可以事先约定通信方式、开放端口、服务角色等。实际部署中可以让防火墙扮演服务器角色,入侵检测系统扮演客户端角色,防火墙随时可以响应入侵检测系统发来的请求,执行切断数据流等安全操作。

目前新一代的防火墙系统越来越多地把IDS或IPS集成到防火墙中,以扩展防火墙的功能,既减少了企业的投资,还能将网络系统的损失降到最低,但也有可能会成为网络进出口性能的瓶颈。

视频讲解

## 11.3 入侵检测方法

入侵检测主要是对网络进出口数据流的分析,不同的分析方法有可能得出不同的结论。因此,一套好的分析算法对提高检测准确率,降低误报率和漏报率有重要意义。

### 11.3.1 异常检测方法

在异常入侵检测系统中常常采用以下几种检测方法。

**1. 基于贝叶斯推理检测法**

通过在任何给定的时刻,测量变量值,推理判断系统是否发生入侵事件。

**2. 基于特征选择检测法**

从一组度量中挑选出能检测入侵的度量,用它对入侵行为进行预测或分类。

**3. 基于贝叶斯网络检测法**

用图形方式表示随机变量之间的关系。通过指定的与邻接节点相关一个小的概率集计算随机变量的概率分布。按给定全部节点组合,所有根节点的先验概率和非根节点概率构成这个集。贝叶斯网络是一个有向图,弧表示父、子节点之间的依赖关系。当随机变量的值变为已知时,就允许将它吸收为证据,为其他的剩余随机变量条件值判断提供计算框架。

**4. 基于模式预测的检测法**

事件序列不是随机发生的,而是遵循某种可辨别的模式,是基于模式预测的异常检测法的假设条件,其特点是考虑到了事件序列和相互联系,只关心少数相关安全事件是该检测法的最大优点。

**5. 基于统计的异常检测法**

根据用户对象的活动为每个用户都建立一个特征轮廓表,通过对当前特征与历史特征进行比较，判断当前行为的异常性。用户特征轮廓表要根据审计记录情况不断更新，保持多衡量指标，这些指标值要根据经验值或一段时间内的统计而得到。

**6. 基于机器学习检测法**

根据离散数据临时序列学习获得网络、系统和个体的行为特征，并提出了一个基于相似度的实例学习法，该方法通过新的序列相似度计算将原始数据(如离散事件流和无序的记录)转化成可度量的空间。然后，应用IBL学习技术和一种新的基于序列的分类方法，发现异常类型事件，从而检测入侵行为。其中，成员分类的概率由阈值的选取来决定。

机器学习法包括有监督和无监督两种方式。有监督学习方式的网络异常检测可以很好地识别攻击行为。然而，其具有两个弊端。第一，有监督学习过于依赖标签，需要在大量的有标记数据的基础上进行，即需要大量的人工操作和资金投入。第二，有监督学习只能学习已有的攻击类型，对于新的攻击手段，有监督方式无法检测。入侵检测研究需要大量数据，随着时间推进，数据量增长速度快，无法及时给新增数据打上正确标签。有监督学习依赖标签，而无监督方法可以凭借没有标签的数据学习正常数据特征，并根据数据特性获得划分异常的方法。因此，无监督方法具有更好的应用前景。有学者就采用无监督的学习方法提出了一种基于随机森林和深度自编码高斯混合模型的无监督入侵检测方法。该方法重点在于使用随机森林算法进行特征选择，一方面更加注重对结果重要的特征，另一方面消除无关特征对检测结果的干扰，经特征选择后的数据输入深度自编码高斯混合模型中，从而获得更好的结果。

**7. 数据挖掘检测法**

数据挖掘的目的是从海量数据中提取出有用的数据信息。网络中会有大量的审计记录存在，审计记录大多是以文件形式存放的。单靠手工方法发现记录中的异常现象是远远不够的，所以将数据挖掘技术应用于入侵检测中，可以从审计数据中提取有用的知识，然后用这些知识区检测异常入侵和已知的入侵。采用的方法有KDD算法，其优点是善于处理大量数据的能力与数据关联分析的能力，但是实时性较差。

**8. 基于应用模式的异常检测法**

该方法是根据服务请求类型、服务请求长度、服务请求包大小分布计算网络服务的异常值。通过实时计算的异常值和所训练的阈值比较，从而发现异常行为。

类似的检测方法还有基于模式预测的异常入侵检测。该方法的前提是假定事件的序列符合某种特定的模式，而不是任意的。有一种基于时间的推断方法，利用时间规则描述对象的正常行为模式所具有的特征，依据已发生事件对未来事件进行预测。规则通过观察用户行为归纳、学习产生，包括已发生事件和右侧随后发生事件。如果已发生的事件序列符合左侧规则，而随后发生的事件明显与根据规则预测到的事件偏差较大，那么系统就可以依据这种偏差发现异常，判定入侵行为的发生。此方法对用户复杂多变的行为有良好的适应性，具有较强的时序模式，且容易发现试图训练系统的入侵行为，但该方法无法检测用户行为不在规则库中的入侵。

**9. 基于文本分类的异常检测法**

该方法的思想是将系统中的调用看作“文档中的字”，将系统产生的进程调用集合转换为“文档”，即系统调用的集合就产生了一个“文档”。然后对每个文档采用$K$近邻($K$-Nearest Neighbor，KNN)聚类算法，依据文档的相似程度检测系统中有异常的调用，进而发觉入侵。

即利用、计算文档的相似性。

**10. 基于神经网络的异常检测法**

神经网络是一种模拟大脑神经元连接特征、层次结构的数学模型。每层包括不同数目的神经元,神经元间通过加权的连接相互作用。通过调整神经元间的权重使神经网络具有学习、自适应能力,且大量神经元的互连结构与连接权值的分布使神经网络有较好的容错处理能力。因此,神经网络能够很好地适用于入侵检测技术。

国外学者Debar等于1992年首次将神经网络应用到入侵检测中,自此,应用神经网络的入侵检测技术逐渐兴起。国内学者吴峻等提出一种基础的检测模型,该模型基于BP神经网络和特征选择能够高效地对攻击模式进行学习,可以有效地识别各种入侵。国内学者杨昆明通过限制玻尔兹曼机对检测模型结构进行降维,使用BP网络获取数据的最优表示,利用支持向量机检测网络入侵,为入侵检测提供了一种新的思路。Staudemeyer首次将长短期记忆网络(Long Short-Term Memory,LSTM)应用于入侵检测,将KDD99数据集上的41个特征输入LSTM构建的入侵检测模型中,判断是否为入侵。Kim等也使用LSTM在KDD99数据集上进行了入侵检测实验,获得了较高的准确率。Kim等首先使用多个LSTM建立系统调用的语言模型,然后组合LSTM,通过求由LSTM得出的异常值的均值判断是否发生了入侵。国内学者王伟等将卷积神经网络(Convolutional Neural Networks,CNN)用于入侵检测模型,首先通过将字节转换为像素的方式将流量转换为图片,再将图片输入CNN中进行训练与分类。使用私有数据集进行测试实验结果显示,该模型的二分类和多分类的检测准确率高达100%和99.17%。

目前利用神经网络检测入侵工作的基本上都是使用KDD99等现有的数据集进行特征学习,然而这些特征不足以概括数据的全部特点,将来可以考虑从原始数据的特征入手训练神经网络,提升其检测能力。另外,神经网络训练时间普遍较长,如何在保证检测准确率的前提下更加高效地训练神经网络是目前的一个难点。

国内有学者利用卷积神经网络进行大数据特征提取与数据分析的优势,提出一种基于对数边际密度比(Logarithm Marginal Density Ratio,LMDR)和卷积神经网络的混合入侵检测模型。该模型相较于现有传统的机器学习算法和神经网络模型,能够更充分地挖掘数据特征间的联系,有效提高分类准确率并降低误报率。

## 11.3.2 误用检测方法

误用入侵检测系统中常用的检测方法如下。

**1. 模式匹配法**

模式匹配法常被用于入侵检测技术中。通过把收集到的信息与网络入侵和系统误用模式数据库中的已知信息进行比较,从而对违背安全策略的行为进行标识。模式匹配法可以显著地减少系统负担,有较高的检测率和准确率。

**2. 专家系统法**

该方法的思想是把安全专家的知识表示成规则知识库,再用推理算法检测入侵。主要是针对有特征的入侵行为。该方法的显著特点是从问题解决的描述中分离出了系统的控制推理,将输入的信息放到if-then语法环境中,if中的内容表示攻击特征,then中的内容表示系统采用的响应手段。当if判定为真时,专家系统就能判定有入侵活动出现,并作出响应。

专家系统法的不足之处是不能处理不确定性，不能处理连续有序的数据。另外，专家系统的有效性取决于知识库的完整性，但在复杂多变的网络环境中建立和维护完整的知识库往往是不可能的，且在审计记录中获取状态行为与语言环境也是比较困难的。

**3. 基于状态转移分析的检测法**

该方法的基本思想是将攻击看成一个连续的、分步骤的并且各个步骤之间有一定的关联的过程。在网络中发生入侵时及时阻断入侵行为，防止可能还会进一步发生的类似攻击行为。在状态转移分析方法中，一个渗透过程可以看作由攻击者做出的一系列的行为而导致系统从某个初始状态变为最终某个被危害的状态。

该方法是以状态图表示攻击特征，系统不同时刻的特征对应状态图中的不同形态。入侵开始前的系统状况对应于初始形态，入侵成功时的系统状况对应于入侵形态。状态迁移分析将入侵定义为：入侵是由从系统的初始形态到入侵形态的一连串活动构成，攻击者实施一系列动作，使系统状态从初始状态迁移到入侵状态。

**4. 基于键盘监控的误用入侵检测**

该方法是假定入侵活动与某种确定的击键序列模式相对应，通过监控对象的击键模式并把该模式和入侵模式进行对比以发觉入侵行为。该方法对操作系统有较大的依赖性，若缺少操作系统的支持，则难以获取用户的击键序列模式，另外也存在相同攻击对应多种击键方式的情况，用户可以通过使用别名的方式代替此检测技术。

**5. 基于条件概率的误用入侵检测**

该法将入侵方式对应于一个事件序列，然后通过观测事件发生的情况推测入侵的出现。这种方法的依据是外部事件序列，根据贝叶斯定理进行推理。基于条件概率的误用入侵检测方法是在概率理论基础上的一个普遍方法。它是对贝叶斯方法的改进，其缺点是先验概率难以给出，而且事件的独立性难以满足。

### 11.3.3 其他检测方法

**1. 基于生物免疫的入侵检测方法**

新墨西哥大学的学者 Steven Andrew Hofmeyr 提出了一种新的计算机安全观点，以该观点构造出来的安全系统称为自免疫系统。这种系统具备执行“自我/非自我”的决定能力，在参照大量的数据基础上，系统选取短顺序的系统调用，忽略传递调用的参数，而仅观察其临时顺序决定行为异常性。系统分两个阶段对入侵进行分析处理：第 1 阶段，建立一个形成正常行为轮廓的知识库，这里描述的行为以系统处理为中心，因此这种轮廓有别于传统的其他特征轮廓；第 2 阶段，系统投入运行以后，实时跟踪系统处理流量，提取行为特征，当发现行为特征与知识库中的特征有偏差时就判定为异常。

**2. 基于伪装的入侵检测方法**

基于伪装的入侵检测方法通过构造一些虚假的信息供给入侵者，如果入侵者使用这些信息攻击系统，那么就可以推断系统正在遭受入侵，并且还可以诱导入侵者，进一步跟踪入侵的来源。

**3. 基于协议分析＋命令解析的检测方法**

协议分析＋命令解析是一种新的入侵检测技术，它结合高速数据包捕获、协议分析和命令解析进行入侵检测，给入侵检测领域带来了许多心得的优势。由于有了协议分析＋命令解析的高效技术,单机运行的IDS就能够分析一个高负荷的千兆以太网同时存在超过300万个连接,而不错漏一个数据包。

协议分析充分利用了网络协议的高度有序性,使用这些知识快速检测某个攻击特征的存在。因为系统在某一层上都沿着协议栈向上解码,因此可以使用所有当前已知的协议信息,来排除所有不属于这一个协议结构的攻击。采用这种协议分析具有极高的效率,而且还能做到0day漏洞检测。例如,大量的90字符就可能是ShellCode中的NOOP操作,可以及时告警,必要的时候还可以即时中断连接。

命令解析器是一个命令解析程序,入侵检测引擎包括了多种不同的命令语法解析器,因此它能对不同的高层协议(如Telnet、FTP、HTTP、SMTP、DNS等)的用户命令进行详细分析,从而发现异常。命令解析器具有读取攻击串及其所有可能的变形,并发掘其本质含义的能力。在攻击特征库中只需要一个特征,就能检测到这一攻击及其所有可能的变形。解析器在发掘出命令的真实含义后将给恶意命令做好标记,主机将在这些包到达操作系统或应用程序之前丢弃它们。

这种入侵检测系统主要依据RFC文档对协议的准确描述,根据协议提取数据包有用的信息,并根据提取出来的信息判断异常行为。例如,系统收到一个数据包,第1步是直接跳到第13字节,接着读取2B的协议号。如果数值是0800,则说明这个以太网帧的数据域携带的是IP包,基于协议解析的入侵检测系统利用这一信息指示第2步的工作。第2步,跳到第24字节处读取1B的第4层协议标识,如果数值是06,则说明这个数据包的数据域携带的是TCP数据,入侵检测系统根据这个信息指示第3步的检测工作。第3步,跳到第35字节处,读取4B的一对端口号,如果有一个端口号是0080,则说明这个数据包的数据域中携带有HTTP数据,入侵检测系统再根据这一信息指示第4步的工作。第4步,跳到第55字节处开始读取URL,并将这个URL串提交给HTTP解析器进行分析,在URL被允许提交给Web服务器之前,由HTTP解析器分析判断数据包中是否包含攻击行为,一旦发现潜在威胁,解析器将发出告警信息,并对数据包进行标记。

基于协议分析的入侵检测系统有用以下几个优点。

(1) 提高了性能。协议分析利用已知结构的通信协议,与模式匹配系统中的穷举分析方法相比,在处理数据帧和连接时更迅速、有效。

(2) 提高了准确性。与非智能化的模式匹配相比,协议分析减少了虚报与误判的可能性,命令解析(语法分析)和协议解码技术的结合,在命令字符串到达操作系统或应用程序之前,可以模拟它的执行,以确定它是否具有恶意。

(3) 基于状态的分析。当协议分析入侵检测系统引擎评估某个数据包时,它会考虑之前相关的数据包的内容,以及接下来可能出现的数据包,进行对比分析。与此相反,基于模式匹配的入侵检测系统只能孤立地考查每个数据包。

(4) 反规避能力。因为基于协议分析的入侵检测系统具有判别通信行为真实意图的能力,它较少地受到黑客所用的URL编码、干扰信息、TCP/IP分片等入侵检测系统规避技术的影响。

(5) 系统资源开销小。基于协议分析的入侵检测系统最大程度地降低了在网络和主机探测中的资源开销,而模式匹配技术则需要消耗巨大的系统资源。

# 11.4 IDS与IPS的部署

由于IDS与IPS的功能和作用不尽相同，不同的企业或组织对安全的需求也不一样，因而部署方式也不一样，下面分别说明。

## 11.4.1 IDS的部署

IDS一般来说是一台监听设备，目的在于全面监测，部署位置不串接在任何链路上，无须该链路的流量流经它便可以工作，它采用镜像旁路部署的方式，如图11.3所示。

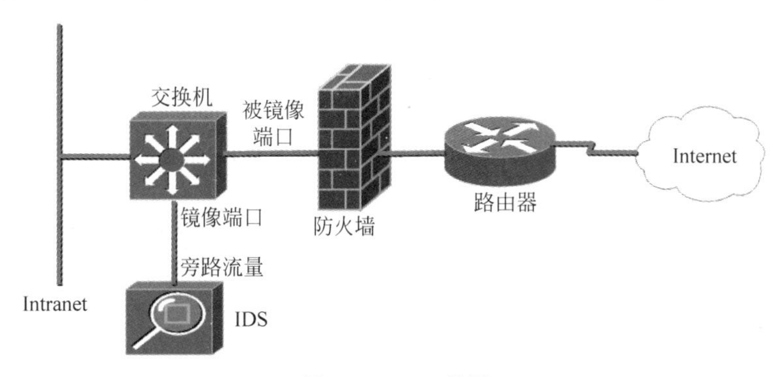


图11.3 IDS部署

因此，对IDS部署唯一的要求是IDS应当挂接在所有"关键流量"都必须流经的链路上（采用镜像端口或集线器方式）。在这里，关键流量指的是来自高危网络区域的访问流量和需要进行统计、监视的本地网络报文。在如今的网络拓扑中，已经很难找到以前的集线器式的共享介质冲突域的网络，绝大部分的网络区域都已经全面升级到交换式的网络结构。因此，IDS在交换式网络中的位置一般选择在尽可能靠近攻击源或受保护资源的位置。这些位置通常是：服务器区域的交换机上、Internet接入路由器后面的第1台交换机上、重点保护网段的局域网交换机上等。

对于一般的小型企业或组织，对安全需求没那么高的话，部署一个防火墙和一台IDS就足够了；而对于大型的企业组织，或对安全需求极高的企业组织，则可能还需要额外附加一台IPS，以便实现即时响应入侵行为。

## 11.4.2 IPS的部署

IPS作为一种入侵防御设备，除了必须具备IDS的检测功能外，还必须具有流量控制功能。因而，IPS设备不能旁路部署，必须串接在受控链路上，受控链路上所有进出流量都必须经由IPS设备。这里所说的受控链路，通常就是被保护的网络区域的进出口链路，或是受保护网段的进出口链路。大多数情况下，IPS部署在企业组织网络出口链路上的防火墙设备后面，与防火墙、路由器串接在同一链路上，如图11.4所示。

很显然，企业网络的内外网之间串接有3种设备：IPS、防火墙、路由器。这3种设备都可能成为网络进出口流量的瓶颈，为了提高网络的性能，要求这3种设备必须具有较强的并发处理能力和更高的数据处理速度。

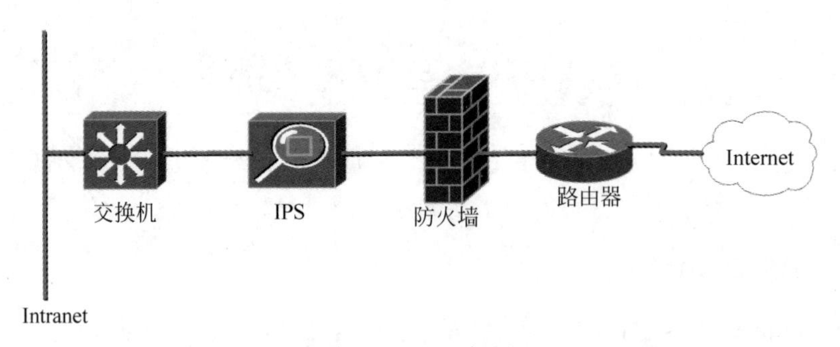


图 11.4　IPS 部署

### 11.4.3　联合部署

由于 IDS 与 IPS 的功能和侧重点各自不同，单独部署一种设备对某些大型企业而言可能略显不足，因而，可以根据需要在网络的不同位置部署不同的设备。另外，不同的行业、机构等对风险管理需求也不一样，可以部署不同的设备。

对于一些监管机构或政府部门，只关注风险管理的检测与监控，监督风险控制的改进状况等，这时仅部署 IDS 就够了。

对于低风险的机构或行业，只注意风险控制，不关注检测与监控，风险管理要求不高，那么只部署 IPS 就可以了。

对于高风险的机构或行业，则需要同时关注风险管理与风险控制，通过风险管理不断完善风险控制措施，这类行业就需要同时部署 IDS 和 IPS，以实现多点检测、多点控制。

### 11.4.4　分布式部署

无论是 IDS 还是 IPS，根据不同的行业需求和不同的网络规模，可以独立部署，也可以分布式部署。

独立部署就是在网络中单独部署一台设备，部署位置一般为企业内部网络与互联网之间的出入口处，仅对进出企业内网的网络流量进行监控。这种部署方式对外网的入侵行为能够及时发现、及时报警、即时中断连接。不足之处是容易形成单点故障，且极易造成网络性能瓶颈。

分布式部署就是将整个网络划分成不同的区域，按区域部署防护设备，每台设备仅保护某个特定区域。

例如，可以将企业网络划分为办公区、数据存储区、DMZ、访客服务区、分支机构、互联网接入区等。每个区域都单独形成数据交换区，单一出入口，在出入口处部署一台防护设备(IDS 或 IPS)，如图 11.5 所示。

对于办公区，防护设备能防御来自外部的攻击和病毒传播等，能有效保护内部各种应用系统及终端设备安全，优化企业办公环境。

对于数据存储区，防护设备能够防御来自内部和外部对核心数据的攻击，确保核心数据的安全和数据服务器的稳定运行。

DMZ 为安全隔离区，用于部署供内外网用户访问的 Web、Mail、FTP 等服务器，在该区域的出入口部署一台防护设备，能够防御穿透防火墙的应用层攻击，保障该区域的服务器的外联服务。

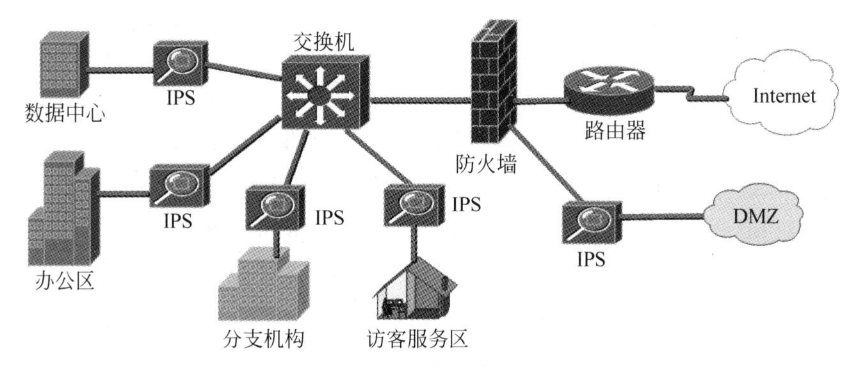


图 11.5 分布式部署

在访客服务区部署防护设备可以防止访客对内部网络的攻击。

在分支机构出入口处部署防护设备，可以防御来自分支机构的攻击，同时也能控制分支机构对内部核心数据的访问。

在互联网接入区部署防护设备，是企业内部网络的第 1 道防线，重点在于防御外部网络的攻击，同时兼顾防止内部核心数据的泄密。

## 11.5 IPS 设备介绍

### 11.5.1 深信服 NIPS

下一代入侵防御系统(NIPS)是深信服(SANGFOR)自主研发的网络型入侵防御设备。该设备的核心理念是精确识别，有效阻断。通过对网络流量的深度解析，可以及时、准确地发现各类非法入侵攻击行为，并执行实时精确阻断，主动保护用户网络安全。深信服 NIPS 不仅可以应对对漏洞攻击、蠕虫病毒、间谍软件、木马后门、溢出攻击、数据库攻击、暴力破解，而且可以对高级威胁攻击、未知威胁攻击等多种深层攻击行为进行防御，有效弥补网络层防护设备深层防御效果的不足，为用户提供完整的立体式网络安全防护。

深信服 NIPS 支持 7000 多种攻击特征，能够检测常见的病毒、蠕虫、后门、木马、僵尸网络攻击以及缓冲区溢出攻击和漏洞攻击；封堵主流的高级逃逸攻击；检测和防御主流的异常流量，含各类 Flood 攻击；提供用户自定义攻击特征码功能，可指定网络层到应用层的对比内容；提供虚拟补丁功能，让没有及时修补漏洞的客户能够保障网络安全正常运行。

随着 7 层应用的丰富，针对应用层的攻击越来越多，据权威机构统计，75%的网络攻击发生在应用层，而传统的网络攻击防御技术已经无法满足当今复杂多样的安全需求。深信服 NIPS 能够针对应用进行识别和管控，即使加密过的数据流也能分析，可识别超过 5000 种应用，能准确识别 IM、P2P 下载、文件传输、游戏软件、流媒体等应用以及常见的移动应用，并利用 P2P 智能流控技术，实现对隧道与加密 P2P 应用的精确识别，最终实现对应用的安全管理和控制。

深信服 NIPS 使用灰度威胁关联分析引擎工具，建立了具有 7000 多条记录的入侵防御特征库，包括木马行为特征库、SQL 攻击行为特征库、P2P 行为特征库、病毒蠕虫行为特征库等数个大类。深层分析网络流量，可以全面识别各种安全威胁，保护网络安全。

深信服 NIPS 的威胁分析引擎具有 4000 多条记录的漏洞特征库、3000 多条记录的 Web 应用威胁特征库,能够全面识别各种应用层和内容级别的单一安全威胁。为了更好地服务客户,深信服通过与 CNCERT、Google Virus Total 等十余家权威机构的合作实现共享威胁情报,帮助用户接收到最全面的信息,实现对新威胁的有效防御。

在对已知威胁具备了防御能力之后,为了弥补固定特征库防御方面会有遗漏的问题,深信服提供了云端在线的沙盒检测功能。通过沙盒环境下未知流量的运行监测系统环境的变化,提取相关参数变化形成分析结果,确定威胁类型并将结果下发到设备端,更新设备端特征库。同时,深信服内部每周也会通过云端在线沙盒收集流量进行分析,用以填充设备特征库。

深信服 NIPS 具备独有的失陷主机检测功能,能够实时对外发流量进行检测,协助用户定位内网被黑客控制的服务器或终端。该功能融合了僵尸网络识别库、全球在线的僵尸网络数据库,先进的失陷主机行为识别技术对黑客的攻击行为进行有效识别,针对以反弹式木马为代表的恶意软件能够进行深度防护。

深信服 NIPS 支持多种部署模式,包括可以在互联网出口做代理网关,或在不改变客户原有拓扑的情况下可做透明桥接或数据转发更高效的虚拟网线模式,同时也支持在交换机上做镜像,把数据映射一份到设备做旁路部署以及支持二、三层接口混合使用的混合部署等。另外,还提供了端口链路聚合功能,提高链路带宽和可靠性。对于数据请求和回复包走不同路由或数据包两次通过不同接口穿过设备的非对称路由部署环境,深信服 NIPS 也能灵活支持。

## 11.5.2 网神 SecIPS 3600

网神 SecIPS 3600 入侵防御系统是一部能够监视网络或网络设备的网络资料传输行为的网络安全设备,能够即时中断、调整或隔离一些不正常或是具有伤害性的网络传输行为。

网神 SecIPS 3600 入侵防御系统在实现基础防护功能之上实现了被防护网络的流量分析、异常或攻击行为的告警与阻断、2～7 层安全防护控制,用户行为和网络健康状况的可视化展示等。

网神 SecIPS 3600 入侵防御系统不但能发现攻击,而且能自动化、实时地执行防御策略,有效保障信息系统安全。系统采用当前先进的多核处理芯片,芯片内置高速硬件内容搜索引擎。采用多核 CPU 与内容搜索引擎之间的报文异步处理技术,大幅提高了系统的特征比对处理性能。系统采用的流检测技术综合运用了 ACL 高效分流技术和 Session 状态跟踪技术,结合跨包检测、关联分析和“零”缓存等技术,大幅提升了报文检测的准确性和处理性能,从而一举克服了传统的 IPS 基于文件检测的实时性差和基于单包检测的准确性差的技术缺陷。

网神 SecIPS 3600 入侵防御系统提供模式匹配、异常检测、统计分析、抗 IDS/IPS 逃逸等多种检测技术。针对 HTTP,FTP,SMTP,IMAP,POP3,Telnet,DNS,RPC,MSSQL,Oracle,NNTP,LDAP,VOIP,TFTP 等多种协议和应用,IPS 提供攻击检测和防御。

网神 SecIPS 3600 入侵防御系统可对正常网络的行为特征进行自学习,从而产生历史数据,一旦有异常出现,则能够立即启动相应的安全策略,如告警、阻断、回探等。系统集成了专业的抗 DDoS 攻击功能模块，可清洗网络 2～4 层的 Flood 攻击流量，以及应用型 DDoS 攻击流量，从而实现全方位的入侵防护。

网神 SecIPS 3600 入侵防御系统整合第三方威胁情报数据库，提供针对僵尸网络、钓鱼网站、APT、恶意网站和软件等 10 多种网络攻击和威胁类型的检测和防护，且可基于威胁情报的信誉值对网络威胁行为进行精准识别和定位，有效扩宽网络威胁识别范围的同时，提高网络威胁识别的精准度，让网络威胁无所遁形。

网神 SecIPS 3600 入侵防御系统提供多种机制保障设备的稳定可靠，进而持续为被防护网络提供安全保障。

1）BYPASS 机制

提供软硬件 BYPASS 功能，可以保障业务运行可靠性。

2）多出口负载均衡

支持 ISP 自动选路；支持服务器/链路负载均衡；支持多种静态（轮询调度、加权轮询调度、目标地址哈希调度、源地址哈希调度算法）、动态调度算法（最小连接调度、加权最小连接调度、基于局部性的最少连接调度、带复制的基于局部性的最少链接调度）；支持健康状态主动探测，故障自动切换。

3）双机热备

支持主备、主主切换；支持配置、业务会话实时同步。基于状态自动探测的双机热备和多机热备，切换时间平均小于 1s。

### 11.5.3 天融信 TopIDP

天融信入侵防御系统 TopIDP 是一款防御网络中各种攻击威胁，实时保护客户网络 IT 访问资源的网络安全防护产品。通过采用串接部署方式，能够实时阻断包括溢出攻击、RPC 攻击、WebCGI 攻击、DoS 攻击、木马、蠕虫、系统漏洞等在内的 11 大类网络攻击行为。此外，该系统还有 DDoS 防御、流量控制、上网行为管理等功能，能够发现客户风险网络访问、资源滥用行为，辅助管理员对网络使用进行规范管理，并可结合与防火墙联动阻断功能，进一步实现对攻击的有效拦截，全面监控、保护客户网络安全。

天融信入侵防御系统全系列采用天融信多核处理硬件平台，基于先进的 SmartAMP 并行处理架构，内置处理器动态负载均衡专利技术，结合独创的 SecDFA 核心加速算法，实现了对网络数据流的高性能实时检测与防御。系统采用协议分析、模式匹配、流量异常监视等综合技术手段判断网络入侵行为，可以准确地发现各种网络攻击。天融信阿尔法实验室是国家应急响应支撑服务单位，通过不断跟踪、研究、分析最新发现的安全漏洞，形成具有自主知识产权的攻击检测规则库，确保入侵防御系统拥有准确的检测防御能力。该规则库已通过国际权威组织 CVE 的兼容性认证，并保持每周至少一次的更新频率。天融信入侵防御系统具有以下几个特点。

1）业务系统全面防护，提升安全性及合规性

覆盖网络 2～7 层深度入侵防护功能，实时阻断针对业务系统服务器和软件的各种黑客攻击，如缓冲区溢出、SQL 注入、暴力猜测、拒绝服务、扫描探测、非授权访问、蠕虫病毒等，保障业务系统的持续可靠运转。有助于组织客户满足等级保护、分级保护以及相关行业法规的要求，增强合规能力。

2）URL防护，实现主动防御

基于URL过滤、木马检测等技术为内网终端提供网关级的挂马网站防护能力，细粒度的上网行为管理解决方案能够有效降低终端通过P2P下载、IM即时通信等互联网应用传输恶意软件的概率，减少网络安全隐患。

3）流量可视化，网络安全感知

通过系统提供的流量分析、应用识别和攻击检测功能，客户可以清晰、直观地感知网络内的流量异常变化、应用构成情况以及存在的攻击和违规行为，为制定安全策略提供有力的信息支撑。

4）用户资源保护，提高投资回报率

基于精确应用识别的全面流量控制功能，管控非业务流量，保证关键应用全天候畅通无阻，提高带宽资源利用率。细粒度的上网行为管理有效约束员工的网络使用习惯，提高工作效率。

天融信入侵防御系统通常以串联方式部署于网络边界区域，用于检测和实时阻断从外网到内网的网络入侵行为。为应对复杂的环境需求，可提供多种部署方式，无须改动客户的网络结构，支持透明、路由、旁路、混合等多种模式。

其典型部署是将TopIDP产品部署在网络出口处，放在防火墙的后端，介于防火墙与内网核心交换机之间，用于清洗过滤网络流量。可以两路同时接入，实现对多条链路的防护。可以根据用户的网络环境，灵活选择一对一、一对多、多对一的部署方式，并针对不同区域制定相应的防护规则。

视频讲解

## 11.6 问题与展望

### 11.6.1 存在问题

自20世纪80年代入侵检测概念被提出以来，入侵检测技术得到了长足的发展。目前，人工智能、深度学习、数据挖掘、神经网络等技术不断地被应用到入侵检测当中。但是，由于网络技术的高速发展，各种应用软件越来越复杂，各种攻击方式也越来越高明，使原有的入侵检测技术越来越难以满足用户需求，误检、漏检、错检、虚报等各种情况不断增多。入侵检测技术面临的问题主要表现在以下方面。

(1) 随着技术的发展，入侵者个人技术水平的提高，他们会研制出更多的攻击工具，或对原有的攻击工具进行变形升级，以及使用更为复杂精致的攻击手段，对更大范围的目标类型实施攻击。

(2) 入侵者使用加密的手段传输攻击信息。往往在应用层发动攻击，从而使基于低层协议信息的防御手段失效。

(3) 网络带宽的增加以及日益增长的网络流量导致检测分析难度加大，对检测系统的性能需求也大大增加。

(4) 入侵检测系统的标准化问题始终影响着业界，尽管CDIF组织提出了一个通用框架，但是仍然不是强制标准，没有得到很好的推广应用。目前市场上的产品仍然是各自为政，互不兼容，难以互操作，给系统集成带来极大的困扰。

(5) 入侵检测系统不适当的自动响应机制存在巨大的安全风险，会给网络系统带来额外的安全问题。

(6) 入侵检测系统本身的安全也存在隐患,极易成为网络系统的脆弱性之一。

(7) 由于有过高的错报率和误报率,导致很难确定真正的入侵行为。

(8) 高速网络环境导致海量的数据,以及巨量的连接数,单点旁路检测系统难以实施搞笑的实时分析,导致漏报情况增加。

### 11.6.2 发展方向

目前除了需要完善常规的、传统的入侵检测技术外,应重点加强与统计分析相关技术的技术研究,更多地使用最新的技术和算法。其主要发展方向可以概括为以下几方面。

**1. 分布式入侵检测**

传统的入侵检测系统一般局限于单一的主机或网络架构,对异构系统和大规模网络的检测明显不足。同时,不同的入侵检测系统之间不能协同工作。因此,需要分布式入侵检测技术应用。在网络中不同的地方设置检测点,能够快速发现入侵行为,做到即时响应。另外,集成各种入侵检测数据源,包括从不同的系统和不同的传感器上采集的数据,能够进一步提高报警准确率。

**2. 应用层入侵检测**

许多入侵的语义只有在应用层才能理解,包括基于 C/S 结构、中间件技术和对象技术的大型应用,需要提供应用层的入侵检测,才能得到较好的保护。

**3. 智能入侵检测**

目前,入侵方法越来越多样化和综合化,尽管已经有智能体系、神经网络和遗传算法应用在入侵检测领域,但这些只是一些尝试性的研究工作,需要对智能化的入侵检测系统进一步研究,以解决其自学习与自适应能力。

**4. 与人工分析相结合**

基于特征抽取和模式匹配的方法,有很大的局限性,对已知攻击具有良好的性能。但是,面对未知攻击,极有可能导致漏报。结合人工分析,即时更新特征库,能大大提高报警准确性。

**5. 建立入侵检测系统评价体系**

设计通用的入侵检测测试、评估方法和平台,实现对多种入侵检测系统的检测,已成为当前入侵检测系统的另一重要研究与发展领域。评价入侵检测系统可从检测范围、系统资源占用、自身的可靠性等方面进行,评价指标有能否保证自身的安全、运行与维护系统的开销、报警准确率、负载能力以及可支持的网络类型、支持的入侵特征数、是否支持 IP 碎片重组、是否支持 TCP 流重组等。

## 课后习题

**一、选择题**

1. 下列英文缩写中用于表示入侵检测系统的是(　　)。

A. IOS　　B. IDS　　C. IPS　　D. IGS

2. 按照检测数据的来源可将入侵检测系统(IDS)分为(　　)。

A. 基于主机的 IDS 和基于网络的 IDS

B. 基于主机的IDS和基于域控制器的IDS
C. 基于服务器的IDS和基于域控制器的IDS
D. 基于浏览器的IDS和基于网络的IDS

3. 一般来说,入侵检测系统由3部分组成,分别是事件产生器、事件分析器和(　　)。
A. 控制单元　　B. 检测单元　　C. 解释单元　　D. 响应单元

4. 在入侵检测系统分类中不包括(　　)。
A. 基于主机的检测　　B. 基于网络的检测
C. 基于路由器的检测　　D. 基于内核的检测

5. 按照技术分类可将入侵检测分为(　　)。
A. 基于标识和基于异常情况　　B. 基于主机和基于域控制器
C. 基于服务器和基于域控制器　　D. 基于浏览器和基于网络

6. 在网络安全中,截取是指未授权的实体得到了资源的访问权,这是对(　　)。
A. 可用性的攻击　　B. 完整性的攻击
C. 保密性的攻击　　D. 真实性的攻击

7. 异常入侵检测是基于(　　)实现的。
A. 入侵行为特征库　　B. 正常行为特征库
C. 异常行为特征库　　D. 误用行为特征库

8. 入侵检测的基础是(　　)。
A. 信息收集　　B. 信号分析　　C. 入侵防护　　D. 检测方法

9. 误用入侵检测是基于(　　)实现的。
A. 入侵行为特征库　　B. 正常行为特征库
C. 异常行为特征库　　D. 误用行为特征库

10. 信号分析有模式匹配、统计分析和完整性分析等3种技术手段,其中(　　)用于事后分析。
A. 信息收集　　B. 统计分析　　C. 模式匹配　　D. 完整性分析

11. 最早提出入侵检测模型的科学家是(　　)。
A. M. Crosbic　　B. J. P. Anderson
C. D. E. Denning　　D. L. T. Heberlein

12. 网络漏洞扫描系统通过远程检测(　　)TCP/IP不同端口的服务,记录目标给予的回答。
A. 源主机　　B. 服务器　　C. 目标主机　　D. 以上都不对

13. 评价入侵检测系统的性能,不包括(　　)指标。
A. 易用性　　B. 准确性　　C. 及时性　　D. 扩展性

14. (　　)系统是一种自动报警网络异常活动的设备。
A. 入侵检测　　B. 防火墙　　C. 漏洞扫描　　D. 入侵防护

15. 下列选项中(　　)不属于入侵检测系统的功能。
A. 检测黑客攻击　　B. 监测主体异常行为
C. 入侵行为预警　　D. 扫描系统漏洞

16. 基于网络低层协议，利用协议或操作系统实现时的漏洞达到攻击目的，这种攻击方式称为(　　)。

A. 服务攻击　　B. 拒绝服务攻击
C. 被动攻击　　D. 非服务攻击

17. IETF 推荐的通用入侵检测模型是(　　)。

A. P2DR 模型　　B. Denning 模型
C. CIDF 模型　　D. DIDS 模型

18. 入侵检测不包括(　　)步骤。

A. 数据分析　　B. 信息采集　　C. 数据加密　　D. 作出响应

19. 下列(　　)不属于异常检测方法。

A. 基于贝叶斯推理检测法　　B. 基于状态转移分析的检测法
C. 基于神经网络的异常检测法　　D. 基于应用模式的异常检测法

20. 独立部署的入侵检测设备，正确的部署位置是(　　)。

A. 路由器前面　　B. 路由器后面　　C. 防火墙前面　　D. 防火墙后面

**二、填空题**

1. 模式匹配法是通过把收集到的信息与________和________模式数据库中的已知信息进行比较，从而对违背安全策略的行为进行标识。

2. 根据检测原理，将入侵检测分为________和________两大类。

3. 异常入侵检测依赖于系统或用户的________模式库，不属于该库的行为被视为异常行为。

4. 误用入侵检测依赖于________特征库，它的检测原理是以当前行为来匹配特征库，一旦匹配成功，就判定为非法入侵。

5. Denning 的入侵检测模型主要由主体、________、审计记录、________、异常记录、活动规则等 6 部分组成。

6. CIDF 体系结构包括 4 个模块：________、事件分析器、________和事件数据库。

7. IDS 的检测步骤大致包括几个步骤：信息收集、________、________。

8. 早期的入侵检测系统重在________与________，重点在于事后，即入侵攻击行为已发生，系统才能发现。

9. 入侵防御系统侧重于对那些被明确判断为攻击行为，会对网络、数据造成危害的恶意行为进行________和________。

10. 在 ISO/OSI 网络层次模型中，防火墙主要在________起作用，它的作用在第四到第七层一般很微弱。

**三、简答题**

1. 简述入侵检测系统的概念。

2. 简述入侵防御系统的概念。

3. 叙述入侵检测系统与防火墙的区别。

4. 叙述入侵防御系统产生的原因。

5. 分别叙述误用检测与异常检测原理。

6. IDS通常可以应用于哪几方面?
7. 异常入侵检测方法主要有哪些?
8. 误用入侵检测方法主要有哪些?
9. 入侵检测系统评价指标包括哪些?
10. 入侵检测系统是如何分类的?
11. 基于主机的入侵检测系统有什么优缺点?
12. 基于网络的入侵检测系统有什么优缺点?
13. IDS和IPS的部署方式有哪些?

# 第12章 网络安全等级保护2.0标准

## 12.1 等级保护发展历程

### 12.1.1 等级保护1.0时代发展历程

所谓信息安全等级保护，是指有关部门对我国各个领域非涉密信息系统按照其重要性程度进行分级保护的制度，具体包括定级、备案、建设整改、等级测评、信息安全检查5个环节。信息安全等级保护要求不同安全等级的信息系统应具有不同的安全保护能力。

1994年，国务院颁布《中华人民共和国计算机信息系统安全保护条例》，规定计算机信息系统安全等级保护。2003年，中央办公厅、国务院办公厅颁发《国家信息化领导小组关千加强信息安全保障工作的意见》(中办发〔2003〕27号)，明确指出“实行信息安全等级保护”。2004—2006年，公安部联合四部委开展涉及65 117家单位，共115 319个信息系统的等级保护基础调查和等级保护试点工作，为全面开展等级保护工作奠定基础。2007年6月，四部门联合出台《信息安全等级保护管理办法》。2007年7月，四部门联合颁布《关于开展全国重要信息系统安全等级保护定级工作的通知》。2007年7月20日，召开全国重要信息系统安全等级保护定级工作部署专题电视电话会议，标志着信息安全等级保护制度正式开始实施。

2008年推出的GB/T 22239—2008《信息安全技术信息系统安全等级保护基本要求》，在我国推行信息安全等级保护制度的过程中起到了非常重要的作用，被广泛用于各行业或领域，指导用户开展信息系统安全等级保护的建设整改、等级测评等工作。

2010年4月，公安部印发《关于推动信息安全等级保护测评体系建设和开展等级测评工作的通知》，提出等级保护工作的阶段性目标2010年12月，公安部和国务院国有资产监督管理委员会联合印发《关于进步推进中央企业信息安全等级保护工作的通知》，要求中央企业贯彻执行等级保护工作。

在主管部门、用户单位和产业单位的协同推进下，经过10多年的发展，等级保护1.0对于落实我国信息安全管理政策、提升信息安全水平、推进网络安全产业的发展发挥了重要作用。这个过程大致可以划分为3个阶段：①等级保护1.0初期，各单位的信息安全薄弱、信息安全管理与技术体系基本空白，等级保护1.0推动了重要信息系统管理单位安全意识的形成，启动了安全技术与管理体系建设，并初步实现了重要信息系统的安全合规；②等级保护1.0中期，逐步强化了纵深防御体系的构建，通过推进渗透测试，使用户单位认识到合规不等于安全，从而进一步提升了重要信息系统的安全防护深度，同时，金融、电力、通信等重要行业等级保护全面开展,使等级保护工作开始深入人心;③等级保护 1.0 后期,主动防御、攻防对抗等理念开始普及,云计算、移动互联网、物联网等领域迅速推进,国家级威胁开始凸显,业务数据安全、个人隐私保护成为关注重点,等级保护的内涵和外延均在快速演进,但等级保护 1.0 既有的架构与内容已经无法适应新形势的需求。

等级保护 1.0 所处的阶段决定了其防御理念处在纵深防御阶段,对威胁主体的认知重点集中在外部黑客和内部人员。然而,随着形势的发展,源自有组织的黑客群体乃至国家级 APT 攻击,使网络空间的攻击主体发生了重大变化。在信息技术迅猛发展的同时,网络安全在各类对抗主体间的博弈过程中高速演进。传统的静态网络与系统防护成为防御的基线,主动防御理念逐步成为主流防御理念。同时,等级保护 1.0 启动后的 10 多年来,信息基础设施发生了天翻地覆的变化,初步实现了人机物三元融合,人们的生产、生活与网络空间高度整合。这些变化让保护对象远远超过了等级保护 1.0 的覆盖范围。

此外,2016 年 11 月,我国颁布的《网络安全法》也对等级保护提出了新要求。为聚焦新问题、新威胁和新技术,在总结吸取网络安全保护成功经验和借鉴国际先进安全保护技术的基础之上,等级保护 2.0 应运而生。

### 12.1.2 等级保护 2.0 时代发展历程

2014 年,全国信息安全标准化技术委员会(以下简称安标委)下达了对 GB/T 22239—2008 进行修订的任务。标准修订主要承担单位为公安部第三研究所(公安部信息安全等级保护评估中心),20 多家企事业单位派人员参与了标准的修订工作。标准编制组于 2014 年成立,先后调研了国际和国内云计算平台、大数据应用、移动互联接入、物联网和工业控制系统等新技术、新应用的使用情况,分析并总结了新技术和新应用中的安全关注点和安全控制要素,完成了基本要求草案第一稿。

2015 年 2 月至 2016 年 7 月,标准编制组在草案第一稿的基础上,广泛征求行业用户单位、安全服务机构和各行业/领域专家的意见,并按照意见调整和完善标准草案,先后共形成 7 个版本的标准草案。2016 年 9 月,标准编制组参加了安标委 WG5 工作组在研标准推进会,按照专家及成员单位提出的修改建议,对草案进行了修改,形成了标准征求意见稿。

2016 年 10 月 10 日,第五届全国信息安全等级保护技术大会召开,公安部网络安全保卫局郭启全总工指出"国家对网络安全等级保护制度提出了新的要求,等级保护制度已进入 2.0 时代"。2016 年 11 月 7 日,我国正式颁布《中华人民共和国网络安全法》,第 20 条明确"国家实行网络安全等级保护制度"。

2017 年 4 月,标准编制组再次参加了安标委 WG5 工作组在研标准推进会,根据征求意见稿收集的修改建议,对征求意见稿进行了修改,形成了标准送审稿。2017 年 5 月,国家公安部发布 GA/T 1389—2017《网络安全等级保护定级指南》、GA/T 1390.2—2017《网络安全等级保护基本要求第 2 部分:云计算安全扩展要求》等公共安全行业等级保护标准。2017 年 10 月,标准编制组又一次参加了安标委 WG5 工作组在研标准推进会,在会上介绍了送审稿内容,并征求成员单位意见,根据收集的修改建议,对送审稿进行了修改完善,形成了标准报批稿。

2019 年,GB/T 22239—2019《信息安全技术网络安全等级保护基本要求》正式实施。相较 GB/T 22239—2008 标准发生重大变化,等级保护 2.0 时代正式到来,GB/T 22239—

2019 标准将根据信息技术发展应用和网络安全态势，不断丰富制度内涵、拓展保护范围、完善监管措施，逐步健全网络安全等级保护制度政策、标准和支撑体系。

### 12.1.3 等级保护 2.0 特点和变化

2019 版《信息安全技术网络完全等级保护基本要求》分为第 1～5 级安全要求，其中每级包括安全通用要求、云计算安全扩展要求、移动互联安全扩展要求、物联网安全扩展要求和工业控制系统安全扩展要求。安全通用要求包括物理和环境安全、网络和通信安全、设备和计算安全、应用和数据安全、安全策略和管理制度、安全管理机构和人员、安全建设管理、安全运维管理；云计算、移动互联、物联网、工业控制系统安全扩展要求包括物理和环境安全、网络和通信安全、设备和计算安全、应用和数据安全以及管理要求组成。

**1. 标准的主要特点**

网络安全等级保护制度是国家的基本国策、基本制度和基本方法。作为支撑网络安全等级保护 2.0 的新标准，具有以下 3 个特点。

(1) 等级保护 2.0 标准在等级保护 1.0 标准的基础上进行了优化，同时针对云计算、移动互联、物联网、工业控制系统及大数据等新技术和新应用领域提出新要求，形成了安全通用要求＋新应用安全扩展要求构成的标准要求内容。

(2) 等级保护 2.0 标准统一了 3 个标准的架构，采用了“一个中心，三重防护”的防护理念和分类结构，强化了建立纵深防御和精细防御体系的思想。

(3) 等级保护 2.0 标准强化了密码技术和可信计算技术的使用，把可信验证列入各个级别并逐级提出各个环节的主要可信验证要求，强调通过密码技术、可信验证、安全审计和态势感知等建立主动防御体系的期望。

**2. 标准的主要变化**

等级保护 2.0 标准无论是在总体结构方面还是在细节内容方面均发生了变化，总体结构方面的主要变化为以下几方面。

(1) 为适应《网络安全法》，配合落实网络安全等级保护制度，标准的名称由原来的《信息系统安全等级保护基本要求》改为《网络安全等级保护基本要求》。等级保护对象由原来的信息系统调整为基础信息网络、信息系统(含采用移动互联技术的系统)、云计算平台/系统、大数据应用/平台/资源、物联网和工业控制系统等。

(2) 将原来各个级别的安全要求分为安全通用要求和安全扩展要求，其中安全扩展要求包括云计算安全扩展要求、移动互联安 全扩展要求、物联网安全扩展要求以及工业控制系统安全扩展要求。安全通用要求是不管等级保护对象形态如何必须满足的要求。

(3) 原来基本要求中各级技术要求的“物理安全”“网络安全”“主机安全”“应用安全”“数据安全和备份与恢复”修订为“安全物理环境”“安全通信网络”“安全区域边界”“安全计算环境”“安全管理中心”，各级管理要求的“安全管理制度”“安全管理机构”“人员安全管理”“系统建设管理”“系统运维管理”修订为“安全管理制度”“安全管理机构”“安全管理人员”“安全建设管理”“安全运维管理”。

(4) 取消了原来安全控制点的 S、A、G 标注，增加一个“关于安全通用要求和安全扩展要求的选择和使用”附录，描述等级保护对象的定级结果和安全要求之间的关系，说明如何根据定级的 S、A 结果选择安全要求的相关条款，简化了标准正文部分的内容。增加附录 C 描述等级保护安全框架和关键技术、附录D描述云计算应用场景、附录E描述移动互联应用场景、附录F描述物联网应用场景、附录G描述工业控制系统应用场景、附录H描述大数据应用场景。

(5) 云计算安全扩展要求针对云计算环境的特点提出。主要内容包括基础设施的位置、虚拟化安全保护、镜像和快照保护、云计算环境管理和云服务商选择等。

(6) 移动互联安全扩展要求针对移动互联的特点提出。主要内容包括无线接入点的物理位置、移动终端管控、移动应用管控、移动应用软件采购和移动应用软件开发等。

(7) 物联网安全扩展要求针对物联网的特点提出。主要内容包括感知节点的物理防护、感知节点设备安全、网关节点设备安全、感知节点的管理和数据融合处理等。

(8) 工业控制系统安全扩展要求针对工业控制系统的特点提出。主要内容包括室外控制设备防护、工业控制系统网络架构安全、拨号使用控制、无线使用控制和控制设备安全等。

视频讲解

## 12.2 安全通用要求的内容

### 12.2.1 安全通用要求基本分类

GB/T 22239—2019规定了第一级到第四级等级保护对象的安全要求,每个级别的安全要求均由安全通用要求和安全扩展要求构成。安全通用要求细分为技术要求和管理要求。其中技术要求包括安全物理环境、安全通信网络、安全区域边界、安全计算环境和安全管理中心;管理要求包括安全管理制度、安全管理机构、安全管理人员、安全建设管理和安全运维管理。两者合计10大类,如图12.1所示。

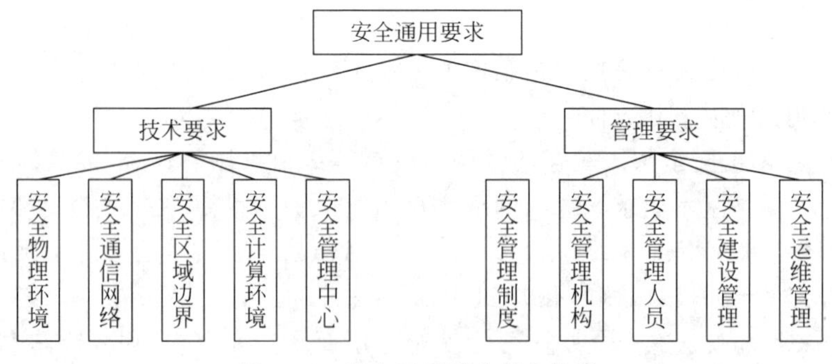


图12.1 安全通用要求基本分类

### 12.2.2 技术要求

技术要求分类体现了从外部到内部的纵深防御思想。对等级保护对象的安全防护应考虑从通信网络到区域边界再到计算环境的从外到内的整体防护,同时考虑对其所处的物理环境的安全防护。对级别较高的等级保护对象还需要考虑对分布在整个系统中的安全功能或安全组件的集中技术管理手段。

**1. 安全物理环境**

安全通用要求中的安全物理环境部分是针对物理机房提出的安全控制要求。主要对象为物理环境、物理设备和物理设施等；涉及的安全控制点包括物理位置的选择、物理访问控制、防盗窃和防破坏、防雷击、防火、防水和防潮、防静电、温湿度控制、电力供应和电磁防护。表12.1给出了安全物理环境控制点/要求项的逐级变化。其中数字表示每个控制点下各个级别的要求项数量，级别越高，要求项越多。后续表中的数字均为此含义。承载高级别系统的机房相对承载低级别系统的机房强化了物理访问控制、电力供应和电磁防护等方面的要求。例如，四级相比三级增设了"重要区域应配置第2道电子门禁系统""应提供应急供电设施""应对关键区域实施电磁屏蔽"等要求。

**表12.1　安全物理环境控制点/要求项的逐级变化**

| 序号 | 控制点 | 要求项数量 | | | |
|---|---|---|---|---|---|
| | | 一级 | 二级 | 三级 | 四级 |
| 1 | 物理位置的选择 | 0 | 2 | 2 | 2 |
| 2 | 物理访问控制 | 1 | 1 | 1 | 2 |
| 3 | 防盗窃和防破坏 | 1 | 2 | 3 | 3 |
| 4 | 防雷击 | 1 | 1 | 2 | 2 |
| 5 | 防火 | 1 | 2 | 3 | 3 |
| 6 | 防水和防潮 | 1 | 2 | 3 | 3 |
| 7 | 防静电 | 0 | 1 | 2 | 2 |
| 8 | 温湿度控制 | 1 | 1 | 1 | 1 |
| 9 | 电力供应 | 1 | 2 | 3 | 4 |
| 10 | 电磁防护 | 0 | 1 | 2 | 2 |

**2. 安全通信网络**

安全通用要求中的安全通信网络部分是针对通信网络提出的安全控制要求。主要对象为广域网、城域网和局域网等，涉及的安全控制点包括网络架构、通信传输和可信验证。表12.2给出了安全通信网络控制点/要求项的逐级变化。

**表12.2　安全通信网络控制点/要求项的逐级变化**

| 序号 | 控制点 | 要求项数量 | | | |
|---|---|---|---|---|---|
| | | 一级 | 二级 | 三级 | 四级 |
| 1 | 网络架构 | 0 | 2 | 5 | 6 |
| 2 | 通信传输 | 1 | 1 | 2 | 4 |
| 3 | 可信验证 | 1 | 1 | 1 | 1 |

高级别系统的通信网络相对低级别系统的通信网络强化了优先带宽分配、设备接入认证、通信设备认证等方面的要求。例如，四级相比三级增设了"应可按照业务服务的重要程度分配带宽，优先保障重要业务""应采用可信验证机制对接入网络中的设备进行可信验证，保证接入网络的设备真实可信""应在通信前基于密码技术对通信双方进行验证或认证"等要求。

**3. 安全区域边界**

安全通用要求中的安全区域边界部分是针对网络边界提出的安全控制要求。主要对象为系统边界和区域边界等；涉及的安全控制点包括边界防护、访问控制、入侵防范、恶意代码防范、安全审计和可信验证。表12.3给出了安全区域边界控制点/要求项的逐级变化。

表12.3　安全区域边界控制点/要求项的逐级变化

| 序　　号 | 控　制　点 | 要求项数量 | | | |
|---|---|---|---|---|---|
| | | 一级 | 二级 | 三级 | 四级 |
| 1 | 边界防护 | 1 | 1 | 4 | 6 |
| 2 | 访问控制 | 3 | 4 | 5 | 5 |
| 3 | 入侵防范 | 0 | 1 | 4 | 4 |
| 4 | 恶意代码防范 | 0 | 1 | 2 | 2 |
| 5 | 安全审计 | 0 | 3 | 4 | 3 |
| 6 | 可信验证 | 1 | 1 | 1 | 1 |

高级别系统的网络边界相对低级别系统的网络边界强化了高强度隔离和非法接入阻断等方面的要求。例如,四级相比三级增设了"应在网络边界通过通信协议转换或通信协议隔离等方式进行数据交换""应能够在发现非授权设备私自联到内部网络的行为或内部用户非授权联到外部网络的行为时,对其进行有效阻断"等要求。

**4. 安全计算环境**

安全通用要求中的安全计算环境部分是针对边界内部提出的安全控制要求。主要对象为边界内部的所有对象,包括网络设备、安全设备、服务器设备、终端设备、应用系统、数据对象和其他设备等;涉及的安全控制点包括身份鉴别、访问控制、安全审计、入侵防范、恶意代码防范、可信验证、数据完整性、数据保密性、数据备份与恢复、剩余信息保护和个人信息保护。表12.4给出了安全计算环境控制点/要求项的逐级变化。

表12.4　安全计算环境控制点/要求项的逐级变化

| 序　　号 | 控　制　点 | 要求项数量 | | | |
|---|---|---|---|---|---|
| | | 一级 | 二级 | 三级 | 四级 |
| 1 | 身份鉴别 | 2 | 3 | 4 | 4 |
| 2 | 访问控制 | 3 | 4 | 7 | 7 |
| 3 | 安全审计 | 0 | 3 | 4 | 4 |
| 4 | 入侵防范 | 2 | 5 | 6 | 6 |
| 5 | 恶意代码防范 | 1 | 1 | 1 | 1 |
| 6 | 可信验证 | 1 | 1 | 1 | 1 |
| 7 | 数据完整性 | 1 | 1 | 2 | 3 |
| 8 | 数据保密性 | 0 | 0 | 2 | 2 |
| 9 | 数据备份与恢复 | 1 | 2 | 3 | 4 |
| 10 | 剩余信息保护 | 0 | 1 | 2 | 2 |
| 11 | 个人信息保护 | 0 | 2 | 2 | 2 |

高级别系统的计算环境相对低级别系统的计算环境强化了身份鉴别、访问控制和程序完整性等方面的要求。例如,四级相比三级增设了"应采用口令、密码技术、生物技术等两种或两种以上组合的鉴别技术对用户进行身份鉴别,且其中一种鉴别技术至少应使用密码技术来实现""应对主体、客体设置安全标记,并依据安全标记和强制访问控制规则确定主体对客体的访问""应采用主动免疫可信验证机制及时识别入侵和病毒行为,并将其有效阻断"等要求。

**5. 安全管理中心**

安全通用要求中的安全管理中心部分是针对整个系统提出的安全管理方面的技术控制要求，通过技术手段实现集中管理。涉及的安全控制点包括系统管理、审计管理、安全管理和集中管控。表12.5给出了安全管理中心控制点/要求项的逐级变化。

**表12.5　安全管理中心控制点/要求项的逐级变化**

| 序号 | 控　制　点 | 要求项数量 | | | |
|---|---|---|---|---|---|
| | | 一级 | 二级 | 三级 | 四级 |
| 1 | 系统管理 | 2 | 2 | 2 | 2 |
| 2 | 审计管理 | 2 | 2 | 2 | 2 |
| 3 | 安全管理 | 0 | 2 | 2 | 2 |
| 4 | 集中管控 | 0 | 0 | 6 | 7 |

高级别系统的安全管理相对低级别系统的安全管理强化了采用技术手段进行集中管控等方面的要求。例如，三级相比二级增设了“应划分出特定的管理区域，对分布在网络中的安全设备或安全组件进行管控”“应对网络链路、安全设备、网络设备和服务器等的运行状况进行集中监测”“应对分散在各个设备上的审计数据进行收集汇总和集中分析，并保证审计记录的留存时间符合法律法规要求”“应对安全策略、恶意代码、补丁升级等安全相关事项进行集中管理”等要求。

### 12.2.3　管理要求

管理要求分类体现了从要素到活动的综合管理思想。安全管理需要的机构、制度和人员三要素缺一不可，同时还应对系统建设整改过程中和运行维护过程中的重要活动实施控制和管理。对级别较高的等级保护对象需要构建完备的安全管理体系。

**1. 安全管理制度**

安全通用要求中的安全管理制度部分是针对整个管理制度体系提出的安全控制要求，涉及的安全控制点包括安全策略、管理制度、制定和发布以及评审和修订。表12.6给出了安全管理制度控制点/要求项的逐级变化。

**表12.6　安全管理制度控制点/要求项的逐级变化**

| 序号 | 控　制　点 | 要求项数量 | | | |
|---|---|---|---|---|---|
| | | 一级 | 二级 | 三级 | 四级 |
| 1 | 安全策略 | 0 | 1 | 1 | 1 |
| 2 | 管理制度 | 1 | 2 | 3 | 3 |
| 3 | 制定和发布 | 0 | 2 | 2 | 2 |
| 4 | 评审和修订 | 0 | 1 | 1 | 1 |

**2. 安全管理机构**

安全通用要求中的安全管理机构部分是针对整个管理组织架构提出的安全控制要求，涉及的安全控制点包括岗位设置、人员配备、授权和审批、沟通和合作以及审核和检查。

表12.7给出了安全管理机构控制点/要求项的逐级变化。

**表12.7 安全管理机构控制点/要求项的逐级变化**

| 序号 | 控制点 | 要求项数量 | | | |
|---|---|---|---|---|---|
| | | 一级 | 二级 | 三级 | 四级 |
| 1 | 岗位设置 | 1 | 2 | 3 | 3 |
| 2 | 人员配备 | 1 | 1 | 2 | 3 |
| 3 | 授权和审批 | 1 | 2 | 3 | 3 |
| 4 | 沟通和合作 | 0 | 3 | 3 | 3 |
| 5 | 审核和检查 | 0 | 1 | 3 | 3 |

### 3. 安全管理人员

安全通用要求中的安全管理人员部分是针对人员管理模式提出的安全控制要求,涉及的安全控制点包括人员录用、人员离岗、安全意识教育和培训以及外部人员访问管理。表12.8给出了安全管理人员控制点/要求项的逐级变化。

**表12.8 安全管理人员控制点/要求项的逐级变化**

| 序号 | 控制点 | 要求项数量 | | | |
|---|---|---|---|---|---|
| | | 一级 | 二级 | 三级 | 四级 |
| 1 | 人员录用 | 1 | 2 | 3 | 4 |
| 2 | 人员离岗 | 1 | 1 | 2 | 2 |
| 3 | 安全意识教育和培训 | 1 | 1 | 3 | 3 |
| 4 | 外部人员访问管理 | 1 | 3 | 4 | 5 |

### 4. 安全建设管理

安全通用要求中的安全建设管理部分是针对安全建设过程提出的安全控制要求,涉及的安全控制点包括定级和备案、安全方案设计、安全产品采购和使用、自行软件开发、外包软件开发、工程实施、测试验收、系统交付、等级测评和服务供应商管理。表12.9给出了安全建设管理控制点/要求项的逐级变化。

**表12.9 安全建设管理控制点/要求项的逐级变化**

| 序号 | 控制点 | 要求项数量 | | | |
|---|---|---|---|---|---|
| | | 一级 | 二级 | 三级 | 四级 |
| 1 | 定级和备案 | 1 | 4 | 4 | 4 |
| 2 | 安全方案设计 | 1 | 3 | 3 | 3 |
| 3 | 安全产品采购和使用 | 1 | 2 | 3 | 4 |
| 4 | 自行软件开发 | 0 | 2 | 7 | 7 |
| 5 | 外包软件开发 | 0 | 2 | 3 | 3 |
| 6 | 工程实施 | 1 | 2 | 3 | 3 |
| 7 | 测试验收 | 1 | 2 | 2 | 2 |
| 8 | 系统交付 | 2 | 3 | 3 | 3 |
| 9 | 等级测评 | 0 | 3 | 3 | 3 |
| 10 | 服务供应商管理 | 2 | 2 | 3 | 3 |

**5. 安全运维管理**

安全通用要求中的安全运维管理部分是针对安全运维过程提出的安全控制要求，涉及的安全控制点包括环境管理、资产管理、介质管理、设备维护管理、漏洞和风险管理、网络和系统安全管理、恶意代码防范管理、配置管理、密码管理、变更管理、备份与恢复管理、安全事件处置、应急预案管理和外包运维管理。表 12.10 给出了安全运维管理控制点 /要求项的逐级变化。

表 12.10　安全运维管理控制点/要求项的逐级变化

| 序号 | 控　制　点 | 要求项数量 | | | |
|---|---|---|---|---|---|
| | | 一级 | 二级 | 三级 | 四级 |
| 1 | 环境管理 | 2 | 3 | 3 | 4 |
| 2 | 资产管理 | 0 | 1 | 3 | 3 |
| 3 | 介质管理 | 1 | 2 | 2 | 2 |
| 4 | 设备维护管理 | 1 | 2 | 4 | 4 |
| 5 | 漏洞和风险管理 | 1 | 1 | 2 | 2 |
| 6 | 网络和系统安全管理 | 2 | 5 | 10 | 10 |
| 7 | 恶意代码防范管理 | 2 | 3 | 2 | 2 |
| 8 | 配置管理 | 0 | 1 | 2 | 2 |
| 9 | 密码管理 | 0 | 2 | 2 | 3 |
| 10 | 变更管理 | 0 | 1 | 3 | 3 |
| 11 | 备份与恢复管理 | 2 | 3 | 3 | 3 |
| 12 | 安全事件处置 | 2 | 3 | 4 | 5 |
| 13 | 应急预案管理 | 0 | 2 | 4 | 5 |
| 14 | 外包运维管理 | 0 | 2 | 4 | 4 |

## 12.3　安全扩展要求的内容

视频讲解

安全扩展要求是采用特定技术或特定应用场景下的等级保护对象需要增加实现的安全要求。GB/T 22239—2019 提出的安全扩展要求包括云计算安全扩展要求、移动互联安全扩展要求、物联网安全扩展要求和工业控制系统安全扩展要求。

### 12.3.1　云计算安全扩展要求

采用了云计算技术的信息系统通常称为云计算平台。云计算平台由设施、硬件、资源抽象控制层、虚拟化计算资源、软件平台和应用软件等组成。云计算平台中通常有云服务商和云服务客户/云租户两种角色。根据云服务商所提供服务的类型，云计算平台有软件即服务(SaaS)、平台即服务(PaaS)、基础设施即服务(IaaS)3 种基本的云计算服务模式。在不同的服务模式中，云服务商和云服务客户对资源拥有不同的控制范围，控制范围决定了安全责任的边界。云计算安全扩展要求是针对云计算平台提出的安全通用要求之外额外需要实现的安全要求。云计算安全扩展要求涉及的控制点包括基础设施位置、网络架构、网络边界的访问控制、网络边界的入侵防范、网络边界的安全审计、集中管控、计算环境的身份鉴别、计算环境的访问控制、计算环境的入侵防范、镜像和快照保护、数据安全性、数据备份恢复、剩余信息保护、云服务商选择、供应链管理和云计算环境管理。表12.11给出了云计算安全扩展要求控制点/要求项的逐级变化。

**表12.11 云计算安全扩展要求控制点/要求项的逐级变化**

| 序号 | 控制点 | 要求项数量 | | | |
|---|---|---|---|---|---|
| | | 一级 | 二级 | 三级 | 四级 |
| 1 | 基础设施位置 | 1 | 1 | 1 | 1 |
| 2 | 网络架构 | 2 | 3 | 5 | 8 |
| 3 | 网络边界的访问控制 | 1 | 2 | 2 | 2 |
| 4 | 网络边界的入侵防范 | 0 | 3 | 4 | 4 |
| 5 | 网络边界的安全审计 | 0 | 2 | 2 | 2 |
| 6 | 集中管控 | 0 | 0 | 4 | 4 |
| 7 | 计算环境的身份鉴别 | 0 | 0 | 1 | 1 |
| 8 | 计算环境的访问控制 | 2 | 2 | 2 | 2 |
| 9 | 计算环境的入侵防范 | 0 | 0 | 3 | 3 |
| 10 | 镜像和快照保护 | 0 | 2 | 3 | 3 |
| 11 | 数据安全性 | 1 | 3 | 4 | 4 |
| 12 | 数据备份恢复 | 0 | 2 | 4 | 4 |
| 13 | 剩余信息保护 | 0 | 2 | 2 | 2 |
| 14 | 云服务商选择 | 3 | 4 | 5 | 5 |
| 15 | 供应链管理 | 1 | 2 | 3 | 3 |
| 16 | 云计算环境管理 | 0 | 1 | 1 | 1 |

## 12.3.2 移动互联安全扩展要求

采用移动互联技术的等级保护对象,其移动互联部分通常由移动终端、移动应用和无线网络3部分组成。移动终端通过无线通道连接无线接入设备接入有线网络;无线接入网关通过访问控制策略限制移动终端的访问行为;后台的移动终端管理系统(如果配置)负责对移动终端的管理,包括向客户端软件发送移动设备管理、移动应用管理和移动内容管理策略等。移动互联安全扩展要求是针对移动终端、移动应用和无线网络提出的特殊安全要求,它们与安全通用要求一起构成针对采用移动互联技术的等级保护对象的完整安全要求。移动互联安全扩展要求涉及的控制点包括无线接入点的物理位置、无线和有线网络之间的边界防护、无线和有线网络之间的访问控制、无线和有线网络之间的入侵防范,移动终端管控、移动应用管控、移动应用软件采购、移动应用软件开发和配置管理。表12.12给出了移动互联安全扩展要求控制点/要求项的逐级变化。

表 12.12　移动互联安全扩展要求控制点/要求项的逐级变化

| 序　　号 | 控　制　点 | 要求项数量 | | | |
|---|---|---|---|---|---|
| | | 一级 | 二级 | 三级 | 四级 |
| 1 | 无线接入点的物理位置 | 1 | 1 | 1 | 1 |
| 2 | 无线和有线网络之间的边界防护 | 1 | 1 | 1 | 1 |
| 3 | 无线和有线网络之间的访问控制 | 1 | 1 | 1 | 1 |
| 4 | 无线和有线网络之间的入侵防范 | 0 | 5 | 6 | 6 |
| 5 | 移动终端管控 | 0 | 0 | 2 | 3 |
| 6 | 移动应用管控 | 1 | 2 | 3 | 4 |
| 7 | 移动应用软件采购 | 1 | 2 | 2 | 2 |
| 8 | 移动应用软件开发 | 0 | 2 | 2 | 2 |
| 9 | 配置管理 | 0 | 0 | 1 | 1 |

### 12.3.3　物联网安全扩展要求

物联网从架构上通常可分为 3 个逻辑层，即感知层、网络传输层和处理应用层。其中感知层包括传感器节点和传感网网关节点或 RFID 标签和 RFID 读写器，也包括感知设备与传感网网关之间、RFID 标签与 RFID 读写器之间的短距离通信(通常为无线部分)；网络传输层包括将感知数据远距离传输到处理中心的网络，如互联网、移动网或几种不同网络的融合；处理应用层包括对感知数据进行存储与智能处理的平台，并对业务应用终端提供服务。对于大型物联网，处理应用层一般由云计算平台和业务应用终端构成。对物联网的安全防护应包括感知层、网络传输层和处理应用层。由于网络传输层和处理应用层通常由计算机设备构成，因此这两部分按照安全通用要求提出的要求进行保护。物联网安全扩展要求是针对感知层提出的特殊安全要求，它们与安全通用要求一起构成针对物联网的完整安全要求。物联网安全扩展要求涉及的控制点包括感知节点的物理防护、感知网的入侵防范、感知网的接入控制、感知节点设备安全、网关节点设备安全、抗数据重放、数据融合处理和感知节点的管理。表 12.13 给出了物联网安全扩展要求控制点/要求项的逐级变化。

表 12.13　物联网安全扩展要求控制点/要求项的逐级变化

| 序　　号 | 控　制　点 | 要求项数量 | | | |
|---|---|---|---|---|---|
| | | 一级 | 二级 | 三级 | 四级 |
| 1 | 感知节点的物理防护 | 2 | 2 | 4 | 4 |
| 2 | 感知网的入侵防范 | 0 | 2 | 2 | 2 |
| 3 | 感知网的接入控制 | 1 | 1 | 1 | 1 |
| 4 | 感知节点设备安全 | 0 | 0 | 3 | 3 |
| 5 | 网关节点设备安全 | 0 | 0 | 4 | 4 |
| 6 | 抗数据重放 | 0 | 0 | 2 | 2 |
| 7 | 数据融合处理 | 0 | 0 | 1 | 2 |
| 8 | 感知节点的管理 | 1 | 2 | 3 | 3 |

### 12.3.4 工业控制系统安全扩展要求

工业控制系统通常是可用性要求较高的等级保护对象。工业控制系统是各种控制系统的总称,典型的有数据采集与监视控制系统(SCADA)、集散控制系统(DCS)等。工业控制系统通常用于电力、水和污水处理、石油和天然气、化工、交通运输、制药、纸浆和造纸、食品和饮料以及离散制造(如汽车、航空航天和耐用品)等行业。工业控制系统从上到下一般分为5个层级,依次为企业资源层、生产管理层、过程监控层、现场控制层和现场设备层,不同层级的实时性要求有所不同,对工业控制系统的安全防护应包括各个层级。由于企业资源层、生产管理层和过程监控层通常由计算机设备构成,因此,这些层级按照安全通用要求提出的要求进行保护。工业控制系统安全扩展要求是针对现场控制层和现场设备层提出的特殊安全要求,它们与安全通用要求一起构成针对工业控制系统的完整安全要求。工业控制系统安全扩展要求涉及的控制点包括室外控制设备防护、网络架构、通信传输、访问控制、拨号使用控制、无线使用控制、控制设备安全、产品采购和使用以及外包软件开发。表12.14给出了工业控制系统安全扩展要求控制点/要求项的逐级变化。

表12.14 工业控制系统安全扩展要求控制点/要求项的逐级变化

| 序号 | 控制点 | 要求项数量 | | | |
|---|---|---|---|---|---|
| | | 一级 | 二级 | 三级 | 四级 |
| 1 | 室外控制设备防护 | 2 | 2 | 2 | 2 |
| 2 | 网络架构 | 2 | 3 | 3 | 3 |
| 3 | 通信传输 | 0 | 1 | 1 | 1 |
| 4 | 访问控制 | 1 | 2 | 2 | 2 |
| 5 | 拨号使用控制 | 0 | 1 | 2 | 3 |
| 6 | 无线使用控制 | 2 | 2 | 4 | 4 |
| 7 | 控制设备安全 | 2 | 2 | 5 | 5 |
| 8 | 产品采购和使用 | 0 | 1 | 1 | 1 |
| 9 | 外包软件开发 | 0 | 1 | 1 | 1 |

综上所述,网络安全等级保护工作将永远只有进行时,没有完成时,网络安全等级保护工作仍然需要诸多努力才能不断应对挑战、与时俱进,才能实现通过网络安全维护新时代下的国家安全。

等级保护2.0并非1.0的简单延续,而是一次跨越式升级。等级保护2.0的落地实施是一项复杂的系统工程,需要各方在深入理解相关法规、标准、技术与管理体系的基础上,将自身的能力从1.0升级为2.0。首先,管理部门在推进自身全体系认知升级的同时,需着力推进用户部门、产业单位对等级保护2.0的宣传贯彻,实现整体上对其内涵和外延的认知升级。其次,管理部门需要系统性提升自身在云计算、大数据、移动互联网、物联网、工业控制等新型应用场景下的管理与技术监管能力。再次,用户单位在深化自身安全管理体系和主动防御理念的同时,需要提升风险评估、安全检测、通报预警等新增管理过程的实施能力、运维能力。最后,网络安全产业单位与技术研发单位应突破云计算、大数据等新技术体系安全的核心技术,开发能够满足等级保护2.0要求的多场景安全解决方案,从产品与服务层面有效支撑等级保护2.0在用户单位落地。

# 课 后 习 题

**一、选择题**

1. (　　)年 11 月,《中华人民共和国网络安全法》正式颁布。

A. 2015　　B. 2016　　C. 2017　　D. 2018

2. (　　)年,GB/T 22239—2019《信息安全技术网络安全等级保护基本要求》正式实施。

A. 2020　　B. 2019　　C. 2017　　D. 2018

3. 下列(　　)不是对用户进行身份鉴别的鉴别技术。

A. 口令　　B. 密码技术　　C. 生物技术　　D. 身份证

4. 安全通用要求中的安全通信网络部分是针对通信网络提出的安全控制要求。主要对象不包括(　　)。

A. 广域网　　B. 个人区域网　　C. 城域网　　D. 局域网

5. 等级保护 2.0 标准在等级保护 1.0 标准的基础上进行了优化,同时针对新技术和新应用领域提出新要求,下列(　　)不是新技术。

A. 云计算　　B. 移动互联　　C. 分布式存储　　D. 物联网

**二、填空题**

1. 所谓信息安全等级保护,是指有关部门对我国各个领域非涉密信息系统按照其重要性程度进行分级保护的制度,具体包括定级、备案、________、________、信息安全检查 5 个环节。

2. 等级保护 1.0 所处的阶段决定了其防御理念处在纵深防御阶段,对威胁主体的认知重点集中在________和________。

3. GB/T 22239—2019 规定了第一级到第四级等级保护对象的安全要求,每个级别的安全要求均由________要求和________要求构成。

4. 云计算平台由设施、硬件、________、________、软件平台和应用软件等组成。

5. 云计算平台中通常有________和________两种角色。

6. 云计算平台有软件即服务________、平台即服务________、基础设施即服务________ 3 种基本的云计算服务模式。

7. 采用移动互联技术的等级保护对象,其移动互联部分通常由________、________和无线网络 3 部分组成。

8. 物联网从架构上通常可分为 3 个逻辑层,即________、________和处理应用层。

9. 对大型物联网来说,处理应用层一般由________平台和业务________构成。

10. 工业控制系统从上到下一般分为 5 个层级,依次为企业资源层、________、________、现场控制层和现场设备层。

**三、简答题**

1.《信息安全技术网络完全等级保护基本要求》中安全通用要求都有哪些内容?

2.《信息安全技术网络完全等级保护基本要求》的主要特点有哪些?

3.《信息安全技术网络完全等级保护基本要求》与以前的版本相比的主要变化有哪些?

4. 安全通用要求中技术要求都有哪些内容?

5. 安全通用要求中的安全物理环境部分都有哪些内容?
6. 安全通用要求中的安全通信网络部分都有哪些内容?
7. 安全通用要求中的安全区域边界部分都有哪些内容?
8. 安全通用要求中的安全计算环境部分都有哪些内容?
9. 安全通用要求中的安全管理中心部分都有哪些内容?
10. 安全通用要求中的安全管理制度部分都有哪些内容?
11. 安全通用要求中的安全管理机构部分都有哪些内容?
12. 安全通用要求中的安全管理人员部分都有哪些内容?
13. 安全通用要求中的安全建设管理部分都有哪些内容?
14. 安全通用要求中的安全运维管理部分都有哪些内容?
15. 云计算安全扩展要求都有哪些内容?
16. 移动互联安全扩展要求都有哪些内容?
17. 物联网安全扩展要求都有哪些内容?
18. 工业控制系统安全扩展要求都有哪些内容?

# 参考文献


[1] 中国互联网络信息中心.第46次中国互联网络发展状况统计报告[R/OL].[2021-01-30].http://www.cac.gov.cn/2020-09/29/c_1602939918747816.htm.

[2] 火绒安全.火绒安全软件5.0产品使用手册[OL].[2021-01-30].https://www.huorong.cn/person5.html.

[3] 网络安全知识手册编写组.网络安全知识手册[R].2014.

[4] 刘跃春.大型校园网络的管理与监控[D].长春:吉林大学,2010.

[5] 李青.上海杉达学院校园网安全系统分析与实现[D].上海:上海交通大学,2011.

[6] 柯元旦.Android内核剖析[M].北京:电子工业出版社,2011.

[7] COLLBERG C,NAGRA J.软件加密与解密[M].崔孝晨,译.北京:人民邮电出版社,2012.

[8] 王昭,袁春.信息安全原理与应用[M].北京:电子工业出版社,2010.

[9] 寇晓蕤,王清贤.网络安全协议:原理、结构与应用[M].北京:高等教育出版社,2009.

[10] 袁珍珍,朱荆州.基于PKI技术的数字签名在办公网上的实现[J].计算机与数字工程,2010,38(2):104-106,109.

[11] 郭腾芳,韩建民,李静,等.面向Web页面的电子签章控件的实现[J].计算机系统应用,2011,20(4):156-156,135.

[12] 杨宇.基于PKI身份认证系统的研究和实现[D].成都:电子科技大学,2009.

[13] 丁士杰.基于SSL的电子商务安全技术研究[D].合肥:合肥工业大学,2010.

[14] 饶兴.基于SSL协议的安全代理的设计[D].武汉:武汉理工大学,2011.

[15] 国家计算机病毒应急处理中心.第18次计算机病毒和移动终端病毒疫情调查报告[R/OL].[2021-01-30].http://www.cverc.org.cn/zxdt/report20190918-4.htm.

[16] 舒心,王永伦,张鑫.手机病毒分析与防范[J].信息网络安全,2012(8):54-56.

[17] 张扬.基于IPSEC的VPN研究[J].重庆工学院学报(自然科学),2008,22(1):115-117.

[18] 甘刚.网络攻击与防御[M].北京:清华大学出版社,2008.

[19] 周宏斐.防火墙技术及其发展思路初探[J].网络安全技术与应用,2008(6):14-16,19.

[20] 姚东铌.防火墙发展的新趋势[J].中国高新技术企业,2010(13):36-37.

[21] PRICE R.无线网络原理和应用[M].冉晓旻,王彬,王锋,译.北京:清华大学出版社,2008.

[22] 王家玮.无线局域网安全认证技术研究[D].贵阳:贵州大学,2008.

[23] 文胜.无线校园网络安全分析及方案设计[J].现代计算机(专业版),2009(6):198-200.

[24] 刘明华,杨蜜.国外电子商务安全技术研究现状及发展趋势[J].信息网络安全,2009(8):68-70,72.

[25] 邵霞琳.基于ASP.NET的安全网上购物系统的设计与实现[D].成都:电子科技大学,2010.

[26] 深信服科技.深信服科技SSL VPN技术白皮书[R].2007.

[27] 思科系统(中国)网络技术有公司.下一代网络安全[M].北京:北京邮电大学出版社,2006.

[28] 葛秀慧,田浩,金素梅.计算机网络安全管理[M].2版.北京:清华大学出版社,2008.

[29] 何占博,王颖,刘军.我国网络安全等级保护现状与2.0标准体系研究[J].信息技术与网络安全,2019,38(3):9-14,19.

[30] 傅钰.网络安全等级保护2.0下的安全体系建设[J].网络安全技术与应用,2018(8):13-16.

# 图书资源支持

感谢您一直以来对清华版图书的支持和爱护。为了配合本书的使用，本书提供配套的资源，有需求的读者请扫描下方的“书圈”微信公众号二维码，在图书专区下载，也可以拨打电话或发送电子邮件咨询。

如果您在使用本书的过程中遇到了什么问题，或者有相关图书出版计划，也请您发邮件告诉我们，以便我们更好地为您服务。


**我们的联系方式：**

地　　址：北京市海淀区双清路学研大厦 A 座 714

邮　　编：100084

电　　话：010-83470236　010-83470237

客服邮箱：2301891038@qq.com

QQ：2301891038（请写明您的单位和姓名）


资源下载：关注公众号“书圈”下载配套资源。

资源下载、样书申请

书圈

获取最新书目

观看课程直播